Veröffentlich…
Wiener Akademie für ärztliche Fortbildung
2

Die Frau

Ihre Physiologie und Pathologie

Vorträge

gehalten auf dem von der Wiener Akademie für ärztliche Fortbildung veranstalteten 70. internationalen Fortbildungskurs in Salzburg von 8. bis 10. Januar 1942

Von

O. Albrecht, A. I. Amreich, L. Antoine, T. Antoine, A. Prinz Auersperg, W. Ekhart, H. Eppinger, W. Falta, M. Gundel, M. Hackenbroch, F. Hamburger, K. Haslinger, L. Lampert, E. Lauda, F. Lejeune, K. Lundwall, K. Meixner, K. Neuber, E. Risak, H. Siegmund, E. Stähle, K. Tuppa, H. Vellguth, A. Wiedmann

Zusammengestellt von

Professor Dr. Erwin Risak

Wien

Wien

Springer-Verlag

1943

Salzburg

Nach einem Stahlstich v. E. H o f e r (J. M. B a y r e r gez.)

Inhaltsverzeichnis

Die Mütterlichkeit

Von

Professor Dr. **F. Hamburger**

Wien

Das wichtigste Kapitel in der Naturgeschichte des Menschen betrifft die Mütterlichkeit. Am meisten Erfahrung darin haben Hausarzt und Kinderarzt. Denn gerade sie haben am meisten Gelegenheit, die Frau in ihrem Verhältnis zu ihren Kindern zu beobachten. Die Mütterlichkeit ist eine Fähigkeit, ein Trieb, eine potentielle Energie, die nur dem Weibe eigentümlich, als weibspezifisch ist. Sie ist der edelste Trieb, den wir kennen, und ist in ihrer ungeheuren Bedeutung von Denkern und Dichtern längst erkannt, beschrieben und besungen. Die ärztliche Wissenschaft aber hat sich damit lange Zeit gar nicht beschäftigt. Erst Ibrahim hat bei seinem Amtsantritt als Professor für Kinderheilkunde in Jena vor 25 Jahren „über die Mütter" gesprochen. Manche seiner Gedanken sind in diesem Vortrag verwertet.

Es ist klar, daß auch die Mütterlichkeit schließlich und endlich nervlich und hormonal bedingt ist. Diese nüchterne naturwissenschaftliche Ueberlegung ist zweifellos richtig. Dadurch wird aber die Mütterlichkeit um kein Haar weniger bewundernswert und soll auch von uns Aerzten stets dementsprechend berücksichtigt werden. Die Mütterlichkeit ist, wenn wir die aufsteigende Tierreihe betrachten, erst bei den Warmblütern zu finden. Sie ist beim Menschen in einer Form, Dauer und Veredlung zu beobachten, wie sie von keiner Tierart erreicht wird. Wir unterscheiden zweckmäßig zwischen einer animalischen und einer psychischen, d. h. rein menschlichen Mutterliebe, dürfen aber nicht vergessen, daß die rein menschliche Mutterliebe eine voll entwickelte animalische Mutterliebe als Grundlage zur Voraussetzung hat. Die animalische Mutterliebe muß auch bei der Frau vorhanden sein, wenn sie ihren hohen Mutterpflichten gerecht werden will.

Gleich anfangs sei auch betont, daß die Mütterlichkeit wie jeder andere Trieb durch zivilisatorische Einflüsse verändert, verbogen verkehrt, verballhornt, kurz und gut gestört werden kann. Etwas Aehnliches ist uns ja selbst von der Störung des Nahrungstriebes, nämlich des Appetits beim Kind bekannt, wie dies sooft als Zivilisationsschaden zu beobachten ist. Primär völlig fehlende Mütterlichkeit ist außerordentlich selten und wohl auch hormonal bedingt. Ausnahmsweise sehen wir das auch bei anderen Säugetieren, nicht etwa nur beim Menschen.

Wie dem naturphilosophischen Buch von Henry Drummond, „Ascent of Man", d. h. Aufstieg der Menschheit, und wie dem rein wissenschaftlichen großen Werk Dofleins, „Das Tier als Teil des Naturganzen", zu entnehmen ist, sehen wir die Mütterlichkeit bei den niedersten Tieren noch gar nicht, bei den etwas höheren Arten und den niederen Wirbeltieren nur angedeutet, erst bei den Warmblütern hoch entwickelt. Bei den niederen Tieren ist die Mütterlichkeit angedeutet durch die Ablage der Eier an geschützten Stellen. Oft verwendet das Weibchen äußerste Sorgfalt auf Bau, Ausstattung und Nahrungsmittelversorgung des Nestes für die zu erwartende Brut, die es aber niemals kennenlernt, weil es vorher stirbt. Da gibt es also noch keine Mutter. Denn dieser Begriff setzt immer mindestens zwei, nämlich Mutter und Kind, voraus. Diese Zweieinheit beim Menschen, Vieleinheit bei anderen Warmblütern, ist erst auf höheren Entwicklungsstufen zu beobachten. Die Mutter- und Kindeinheit sehen wir buchstäblich bei den Beuteltieren, aber auch bei den Mäuschen, die wie angebunden der Mutter nachlaufen. Ebenso bei Kitz und Geiß, Fohlen und Stute usw. Das Band ist unsichtbar, aber es besteht und ist durch den Geruchsinn verwirklicht. Mit der Pubertät ist es bei den Tieren zerrissen. Beim Menschen aber bleibt es weit über diese Zeit hinaus bestehen.

Finden wir bei den meisten Insekten nur eine Eipflege, aber noch keine Brutpflege und auch bei den niederen Wirbeltieren nur eine Eivorsorge, so ist bei den Warmblütern die Brutpflege die Regel. Unter den Insekten zeigen nur die staatenbildenden (Bienen, Ameisen, Termiten) eine Brutpflege, d. h. die Sorge um die ausgeschlüpften Larven.

Es gibt einige wenige Fischarten, bei denen die Mütterlichkeit durch die Väterlichkeit ersetzt ist. Das Männchen beschützt und ernährt die Jungen. Diese Abgabe der Brutpflege an das Männchen erinnert übrigens an Erscheinungen beim Menschen, die in den USA. keineswegs sehr selten sein sollen.

Das vergleichende Studium der Mütterlichkeit bei den Tieren zeigt in aufsteigender Reihe eine stetige Höherentwicklung dieses Triebes und beim Menschen eine unerreichte Verfeinerung, Veredlung und Verlängerung der Brutpflege. Bei den Säugern wird die Brutpflege vielfach von beiden Eltern, meist aber nur von der Mutter besorgt. Die Säugetiere, die Mammalier, werden ja geradezu nach dem Geschäft der Muttermilchernährung zusammengefaßt. Das mögen sich die Männer, die Herren der Schöpfung, stets dankbar und verehrungsvoll vergegenwärtigen. Das also, was allen Säugern gemeinsam ist, ist die Mutterliebe.

Die Mütterlichkeit ist ein Trieb, der (als einer der Faktoren des Arterhaltungstriebes anzusehen ist und) wohl, wie gesagt, Hormonen der Geschlechtsdrüsen zuzuschreiben ist, ohne daß wir heute in der Lage wären, die verschiedenen Hormone in ihrer Beteiligung beurteilen zu können. Wie weit dabei die Hypophyse mitspielt, wissen wir nicht. Das Laktationshormon, das von ihr bereitet wird, läßt eine stärkere Beteiligung der Hypophyse auch an diesem Triebe als wahrscheinlich annehmen. Es ist also die innere Sekretion, welche das Weibchen zur Mütterlichkeit veranlaßt, die Inkrete schafft, welche zur Betätigung der Mütterlichkeit die Voraussetzung sind. Die Anlage zur Mütterlichkeit ist oft auch bei vielen Frauen die nicht geboren haben, vorhanden und oft so stark, daß sie fremde Kinder wie ihre eigenen pflegen. Das finden wir übrigens nicht nur beim Menschen, sondern auch bei Tieren. Ich erinnere an die Henne mit den von ihr ausgebrüteten Entlein, die sie um sich schart und beschützt; an die Hündin, welche kleine Leoparden säugt.

Alle diese Hinweise erscheinen mir zweckmäßig zum Verstehen des Triebes der Mütterlichkeit. Aus diesem Trieb heraus handeln die Mütter unbewußt, wie auch wir unbewußt, d. h. triebhaft handeln, wenn wir es auch nicht gerne wahr haben wollen. Wir ziehen, um mit Helmholtz zu sprechen, unsere Schlüsse unbewußt. Wir erfassen ja auch neue Menschen, neue Gedanken zuerst subkortikal, also unbewußt. So begehen eben auch die Mütter ihre verschiedenen Handlungen zum großen Teil subkortikal, triebhaft, letzten Endes zum Besten von Art, Rasse und Volk.

Jedermann soll sich vor Augen halten, daß sich der Arterhaltungstrieb nicht etwa mit dem Zeugungstrieb erschöpft. Wir müssen bedenken, daß dem Manne und dem Weib nach der Zeugung auch weiterhin natürliche Aufgaben der Brutpflege zufallen. Diese Aufgaben sind für den Mann gering, für die Frau bedeuten sie ihren Lebensinhalt. Der Mann muß beachten und respektieren, daß die um ein Vielfaches größere Leistung der Frau zufällt. Die Frau soll diese Tatsache ihrer Hauptbeteiligung an der Arterhaltung beachten, sich mit ihr nicht nur zufrieden geben, sondern vielmehr auf sie stolz sein. Es ist längst bekannt und hat so vielen Frauenrechtlerinnen zu klagen gegeben, daß die Frau von der Schöpfung in der Natur dazu „verurteilt“ sei, das werdende Kind nach dem Zeugungsakt durch 9 Monate unter Beschwerden aller Art zu tragen, unter Schmerzen, ja unter Lebensgefahr zu gebären, es dann mit der eigenen Milch aufzuziehen, es warm und rein zu halten, es zu schützen und zu betreuen, durch viele Monate, ja durch Jahre, auf diese Weise an das Kind „gefesselt“ zu sein, während der Mann nach der Zeugung seiner Wege geht und sich manchmal gar nicht, oft kaum um die Kinder kümmert. Diese kurzsichtigen Denkerinnen geben einen unfreiwilligen Beweis für die Richtigkeit des bösen Satzes vom physiologischen Schwachsinn des Weibes. Solche törichten Ueberlegungen haben dann auch dazu geführt, daß andere Frauen und Mädchen den ganzen Unsinn nachreden, sich so allzuviel intellektuell, d. h. bewußt denkend beschäftigen und dadurch in ihrer Mütterlichkeit leiden.

Wir haben noch keinen Beweis dafür, aber es ist wahrscheinlich, daß die übermäßige intellektuelle Beschäftigung der Mädchen von Kindheit an auf die Entwicklung der Sexualorgane und damit auf die Entwicklung der Mütterlichkeit, ja auch auf die Milchbildung einen ungünstigen Einfluß hat und somit die Ursache für Gestationsschwierigkeiten, Gebärschwierigkeiten und Milchmangel ist. Es wird ja berichtet, daß solche Erscheinungen bei Naturvölkern sehr selten sind, bei ihnen aber auftreten, wenn sie sich der sogenannten Kultur überantworten.

Intellektuelle Beschäftigung mit physiologischen Vorgängen in seiner eigenen Person, wie Nahrungsaufnahme, Schlafen, Defäkation, Kohabitation usw. führt, wie Bleuler sagt, zu einer Störung im Ablauf eben dieser Vorgänge. Dasselbe gilt wohl auch für die Mütterlichkeit. Aber es geht noch weiter: durch die Nichtübung des potentiellen Triebes kommt es zwar nicht zum Verschwinden, doch zur Verkümmerung desselben. So sieht man, daß eine derart verbildete junge Frau, die z. B. kein Kind haben will, nun, wenn es doch gezeugt und geboren ist, das Erwachen der Mütterlichkeit spürt. Der Trieb, durch Ueberlegungen aller Art vorher unterdrückt, lebt auf und erstarkt durch Uebung, d. h. durch die tägliche Beschäftigung mit dem Kind. Er kann aber auch wieder durch Trennung von Mutter und Kind, kaum erwacht, wieder verkümmern, um latent bestehen zu bleiben und kann bei einer neuerlichen Geburt sich neuerlich zeigen und verstärken, oder wieder verschwinden, je nachdem, ob die Mutter ihr Kind bei sich behält oder nicht. Man sieht, wie wichtig es ist, daß die Mütter, gerade auch die unehelichen Mütter, von ihrem Kind nicht getrennt werden. Das uneheliche Kind, zuerst mit einer oft sehr begreiflichen Abneigung erwartet, wird nach der Geburt bald von der Mutter aus intellektuell-wirtschaftlichen Gründen verlassen. Die Mutterliebe verkümmert. Wird aber die Trennung verhindert, so entwickelt sich die Mutterliebe durch Gewöhnung immer stärker und nach einiger Zeit setzt eine solche Mutter manchesmal alles daran, um bei ihrem Kind bleiben zu können.

Wir haben gesagt, daß die besondere menschliche Mütterlichkeit eine unveränderte, starke, natürliche animalische Mütterlichkeit als Grundlage haben muß. Wie wir Menschen denn überhaupt das Natürliche, das Physiologische, das Tierische in uns, also alle unsere Triebe mit entsprechender, d. h. froher Sorgfalt hegen und pflegen müssen. Die animalische Mutterliebe befähigt die Mutter, das Kind zu schützen, auch auf eigene Gefahr. Es entsteht ein Zustand der dauernden Wachsamkeit und Besorgtheit um das Kind, wie bei den Muttertieren um ihre Jungen. Das ist ja die Voraussetzung für die Erhaltung der Art, denn sonst gehen eben die Jungen zugrunde. Wir sehen das auch bei manchen, gewöhnlich unehelichen Kindern.

Die Sorge der Menschenmutter ist häufig übersteigert und führt oft zu einem ausgesprochen neurotischen Zustand, den man auch als Maternitätsneurose bezeichnet hat. Mutterangst und Muttersorge steigern sich durch die Verbildung der Mutter infolge eines gewöhnlich falschen und ungeordneten Wissens so sehr, daß wir Aerzte große Schwierigkeiten mit solchen Müttern haben. Gerade das Wissen um Krankheiten, das Wissen um Zahlen von Gewicht und Trinkmengen wirkt oft sehr störend auf die Nerven der Mutter. Hier haben wir Aerzte gar manches gutzumachen, was wir und unsere Vorgänger vor Jahren in Unkenntnis des großen Einflusses des Bewußtseins auf natürliche Vorgänge verbrochen haben. Daß dies oft zur Hypogolaktie führt, sei nochmals kurz erwähnt. Im übrigen eine Erscheinung, die daher bei gebildeten Frauen viel häufiger ist, als bei den ungebildeten, wobei ausdrücklich zu betonen ist, daß letztere manchmal wesentlich klüger sind, als erstere.

Die animalische Mütterlichkeit zeigt sich materiell in genügender Milchmenge, vorausgesetzt, daß sie nicht durch die erwähnten Einflüsse herabgesetzt wird. Dann liegt eben nicht mehr die richtige, unveränderte animalische Mütterlichkeit vor. Die Mütterlichkeit zeigt sich ferner in Beschützung, Ernährung, Pflege und Reinhaltung der Kinder. Daß oft gerade die Reinlichkeit übertrieben wird, wieder aus Gründen intellektueller Verbildung, sei besonders erwähnt. Zu den rein körperlichen Leistungen der Mutter kommt noch die Betreuung des Kindes in nervlicher und seelischer Beziehung. Die Mutter freut sich an dem Kind, sie erfreut das Kind und freut sich wieder an der von ihr hervorgerufenen Freude. Sie singt zum Kind und liebkost es, sie schafft ihm auf diese Weise Anregung zur Muskelarbeit und damit zu stärkerer Atmung, zu größerem Appetit und kräftigerer Entwicklung.

Alles das zusammen macht das dem Mann fremde Mutterglück aus. Ein Glücksgefühl, das von keinem anderen Glücksgefühl an Intensität erreicht wird. Das Sichfreuen an dem Kind, das Erfreuen des Kindes, das Spiel mit dem Kind, gehört noch auf das Gebiet des animalischen. Denn es wird auch bei Hunden, Katzen, Füchsen und anderen Tieren beobachtet.

Die animalische Mütterlichkeit ist bei allen Tierarten beendet mit dem Geschlechtsreif- und Selbständigwerden der Jungen. Sie entwachsen der Mutter und auch die Mutter kümmert sich nicht mehr um sie. Die Mütterlichkeit ruht nun bis zur neuen Schwangerschaft. Neuerlich wird das Nest gerichtet, die Frucht ausgetragen, geboren, gesäugt und gepflegt bis zur Geschlechtsreife.

Der Unterschied zwischen Mensch und Tier ist nun, daß die Zeit bis zur Geschlechtsreife viele, meist 20 Jahre dauert, während sie bei den Säugern nur einige Wochen oder Monate, bei einigen wenigen ein paar Jahre dauert. In diesen 20 Jahren nun ist die Frau natürlicherweise ungefähr jedes Jahr zu neuerlicher Empfängnis, Schwangerschaft und damit Geburt, Ernährung und Pflege eines folgenden Kindes befähigt, also naturgesetzlich nach dem Sinn des Lebens dazu bestimmt. Nun sehen wir bei der Frau die Höherentwicklung der Mütterlichkeit, nun sehen wir die menschliche Mutterliebe, die sie so sehr über die rein tierische erhebt. Nun sehen wir die Mutter am

Erziehungswerk. Nun sehen wir das Wunder des unbewußten Denkens, die natürliche Weisheit, den praktischen Mutterwitz der Frau. Sie umfängt alle ihre Kinder mit der gleichen Liebe, richtiger gesagt, mit dem Maß von Sorge, Erziehung und Aufmerksamkeit, die das Kind nach Alter und Anlage braucht. Luise Lampert, die Schöpferin der Mutterschule, sagte mir einmal, wenn sie ein kluges, pädagogisch nicht gebildetes 20jähriges Mädchen in ein Zimmer mit 10 bis 15 kleinen Kindern stellt, kann sie gewöhnlich beobachten, wie dieses Mädchen mit den Kindern ganz gut fertig wird, während das pädagogisch gebildete oft in Verlegenheit gerät. So ähnlich sind die Mütter, die Erziehungsbücher studiert haben. Sie zweifeln und schwanken, was sie in dieser oder jener Situation tun sollen, während sie, unbeschwert von Gelehrsamkeit, automatisch, unbewußt klug, intuitiv richtig handeln würden. Man wird einwenden, daß in unserem Beispiel diese Mädchen doch noch keine Mütter sind. Doch die Mütterlichkeit schlummert beim Menschen als Anlage längst vor Zeugung, Schwangerschaft und Geburt des Kindes. Ich erwähne hier dies Beispiel, um abermals die Gefahr der Intellektualität für alles natürliche Geschehen zu zeigen.

Die Mutter ist also die erste Erzieherin ihrer Kinder. Sie belehrt durch Beispiel, durch Lob und Tadel, durch Belohnung und Strafe und durch Fragebeantwortung über ethische, religiöse und naturwissenschaftliche Dinge. Sie ist also nicht nur Erzieherin, sondern auch die erste Lehrerin ihrer Kinder. Daß die Erziehung nicht nur beim Menschen, sondern auch bei anderen Warmblütern vorkommt, darf ich als bekannt voraussetzen. Spiel und Erziehung würden also noch zu den tierischen Aufgaben der Menschenmütter gehören. Doch ist der Abstand zwischen Mensch und Tier auf diesem Gebiete so groß, daß es gerechtfertigt ist, Erziehung und Belehrung zur menschlichen Mütterlichkeit zu rechnen. Die Selbstlosigkeit der Mütterlichkeit zeigt sich in der Familie besonders dann, wenn ein Kind erkrankt ist. Dann wird die Hauptsorgfalt gerade diesem zugewendet. Auch das schwächere, erst recht das jüngere wird von der Mutter besonders betreut. So gibt die Mutter jedem ihrer Kinder nach den jeweiligen Verhältnissen die notwendige Dosis an Mutterliebe.

Wir haben gesagt, daß die Mutterliebe schon im Mädchen vorgebildet ist. Ja, wir finden die Mütterlichkeit sehr deutlich bei 3 bis 4 Jahre alten Mädchen. Sie zeigt sich so oft in dem geradezu rührenden Spiel mit Puppen. Mit Hingebung und Eifer ahmt das Kind nach, was es von der Mutter sieht, erfindet auch neues an Aufgaben für die erkrankte oder verletzte Puppe. Mit 6 bis

7 Jahren und erst recht mit 10 betreut sie den Säugling der Mutter; so übt sie sich unter natürlichen Verhältnissen im Muttergeschäft. So wird die Mütterlichkeit schon bei dem Mädchen unter natürlichen Verhältnissen, d. h. in der kinderreichen Familie geübt; aber auch ohne diese Uebung sehen wir vielfach eine außerordentlich starke Veranlagung zur Mütterlichkeit bei Mädchen von 15 bis 20 Jahren. Bringt man in einem Hörsaal mit Pflegeschülerinnen oder Oberschülerinnen einen Säugling von 5 bis 6 Monaten, so geht eine freudige Unruhe durch die Reihen, ein freudiges Leuchten über die Augen und ein strahlendes Lächeln über die Gesichter der jungen Mädchen. Ganz anders, wenn man so ein kleines Kind in einen Hörsaal mit männlichen Studenten bringt. Hier ist fast niemals freudiges Erstaunen oder Entzücken zu beobachten. Es ist bestimmt nicht der Grad des freudigen Staunens über kleine Kinder bei allen Mädchen gleich. Die Anlage ist eben auch da verschieden, ebenso wie auch das Temperament. Aber eine gewisse mütterliche Anlage an sich ist fast bei jedem Mädchen vorhanden. Sie kann und soll gefördert werden. Das geschieht erstens durch das Puppenspiel und zweitens durch die kleinen Geschwister. So wie eine gute musikalische Veranlagung durch Uebung gefördert und zur Künstlerschaft gebracht werden kann, kann auch die Mütterlichkeit durch Uebung gefördert und auch zu bedeutendem Können gebracht werden. Das geschieht aber nicht durch intellektuelles Belehren, nicht durch ein 1., 2., 3. mit Unterabteilungen von a, b, c und α, β und γ, sondern eben durch Uebung. Zwischen Intellektualität und schulmäßigem Lernen einerseits und Mütterlichkeit anderseits besteht wie gesagt, ein gewisser Gegensatz. Das darf nicht vergessen werden. Viele gut beobachtende Frauen wissen einem mitzuteilen, daß sie spontan gespürt haben, wie gegen das Ende der Schwangerschaft und in der Stillzeit der Intellekt, das Interesse an Abstraktem abnimmt. Ja die eine oder andere gibt freimütig zu, „da komm ich mir in dieser Zeit dümmer vor". Die Stärke der Frau liegt in ihrer Mütterlichkeit und in ihrer unbewußten Klugheit, im „Können" im Nest, also im Haus, im „Können" in der Brutpflege, also in der Erziehung. Hat doch Göppert seinerzeit die Erziehung als verlängerte menschliche Brutpflege bezeichnet. Baut die Häsin bald nach der Kohabitation reflektorisch das Nest, so bereitet die schwangere Mutter triebhaft Bettchen und Wäsche für das zu erwartende Kind; so zeigen Muttertiere mancher Arten im Spiel ihren Jungen, wie sie sich verhalten sollen, wozu sie freilich die entsprechenden Reflexmechanismen mit zur Welt bringen, so erziehen die Menschenmütter ihre Kinder unterbewußt auf Grund von

angeborener und erworbener Erfahrung, auf Grund seinerzeitiger Uebung in der Kindheit, so erziehen sie auch ihre heranwachsenden Mädchen zur Mütterlichkeit durch Beispiel und Uebung. Das Wichtigste aber ist auch hier die Stärke der Anlage, also die Anlage zur Mütterlichkeit. Diese Anlage befähigt das Weib zu seiner großen Aufgabe. Ich zitiere Goethe aus „Hermann und Dorothea": „Dienen lerne bei Zeiten das Weib nach seiner Bestimmung, daß sie sich ganz vergißt und leben mag nur in andern! Denn als Mutter führwahr, bedarf sie der Tugenden alle." Es soll uns immer klar sein, daß so viele Mütter in Stadt und Land eine ungeheuer große Erziehungsarbeit an den heranwachsenden Kindern leisten. Jahrelange Arbeit in der Erziehungsberatung an der Wiener Kinderklinik hat mir immer wieder rührende, erhebende, erschütternde, wahrhaft große Leistungen der Mutterliebe und des Verantwortungsgefühls der Volksgemeinschaft gegenüber gezeigt, und ich habe auf diese Weise eine tiefe Bewunderung für viele Mütter gerade auch in den unteren Ständen bekommen und bin durch diese praktische Arbeit zu einer großen Verehrung der Mütterlichkeit und damit der Frau gekommen. Daß gar manche Frauen ihren Pflichten nicht Genüge leisten, das ist mir wohl bewußt. Das finden wir in allen Schichten des Volkes, in den unteren sowohl wie in den obersten und ändert nichts an der Tatsache, daß die Mehrzahl der Frauen ihre Mutterpflichten ernst nimmt.

So wird uns die natürliche Mütterlichkeit der Frau und damit die mütterliche Frau zu dem höchsten und edelsten Gut, das ein Volk besitzen kann, und führt zu der natürlichen Frauenverehrung, die wir von so vielen alten, besonders arischen, Völkern kennen, die aber nicht zur Karikatur werden darf, wie man das in den letzten 40 Jahren gesehen hat. Die richtige Frau ist zuerst Mutter, dann erst Gattin. Die sogenannte Kameradschaftsehe ist ein unnatürlicher Unsinn. Die veredelte Mütterlichkeit stellt ein unsichtbares, aber bei vielen Gelegenheiten merkbares Band zwischen Mutter und Kind dar. Dieses Band besteht noch über den Tod der Mutter hinaus, indem der längst erwachsene Sohn, die längst erwachsene Tochter, auch nachdem die Mutter gestorben ist, sich oft und oft in dieser oder jener Lage sagen, meine Mutter hätte so und so gehandelt, oder so und so gesagt. So wirken mütterliche Lebensgrundsätze weiter durch die Geschlechter fort. So ist seit jeher die Mutter die Hüterin von Brauch und Tradition.

Die Mütterlichkeit der Frau ist meist auf die Familie beschränkt, betrifft also nur die eigenen Kinder. Jede Mutter eifert für ihr Kind, sagt der Dichter. Aber wir beobachten die Entwicklung zu einer höheren sozialen Mütterlichkeit; und wenn auch die meisten Mütter in erster Linie rein familiär eingestellt sind, so dürfen wir doch nicht vergessen, daß die familiäre Mütterlichkeit die Grundlage für die nächst höhere Stufe, die soziale Mütterlichkeit ist, von der wir ja viele Zeugnisse aus der Geschichte kennen. Wir bewundern die spartanische Mutter, die den vor dem Feind gefallenen Sohn auf seinem Schild ins Haus getragen bekommt, die Worte spricht: „Besser auf dem Schild, als ohne Schild." Ein schöneres Beispiel für soziale Mütterlichkeit und für Betätigung des hohen Grundsatzes „Gemeinnutz vor Eigennutz" können wir uns kaum vorstellen. Mit berechtigtem Stolz können wir sagen, „solche Mütter gibt es auch heute wieder in Hitlers Großdeutschland".

In der Pflege von Kranken und von Kindern in Krankenhäusern, in Kindergärten, Schulen, Krippen, Kinderheimen zeigt sich die Mütterlichkeit so vieler kinderloser Frauen. Die Mütterlichkeit dieser zahlreichen Frauen ist bewundernswert und soll gerade von uns Aerzten immer gewürdigt werden. Was diese indirekte Mütterlichkeit am Volk leistet, vor allen Dingen in der NSV, kann uns nur zur Bewunderung hinreißen. Freilich ist es auch ein bitterer Gedanke, daß so viele von diesen vielfach körperlich gesunden Frauen der Fortpflanzung entzogen werden. Mit Recht hat man darauf hingewiesen, wie nicht nur durch Männerklöster, sondern auch durch Frauenklöster in früheren Zeiten wertvolles Erbgut verloren gegangen ist. Leider geht aber auch heute noch kostbares Erbgut ausgezeichneter Frauen dadurch der Nation verloren, daß erbtüchtige gesunde Mädchen nicht heiraten; dies liegt teils an dem Unverstand vieler Männer, die ein kokettes Weibchen lieber heiraten, als eine tüchtige gescheite Frau mit natürlichem Empfinden und unverdorbenem Verstand, teils an den Mädchen, die zu große Ansprüche an die Eigenschaften des Ehepartners stellen.

Die pathologischen Formen der Mütterlichkeit zeigen sich überall dort, wo die Frauen keine oder zu wenig Kinder haben.

Wenn die Mutterliebe in einer Frau nicht ihre natürliche Befriedigung, also durch Kinder findet, weil sie keine Kinder haben kann, dann sucht sie sich oft Ersatz in Betreuung anderer Kinder und eignet sich hierfür im Gegensatz zum Mann sehr gut. Manche aber — und damit sind wir bei der Verzerrung des Triebes angelangt — halten sich einen Hund, eine Katze oder auch ein anderes Tier, dem sie ihre Mütterlichkeit zu fühlen geben und finden darin eine Art Befriedigung. Wir haben die Karikatur der Mutterliebe vor uns. Viele andere aber, bei denen die

Mütterlichkeit nicht besonders stark angelegt ist und von Kindheit an nicht geübt wurde, sind so verzivilisiert und verintellektualisiert, daß sie nun kaum etwas vermissen, wenn sie keine Kinder haben. Sie sind intellektuell und psychisch maskulinisiert. Sie haben überhaupt kaum mehr Interesse für Kinder und gehen ganz in ihrem Beruf, im wirtschaftlichen Erwerb, in Bureau- oder Fabriksarbeit auf. Sie sind bereits gänzlich oder fast gänzlich naturfremd geworden.

Früher wurde die Naturentfremdung durch Jahrhunderte hindurch von dem Wahngedanken der Kirche hervorgerufen, welche soviel Naturgesetzliches besonders auf dem Gebiet der Fortpflanzung als sündhaft bezeichnete und die Dauerenthaltsamkeit vom Geschlechtsverkehr als die höchste aller erstrebenswerten menschlichen Eigenschaften erklärte. Und wenn auch die Kirche die Ehe geschützt und gepflegt und die Einschränkung der Kinderzahl verurteilt hat, so hat sie doch durch das Klosterwesen einen schweren biologischen Schaden angerichtet. Anderseits hat sie, wenn auch mehr unbewußt, durch die Madonnenbilder, durch die Bilder Mutter mit dem Kinde, die Mutterliebe verherrlichen lassen. Hier hat arisches Wesen wie bei so vielen anderen Gelegenheiten durch spekulativ orientalisches, naturwidriges Denken durchschlagen können.

Hat früher die Kirche die Nation um wertvolles Erbgut gebracht, so besorgt das heute die noch immer fortwirkende Kraft naturwidriger Aufklärung und Frauenemanzipationsgedanken in erhöhtem Maße. Wir Aerzte haben die große Aufgabe, durch Belehrung und Beispiel diesen verderblichen Gedanken entgegenzuarbeiten.

Wir sehen also, daß die Kinderlosigkeit einerseits veredelte Formen der Mütterlichkeit zur Folge haben, die wir bewundern, anderseits aber auch solche, die wir verachten und geringschätzen müssen. Beide Formen aber der Kinderlosigkeit sind aus Gründen der Fortpflanzung und Bevölkerungspolitik zu bedauern.

Freilich, es kommt auf diese Weise doch immerhin zu einer zu begrüßenden Selektion der familienfreudigen Menschentypen und man kann auch sagen, es ist nicht schade um die oberflächlichen, naturfremd gewordenen weiblichen Frauentypen. Wohl aber ist es schade um die in den echt mütterlichen Berufen kinderlos verbleibenden Aerztinnen, Kindergärtnerinnen, Lehrerinnen, Pflegerinnen und Fürsorgerinnen. Denn sie fast alle würden gerne heiraten und Kinder haben und damit wertvollen Nachwuchs dem Volk schenken.

Die Mütterlichkeit leidet aber nicht nur unter Kinderlosigkeit, sondern auch durch das Ein- und Zweikindersystem. Da ist vor allen Dingen die Mütterlichkeit gegenüber dem einzeln bleibenden Kind. Manch solche Mutter umsorgt das einzige Kind im 2. und 3. Lebensjahr, ja auch weiterhin noch immer ähnlich wie als Säugling. Sie kommt aus der tierischen Brutpflege nicht mehr heraus. Sie päppelt und gängelt und umsorgt das Kind mit zitternder Angst, auch wenn es schon 10 Jahre alt, gerade so, wie wenn es erst 9 Monate alt wäre. Das ist ein pathologischer Gewohnheitseffekt, d. h. die Mutter kommt aus dem alten Trott der Säuglingspflege nicht mehr heraus. Ihr Intellekt ist nicht imstande, das für das Kind Altersadäquate zu treffen. Hätte sie 4 bis 5 kleinere und größere Kinder, so hätte sie nicht mehr die Zeit, auch nicht mehr den Trieb, sich mit dem 9jährigen zu beschäftigen, wie mit einem Säugling. Automatisch träfe sie das Richtige für jedes einzelne Kind; so handelte sie eben klug, wenn sie mehrere Kinder hätte, jedem einzelnen unbewußt soviel an Sorge zuweisend als nötig; instinktiv und intuitiv träfe sie für jedes Kind ungefähr das Richtige. Nachdenkend aber — das ist das Gegenteil von intuitiv — macht sie das Falsche. „Beim Nachdenken kommt gewöhnlich nichts Gescheites heraus", sagt treffend der Volksmund. Also die intellektuelle Mutter des einzigen Kindes handelt meist dumm, die ungebildete von vielen Kindern meist richtig, d. h. freilich nicht etwa, daß sie gar keine Fehler macht. Aber sie macht an ihren vielen Kindern zusammen weniger Fehler als manche Mütter an ihrem einzigen Kind. Zum Glück machen es ja nicht alle Mütter einziger Kinder schlecht, was ausdrücklich betont sei.

Die natürliche Mutter ist optimistisch, selbstvertrauend und vertrauend auf die weisen Einrichtungen der Schöpfung in der Natur überhaupt und in ihrem Kinde im besonderen. Mit einem Wort, sie ist gottvertrauend nicht im Sinn eines Kirchenglaubens von der Sündhaftigkeit des Natürlichen, auch nicht im Sinne eines angstneurotischen Glaubens, daß ihr Kind besonders empfindlich, besonders anfällig sei, sondern in dem Sinn, daß ihr Kind ein brauchbarer wetterfester Durchschnittsorganismus ist. Die natürliche Mutter ist bedenkenlos, gottgläubig und optimistisch.

Der kürzlich verstorbene Tierzüchter A d a m e t z hat auf den O p t i m i s m u s und seine Bedeutung für Rassen und Völker hingewiesen. Man versteht das ohneweiters, wenn man bedenkt, daß ja der Optimismus nichts anderes ist, als die durch kein Nachdenken und kein Grübeln gestörte fröhliche Grundstimmung, die automatisch zu bedenkenloser Betätigung der Triebe führt. Daß der bedenkenlosen Betätigung des Geschlechtstriebes die Einführung der D a u e r e i n e h e im Wege steht, muß freilich zugegeben werden. Doch aber hat sich die Ehe als eine absolut notwendige Einrichtung im Leben geordneter Völker ergeben, hat sich auch im großen und ganzen gut bewährt und wird sich noch mehr als bisher weiter bewähren, wenn die Frauen ihre Selbstlosigkeit und Mütterlichkeit bewahren und die Männer mehr und mehr den Sinn für das Familienleben pflegen und ihre Aufgabe erkennen, daß sie für Volk und Vaterland nicht nur zu sterben, sondern auch im Dauerkrieg für die Volksgesundheit, den unser Leben darstellt, zu leben bereit sein sollen.

Eine der merkwürdigsten Erscheinungen ist die Verkümmerung der Mütterlichkeit, die meistens durch Zivilisation und vor allen Dingen durch Intellektualität hervorgerufen wird. Von dem gegensätzlichen Verhalten, von dem Antagonismus zwischen Verstand und Instinkt oder, wenn Sie wollen, Cortex einerseits, Hypophyse bzw. Zwischenhirn und Sexualorganen anderseits, wurde schon gesprochen. Man versteht heute, warum das verstandesmäßige Beschäftigen mit allen möglichen Fragen, auch mit Fragen der Fortpflanzung der Mütterlichkeit und ihrer Entwicklung hindernd im Wege ist. Der in der Systemzeit in der Ostmark von einem Arzt angezogene alte Satz: „Schenkt Gott ein Haserl, gibt er auch ein Graserl", ist wesentlich weiser als der Satz des Malthus, der das Einschränken der Kinderzahl dringlich auch erfolgreich empfahl, wie die abendländischen Völker leider zeigen. Optimismus, Gottvertrauen und Selbstvertrauen mögen zu einer allzu großen Bevölkerungsdichte führen, sie führen dann aber auch nach ewigen Naturgesetzen zu Kampf und Ausbreitung oder Untergang. Das ist aber doch eine klare ehrliche natürliche Einstellung, nicht kurzsichtig, sondern weitsichtig weise und tapfer, und was im Kreise von Naturwissenschaftlern besonders ziehen sollte, auch naturwissenschaftlich richtig.

Von der Mütterlichkeit hängt die Erhaltung von Rasse und Volk ab, oder, um mit August Mayer zu sprechen, über Sein oder Nichtsein unseres Volkes entscheidet allein die Mutter.

Kein Zweifel; wahre Mütterlichkeit ist immer bewundernswert. Sie ist der Heroismus des Weibes. Man lese darüber die Gedanken des Führers. Der Heroismus des Mannes ist Kampf auch im Angesicht des Todes, im Kampf mit dem Feind. Er bringt das Land, das für die Siedlung nötig ist. Der Heroismus des Weibes aber soll zur Besiedlung des Landes führen. Man hat in der letzten Zeit oft gehört, daß es ebenso schwer ist, für das Vaterland, also für Art und Volk, zu leben, wie für das Vaterland zu sterben. Ein wahres Wort. Manche Frauen, die mit kurzem Verstand, sagen, „wir wollen nicht Kinder gebären, damit sie im Elend leben oder vom Feind getötet werden. Wenn wir keine Sicherheit für unsere zu gebärenden Kinder haben, dann wollen wir lieber gar keine". Daß dies Selbstmord des Volkes bedeutet, sehen sie in ihrer naturfremden, intellektuellen Torheit nicht.

Unsere Zukunft hängt von der Verbreitung natürlicher, selbstloser, heroischer Mütterlichkeit ab. Vor kurzem stand im „Schwarzen Korps": Gedanken eines gefallenen Soldaten. „Mahnung an die Lebenden." Da heißt es: „Die Aufgabe im Osten wird nicht erfüllt, wenn das deutsche Volk sich in dem neuen großen Raum gegen den kinderreichen Osten nicht behauptet, und zwar im Wettkampf der Geburten." Dort wird auch die Geburteneinschränkung mit der Selbstverstümmelung eines Soldaten verglichen. Es heißt dann weiter: „Das erschütternde Erlebnis dieser Tage ist die Feststellung, wieviel einzige Söhne es in Deutschland gibt." Ferner: „Niemand ist ehrlich, der seinem Volk den Nachwuchs beschneidet. Es muß in Zukunft den Begriff volksehrlich geben, ohne den niemand leben kann, sowie man nicht leben kann, ohne anständig zu sein."

Die Frau führt ihr Leben naturgesetzlich für andere, der Mann mehr für sich selbst. So ist es nicht durchwegs, aber im großen und ganzen. An der Geburteneinschränkung ist gewöhnlich, nicht etwa immer mehr der Mann als die Frau schuld. Jedenfalls bringen viele Männer ihre Frauen um das von ihnen oft heiß ersehnte Mutterglück. Die Frau ist nach dem Gesagten für die natürlichen Forderungen, die zu stellen sind, mehr geeignet als der Mann. Die Frau ist mehr zum Altruismus befähigt als der Mann. Die Frauen können, das muß man als ehrlicher Mann zugeben, sehr viel an Männerarbeit leisten, die Männer aber sind zur eigentlichen, d. h. natürlichen Frauenarbeit, nämlich Säuglings- und Kleinkinderpflege gar nicht und zu dem was man sonst gewöhnlich als Frauenarbeit bezeichnet, entschieden weniger geeignet, als die Frau.

Sehen wir doch die Dinge wie sie sind. Wir verlangen von der Frau, daß sie trotz der Annehmlichkeiten von Sport, Kunstgenuß, Reisen und moderner Bequemlichkeit und bei der Möglichkeit, die Konzeption trotz des genußreichen Geschlechtsverkehres zu verhüten, wir verlangen, sage ich, daß sie trotzdem das geplagte Leben einer kinderreichen Mutter mit den vielen Schwangerschaften und Geburten samt allen ihren Gefahren, mit der Erziehung der nicht immer leicht erziehbaren Kinder, mit der Führung des vielköpfigen Haushaltes, auf sich nimmt. Wahrhaftig, eine Entscheidung, die wir der Frau zumuten, gegen die die Entscheidung des Herkules zwischen Wohllust und Tugend ein Kinderspiel war. Und doch muß sie verlangt werden. Es ist der Dienst am Volk, für die Zukunft, der unerläßlich ist.

Und nun lassen Sie mich schließen. Mögen alle deutschen Frauen zu ihrer Natur zurückkehren, zur Mütterlichkeit. Mögen die deutschen Männer diese hohe Bestimmung der Frau erkennen und ehren, auf daß der Sinn unseres Lebens erfüllt werde, ewiges Deutschland.

Die Psyche der Frau

Von

Dozent Dr. **A.** Prinz **Auersperg**

Wien

Wenn die Akademie für ärztliche Fortbildung mir als Facharzt das Thema „Die Psyche der Frau" aufgegeben hat, so muß sie wohl damit eine bestimmte Absicht verfolgt haben. Als Psychiater empfinde ich zunächst nichts als eine große Verlegenheit. Es erscheint mir nicht nur bedenklich, sondern auch aussichtslos, die Psyche der Frau von der Psychose, das Urbild vom Zerrbild her begreifen und beschreiben zu sollen. Aussichtslos, wenn ich z. B. bedenke, daß die in ihrer Problematik so fruchtbare Typenlehre von Kretschmer das irgendwie Absonderliche zum Typischen macht, wobei das den harmonischen Menschen auszeichnende Wesen als das farblose Grau im Farbendreieck erscheinen muß. Sollte ich mich aber jenen Seelenforschern anschließen, welche in der Seele der Frau nicht eine schlichte Gegebenheit, sondern ein Problem zu sehen glauben, so gliche ich bald jener bekannten Gestalt eines indischen Gelehrten, welcher den Wesenskern einer Zwiebel enthüllen wollte, Schale um Schale löste und doch nichts weiter als Zwiebel fand. Das Gebilde wird nur immer dürftiger und dürftiger, bis ihm schließlich nichts mehr in Händen bleibt. Sollte ich schließlich jene Doktrinen aufgreifen, welche vom neurotischen Symptom der Frau ausgehen, so könnte ich von vornherein das mir gestellte Thema „Die Seele der Frau" nicht erreichen, denn diese

Methoden sind nicht darauf gerichtet, das Wesen der Frau zu entdecken, sondern vielmehr die Entwicklung eines bestimmten Symptoms lebensgeschichtlich bis auf seinen Ursprung zurück zu verfolgen. Ich sehe somit keine Möglichkeit, vom fachwissenschaftlichen Standpunkt aus das hohe Thema „Die Psyche der Frau" zu erreichen. Es wäre nun an mir, das Thema in die Hände der Kursleitung zurückzulegen. Das wäre aber ein Mißverständnis. Es hat seine guten Gründe, wenn an Stelle irgend eines ausgewählten Themas aus dem Gebiete der weiblichen Psychopathologie gerade „Die Psyche der Frau" in das Programm eingesetzt wurde. Das Thema „Die Seele der Frau" ist, wenn auch nicht ein theoretisches Problem, so doch eine praktische Aufgabe, welche sich jedem Arzte stellt, sooft er eine Kranke zu behandeln hat. Da ist nun allein schon die Tatsache, daß keine fachärztliche Doktrine der Seele der Frau gerecht werden kann, eine sowohl grundsätzlich als auch praktisch wichtige Feststellung. Wir verweisen damit die Aufgabe, das zeitgültige Bild der Frau zu entwerfen, wie es zu allen Zeiten war, aus dem Bereiche der forschenden Wissenschaft in das Gebiet der darstellenden Kunst. Nicht als ob der Künstler allein berufen wäre, das Wesen der Frau zu begreifen; er ist vielmehr allein berufen, das Wesen der Frau, so wie es die Gemeinschaft seiner Zeit begreift, auszusprechen. Dieser naive Sinn für das Wesen der Frau, wie er jedem vollwertigen Mitglied der Gemeinschaft von Natur aus mitgegeben ist, hat mithin auch unsere ärztliche Einstellung zur Frau zu bestimmen. Der Arzt hat die Möglichkeit wie kaum ein anderer, diesen Sinn, diese schlichte Menschenkenntnis an der Erfahrung zu entwikkeln. Die berufliche Tätigkeit und die Vertrauensstellung des Arztes geben seiner beratenden Stimme in schweren Lebenskonflikten (welche durchaus nicht immer neurotischer Natur zu sein brauchen) ein entscheidendes Gewicht. So segensreich die Tätigkeit eines Arztes auch auf diesem Gebiete der Lebensberatung sein kann, so sicher ist es, daß wir wohl in keinem anderen Bereiche ärztlicher Tätigkeit so häufig gezwungen sind, die Tatsache einer iatrogenen Schädigung festzustellen, als in der Beratung und Behandlung seelischer Konflikte. Darin sehe ich auch den eigentlichen Grund, warum in unserer Tagung ausdrücklich „Die Psyche der Frau" zur Diskussion gestellt werden soll.

Unsere Ausbildung lag in einer Zeit, welche dem gesunden Sinn für das natürlich Gegebene derart mißtraute, daß selbst die Kunst zum Problem geworden war. Es ist nur folgerichtig, daß in einer solchen Zeit auch das Bild der Frau von einer schlichten Gegebenheit zum Problem werden mußte. Dadurch aber erhielten alle die eingangs geschilderten psychologischen und psychiatrischen Doktrinen um das Wesen der Frau eine Geltung, welche über die Grenzen des fachlichen Interesses hinaus das zeitgenössische Denken und den zeitgenössischen Geschmack verwirrten. Diese Selbstunsicherheit, dieses Mißtrauen in die eigene schlichte Menschenkenntnis, welche gerade in der Behandlung der Frauenseele zu mißverstandenen Doktrinen ihre Zuflucht nimmt, beherrscht aber immer noch das Denken einzelner unserer Berufskollegen. Diese Kollegen scheinen mir die Tatsache zu verkennen, daß jedem erfolgreichen Psychotherapeuten die etwa doktrinär begründete Methode nur ein Instrument ist, dessen sich der gesunde Menschenverstand und die an der Erfahrung entwickelte Menschenkenntnis bedient. Menschenverstand und Menschenkenntnis können im gegebenen Falle auch ohne methodische Schulung eine Frau richtig behandeln und beraten. Wie weit aber ein von mißverstandenen Doktrinen irregeleitetes Denken vom gesunden Gemeinverstand abirren kann, möchte ich kurz an einem, wenn auch krassen Beispiel illustrieren:

Ein Mädchen, 24 Jahre alt, körperlich gesund, gut gebaut, mit mürrischem, beleidigtem Ausdruck gibt an, seit ihrem 17. Lebensjahr an drückenden Kopfschmerzen zu leiden. Sie ist die einzige Tochter vermögender Müllersleute. Als Kind zärtlich, aufgeschlossen, von den Eltern verwöhnt, veränderte sich ihr Wesen um die Zeit der Geschlechtsreife. Sie wurde gegen ihre Eltern verschlossen, mürrisch, reizbar. Zu den Altersgenossen hatte sie als verwöhntes, altkluges, einziges Kind schon früher keine rechten Beziehungen gewonnen. Die Eltern sehen mit gereizter Sorge die Vereinsamung der Tochter. Die Spannung zwischen Eltern und Kind nimmt zu. Das einzige, welches beide noch verbindet, ist die gemeinsame Sorge und Pflege der Kopfschmerzen, welche als die eigentliche Ursache des Versiegens aller Lebensfreude und des Versagens aufgefaßt werden. Der zugezogene Arzt — neurologisch gut geschult — findet einen normalen Nervenbefund und schließt mit Recht auf den funktionellen Charakter der Kopfschmerzen. Er glaubt, die Eltern dahin aufklären zu müssen, daß diese Beschwerden ihrer Tochter auf das unterdrückte Triebleben des Mädchens zurückzuführen seien und empfiehlt, ihr einen Mann zuzuführen. Die Eltern nehmen den Ratschlag so wörtlich, wie er gegeben ist. Es wird kurz entschlossen ein Verhältnis mit einem Angestellten herbeigeführt. Die Kopfschmerzen bleiben unverändert. Eltern und Arzt beschließen unter Zuziehen der Tochter eine Schwangerschaft als Abhilfe. Zur Zeit dieser Schwangerschaft Monat für Monat die Frage, ob die Kopfschmerzen nun besser seien. Das Kind kommt zur Welt, wird sofort an Pflegeeltern abgegeben. Kopfschmerz bleibt. Man beschließt, die Mutter das Kind stillen zu lassen. Der Kopfschmerz dauert an. Das Kind wird den Pflegeeltern erneut übergeben, die junge Mutter einer Fachstation überstellt. Eine Röntgenaufnahme des Schädels ergibt die im Normalfall geläufige Antwort auf die Frage: Drucksteigernder Prozeß? — Impressiones digitatae leicht vermehrt und vertieft noch im Bereich des Physiologischen. Um die Sünden der Aerzte an diesem Fall nicht aussterben zu lassen, wird dem Mädchen eröffnet, daß ihr weiter nichts Ernsthaftes fehle, nur der Schädel sei im Verhältnis zu Schädelinhalt ein wenig zu knapp gebaut. Ein raffinierteres Bild, auf suggestivem Wege Kopfschmerz zu erzeugen, kann kaum ersonnen werden.

Dem fachärztlichen Erfahrungsgebiet entsprechend, bin ich nun doch in diesem Beispiel vom Thema „Die Psyche der Frau" in das Gebiet der Psychopathologie abgewichen. Lassen Sie mich noch kurz in dem Bereich der Neurose verweilen, um naheliegende Einwände gegen unsere Auffassung zu entkräften: In diesem Beispiel, wie in ähnlichen Fällen, rufen die Angehörigen den Arzt zum Kranken, weil eben ihr gesunder Menschenverstand mit neurotischen Störungen des Seelenlebens nichts anzufangen weiß. Wie sollte nun der Arzt auch wieder nur auf Grund des ihm eigenen Menschenverstandes der ihm gestellten Aufgabe gerecht werden? Zunächst hat der Arzt gegenüber den ratlosen Angehörigen die Fähigkeit, den funktionellen Charakter der Störung zu erkennen. Er hat weiter im Vergleich mit den Eltern unserer Kranken den Vorteil der Unbefangenheit. Als Unbefangener hätte er erkennen müssen, daß die übertriebene Sorge der Eltern geeignet sei, das neurotische Verhalten der Tochter geradezu herauszuzüchten. Er hätte aus dem mürrischen Wesen der Patientin bemerken müssen, daß die Bindung der Tochter an das Elternhaus nicht mehr die der kindlichen Liebe sei, sondern die Angst vor der selbständigen Begegnung mit eigenen Lebensaufgaben. Die Entfernung des Kindes aus dem Elternhaus wäre somit das erste Ziel der Behandlung gewesen. Es ist möglich, aber durchaus nicht notwendig, daß in diesem vorliegenden Falle eine methodisch durchgeführte Psychotherapie das Mädchen von ihrem Symptom hätte befreien können. Sicher aber ist, daß ein eingehendes ärztliches Befassen mit diesem Symptom eine große Gefahr im Sinne einer noch tiefergreifenden Fixierung des Symptoms bedeutet hätte. Ich glaube, daß die abschließende Handbewegung, mit welcher Professor Chvostek die Untersuchung einer Hysterika zu beenden pflegte, in vielen Fällen einen durchgreifenderen therapeutischen Erfolg hatte als manche zeitlich ausgedehnten Bemühungen im gleichen Falle. Die Dauer der Behandlung einer Neurotika durch ein und denselben Arzt spricht nicht für die Güte derselben. Es wird von uns kaum als ein Lob eines Fachkollegen gewertet werden, wenn eine Neurotika sagt: „Der Doktor X war der einzige, welcher mich verstanden hat." Allein das Bewußtsein, vom Arzt nicht verstanden zu werden, kann die Abkehr vom neurotischen Krankheitsgefühl einleiten. So glaube ich denn, auch was die Behandlung der neurotischen Patientinnen durch den praktischen Arzt betrifft, unsere Behauptung aufrecht halten zu dürfen, daß unvoreingenommene, an der Erfahrung gebildete Menschenkenntnis, verbunden mit medizinischem Wissen und Können dem Arzt ermöglicht, seiner Aufgabe, insbesondere dem „Primum non nocere", gerecht zu werden, wenn ihm auch in manchen kompliziert liegenden Fällen die Ursprünge und Motive der neurotischen Symptombildung verschlossen bleiben mögen.

Viel wesentlicher als ein fallweises Unverständnis dem neurotischen Symptom gegenüber ist es, daß wir eine gesunde weibliche Reaktion auf irgend welche Lebensschwierigkeiten nicht als neurotisch verkennen. Die im seelischen Zwiespalt befindliche Frau würde sonst selbst leicht Beute unserer Fehlvorstellung und vom Gesunden zum Krankhaften hingeleitet. Unser Gespräch mündet damit wieder in unser Hauptthema zurück, denn das Urteil, ob eine seelische Regung dem Wesen der Frau entspricht, wie wir immer wieder betont haben, fällt der gesunde Menschenverstand im Sinne der eben zeitgültigen Vorurteile. Nun wandeln sich aber eben diese zeitgültigen Vorurteile und damit das Bild der Frau, wie es uns im gültigen Dokument der Kunst überliefert wird.

Wir können die freischreitende Gestalt einer Artemis nicht in das bunte Halbdunkel einer gotischen Kirche versetzen. Wir können aber auch nicht die gotische Frauengestalt dem Kreise der olympischen Göttinnen zugesellen. Die Frauengestalten der verschiedenen Zeitepochen sind einander fremd. Ihre Bildwerke verlieren mit dem Wandel des Zeitgeistes ihre sprechende Bedeutung. In dem gotischen Chor der Franziskanerkirche in Salzburg, vom Landshuter Meister aufgerichtet, stand zu seiner Zeit ein Muttergottesaltar von Michael Pacher, welcher nach den noch vorhandenen Abrechnungen den St.-Wolfgang-Altar an Pracht um ein Vielfaches übertroffen haben muß. Das Barock hat diesen Altar in Trümmer gelegt und verbrannt.

Das künstlerische Bild der Frau ist zeitgebunden und kann so dem naturwissenschaftlichen Anspruch der Allgemeingültigkeit nicht genügen. Der Arzt vermag aber, so wenig als es der Künstler darf, sich über den Geist der Zeit zu erheben und ein gleichsam objektives Bild der Frau von einem außerhalb der Gemeinschaft liegenden, wissenschaftlichen Standpunkt herauszustellen. Nun scheint es mir aber, als ob gerade die heutige Zeit dem naturwissenschaftlichen Anspruch nach möglichst umfassender Geltung dessen, was wir als das Wesen der Frau betrachten, entgegenkäme. Uns erscheint jedes Bild, welches unsere Vorfahren vom Wesen der Frau herausgestellt haben, jeder Stil, in welchem sie enthalten sind, von sprechender Bedeutung. Das, was aber unsere Zeit vor allem auszeichnet, ist die Aufgeschlossenheit gegenüber der jenseits der Kulturformen frei waltenden Natur. Ja noch mehr: Wir betrachten alle echten Kulturformen und so auch die unserer Zeit als ein Stück Natur und streben so die Einheit des Weltbildes an. So entspricht es durchaus unserem Sinn, wenn Professor Hamburger die mütterlichen Eigenschaften des weiblichen Wesens aus den Anfängen der Brutpflege entwickelt. Die Erfahrungsgrundlage, aus welcher wir gleichsam ein Urbild des weiblichen Wesens entwickeln, ist also eine derart umfassende, daß sie der wissenschaftlich zu fordernden Allgemeingültigkeit nahezukommen scheint. Wenn wir somit die Seele der Frau als ihre Natur betrachten, so ist es sachlich unsinnig, von Fehlern zu sprechen, welche der weiblichen Natur als solcher eigentümlich wären. Wir haben vielmehr bemüht zu sein, den biologischen Sinn dieser vermeintlichen Fehler zu erkennen. Von Uexküll haben wir gelernt, die einzelnen Lebewesen von ihrer Umwelt her zu beschreiben. Die Welt der Frau ist vor allem das Kind und der Mann. Von der Frau als Mutter hat eben Professor Hamburger gesprochen. Lassen Sie mich das Gemeinte in bezug auf den Mann als „Umwelt der Frau“ noch kurz illustrieren. Seit Möbius geht das schon von Professor Hamburger zitierte Wort vom „physiologischen Schwachsinn der Frau“ um. Es ist zuzugeben, daß die Frauen tatsächlich in ihrem Verhalten fallweise unlogisch erscheinen. Unsere Aufgabe ist es, den Sinn dieses anscheinenden Defektes etwa nach der Umweltmethode von Uexküll zu ergründen. Dazu ein Beispiel:

Ein miteinander durch Jahre befreundetes Paar beschließt, sich zu heiraten. Die ärztliche Untersuchung erbringt zur Erschütterung beider eine positive Wassermannsche Reaktion der Frau. Der Mann rückt daraufhin von seiner Freundin ab, ohne ganz von ihr lassen zu können. Die Frau liebt diesen Mann und trachtet, den sie erschütternden Befund der positiven Wassermann-Reaktion ärztlich aufklären zu lassen, wendet sich aber gleichzeitig einem jungen Mann zu, welcher sie schon durch längere Zeit völlig umsonst mit seiner Zuneigung verfolgt hatte. Der bisherige Freund der Frau ist darüber wie aus allen Wolken gefallen, er zweifelt ernstlich am Verstand seiner Freundin. Er beschwört sie, von ihrem sinnwidrigen Abenteuer zu lassen, verspricht ihr, sie auf Händen tragen zu wollen usw. Er bemerkt nicht, daß er selbst der Narr ist und nicht die Frau, welche durch ihr abwegiges Benehmen die Eifersucht und damit die erkaltete Zuneigung ihres früheren Freundes zurückerobert hat. Aehnliches gilt von der Eitelkeit der Frauen. Wenn die Frau ihre äußere Erscheinung pflegt, so tut sie es wohl wissend, daß sie damit dem Wunschbild der Männer entgegenkommt.

Es ist nicht meine Absicht, Sie mit weiteren ähnlichen Beispielen zu bemühen, niemals würden wir auf diesem Wege zu einem Wesensbild der Frau gelangen. Was ich in diesem kurzen Vortrag allein herauszustellen anstrebte, war die Seele der Frau als praktische ärztliche Aufgabe. Ich weiß, daß ich in diesem Vortrag keinem von Ihnen etwas Neues gebracht habe. Wenn Sie sogar den Eindruck haben, daß die eben entwickelten Ueberlegungen eigentlich selbstverständlich sind, so freue ich mich an der Uebereinstimmung mit meiner Ansicht; denn gerade in der Frage nach dem Wesen der Frau sind wir in jüngster Vergangenheit vom Selbstverständlichen allzuweit abgewichen.

Das Herz der Frau

Von

Professor Dr. **E. Risak**

Wien

Im Rahmen des diesem Kurse zugrunde liegenden Themas obliegt mir die Aufgabe, das Herz der Frau, ein Organ, das schon seit frühesten Zeiten die Dichter aller Sprachen immer wieder zum Gegenstand ihrer Kunst gemacht haben, in seiner medizinischen Bedeutung zu umreißen. Viel sinnfälliger als aus den Werken der Dichter geht die Bedeutung, die das Herz der Frau beim Volke hat, aus den Darstellungen der bildenden Künstler hervor. Betrachten wir unter diesem Gesichtspunkt die zeitgenössischen Darstellungen der Mutter mit dem Kinde, so spiegeln sich in ihnen die Auffassungen ihrer Zeit wieder. Die Gotik verzichtet auf besonderen Blickfang (Müseler) und stellt den Mutterschmerz durch die Haltung und durch den Ausdruck des seelischen Leides im Gesichte dar. Dem Künstler des Barock und der Renaissance erscheint diese Darstellung vielfach zu einfach. Der Einfluß des Gemütes auf das Herz wird sinnfällig durch ein das Herz durchbohrendes Schwert dargestellt. Unseren Bauernmalern, die sich naturgemäß an viel primitivere Bevölkerungsschichten wenden müssen, ist dies noch zu wenig eindrucksvoll. Es wird bei diesen Darstellungen das mit dem Schwerte durchbohrte blutende Herz sichtbar auf die Brust aufgemalt. Diese naturalistischen Bilder stellen somit das Herz und seine Abhängigkeit von vegetativen Veränderungen bewußt oder unbewußt in den Mittelpunkt des Blickfeldes.

Fragen wir uns, ob für unsere Ueberlegungen diese Art Gegenstand unserer Betrachtungen sein kann oder soll, so ist dies, zum Teil wenigstens, sicherlich im bejahenden Sinne zu beantworten. Die Künstler verwechseln entweder instinktmäßig oder absichtlich bei den obenerwähnten Darstellungen Ursache und Wirkung und stellen das Erfolgsorgan, das Herz, als sinnfälliges Zeichen eines psychischen Geschehens in den Vordergrund. Bei der vegetativen Einstellung der Frau erscheint es uns aber gerade vor einem Kreis von praktischen Aerzten, die ja alle immer wieder mit diesen Wechselwirkungen und ihren Folgen für das Herz-Kreislaufsystem zu tun haben, wichtig, gerade auf diese Fragestellung näher einzugehen. Halten wir uns da bei an den Sprachgebrauch der alten Römer, so ergibt sich sofort und ohne Zwang eine Zweiteilung unseres Themas. Unter Cor wurde nämlich rein anatomisch das Herz bezeichnet, während unter dem Begriffe Anima alle jene Zusammenhänge, die wir oben gestreift haben, zu verstehen sind.

Wir wollen uns nun im folgenden an diese zwei Begriffe halten und zunächst einmal die Frage aufwerfen, ob es im rein anatomischen Sinne überhaupt berechtigt ist, von einem Frauenherz zu sprechen. Aus dem einschlägigen Schrifttum ergibt sich dabei folgendes: bei reiner Betrachtung des Herzens allein, losgelöst vom übrigen Körper, ist wohl kein Anatom in der Lage, die Entscheidung zu treffen, ob ihm im gegebenen Falle ein weibliches oder ein männliches Herz vorliegt. Anders verhält es sich, wenn man auf Arbeiten eingeht, die sich in größeren Untersuchungsreihen mit der Frage nach einem Geschlechtsunterschied des Herzens beschäftigen. Aus einer größeren Anzahl von anatomischen Arbeiten (Bizot, W. Müller, Rössle, Roulet u. a.) läßt sich erkennen, daß anscheinend hier doch gewisse Geschlechtsunterschiede bestehen, die sich bei Reihenuntersuchungen aus einem im allgemeinen geringeren Organgewichte des Herzens der Frau erkennen lassen. Dementsprechend zeigen auch die Durchmesser der Ostien sowohl im rechten als auch im linken Herzen deutlich kleinere Werte.

Anatomisch betrachtet, müssen wir also daran festhalten, daß im allgemeinen das Frauenherz kleiner als das der Männer ist. Es erhebt sich nun die Frage, ob wir aus diesen Zahlen berechtigt sind, Rückschlüsse für unsere Praxis zu ziehen. Es ist wohl ohne Zweifel, daß, eine normale Entwicklung vorausgesetzt, das Herz in Abhängigkeit von der Massenentwicklung des Körpers und vielleicht im besonderen von der Muskulatur steht. Die im Durchschnitt kleinere und muskelärmere Frau hat somit das Herz, das ihr nach der Beschaffenheit des Frauenkörpers zukommt. Es gibt uns somit die anatomische Betrachtungsweise nicht das Recht, hier ein Werturteil zu fällen. Dagegen läßt sich aus diesem Geschlechtsunterschied wohl die Schlußfolgerung ableiten, daß eben das kleinere Frauenherz uns anzeigt, daß es sich nicht oder zumindest nicht in der Mehrzahl der Fälle ohneweiters zu schwerer Arbeit eignet. Müssen wir aber Frauen körperliche Männerarbeit zumuten, so werden wir dem weiblichen Herzen die erhöhte Belastung durch Uebung leichter machen. Die längere Anlaufzeit wird sich durch klagloses Funktionieren belohnt machen. In diesem Zusammenhang sei vielleicht noch auf die Tatsache verwiesen, daß die zirkulierende Blutmenge bei der Frau kleiner ist als beim Manne. Auch daraus ergeben sich die oben gezogenen Schlüsse.

Manchem dürfte es jetzt zweckmäßig erscheinen, im Anschluß an die Erkenntnisse der Anatomie die der pathologischen Anatomie folgen zu lassen. Der letztgenannte Zweig unserer medizinischen Wissenschaft steht aber am Ende unseres Lebens und vielfach auch an dem eines Krankheitsgeschehens. Es erscheint uns daher folgerichtiger, zunächst die klinischen Beobachtungen über das gesunde und das kranke Frauenherz zu bringen und die Richtigkeit der klinischen Erkenntnisse durch die Tatsachen, die uns die pathologische Anatomie vermittelt, überprüfen zu lassen. Wir haben uns auf dem 68. Internationalen Fortbildungskurs der Wiener Akademie für ärztliche Fortbildung in Badgastein mit dem Thema „Das Altern und seine Beschwerden“ bemüht, bei der Aufstellung des Begriffes eines Cor senescens ganz allgemein den Entwicklungsgang eines menschlichen Herzens darzustellen. Beim Cor infantile mit seiner uncharakteristischen kugeligen Gestalt lassen sich, soweit aus dem uns zur Verfügung stehenden einschlägigen Schrifttum hervorgeht, weder anatomisch noch klinisch Geschlechtsunterschiede feststellen. Anders verhält es sich schon mit dem Cor puerile. Hier tritt in das Leben der Frau ein entscheidender Wendepunkt, die Menarche, ein. Beim Studium dieses Lebensabschnittes ging es uns so wie bei dem des Cor senescens. Wir dachten hier eine Fülle von einschlägigen Arbeiten vorzufinden, und waren — wie damals — enttäuscht, feststellen zu müssen, daß über diesem so wichtigen Lebensabschnitt im Hinblick auf unsere Fragestellung so gut wie gar nichts aufzufinden war. Es ist wohl ohne Zweifel, daß das hormonale Geschehen des Eintrittes der Menstruation einen bestimmenden Einfluß auf das Herz-Kreislaufsystem eines jungen Mädchens ausüben muß. Anscheinend lassen sich aber auch hier zumindest anatomisch und röntgenologisch keine besonderen Geschlechtsunterschiede nachweisen. Dagegen wird es dem Kliniker nicht allzu schwer fallen, an der größeren Labilität des Gefäßsystems, an einer Steigerung der Pulsfrequenz und an einer Akzentuation der Töne bei fortlaufender Kontrolle diese Einflüsse zu erkennen. Sie treten unter Umständen schon vor dem sinnfälligen Zeichen der Menstruation in Erscheinung und kündigen dem erfahrenen Hausarzt das Bevorstehen dieses im Leben der Frau so einschneidenden Ereignisses an.

Beim Manne wirkt sich beim Cor adolescens und juvenile der Kampf ums Leben mit seiner stärkeren Belastung beeinflussend auf die Größe des Herzens aus. Auch im normalen Leben einer Frau treten Ereignisse an sie heran, die eine besondere Mehrbeanspruchung des Herzens erfordern. Wir denken hier an die Zeiten der Schwangerschaft und der Geburt. Hier liegt eine Reihe von anatomischen und röntgenologischen Untersuchungen vor. Nach Ansicht vieler Autoren (Dietlen, Zdansky u. a.) nimmt das Herz während der Schwangerschaft an Größe zu und zeigt damit sinnfällig den Zusammenhang zwischen dieser Arbeitsleistung und der Herzgröße. Die Gewichtsvermehrung übersteigt aber keineswegs das durch die Gewichtszunahme des ganzen Körpers zu erwartende Maß. Die Größenzunahme des Herzens in den Zeiten der Schwangerschaft berechtigen uns Kliniker daher nicht, in ihr ein Zeichen eines krankhaften Vorganges zu sehen. Es muß vielmehr für die Praxis der Schluß gezogen werden, daß das Ausbleiben einer Größenzunahme während der Schwangerschaft als ein krankhaftes Geschehen aufzufassen sei. Mit dieser Auffassung deckt sich die allgemeine klinische Erfahrung, wonach gerade die kleinen Herzen, die schon an und für sich ein Mißverhältnis zwischen diesem Organ und dem übrigen Körper anzeigen, gerade während der Schwangerschaft unter Umständen zu recht unangenehmen Zwischenfällen führen können. Es muß hier nur betont werden, daß solche erwartet werden können, aber keineswegs eintreten müssen.

In diesem Zusammenhang sei es uns erlaubt, noch auf einige klinische Zeichen während der Schwangerschaft mit besonderem Nachdruck hinzuweisen, die häufig in der Praxis falsch gedeutet werden und damit auch zu fehlerhaften therapeutischen Eingriffen führen. Schon normalerweise treten verhältnismäßig häufig während der Schwangerschaft Oedeme an den unteren Extremitäten auf, die einerseits rein statisch bedingt und anderseits auf die Kompression der abführenden Venen durch die Gebärmutter zu beziehen sind. Ihr Vorhandensein gibt uns also nicht das Recht, ohneweiters in ihnen die Zeichen einer beginnenden kardialen Dekompensation zu sehen und damit den zwangsläufig daraus sich ergebenden therapeutischen Weg zu beschreiten. Beim Fehlen anderer Zeichen einer Herz-Kreislaufschwäche haben wir wohl eher an die oben angeführten mechanischen Ursachen zu denken. Selbstversändtlich werden wir keineswegs in unseren differentialdiagnostischen Ueberlegungen die Möglichkeiten einer phlebitischen Genese ganz außer acht lassen und besonders beim einseitigen Auftreten der Oedeme diese Ursache in den Vordergrund stellen. Die Schwierigkeiten einer Erkennung einer kardialen Dekompensation wachsen, wenn man bedenkt, daß während der normalen Schwangerschaft in den meisten Fällen die Frequenz des Pulses zunimmt. Bei Unkenntnis dieser Zusammenhänge wird häufig die normalerweise auftretende Pulsbeschleunigung als ein krankhaftes Geschehen aufgefaßt. Der auftretende Zwerchfellhochstand führt gleichfalls öfters zu einer Reihe von Fehlschlüssen. So kann die Querlagerung des Herzens bei der klinischen Untersuchung Vergrößerungen vortäuschen, die keineswegs die normalen Grenzen überschritten haben. Diese Lageveränderung des Herzens kann weiter die Ursache des Auftretens von akzidentellen Geräuschen sein. Sie treten besonders häufig über der Auskultationsstelle der Arteria pulmonalis auf. Ihr Verschwinden nach der Geburt berechtigt uns wohl, sie mit den veränderten Verhältnissen im Thorax in Zusammenhang zu bringen, wobei ohne Zweifel auch die Veränderung der zirkulierenden Blutmenge und der Umlaufzeit eine gewisse Rolle spielen. Das Auftreten von Herzgeräuschen während der Schwangerschaft darf daher keineswegs die Veranlassung sein, eine Erkrankung der Herzklappen anzunehmen oder im Hinblick auf einen dadurch diagnostizierten Herzfehler die Prognose des weiteren Verlaufes der Schwangerschaft und der Geburt im ungünstigen Sinne zu sehen. Erst eine längere Beobachtung mit den üblichen Hilfsmitteln, insbesondere von Temperatur, Senkung und Leukozytenzahl, wird hier in manchen Fällen Klärung schaffen, wobei manchmal auch diese Hilfsmittel während der Schwangerschaft versagen können.

Durch das Aufhören der Menstruation tritt beim Cor senescens ein neuerlicher einschneidender Abschnitt im Leben der Frau ein und führt zu einer Umstellung des Herz-Kreislaufsystems. Die Symptomatologie des Klimakteriums im Hinblick auf die subjektiven Klagen der betroffenen Frauen ist eine so bekannte, daß wir es hier vermeiden möchten, auf sie im einzelnen einzugehen. Wir alle wissen, wie schwer es unter Umständen sein kann, funktionelle Zustände von organischen, insbesondere im Bereich der Herzkranzschlagadern, zu trennen. In manchen Fällen versagt hier selbst das Rüstzeug einer modernen Klinik und nur der erfahrene Arzt wird rein instinktgemäß funktionelle von organischen Erkrankungen zu trennen wissen. Unsere differentialdiagnostischen Erwägungen erfahren gerade in diesem Lebensabschnitt der Frau durch die Tatsache eine gewisse seelische Erleichterung, daß der Myokardinfarkt, dessen Symptomatologie oft lange Zeit ein neurasthenisches Zustandsbild vortäuscht, als eine vorwiegend männliche Erkrankung zu bezeichnen ist. Trotzdem führen der in diesen Zeiten erhöhte Sympathicustonus und der oft auftretende Hyperthyreoidismus zu Krankheitszeichen, die von der Frau und auch oft von vielen Aerzten als kardial bedingt aufgefaßt und in der falschen Richtung behandelt werden. In einer Abhandlung über das Vorkommen der relativen Schlußunfähigkeit der Aortenklappen konnten wir zeigen (Risak), daß bei funktionellen Erkrankungen des arteriellen Gefäßsystems Krankheitsbilder in Erscheinung treten können, die sich nur schwer von den organischen Klappenerkrankungen unterscheiden lassen. Gerade bei dem in Rede stehenden Lebensabschnitte der Frau kann die durch die Umstimmung der hormonalen Drüsen bedingte Innervationsstörung der Gefäße oft zu schwierigen Differentialdiagnosen Anlaß geben. Rein klinisch müssen wir uns aber auch hier auf den Standpunkt stellen, daß das normale alternde Herz der Frau ohne Zweifel imstande ist, über diese häufig gefahrvoller scheinenden Zeiten, als sie in Wirklichkeit sind, hinwegzukommen. Ganz anders liegen die Verhältnisse selbstverständlich dann, wenn wir es mit einem kranken oder erschöpften alternden Herzen, also einem Cor senescens defatigatum oder aegrotans zu tun haben. Hier wird die richtige Behandlung zumindest nicht ausschließlich in dem Versuche einer hormonalen Beeinflussung liegen, sondern nur dann zielversprechend sein, wenn wir die krankmachenden Zustände erkennen.

Beim Cor senile gleichen sich die Unterschiede zwischen Frau und Mann zumindest rein klinisch wieder vollkommen aus und es bestehen ähnliche Verhältnisse wie beim Cor infantile.

Diese Schilderung des Lebenskreises umfaßt also eine kurze Uebersicht über die verschiedensten Beeinflussungen, die das Herz einer Frau während des Lebens normalerweise durchmacht. Die geringen Unterlagen, die uns die Anatomie liefert, werden durch die klinischen Erkenntnisse ausgeglichen und geben auch hierbei schon praktische Richtlinien.

Dei Unterschied, der sich zwangsläufig aus der verschiedenen Körperbeschaffenheit von Frau und Mann ergibt, muß sich noch mehr auswirken, wenn man bedenkt, daß das tägliche Leben an die zwei Geschlechter ganz verschiedene Beanspruchungen stellt. Tatsächlich finden sich bei der klinischen Untersuchung gewisse Unterschiede, deren Bedeutung für die verschiedensten Fragen nicht wegzuleugnen ist. In diesem Zusammenhange sei auf die Unterschiede in den Blutdruckwerten hingewiesen. Wir haben in der Besprechung des alternden Herzens schon auf sie aufmerksam gemacht. Sie liegen nach Kylin und vielen anderen Autoren bei der Frau etwas niedriger als beim Manne. Zu ähnlichen Ergebnissen kamen wir bei den Untersuchungen des Studentenwerkes Wien (J. Meller und E. Risak). Von 5943 Studenten zeigten 219 (3·7%) erhöhte Blutdruckwerte, während bei 1863 Studentinnen nur 23 (1·2%) Hypertonien aufwiesen. Ob sich daraus irgend welche Schlüsse für die Praxis ziehen lassen, möchten wir derzeit zumindest noch dahinstellen. Es sei in diesem Zusammenhange nur daran erinnert, daß die Hypertonie bei Frauen, die während des Klimakteriums klinisch in Erscheinung tritt, eine in den meisten Fällen relativ gute Prognose besitzt und sich hormonal günstig beeinflussen läßt (Risak). So wie bei den Blutdruckwerten spielt sicherlich das Konzert der innersekretorischen Drüsen auch bei der der Frau eigentümlichen Pulsbeschaffenheit eine Rolle. Wir haben schon oben auf diese Tatsache hingewiesen, daß im allgemeinen die Labilität des Pulses bei der Frau kennzeichnend ist, und daß hier Pulsbeschleunigungen keineswegs die gleiche Bedeutung wie beim Manne zukommt. Insbesondere verlieren sie in den Zeiten der Menarche und der Menopause ihre differentialdiagnostische Bedeutung. Als weitere praktische Schlußfolgerung ergibt sich aus dieser Tatsache unsere Einstellung zu den Funktionsprüfungen des Herz-Kreislaufsystems. Diese hängen weitgehend von der psychischen Beschaffenheit des Prüflings ab. Ein Ansteigen des Pulses und der Blutdruckwerte wird daher bei der Frau nur mit der größten Reserve als pathologisch zu deuten sein. Daß sich diese Labilität letzten Endes auch in der Beschaffenheit der Herzstromkurve ausdrücken kann, darauf sei hier nur ganz kurz verwiesen. Wir müssen leider auch heute noch feststellen, daß wir keine sichere Funktionsprüfung des Herzens besitzen und daß die bisher ausgearbeiteten, besonders bei der Frau, zumindest als recht unsicher zu bezeichnen sind.

Bei dieser Besprechung der Anatomie und Physiologie des normalen Frauenherzens muß gerade in unserer Zeit zu den Problemen des Arbeitseinsatzes der Frau Stellung genommen werden. Die von uns dargelegten anatomischen und klinischen Kennzeichen eines Frauenherzens zeigen uns wohl zwangsläufig an, daß wir im Arbeitseinsatz bei der Frau, zumindest bei schwererer körperlicher Arbeit, nicht dieselben Leistungen erwarten dürfen wie beim Manne. Das soll aber keineswegs heißen, daß das Frauenherz nicht auch bei dieser Belastung über genügend Reservekräfte verfügen würde, um nicht wenigstens für einige Zeit ohne sichtbaren Schaden die stärkere Arbeitsbelastung zu ertragen. So schreibt Dietlen, daß bei körperlich tätigen Frauen mit gut entwickelter Muskulatur sich die Geschlechtsunterschiede ausgleichen und die Größenverhältnisse sich denen des männlichen Herzens angleichen. Daraus können wir ersehen, daß exogene Einflüsse, wie schwere körperliche Arbeit, imstande sind, anatomische Geschlechtsunterschiede zu verwischen. Die Voraussetzung dafür erscheint uns aber die längere Anlaufzeit, d. h. ein vorangegangenes Training, zu sein. Es ist selbstverständlich, daß während der Schwangerschaft die körperliche Arbeit als zusätzliche Mehrbelastung aufzufassen ist. Hier schützen die bestehenden Gesetze die werdende Mutter vor nicht mehr zu behebenden Schäden.

Die angeführten Geschlechtsunterschiede lassen nun eigentlich erwarten, daß auch in kranken Tagen das Herz der Frau anders antworten wird als das des Mannes. Tatsächlich finden sich bei einer Reihe von Krankheiten Geschlechtsunterschiede, die vielleicht viel eindringlicher als bei gesunden Frauen die Tatsache unterstreichen, daß das Frauenherz doch anders geartet sein muß als das der Männer. So findet sich einheitlich im Schrifttum festgelegt, daß bei rheumatischen Erkrankungen der Herzklappen die Frauen wesentlich häufiger an den Mitralklappen als an den Aortenklappen erkranken. Meine Mitarbeiterin, Frau Oberarzt Dr. Heeger, hat sich der Arbeit unterzogen, das Krankengut unserer Herzstation auf diese Fragen hin durchzusehen. Es liegen diesen Untersuchungen 2456 Fälle zugrunde. Greifen wir hier nur zwei typische Herzfehler heraus, einerseits die Mitralstenose und anderseits die Aorteninsuffizienz, so ergibt sich folgendes: 334 Frauen stehen 94 Männern bei der postendokarditischen Erkrankung der Mitralklappe gegenüber, während das Verhältnis bei den Aortenklappen 16 Frauen und 52 Männer beträgt. Ganz ähnliche Zahlen finden sich bei der luetischen Aorteninsuffizienz. Hier stehen 26 Frauen 96 Männern gegenüber. Die Geschlechtsunterschiede sind ohne Zweifel derartige, daß selbst der pathologische Anatom oder der Gerichtsmediziner mit einer gewissen Wahrscheinlichkeit berechtigt sein wird, bei einem Herzen durch das Vorhandensein eines Mitralfehlers mehr an eine Frau, durch das eines Aortenfehlers mehr an einen Mann als den Träger dieses Herzens zu denken. Bei der Entstehung einer Endocarditis wird der Praktiker sein Augenmerk bei der Diagnostik eines sich entwickelnden Herzfehlers bei Frauen mehr den Mitralklappen, bei Männern mehr den Aortenklappen zuwenden. Es ist uns auch im Schrifttum nicht gelungen, eine Erklärung für diese anscheinend unumstrittene Tatsache zu finden. Ohne Zweifel ist aber durch sie die Frau — insbesondere im Hinblick auf die Schwangerschaft — besser geschützt, da gerade die Mitralfehler bei der Schwangerschaft eine günstigere Prognose abgeben. Von ganz besonderem Interesse sind hier die gleichen Geschlechtsunterschiede bei den luetischen Erkrankungen der Gefäße, die allerdings nur dann in Erscheinung treten, wenn sie auf die Aortenklappen übergreifen. Im Gegensatz zu den großen Geschlechtsunterschieden bei der luetischen Aorteninsuffizienz zeigen die Fälle von reiner Mesaortitis keinen Unterschied zwischen den beiden Geschlechtern. Diese Tatsache wird auch bei großen pathologisch-anatomischen Statistiken gefunden. So vertreten Langer und Herxheimer die Meinung, daß das Geschlechtsverhältnis etwa 70:30 zugunsten der Frauen anzunehmen sei. Dabei müssen wir bedenken, daß die Lueshäufigkeit wohl bei beiden Geschlechtern als annähernd gleich angenommen werden muß. Ohne Zweifel spielen hier konstitutionelle Momente eine ganz besondere Rolle. Die exogenen Faktoren, wie andere Arbeitsbedingungen oder ein stärkerer Mißbrauch von Genußgiften beim Manne, kommen hier wohl nur in zweiter Linie in Frage.

Auch in der Gruppe der Erkrankungen der Herzkranzschlagader ist ein Geschlechtsunterschied zwischen Frau und Mann nicht abzuleugnen. In unserem Krankengute finden sich bei der Coronarsklerose 371 Männer und 132 Frauen. Beim Myokardinfarkt wird dies noch deutlicher; mit diesem Leiden kamen 242 Männer und nur 92 Frauen zur Beobachtung. Bei letzterer Erkrankung kann man, wie schon eingangs erwähnt, von einer fast spezifisch männlichen Erkrankung sprechen. Späteren Untersuchungen muß es vorbehalten bleiben, zu entscheiden, ob nicht durch die Vermännlichung des weiblichen Geschlechtes im Sinne der Arbeitsbelastung und des gesteigerten Mißbrauches von Genußgiften sich diese starken, heute ohne Zweifel geltenden Geschlechtsunterschiede ausgleichen werden. Unterschiede in den Blutdruckwerten spielen hier sicherlich keine besondere Rolle. In unserem Krankengute finden sich Hypertoniker bei beiden Geschlechtern fast in gleicher Zahl vor. Auf unsere statistischen Untersuchungen im Reichsstudentenwerk Wien haben wir schon oben hingewiesen. An dieser Stelle sei nur nochmals darauf aufmerksam gemacht, daß statistische Untersuchungen hinsichtlich des Blutdruckes nur dann ihre Berechtigung haben, wenn sie wiederholt vorgenommen werden können.

Schon beim Klimakterium haben wir auf den Einfluß der Schilddrüse auf das Herz verwiesen. Es ist nun eine allgemein bekannte Tatsache, daß der Hyperthyreoidismus in überwiegender Zahl beim weiblichen Geschlecht in Erscheinung tritt. Selbst wenn man von diesen durch die Ueberfunktion der Schilddrüse bedingten Krankheitsbildern im Sinne F. Chvosteks den Morbus Basedow als eine seltene Konstitutionskrankheit abtrennt, so findet sich doch die letztgenannte Erkrankung bei der Frau in einem ungleich höheren Maße als beim Manne. Gerade diese Erkrankung führt nun durch die Erhöhung des Sympathicustonus zu Krankheitsbildern, die in ihrer klinischen Erscheinung immer wieder das Augenmerk auf das Herz richten. Aus diesen Zusammenhängen erklärt es sich wohl, daß die Frequenz der Ambulanz einer Herzstation in der Frauenabteilung eine wesentlich höhere ist als die der Männer. Es handelt sich hier selbstverständlich nicht um primäre Erkrankungen des Herzens, sondern um solche der Schilddrüse. Damit erscheint in vielen Fällen sogenannter Herzerkrankungen bei Frauen auch der richtige Weg der Therapie gewiesen. Aus all diesen Darlegungen geht aber ohne Zweifel hervor, daß bei Erkrankungen das Herz der Frau in einem anderen Sinne antwortet als das des Mannes.

Diese Tatsache muß wohl auch bei der Arbeitseinsatzfähigkeit einer herzkranken Frau in Rechnung gestellt werden. Mein Mitarbeiter Dr. Polzer hat sich vor kurzem an Hand des Krankengutes der Herzstation eingehender mit diesen Fragen beschäftigt. Von ganz besonderem Interesse erschien uns damals die Begutachtung der Arbeitsfähigkeit der graviden herzkranken Frau. Wie schon oben ausgeführt, nimmt während der Schwangerschaft normalerweise die Herzarbeit zu. Jeder herzkranken Frau kann daher durch diese Mehrbelastung die Dekompensation drohen, da die Ueberanstrengung neben der Infektion eine der häufigsten Ursachen dafür darstellt. Unsere Forderung muß demnach dahingehen, herzkranken Frauen in den ersten Monaten der Schwangerschaft eine sitzende Beschäftigung zuzuweisen. Diese Forderung ist gerade deshalb von ganz besonderer Wichtigkeit, weil sich bei der Schwangerschaft in der klinischen Untersuchung der Erkennung der Dekompensation große Schwierigkeiten entgegenstellen.

Anschließend daran sei uns gestattet, an eine Arbeit

Sömmerings zu erinnern, die dieser 1788 verfaßte und den „deutschen Weibern" widmete. Er bringt zwei Vergleichsaufnahmen der Medicäischen Venus und einer durch die Schnürbrust verunstalteten Frau und schreibt dazu folgendes: „So muß des weisen Schöpfers Werk sich verhunzen und nach dem Leisten der Schnürbrust formen lassen." Fast 100 Jahre später fühlt sich Hyrtl ebenfalls verpflichtet, gegen diese Eitelkeit alternder Schönen zu wettern und darauf aufmerksam zu machen, daß derartige Kompressionsmaschinen ohne Zweifel als auslösende Ursachen für Cardialgien und Störungen des Kreislaufes anzusehen sind. Allerdings ist er gegenüber den Erfolgen der Abschaffung der Schnürbrust sehr skeptisch, indem er einen alten römischen Dichter zitiert, der schreibt: „Vitia quae placent, vituperantur abunde, vitantur nunquam."

Wenn wir also Rückschau auf die angegebenen Tatsachen anatomischer und klinischer Natur halten, so sind wir wohl berechtigt, dem Frauenherz eine besondere Stellung gegenüber dem der Männer einzuräumen. Entsprechend den biologischen Aufgaben der Frau finden sich weitgehende Geschlechtsunterschiede, die durch die Anatomie, die pathologische Anatomie und durch die Klinik gefunden werden können. Sie machen sich dann besonders bemerkbar, wenn Krankheit oder Ueberbelastung das Herz der Frau schädigen. Kein Arzt wird an diesen Tatsachen vorübergehen können. Keineswegs ist man aber berechtigt, aus der verschiedenen Beschaffenheit des Herzens beim Mann und bei der Frau ein Werturteil zu fällen. Jedes Geschlecht hat seine besonderen, ihm von der Natur zugewiesenen Aufgaben und dementsprechend auch seine verschiedene Beschaffenheit. In gesunden und kranken Tagen ist das Herz der Frau imstande, seine Aufgaben zu erfüllen und sogar darüber hinaus den Mann an vielen Arbeitsstätten zu ersetzen, wie dies im jetzigen Kriege der Arbeitseinsatz der deutschen Frau zeigt.

Literatur: Bizot: Zit. nach Rauber-Kopsch, Lehrbuch der Anatomie des Menschen. Leipzig 1919. — Chvostek, F.: Morbus Basedowi und die Hyperthyreosen. Berlin: Springer, 1917. — Dietlen, H.: Klin. Wschr., 1922, 2097. — Derselbe: Herz und Gefaße im Röntgenbild. Leipzig: J. A. Barth, 1923. — Herxheimer, H.: Syphilis des Herzens und der Arterie. Im Handbuch der Haut- und Geschlechtskrankheiten, Berlin 1931. — Hyrtl: Topographische Anatomie. Wien: W. Braumüller, 1865. — Kylin, E.: Der Blutdruck des Menschen. Dresden und Leipzig: Th. Steinkopff, 1937. — Langer: Münch. med. Wschr., 1926, 1782. — Meller, J. und Risak, E.: Wien. klin. Wschr., 1941, 454. — Müller, W.: Die Massenverhältnisse des menschlichen Herzens. Hamburg 1883. — Müseler, W.: Deutsche Kunst im

Ars amandi in matrimonio

Von

Professor Dr. **O. Albrecht**

Wien

Wenn jemand vor einem Auditorium von Aerzten über ein Thema aus dem Bereiche der Sexualität zu sprechen hat, ist es notwendig, daß er, um Enttäuschungen zu vermeiden, vorerst die Grenzen seiner Ausführungen angibt. Jeder Arzt ist der Meinung, daß er alles, was er von der Sexualität zu wissen braucht, aus der eigenen Erfahrung, aus seinem Studium, aus seiner Praxis kennt, und daß er also nur durch Ungewöhnlichkeiten interessiert werden kann. Die Erwartung von Ungewöhnlichkeiten könnte besonders dann Platz greifen, wenn im Titel eines Vortrages von der Ars amandi die Rede ist. Da diese Bezeichnung vielfach für Varianten der Technik und Pikanterien Verwendung gefunden hat, könnte die Vermutung entstehen, daß vom Picacismus, heute also vom Picacismus in der Ehe, die Rede sein soll. Das ist keineswegs meine Aufgabe, es soll sich im Gegenteil darum handeln, zu zeigen, wie der Arzt gegenüber verschiedenen Störungen, die im Eheleben auftreten, Stellung nehmen soll und wie er zur Förderung und Stützung einer gesunden Ehe beratend, gegebenenfalls heilend beitragen kann.

Wird von der Ars amandi in matrimonio gesprochen, so ist zuerst zu betonen, daß die Ehe kein Liebesverhältnis, sondern ein Rechtsverhältnis ist.

Die Sicherung oder Förderung der Grundlagen der Ehe beruht nicht auf juristischen Ueberlegungen, sondern auf einer biologischen Tatsache. Alle Lebewesen betreuen ihre Nachkommen so lange, bis diese selbständig für sich sorgen können, bis sie sich aus eigener Kraft erhalten können. Bei den Menschen ist dieser Zeitpunkt erst nach Jahren erreicht, und für diese Jahre besteht eben ein soziales Problem der Eltern. Ohne jene Bindungen auf somatischem und psychischem Gebiete von außerordentlich verschiedener Art und schwankender Intensität, welche in weit ausgreifender Zusammenfassung „Liebe" genannt werden, ist aber die Ehe schlecht oder nicht haltbar. Wenn die sozialen Probleme die einzigen oder hauptsächlichen Motive der Eheschließung sind und die wesentliche Bindung der Verheirateten bleiben, kommt es oftmals zu Entartungserscheinungen, die wir in mannigfacher Form kennen.

Werden junge Menschen zum Zwecke der Eheschließung zusammengeführt, wird es auch dort, wo keine Verliebtheit, keine Begehrungsvorstellungen hinsichtlich der Körperlichkeit des Partners vorausgegangen sind, zu einer normalen und ausreichenden Betätigung kommen. Jugendliche Menschen mit einem Ueberschuß an Kraft werden auch eventuelle Schwächen des Partners übersehen können oder sich an diese gewöhnen. Es wird da ein vollkommen physiologischer Ablauf der psychischen und somatischen Funktionen zu erwarten sein. Das Gesündeste ist eben die Verheiratung junger Menschen. Was sich dabei aber auch abspielen kann, beleuchtet folgendes Beispiel: In der Nachkriegszeit kam einmal in mein Ambulatorium ein ganz infantiles, zartes, weibliches Wesen vom Aussehen einer Sechzehn- oder Siebzehnjährigen. Es entwickelte sich etwa folgender Dialog: Wie alt bist du, mein Kind? — 21! — Wie: 21? Natürlich ledig? — Nein. — Verheiratet? — Nein. — Ja, was denn? — Geschieden. — Seit wann? — Seit 4 Jahren.

Das war eine von den damals in allen Varianten vorgekommenen Ehen junger Menschen, welche an die notwendigen Voraussetzungen nicht gedacht hatten, Ehen, die bald zerfielen. Da nutzt weder Liebe noch jugendliche Kraft. Aber die Folgen tragen die Beteiligten, besonders die Frauen, unter Umständen in Form von psychoneurotischen Einstellungen, welche ihre ganze Jugend verderben können. Ich konnte dies in mehreren Fällen beobachten.

Anders liegen die Verhältnisse dort, wo die sozialen Voraussetzungen erfüllt sind, aber Störungen durch gewisse Eigenheiten des einen oder des anderen Partners hervorgerufen werden.

Man muß da unterscheiden zwischen jungverheirateten jungen und reiferen Menschen und zwischen länger verheirateten jungen und reiferen Menschen.

Die Störungen können aus pathologischen morphologischen oder funktionellen Abweichungen an den Sexualorganen entstehen, wobei das periphere, spinale und vegetative Nervensystem mitbeteiligt sein kann und erst in zweiter Linie die zentralen Anteile.

Viel häufiger aber und deshalb bedeutungsvoller sind die primär psychisch bedingten Störungen.

Die Beteiligung der Psyche an den sexuellen Vorgängen können wir uns grob schematisch etwa so vorstellen: Während einfache sensorielle Reize, die z. B. an den Sexualorganen oder an sogenannten erogenen Zonen wirksam werden, schon über die Zentren des Rückenmarkes zu Reflexen und Reaktionen führen können, haben die bis zum Zwischenhirn geleiteten Reize umfangreichere reaktive Erfolge, in denen das ganze vegetative Nervensystem zur Tätigkeit gebracht werden kann. Von diesen subkortikalen Zentren aus kann die Hirnrinde und damit der Ablauf der von einfachen sensoriellen Reizen (auch die Organempfindungen gehören hierher) angeregten Vorstellungen beeinflußt werden, es entstehen kortikale Abläufe, welche ihrerseits wieder auf die vegetativen Zentren des Zwischenhirns ihre Rückwirkung haben. In höherer Entwicklung der Sexualität dürfte sich die Erregung der vegetativen, dem Sexualapparat dienlichen Zentren im Zwischenhirn auf dem Wege abspielen, daß optische, olfaktorische, akustische, taktile und von Organen stammende Reize primär — bei Entstehung von Vorstellungen — im Kortex wirksam werden, während sie erst sekundär über die subkortikalen Zentren die Sexualfunktion auslösen.

So allgemein diese Formulierung gehalten ist, es muß doch noch ausdrücklich betont werden, daß es sich hier zum Teil um heuristische Theoreme handelt. „Wir stehen erst am Anfang unserer Kenntnisse der Rindenfunktionen. Erst wenn die ungeheuer komplizierten Schaltungsmöglichkeiten in der Rinde für sich und ihre Wechselwirkung mit den subkortikalen Zentren besser verstanden sind — und davon sind wir noch weit entfernt —, können wir hoffen, hier tiefer zu schauen“, sagt Dusser de Barenne. Und ebenso wie die morphologischen Grundlagen der Rindenfunktionen sind die Stoffwechselvorgänge in ihrer Wirkung auf das Zentralorgan und dadurch auf das psychische Erleben erst zum geringsten Teil erforscht. Sicher ist, daß alle Organe an diesen Stoffwechselvorgängen, wenn auch in sehr ungleichem Ausmaße, beteiligt sind, daß bei den psychosexuellen Reaktionen bestimmten Drüsen, vor allem den Generationsdrüsen, ein Uebergewicht zukommt. Außer den hormonalen Einflüssen dürfen wir mit einem Blick in noch unzulänglich gesichertes Gebiet zunächst den Vitaminen und Fermenten eine Bedeutung im humoralen Anteile der Voraussetzung psychischer Abläufe beimessen.

Alles das weist auf die Undurchsichtigkeit im Gewirre derartiger physiologischer Vorgänge hin, welche etwas komplizierter wird, wenn es sich um pathologische handelt; anderseits aber auf die Möglichkeit der Beeinflussung dieser Vorgänge durch medikamentöse und analoge Therapie in Verbindung mit psychischer.

Ein wesentlicher Unterschied in der psychischen Funktion besteht zwischen Mensch und Tier in der Kombinations- und Urteilsfähigkeit. Der Mensch ist durch diese imstande, vegetative Reaktionen, triebhafte Regungen zu leiten und zu beherrschen. Er ist anderseits in der Lage, psychisches Erleben mit dem somatischen in Beziehung zu bringen und dadurch das letztere zu veredeln, in seinem Werte zu steigern. So kommt er zu dem Vermögen, das eben nur dem Menschen eigen ist: die Generationsvorgänge nicht nur als vegetatives Geschehen zu erleben, sondern auch in bedeutungsvoller psychischer Tätigkeit. In diesem Sinne ist die Ars amandi die Kunst, durch die höchsten Fähigkeiten des Menschen in Hemmung und Förderung eine der wichtigsten biologischen Leistungen zu lenken.

Wenn im Beginne des Sexuallebens des Individuums Vorstellungen in bestimmter Richtung intensiv oder wiederholt gleichartig angeregt werden, entwickelt sich für diese bestimmten Verhältnisse eine Bahnung. Es ist jedem bekannt, daß manche Menschen eine Vorliebe für schlanke Sexualpartner, manche für blonde haben usw. Das spielt sich vollkommen im Rahmen physiologischen Geschehens ab. Wird diese Bindung an bestimmte Vorstellungen einseitig intensiv, so kann sich daraus eine Fixierung entwickeln, z. B. das, was wir als Fetischismus kennen.

Den angeregten Abläufen können aber auch andere Vorstellungen entgegentreten. Die Hirnrinde ist in weitem Ausmaß ein Hemmungsorgan. Verständlich ist es, daß ein Mann seine ganze sexuelle Impetuosität verliert, wenn ihm plötzlich die Vorstellung von der Gefahr einer syphilitischen Infektion, oder daß eine Frau jede Lust verliert, wenn die Angst vor einer Schwängerung als Hemmung in den Weg tritt. Das ist ganz physiologisch. Kommen solche Angstaffekte durch längere Zeit regelmäßig bei der Vereinigung vor, können sie auch dann wiederkehren, wenn kein Anlaß mehr für ihr Entstehen gegeben ist, und die sexuelle Leistung kann auf das schwerste gestört sein. Man findet dies z. B. bei Menschen, die vor der Verheiratung mit ständiger Aengstlichkeit in Verbindung gestanden waren. Hemmende Vorstellungen treten aber auch häufig in pathologischem Sinne anderer Art, z. B. bei neurotischen Menschen auf.

Bei jungen Jungverheirateten sind psychische Störungen meist von kurzer Dauer, wenn der Arzt rasch zu Rate gezogen wird und richtig wirkt. Eine wichtige und fast immer dankbare Aufgabe fällt dem Arzt da zu. Kommt z. B. der junge Mann zum Arzt mit der besorgten Mitteilung, daß er sich in allen Richtungen gesund fühle, mit seiner Frau aber nicht das von beiden ersehnte Ziel erreichen könne — es kann sich um eine Erectio incompleta, Relaxatio ante cohabitationem oder Ejaculatio praecox handeln —, so ist es nun regelmäßig nötig, nicht nur den Mann zu beraten, sondern auch die Frau. Man muß vom Manne verlangen, daß er seine Frau zum Arzt bringt. Ich habe auch niemals einen Widerstand dabei erlebt; auch dort nicht, wo die junge Frau als virgo geheiratet hat und als besonders zart besaitet gelten konnte.

Naive Mädchen, wie sie in süßlichen Romanen vergangener Zeiten geschildert werden, gibt es heute wohl nur als besondere Raritäten. In der Masse des Volkes erhält das junge Mädchen die sexuelle Aufklärung allmählich durch das Leben selbst. Die Landbevölkerung, welche sich fast durchweg mit der Züchtung von Tieren beschäftigt, ist verhältnismäßig gut daran. Die jungen Mädchen der städtischen Bevölkerung erhalten in den mittleren und höheren Schulen durch den Unterricht in Körperkunde u. dgl. so viele grundlegende Vorstellungen, daß nur wenig Ergänzungen von anderer Seite nötig sind. Ungünstig war die Aufklärung, welche den Kindern unbemittelter Kreise durch die in der Nachkriegszeit oft traurigen Wohnungsverhältnisse zuteil geworden ist. Derartige Erwägungen müssen den Weg ärztlicher Beratung bestimmen.

Gleichgültig, ob die Frau erfahren oder unerfahren in die Ehe getreten ist, gleichgültig, ob der Mann mehr oder weniger Routine besitzt, es kann zu Situationen kommen, welche einen ärztlichen Rat nötig machen. Manchmal erscheint es geradezu verwunderlich, was an Ungeschick von der einen oder der anderen Seite produziert wird.

Kommt es zu Haltungen und Bewegungen, welche Beschwerden verursachen, so wird das oft zum ersten Gliede in der Kette von leisen oder lebhaften Ablehnungen seitens der Frau, Unsicherheiten des Mannes usw. Da kann der Arzt manchmal mit einem einfachen Hilfsmittel, Adeps lanae o. dgl., oder mit dem Rate einer Korrektur des Situs pelvis feminae große Wirkungen erzielen.

Dauern die Schwierigkeiten an, bestehen für die Frau immer von neuem Beschwerden, wird der Mann vielleicht brutal oder kleinmütig, so können jene reaktiven Krampfzustände bei der Frau auftreten, welche wir als Vaginismus kennen. Das kann so weit gehen, daß ein Fremdkörper, auch bei der Untersuchung, nicht eingeführt werden kann. Die Behandlung des Vaginismus überläßt man am besten dem psychotherapeutisch geschulten Gynäkologen. Ist das nicht möglich, dann muß der Arzt versuchen, durch Eingehen auf die psychischen Ursachen eine Lösung in der Stellungnahme der Frau zu erreichen. Durch Anwendung der Bauchpresse kann dann die Einführung eines Speculums gelingen und die Frau überzeugt werden, daß sie gesund sei. Es muß aber darauf hingewiesen werden, daß solche Psychotherapieversuche nicht ganz selbstverständlich sind.

Ist durch eine längere Zeit die normale Kohabitation trotz Wunsches und wiederholten Versuches nicht vollzogen, dann kommt es bei der Frau zu Verstimmungen, Erregungen der Phantasie, Ablehnungen des Mannes, die mit Begehrungsvorstellungen wechseln; beim Manne zu Selbstvorwürfen, Aergerlichkeit, Gefühl der Unfähigkeit, eine Pflicht zu erfüllen, die ihm früher Inhalt eines Wunsches war, oder aber zur ausgesprochenen oder unausgesprochenen Beschuldigung der Frau.

Kommt sie zum Arzt oder beide, da wird die Aussicht, zu helfen, manchmal gering sein, wenn durch die Summation gleichartiger Erlebnisse bei jedem neuen Versuch hindernde Erinnerungen wach werden. Oftmals gelingt es aber, die Schwierigkeiten aus dem Weg zu schaffen, wenn man durch Aufdeckung irrigen psychischen oder somatischen Verhaltens sozusagen neue Perspektiven für beide eröffnet.

In mancher Hinsicht komplizierter ist es für reifere Menschen, sich zu verbinden. Es ist vieles von jenen Illusionen, von jener optimistischen Lebensauffassung, die der jüngere Mensch meist hat, nicht mehr da, es wird eher überlegt, abgewogen, kurz, an das Rechtsverhältnis gedacht, der Mann steht nicht mehr in der Vollkraft, die Frau will alles in Kauf nehmen, um nur verheiratet zu sein, und dabei haben etwas reifere Menschen Lebensgewohnheiten fixiert, welche dem Partner vielleicht unangenehm sind, die Fähigkeit, sich diese abzugewöhnen und andere notwendige Anpassungsfähigkeiten aber verloren.

Zuweilen fragen Menschen, wenn sich im Eheleben Unstimmigkeiten eingestellt haben, deshalb den Arzt. Viel öfter kommt der Arzt aber aus gewissen Erscheinungen selbst zur Vermutung, daß etwas in der Ehe nicht stimmt. Es gehört zur Behandlung der ihm aus anderen Gründen vorgebrachten Beschwerden, wenn er diesen Vermutungen nachgeht, um an die Wurzel des Uebels zu gelangen. Wie geringfügig die Anlässe zu solchen Vermutungen sein können, lehrt eine Erfahrung aus dem täglichen Leben. Eine Frau, die mit ihrem Manne zufrieden ist, wird ihn immer und überall entsprechend behandeln. Gibt sie ihm aber abkanzelnd unfreundliche Worte, wo sie sich unbeobachtet glaubt, ist die Annahme berechtigt, daß etwas im Eheleben nicht in Ordnung ist. Geradeso kann der Arzt oft im Sprechzimmer, wenn die Frau allein ihn zu Rate zieht, aus nebenbei hingeworfenen Bemerkungen auf den richtigen Weg gebracht werden.

Es gibt Fälle, in denen es schwer ist, mindestens einige Zeit braucht, bis die Frau aus ihrer Reserve heraustritt, weil sie damit ein von ihr seit Jahren getragenes Geheimnis preisgibt. So konnte ich einmal eine Frau beraten, welche Mutter von vier halberwachsenen Kindern war. Ihr Mann war Masochist und zur sexuellen Betätigung nur fähig, wenn seine Frau ihn in ganz bestimmter Form als Tier behandelte. So hat diese Frau vier Kinder zur Welt gebracht. Im Anfang der Ehe hat sie die Eigenheiten ihres Mannes hingenommen, später wurden sie ihr zum Ekel. Sie mußte sie aber zur Aufrechterhaltung des ehelichen Rechtsverhältnisses wegen der schon vorhandenen Kinder unter zahllosen inneren Kämpfen ertragen.

Weniger schwerwiegend sind psychopathologische Zustände, welche sozusagen am Rande des Normalen stehen. Eine sensitive Schizoide kann gerade durch die Zartheit ihrer Gefühlsregungen und Ausdrucksformen besonders reizvoll sein, im ehelichen Zusammenleben aber auf die Dauer quälend wirken. Ein Mann, welcher noch lange keine manisch-depressive Psychose besitzt, aber doch deutliche Schwankungen im Sinne zirkulärer Verstimmungen, kann als Bräutigam im Stadium heiterer und tatendurstiger Lebensauffassung eine begehrenswerte Persönlichkeit sein, in der Ehe aber bei ständigem Wiederkehren depressiver Phasen, die dann wieder in das Gegenteil umschlagen, eine Quelle von Sorgen und Schwierigkeiten. Gefährlicher ist ein leicht manischer Zustand der Frau insofern, als er durch das Bedürfnis, zu gefallen, Beziehungen anzuknüpfen usw., leicht zu Seitensprüngen führen kann.

Auch Menschen mit ausgeprägter Entwicklung bestimmten Temperamentes werden vor der Ehe gewöhnlich ebenso wie das große Heer der Neurotiker anders beurteilt als in der Ehe, und es können sich für den Partner Enttäuschungen, Verstimmungen entwickeln. Doch halten solche Ehen oft merkwürdig lange, wenn die Ars amandi die Bindung immer wieder erneuert. Ich habe mehrere schon Jahre dauernde Ehen beobachten können, bei denen man den Eindruck haben mußte, daß das Zusammenleben der beiden Gatten eine Zwangssituation sei, derart unerträglich schienen die Affektreaktionen da der Frau, dort des Mannes. Kaum waren diese Menschen durch eine Reise u. dgl. voneinander für einige Zeit getrennt, schrieben sie sich die glühendsten und begehrlichsten Briefe, um nicht lange nach der Wiedervereinigung in die alten Formen zurückzufallen.

Grenzfälle leichter psychischer Schwächen oder nervöser Defekte werden von den Ehepartnern begreiflicherweise nicht als solche erkannt, bestenfalls als Eigenheiten gewertet, meistens aber nur ohne Beurteilung als Gegebenheiten hingenommen, die ertragen werden müssen. Es fällt dem geschädigten Partner kaum jemals ein, den Arzt zu Rate zu ziehen. Die Menschen tragen schließlich ihr Schicksal, weil sie anfangs nicht genügend Grund hatten, auseinanderzugehen. Hat die Ehe schon einige Zeit gedauert und haben sich die Partner auseinandergelebt, dann bleibt nur das Rechtsverhältnis als drückend empfundene Bindung.

Alle diese, in unzählbaren Varianten vorkommenden Abwegigkeiten stellen Aufgaben an die Ehepartner im Zusammenleben überhaupt. Sie können durch die begreiflicherweise entstehenden zeitweiligen oder anhaltenden Ablehnungen zur Entfremdung im somatischen Begehren und dadurch zur Gefährdung der Ehe führen. Ist aber die somatische Bindung vorhanden, dann wird durch sie vieles ausgeglichen. Dort, wo das notwendige Verständnis für die Artung des Partners nicht besteht, wo die psychischen Grundlagen für die Ars amandi mangeln, soll die ärztliche Aufklärung des Partners über die Art, wie der auffällige Teil vom anderen aufzufassen und zu behandeln sei, einsetzen. Psychologische und psychiatrische Fragen werden dabei auftauchen, und der Arzt wird oft sein ganzes Rüstzeug an Menschenkenntnis und ärztlichem Wissen für *nur scheinbar* einfache Sachlagen aufwenden müssen.

Wenn psychisch tiefer greifende Hemmungen bestehen, können sich ganz andere Verhältnisse ergeben: Einmal hat mich ein junger Mann aus dem Auslande, auf der Hochzeitsreise befindlich, konsultiert, weil bei ihm eine Impotentia coeundi, aber nur mit seiner Frau, bestehe. Seine Frau, eine sehr junge, schöne und hochgebildete Persönlichkeit, nahm die Ratschläge einer entsprechenden Behandlung ihres Mannes mit Verständnis entgegen. Die Voraussetzungen für eine rasche und gründliche Aenderung der ehelichen Schwierigkeiten schienen vorhanden zu sein. Alle Versuche waren aber vergebens, weil hemmende Vorstellungen beim Manne und bei der Frau durch beiderseits bereits vor der Ehe erfolgte seelische Bindung an andere

Partner vorhanden waren. Das ließ sich erst nach einiger Zeit aufdecken, und da war jede Mühe fruchtlos.

Sucht eine Frau eine helfende Persönlichkeit, so wendet sie sich gewöhnlich an eine andere Frau, in erster Linie an die Mutter, dann an eine Freundin. Meist ist das nicht von Vorteil. Die Mütter haben eine natürliche Voreingenommenheit gegen die Schwiegersöhne. Kommt dann noch eine Neugier gegenüber Einzelheiten aus dem Eheleben der Tochter dazu, so ist das durchschnittliche Ergebnis eine Verhetzung der Tochter gegen den Mann. Und die Freundin ist gewöhnlich ein Sieb, noch dazu ein phantasiebegabtes. Die Frau, welche gleich zum Arzt gefunden hat, darf sich glücklich schätzen.

Von Frauen, welche schon längere Zeit verheiratet sind, hört man oftmals, daß sie durch den ehelichen Verkehr vollkommen unbefriedigt seien. Ich erinnere mich an eine Frau, welche, nahe am Klimakterium stehend, erzählte, sie habe 5 Kinder geboren, aber nicht ein einziges Mal in ihrem Leben durch den Verkehr mit ihrem Manne ein Vergnügen gehabt. Sie habe sich einfach immer nur seinen Wünschen gefügt und sei gänzlich regungslos dagelegen, wenn er sie verlangte. Es ist verständlich, daß so eine Frau sich nicht verhält, wie der Mann es wünschenswert findet. Dann kommt der Mann eventuell einmal zum Arzt und sagt: „Ich habe eine vollkommen kalte Frau." Frigidität wird sehr vielen Frauen nachgesagt. Es handelt sich aber sicher nur in einem Teil der Fälle um eine Mangelhaftigkeit der Anlage der Frau, d. h. um eine eigentliche, meist auf endokrinen Störungen beruhende sexuelle Anästhesie, oftmals um fehlerhafte Funktionen des Mannes und Mängel der Ars amandi, welche zur Dyspareunie führen.

Es ist auch in Laienkreisen weit bekannt, daß der Orgasmus des Mannes früher auftritt, als der der Frau, daß die Frau leichter zum Orgasmus kommt, wenn sie durch irgend welche präparatorische Aktionen in einen Zustand der Irritation versetzt wird, und daß der Orgasmus bei ihr dann auftritt, wenn die Dauer der Kopulation etwas protrahiert wird. Vielfach wissen die Männer aber davon nichts und müssen, besonders dann, wenn sie eine frigide Frau zu haben glauben, darüber aufgeklärt werden.

Benutzt der Mann die Frau nur als Objekt kürzester vegetativer Abreaktion, oder übt er andauernd den Coitus interruptus, so kann bei ihr selbstverständlich nicht jener Zustand eintreten, der das bei ihr eingeleitete physiologische Geschehen in normaler Form abschließt. Solche Frauen erleben jahraus jahrein, daß sie angeregt, ja aufgeregt werden, niemals aber, daß das natürliche Abklingen des

Reizzustandes durch Ueberschreiten eines Kulminationspunktes erreicht wird. Hier fehlt es an der Ars amandi des Mannes.

Die vasomotorischen Verschiebungen, welche mit einem befriedigenden Geschlechtsverkehr einhergehen, sind besonders in ihren Auswirkungen auf die endokrinen Funktionen von Wichtigkeit zur Erhaltung der nervösen Ausgeglichenheit der Frau.

Nicht weniger bedeutungsvoll sind psychische Ursachen der Dyspareunie. Viele Männer, das findet man bei Arbeitern wie bei Angestellten oder Menschen freier Berufe, kommen abends müde von der Arbeit und wollen den Rest des Tages zu ihrer verdienten Erholung ausnutzen. Wenn die Frau den ganzen Tag über in ihrem Aufgabenkreis tätig war, so hat sie abends die Sehnsucht und einen Anspruch darauf, ihre kleineren und größeren Freuden und Sorgen mit dem Manne zu teilen, wichtige Sachen zu besprechen usw. Viele Männer finden es aber nicht der Mühe wert, sich um den Interessenkreis der Frau irgendwie zu kümmern, sie wollen ihre Ruhe haben. Das Verständnis dafür, daß die Frau ein Bedürfnis und ein Recht hat, als vollwertiges Lebewesen vom Manne behandelt zu werden und ebenso teilzunehmen an seinen seelischen Erlebnissen, wie sie von ihm verlangen kann, daß er an den ihrigen Anteil nimmt, fehlt in sehr vielen Ehen. Kommt der Mann dann, womöglich nach Alkohol und Tabakrauch riechend, in das Schlafzimmer der seelisch abgestumpften und körperlich ermüdeten Gattin, so wird er von ihr vielleicht innerlich abgelehnt, ihren ehelichen Pflichten gemäß geduldet, und das, was die Krönung körperlichen und seelischen Einklanges sein könnte, wird für die Frau ein lästiges, sie beschmutzendes Erlebnis.

Gibt es Unstimmigkeiten in einer Ehe, und kann der Arzt auf solche Quellen derselben kommen, so kann es von großem Vorteil sein, einem einsichtsvollen Manne diesbezüglich entsprechende Vorhaltungen zu machen. Diese sollen sich nicht nur auf die Gesamteinstellung des männlichen Partners und sein psychisches Verhalten gegenüber seinei Frau in dem eben angedeuteten Sinne beschränken, sondern sie sollen auch auf die somatische Seite der Ars amandi eingehen. Darüber kann und soll der Arzt Aufklärungen geben. Die Bindung auf dem Wege der somatischen Funktionen läßt eine andere psychische Einstellung der Frau zum Manne entstehen und erleichtert diesem das Entgegenkommen im Bereiche der psychischen Bedürfnisse der Frau.

Hat sich die Frau damit abgefunden, daß die Kohabitation für sie etwas Langweiliges ist, dem sie sich pflichtgemäß unterwirft, so bringt sie das unwillkürlich in ihrem Verhalten zum Ausdruck, und es kann gerade dadurch wiederum zum Zerfalle des ehelichen Glückes kommen, daß der Mann kein Vergnügen mehr an einer so gearteten Frau findet.

Ich habe einmal erlebt, daß zwei junge Leute nach einer wenige Jahre dauernden Ehe auseinandergegangen sind. Es schien mir das unverständlich nach dem Verhalten der beiden während des länger dauernden Brautstandes. Dann kam einmal der Mann zu mir mit der Mitteilung, daß er doch von seiner jungen Frau nicht lassen könne, er möchte die Wiedervereinigung aufnehmen, nur sei seine Frau während der Vereinigung so teilnahmslos, daß sie in den für ihn höchsten Momenten von Dingen des Haushaltes zu reden beginnt u. dgl. Die junge Frau fand dies nicht absonderlich, weil es gänzlich ihrem jeweiligen Empfinden entsprach. Ich mußte sie darauf aufmerksam machen, daß sie, selbst wenn sie keine Erregung fühle, zu keiner Teilnahme hingerissen sei, eine solche wenigstens anfangs simulieren müssen, wenn es schon nicht anders gehe. Der Hinweis auf alle die Frauen, welche Liebesgefühle berufsmäßig heucheln, um sich interessant und begehrenswert zu machen, schien ihr verständlich. Meine Ratschläge hatten in diesem Falle einen vollen Erfolg.

Analog eingestellt war eine Frau, welche während der Vereinigung immer die Kopfhörer des Rundfunks angelegt hatte, und jene, welche sich darüber aufhielt, daß es ihrem Manne nicht recht sei, wenn sie gleichzeitig Zeitung lese.

Es gibt Frauen, welche Fehler im Bereiche der Ars amandi in matrimanio dadurch begehen, daß sie sich in ihrem Aeußeren, in ihrer Körperpflege vernachlässigen und so dem Manne uninteressant, ja vielleicht durch das oder jenes unangenehm werden. Junge Mädchen werden oft darauf geschult, sich herzurichten und zu pflegen, um den Männern zu gefallen. Ist dann einer zum Ehemann eingefangen, glauben manche, auf die Mühe einer besonderen persönlichen Pflege verzichten zu können. Sehr zu Unrecht. Wir können sehen, daß Frauen von Arbeitern und anderen keineswegs wohlhabenden Männern trotz eigener häuslicher und anderer Beschäftigung sehr wohl imstande sind, sich körperlich appetitlich und in der Kleidung sauber zu erhalten, und daß in guten Ehen die Frau instinktiv bemüht ist, dem eigenen Manne immer zu gefallen. Vergißt oder verzichtet die Frau darauf, sind die Folgen naheliegend.

Einige Worte noch über die Verwendung von Medikamenten und anderen Hilfsmitteln.

Während das Fehlen einer Turgeszenz beim Manne die Impotentia coeundi bedingt, ist die Kohabitation ohne Turgeszenz bei der Frau selbstverständlich möglich. Gerade im Interesse der richtigen psychischen Einstellung, wie der psychischen Reaktion, ist aber diese somatische Voraussetzung bei der Frau auch wünschenswert. Man kann sich eine Vorstellung von der Bedeutung dieses organischen Geschehens machen, wenn man vergleichsweise die Generationsorgane eines weiblichen Menschenaffen im Stadium der Brunft betrachtet.

Um solche Schwellvorgänge beim Menschen künstlich vorzubereiten oder zu steigern, sind verschiedene Mittel verwendet worden. Die entsprechende Reklame hat dazu geführt, daß auch Laien von der Wirkung der Hormontherapie eine Vorstellung haben, vielfach eine falsche. Hormonpräparate wirken beim Manne als Ersatz mangelhafter Produktion im Körper nur in sehr hohen Dosen, in Mengen, welche gemeiniglich nicht verabfolgt werden. Der Erfolg aber überdauert selten die Zeit der Behandlung. Die Vorstellung, daß das dem Patienten einverleibte Organpräparat sozusagen direkt in die Generationsorgane rinnt und dort die von dem Patienten gewünschten Erfolge hervorruft, ist irrig und muß den Patienten von vornherein korrigiert werden. Meistens handelt es sich nur um eine im allgemeinen tonisierende Wirkung, welche die Aktivität in sexueller Richtung fördert. Diese allgemeine Tonisierung bewirkt ein Wohlgefühl, ein Kraftgefühl, verhindert das rasche Ermüden und hilft so auch auf dem Umwege über die psychische Gesamthaltung zur Erleichterung der sexuellen Funktionen. Für die Wirkung von Hormonpräparaten bei der Frau kann unter bestimmten Voraussetzungen die Aenderung der Menses als Indikator gelten.

Eine Droge, deren Verwendung zu einer Hyperämie des distalen Körperendes führt, ist das Yohimbin. Eine länger dauernde Behandlung mit kleinen Dosen kann unter Umständen den gewünschten Erfolg haben, insbesondere bei der Frau. Größere Gaben führen häufig zu dem unangenehmen Effekt, daß die Hyperämisierung der Beckenorgane eine Diarrhoe hervorruft.

Um die geringere Reizbarkeit der Frau auszugleichen, sind bei allen Völkern und zu allen Zeiten mechanische Reizmittel, welche der Mann verwendet, in Gebrauch gewesen. Als Kuriosität sei hier der Kambiong der Eingeborenen von Celebes erwähnt. Die Männer durchbohren sich die Glans oberhalb der Urethra und führen durch diesen künstlichen Querkanal ante cohabitationem ein Stäbchen mit daran sitzenden Kugeln ein. In anderen Gegenden ist ein Borstenkranz, der Lidrand eines Bockes, welcher um die Glans gelegt wird, in Gebrauch. In Europa wurden im gleichen Sinne außen gezähnte Gummiringe verwendet. Ich weiß nur von den Erfahrungen weniger Männer. Jedesmal haben die Träger den Ring belästigend empfunden, die Frauen nicht den gewünschten Erfolg erlebt.

In der Therapie kann auf Bäder, z. B. heiße Sitzbäder vor dem Schlafengehen manchmal nicht verzichtet werden. Im allgemeinen ist aber eine lokale Behandlung eher zu vermeiden, weil die Vorstellung vom Kranksein erweckt und fixiert werden kann. Das Einfachste ist gewöhnlich das Beste. Dazu gehört häufig eine vorübergehende Trennung der Ehegatten mit gleichzeitigen roborierenden Maßnahmen. Landaufenthalt der Frau unter dem Schutze befreundeter Angehöriger u. dgl.

Nicht zu vergessen ist auf die unter Umständen schädigende Wirkung des Tabaks. Tabakabstinenz ist immer nötig, wo Potenzstörung, wo Dyspareunie u. dgl. vorliegen.

Zur Behandlung einer Hypererotisiertheit der Frau, welche jede Ars amandi des Mannes zunichte machen kann, ist nach therapeutischer Ausschaltung peripherer Auslösungsursachen neben verschiedenen Sedativen die Verwendung von Epiphysenpräparaten zu versuchen.

Ich war bemüht, Ihnen, m. D. u. H., in einem skizzenhaften Ueberblick Hinweise darauf zu geben, wie die verschiedensten Mängel somatischer und psychischer Art das in der Ehe notwendige Liebesleben gefährden können, und daß durch eine entsprechende Ars amandi — diese in höherem Sinne aufgefaßt — in sehr vielen Fällen ein Ausgleich geschaffen zu werden vermag. Hier zu helfen, ist der Arzt in erster Linie befähigt und berufen. Es ist nicht nötig, daß der Arzt den Kamasutram des Vasyayana, die indische Ars amatoria, studiert oder gar in ihren Einzelheiten weitergibt. Es ist aber nötig, sich einmal darüber Rechenschaft zu geben, daß in den Lebens- und Liebesgewohnheiten vieler Menschen gegen die Voraussetzungen einer gedeihlichen ehelichen Gemeinschaft gesündigt wird, und daß der Arzt durch Aufklärung in dieser Richtung Gutes leisten kann.

Ich weiß, daß Sie als praktische Aerzte besonders unter den derzeit durch den Krieg bestimmten Verhältnissen sagen werden, daß für solche ärztliche Leistung viel Zeit, sicher mehr Zeit nötig ist, als der Praktiker für den einzelnen Kranken überhaupt aufbringen kann. Das ist richtig. Aber das darf nicht hindern, daß die Aufmerksamkeit des Arztes in der geschilderten Richtung wach ist, und daß der Arzt auch dort, wo ihm solche Probleme auftauchen, einsatzbereit ist. Die Erfahrung lehrt, daß es sich um ein nicht nur wichtiges, sondern auch dankbares

Feld ärztlicher Tätigkeit handelt. Wenn der Arzt richtig vorgeht, so daß er das Vertrauen der Frau bald gewinnt, wird er auch nicht zu viel Zeit notwendig haben. Auf das richtige Vorgehen kommt es aber ganz wesentlich an. Wenn man plump in medias res will und brutal fragt, wird auch eine nicht empfindliche Frau entweder ablehnen oder — von ihrem Standpunkt aus notgedrungen — lügen. Eine taktvolle ernste und zarte sachliche Einstellung ist Grundbedingung psychischer Beratung überhaupt und auf einem so heiklen Gebiete schon gar.

In diesem Sinne zum Schlusse noch eine Bitte: Ziehen Sie mit der ärztlichen Sachlichkeit nicht den Schleier von Poesie vorehelicher Stimmungen, der in manchen Ehen schon recht dünn geworden ist, in den für den Laien bestehenden Schlamm der Betrachtungen vegetativer Vorgänge. Die richtige psychische Führung in der Ars amandi kann den Menschen helfen, für das Schönste zu halten: das Liebesleben in der Ehe.

Fruchtbarkeit und Fruchtbarkeitsbereitschaft

Von

Professor Dr. **H. Siegmund**

Wien

Ueber die Fruchtbarkeit an sich ist vor diesem Kreise schon wiederholt gesprochen worden. Diesmal soll über die Fähigkeit und Bereitschaft der Frau zur Fruchtbarkeit gesprochen werden.

Fruchtbar ist eine Frau, die durch Abknospung befruchtungsfähige Keime, also Eier bildet. Solche Eier können unter günstigen Bedingungen befruchtet werden. Das Ei wird in den Fruchthalter geleitet, aus dem es geboren wird, wenn seine Entfaltung das selbständige Atmen gewährleistet. Mit der Milch aus der Mutterbrust und dem Anlernen an die Lebensbedingungen der Umwelt leitet die Mutter ihren Sprößling zum selbständigen Dasein über.

Voraussetzung für solche Leistungen ist die Fähigkeit des weiblichen Organismus zur Fortpflanzung. Damit aber ein solcher Organismus auch fruchtbar werde, bedarf es noch des Zustandes einer physischen und psychischen Bereitschaft zur Fortpflanzung, die beim Menschen unter der Kontrolle seiner Willensbildung steht. Die Fähigkeit zur Fortpflanzung ist die Bedingung, die Bereitschaft zur Fortpflanzung; die Bereitschaft zur Fortpflanzung ist als auslösendes Moment Ursache der Fruchtbarkeit.

Fähigkeit und Bereitschaft zu einer Leistung ist nicht dasselbe. Das lehrten mich die Beobachtungen beim Tierexperiment und das Leben selbst.

Das Sexualsystem ist genisch chromosomal angelegt. Sein Zentrum ist die Eianlage. In der Eizelle liegt die materialisierte Potenz, deren Formungskräfte den neuen Organismus in seiner zeit- und raumgebundenen Erscheinungsform planmäßig zur Entfaltung bringen. Zur Eianlage im Ovarium gehört der Follikelapparat, der die Hormone bildet, die das Sexulalsystem bis zu dem Grade der Entfaltung bringen können, den es anlagegemäß erreichen kann.

Die Erfolgsorgane des Ovariums, im engeren Sinne die Eileiter, das Fruchthalter- und Gebärorgan und die Kopulationsorgane, sowie die Sexualorgane im weiteren Sinne, z. B. die Milchdrüsen, bilden das Sexualsystem mit seiner weitgehenden Autonomie.

Von seiner neurohormonalen Steuerung ist in den letzten Jahren manches erkannt worden. Vieles ist noch ungeklärt. Wir wissen heute, daß auf dem Nervenwege dem Zwischenhirn zugeführte Reize dort derartig transformiert werden können, daß sie auf dem Wege über die Hypophyse als organotrope, in diesem Falle auf den Follikelapparat des Ovariums gerichtete Wirkstoffe zur Auswirkung kommen (gonadotrope Hormone). Einige dieser Schaltungen, so die neurohormonale Steuerung des Ovulationsvorganges, sind im Experiment exakt nachweisbar. Viele dieser Schaltungen laufen im unterbewußten autonomen System ab. Zweifellos können sich aber auch Reize, die aus der Bewußtseinssphäre kommen, im Sexualsystem auf solchen neurohormonalen Wegen auswirken.

Es ist beim Menschen wohl so, daß eine vermehrte Ausschüttung von Sexualhormonen eine Zustandsänderung des Körpers und der Stimmungslage auslöst, die in der Umgebung den Eindruck zu erwecken vermag, als ob seine Kritikfähigkeit, beispielsweise bei der Wahl des Geschlechtspartners, eingeschränkt wäre. Dieser Zustand ist letzten Endes eine Reaktion auf Einwirkungen aus der Umwelt, die im Organismus auf neurohormonal gesteuertem Wege eine vermehrte Sexualhormoneinsonderung auslösen: Nicht, weil also solche Hormone vermehrt eingesondert werden, kommt es zu dieser Zustandsänderung des Menschen, sondern weil den Organismus gewisse Reize treffen, kommt es auf dem Wege gesteuerter Hormonwirkung zur Zustandsänderung. Dieser veränderte Zustand kann als instinktive Reaktion aufgefaßt werden, die den Liebenden vielleicht in einer Art traumhafter Hellsichtigkeit die letzten Bestimmungsgründe bei der Gattenwahl erkennen läßt. Wir sollten zusehen, daß solche Instinkte unserer Urseele durch das, was wir Zivilisation nennen, nicht verschüttet werden.

Nun kann sich ein Organismus vom anderen in seiner Leistungsfähigkeit und Leistungsbereitschaft in merklichen Graden unterscheiden. Allem Anschein nach gibt es aber auch konstitutionelle Eigenarten der Organsysteme im Einzelorganismus selbst (Seitz). Es besteht die Möglichkeit einer Diskordanz zwischen Geschlechtssystem und Soma, und so wird es erklärlich, daß eine Frau von schwächlicher Konstitution in ihrem Sexualsystem klaglos funktioniert und beschwerdefrei Mutter vieler Kinder wird, während walkürenhafte Erscheinungen ein verkümmertes Sexualsystem in sich tragen können, das sie nie zur Mutterschaft kommen läßt.

Je kräftiger ein Sexualsystem angelegt und ausgereift ist, desto stabiler wird es den Schäden und Belastungen des Lebens standhalten. Am empfindlichsten reagiert das Sexualsystem in den Entwicklungsjahren; daher die Häufigkeit der Zyklusstörungen in der Pubertätszeit. Man denke nur an die so häufig auftretenden Amenorrhoen bei Jugendlichen, wenn sie ihre Familie verlassen und unter mehr oder weniger einschneidend veränderten Lebensbedingungen in Lehranstalten, Kochschulen oder in den Arbeitsdienst verpflanzt werden. Das sind Proben auf die Stabilität der Leistungsfähigkeit des Sexualapparates. Unter derart gleichen Lebens-, ich möchte fast sagen Versuchsbedingungen zeigt sich die individuell so verschiedene Belastungsfähigkeit des Sexualsystems. Zur Auswirkung kommen da körperliche, aber auch seelische Belastungen. So leiden nicht alle gleichmäßig an Heimweh. Wahrscheinlich ist Heimweh nichts anderes als eine Aenderung der Stimmungslage, wobei das schmerzliche Sehnen nach der Heimat Ausdruck der Schwierigkeiten ist, sich den noch ungewohnten Lebensbedingungen anzupassen.

Der empfindlichste Indikator für eine Störung, die sich am Sexualsystem des weiblichen Organismus auswirkt, ist seine Ovulationsfähigkeit. Unter dem Druck von Giften, Ueberanstrengungen und Ueberbelastungen körperlicher, aber auch seelischer Art kann auch ein gesundes Sexualsystem seine Ovulationen zeitweise einstellen. Wie schwer sich seelische Erschütterungen auswirken, zeigt der Stillstand der Ovulationsvorgänge im Ovarium von Frauen, die Monate auf ihre Exekution warten mußten (Stieve). Dabei ist es unwesentlich, ob es durch unterschwellige Zyklen zu Blutungen kommt, denn das Wesentliche der Leistungen des Sexualsystems ist die Ovulation, nicht die Menstruation.

Die Ovulation ist der Geburtsvorgang eines reifgewordenen Eies aus dem sich öffnenden Follikel. Sie ist die Grundbedingung für die Fortpflanzung. Die Möglichkeit der Jungfernzeugung (Parthenogenosis) bei Tieren zeigt, daß die Befruchtung eine für manche Arten wichtige, jedoch sekundäre Erscheinung ist. Viele Pflanzen und manche niedere Tierarten vermögen sich lediglich durch Abknospung von ihrem Organismus zu vermehren. Auch ist es auf experimentellem Wege gelungen, durch gewisse Reize an befruchtungsbereiten Eiern von Kaltblütern (Frosch), aber auch an solchen Eiern von Säugetieren (Kaninchen) ohne Imprägnation von Spermatozoen die Entfaltung solcher Eier zu lebensfähigen Tieren zu erreichen. Auffallenderweise bleiben solche Tiere aber unfruchtbar.

Auch die Ovulation im Ovarium der Frau ist als Abknospungsvorgang des weiblichen Organismus zum Zweck der Fortpflanzung aufzufassen. Temporäre Amenorrhoe bedeutet also, daß die Ovarien der Frau zwar abknospungsfähig sind, der betreffende Organismus jedoch infolge einer vorübergehenden Schwäche durch Auslassen der notwendigen gonadotropen Impulse seinen Mangel an Abknospungsbereitschaft anzeigt.

Das vom Mutterorganismus sich lösende Ei muß gleich von der männlichen Keimzelle imprägniert werden, soll es zu einer Befruchtung kommen. Um das zu ermöglichen, hat sich ein hochdifferenziertes Geschlechtssystem gebildet.

Ein normaler Ovulationsablauf bedeutet eine Spitzenleistung des ganzen Systems.

Durch diesen Hochbetrieb werden die Erfolgsorgane des Ovariums, also der Geschlechtsapparat im engeren Sinne, in den Zustand höchster Funktionsbereitschaft versetzt. Diese Zustandsänderung eines funktionsfähigen Organismus, die wir Brunst nennen, wird durch das rapide Ansteigen der Follikelhormonproduktion im ovulierenden Ovarium ausgelöst. Sie wirkt sich im Gesamtorganismus als erhöhte Kopulationsbereitschaft aus.

Der kopulationsfähige Organismus wird durch die vermehrte Oestronwirkung zum kopulationsbereiten. Zweck dieser Zustandsänderung ist das Erreichen der Besamung zur Ovulationszeit. Das Kaninchen verdankt seine sprichwörtliche Fruchtbarkeit dem Zustand, daß die Ovulation erst durch den Kopulationsreiz ausgelöst wird. Kopulationsbereit ist es aber nur zur Brunstzeit. Durch das temporäre Auftreten eines neuen hormonalen Wirkstoffes nach der Ovulation, des Gelbkörperhormons (Progesteron) wird der Kopulationstrieb verdrängt. Der Organismus gerät in den Zustand der Nestbau- und Mutterschaftsbereitschaft.

Die Genitalorgane müssen bei entsprechender Anlage gesund und bis zur Funktionsfähigkeit ausgereift sein, damit sie durch die hormonalen Impulse in die Hochform der Funktionsbereitschaft gebracht werden können. In diesem Zustande treten Aenderungen im Uterus- und im Eileiterkanal auf, die das Aufsteigen der Spermatozoen zum Ovarium fördern. Die Kohabitation und der Orgasmus, in dem sich die Höchstform der weiblichen Begattungsbereitschaft löst, ist bekanntlich keine unbedingte Voraussetzung für die Befruchtung. Sie wird aber dadurch sehr gefördert. Sonst wäre es schwer vorstellbar, warum auch zur Ovulationszeit ausgeführte künstliche Befruchtungen so selten Erfolg haben.

Die Kohabitationsfähigkeit kann durch kümmerliche Anlage der Organe und anatomische Unzulänglichkeiten behindert und durch Schmerzen infolge von Erkrankungen gehemmt sein. Das wirkt sich auch auf die Kohabitationsbereitschaft aus. Schmerzregungen, aber auch Schmerzvorstellungen können sich derart verankern, daß sie zu Hemmungen und verklemmten Komplexen werden, die in ihrer schärfsten Auswirkung als Vaginismus die Kohabitation und damit die Befruchtung behindern oder unmöglich machen.

Zum Unterschied vom Tierleben haben wir bei der Frau neben ihrer Kohabitationsfähigkeit im entscheidenden Maße mit einer Art der Kohabitationsbereitschaft zu rechnen, die zwar so wie im Tierleben temporär wohl triebartig erhöht wird, durch die Leistungen ihrer Vernunft jedoch im weitgehenden Maße unter ihrer Kontrolle gestellt werden kann.

Ein funktionsfähiges Sexualsystem, das durch die endokrinen Auswirkungen der Ovulation im Zustand höchster Befruchtungsbereitschaft steht, genügt beim Menschen nicht mehr zur Befruchtung. Ich möchte sagen: beim wissenden Menschen, denn je mehr der Schleier von den geheimnisvollen Zusammenhängen der Fortpflanzung abgehoben wird, desto weitgehender wird die Fortpflanzung vom Wollen des Menschen abhängig. Das ist ein sehr wesentliches Faktum! Mit dem Wissen um die biologischen Zusammenhänge ist dem Menschen eine bewußte Kontrolle seiner Fortpflanzung gegeben. So vermag der Mensch den Befruchtungsvorgang in zunehmendem Maße zu beeinflussen, indem er die Befruchtung zu verhindern lernt, ohne auf die Kohabitation zu verzichten. Alles, was das Zusammentreffen der Spermatozoen mit dem eben freigewordenen Ei hemmt, verhindert die Befruchtung. Ob es sich dabei um das Verhindern der Besamung, um das Verschließen des Genitalkanals durch Pessare oder durch Unterbinden der Eileiter handelt oder um das bis zu einem gewissen Grade mögliche Vermeiden des Tages der voraussichtlichen Ovulation ist von sekundärer Bedeutung.

Die Fruchtbarkeit der Frau wird dadurch neben der im Unterbewußtsein triebhaft geregelten Befruchtungsbereitschaft in zunehmendem Maße von ihrem Willen, also von der geistigen Bereitschaft zur Fortpflanzung abhängig: damit vermag sich der Mensch, vor allem die Frau, vom Druck des Brunst- und Fortpflanzungstriebes weitgehend freizumachen. Sie kann sich von einem endokrin-triebhaft bedingten Gemütszustand zur Freiheit des Willens durchringen. Daraus wird bei voller Befruchtungsfähigkeit der Zustand voller Kohabitationsbereitschaft bei mangelnder Befruchtungsbereitschaft ableitbar. Das heißt, die Frau vermag sich, ohne auf die Kohabitation zu verzichten, vom Zwang der Mutterschaft zu lösen. Ein notwendiger Grad von Ethik vorausgesetzt, erhöht dieses Wissen die Frau, indem sie ihre Mutterschaft von der Wahl der geeigneten Zeit, des geeigneten Lebensraumes, vor allem aber von der Wahl des geeigneten Gatten abhängig machen kann. Diese Freiheit des Entschlusses bringt Verantwortung. Der unwissende, triebhaft liebende Mensch vermag vielleicht in seiner Art traumhafter Hellsichtigkeit die Bestimmungsgründe bei der Gattenwahl zu erkennen. Der wissend gewordene Mensch steht jedoch vor dem Problem, die Impulse seiner Urseele mit seinem Wissen und Gewissen in Einklang zu bringen.

Je mehr unser Können vom Wollen abhängig wird, desto entscheidender wird die Haltung, die der einzelne einnimmt. Die Haltung des einzelnen wird aber von außen in schwer kontrollierbarem Maße von der Haltung, von der Idee und von der Weltanschauung, auch von Brauch und Mode seiner Umgebung beeinflußt.

Es gehört viel Optimismus zum Glauben, daß sich das Wissen um die biologischen Zusammenhänge der Fortpflanzung in allen Teilen unseres Volkskörpers zum Guten auswirkt. So ist es wohl gut, daß wir noch lange nicht alles wissen, und daß die Variationsbreite unserer körperlichen und seelischen Lebensäußerungen sich nicht genau übersehen, noch weniger genau vorausberechnen läßt. Nicht einmal den Tag der Ovulation können wir mit Sicherheit bestimmen!

Ob es nun zur Befruchtung des Eies kommt oder nicht, das Ei wird zum Uterus geleitet. Dabei werden die Eileiter, die erst nach der Pubertät ihre Funktionsfähigkeit erreichen, in der Ovulationszeit zu einer Funktionsbereitschaft aktiviert, die sie zu weit mehr als einer Verbindungsröhre zwischen Ovar und Uterus werden läßt. Ein wunderbar abgestimmter Eiauffangs- und -fortleitungsmechanismus bringt das Ei zum Fruchthalter, indem sich der Eileiter wurmartig an den ovulierenden Follikel heranmacht, um so das Ei sicher aufzufangen und zum Fruchthalter zu fördern. Wer nur einmal das Glück hatte, in dieses wunderbar fein abgestimmte Wirken des Eiauffangs- und -fortleitungsmechanismus zur Ovulationszeit Einsicht zu gewinnen, dem wird der Begriff aktivster Leistungsbereitschaft offenbar. Der lernt aber auch begreifen, warum gerade die Eileiter so empfindlich sind, warum wir in Störungen ihrer Funktionen so oft die Ursachen einer Sterilität finden und worauf es bei der operativen Behebung solcher Störungen ankommt.

Am Uterus können wir die Bereitstellung eines Organs durch den Ovulationsvorgang am genauesten verfolgen. Bei guter Anlage entfaltet er sich in der Pubertät zur Funktionsfähigkeit. In dieser Ruhestellung beharrt der Uterus, bis er durch den Ovulationsvorgang hormonal in einen Zustand funktioneller Bereitschaft gesteigert wird, die ihn erst befähigt, ein befruchtetes Ei in einem wohlvorbereiteten Einest aufzunehmen, um ihm die besten Wuchsbedingungen zu bieten. Ein Uterus von normaler Anlage wird der Bereitstellung in Form der Aenderung von Tonus und Kontraktilität, der Entfaltung der Schleimhaut zur Decidua, besonders auch der gewaltigen Wuchsleistungen seiner Muskelanlage auch dann noch fähig sein, wenn er mehr als normal beansprucht wird, so bei der Mehrlingsschwangerschaft. Es gibt da fließende Uebergänge vom volleistungsfähigen zum schwachen bis zum zu schwachen Uterus, der nicht einmal mehr das Einnisten, geschweige denn das Austragen eines Eies ermöglicht. Die Leistungsfähigkeit des Uterus ist in erster Linie eine Frage der Anlage. Kümmerformen können auch durch kräftige Ovulationsimpulse nicht in eine Leistungsbereitschaft gesteigert werden, die zum Halten und Austragen des Eies Voraussetzung ist. Allerdings kann bei jungen Frauen durch die immer wiederkehrenden Ovulationsimpulse, durch geregelten Geschlechtsverkehr und auch durch Fehlgeburten, die auf Organschwäche zurückzuführen sind, der Uterus infolge solchen Trainings bei Grenzfällen doch noch so weit gekräftigt werden, daß es zum Austragen einer lebensfähigen Frucht kommt. Die Zufuhr von Follikelhormon wird bei zu schwachem Fruchthalter dann zweckmäßig sein, wenn die Schwäche des Organs nicht auf seine kümmerliche Anlage, sondern auf unterschwellige Realisierung seiner Anlage durch mangelhafte endokrine Funktionen des Ovariums zurückzuführen ist. Unter solchen Umständen werden aber auch kaum befruchtungsfähige Eier frei. Daß im Verlaufe der Geschlechtsreife den Uterus Schäden treffen können, die ihn bis zur Leistungsunfähigkeit hemmen, sei in diesem Zusammenhang nebenbei erwähnt.

Ein gutangelegter und entfalteter Uterus ist funktionsfähig. Er wird durch den Ovulationsvorgang funktionsbereit. Beim Tier führt diese Bereitschaft zur Schwangerschaft. Bei der Frau bedarf es noch der seelischen Bereitschaft und des Willens zum Kind. Wäre das nicht so, dann wäre die Fruchtabtreibung nie zur entvölkernden Seuche geworden.

Während der durch das Ei beeinflußten Wuchsperiode der Schwangerschaft wird der weibliche Organismus für die Geburt vorbereitet und so gebärbereit. Die Gebärfähigkeit kann anlagemäßig mangelhaft sein, sie kann aber auch sehr oft durch Störungen während der Entfaltung (Rachitis, Tumorbildung usw.) leiden. Auch die Eignung zur Entfaltung bis zur Gebärbereitschaft kann so bei der alternden Geschwängerten durch Nachlassen der Reaktionsfähigkeit des Organismus leiden. Wird eine Frau durch Greuelberichte über Geburtserlebnisse aus der Umgebung ihres Bekanntenkreises nicht verschreckt, oder hat sie schon eine normale Geburt erlebt, dann wird sie der Geburt mit Ruhe und Zuversicht entgegensehen und nicht gleich Narkose und Kaiserschnitt fordern. Bei verantwortungsbewußter Indikationsstellung wird die Schnittentbindung die Frau vor den Schrecken einer zu lange dauernden und schließlich oft doch ergebnislosen Geburt bewahren. Anderseits ist es aber in Fällen, bei denen auf Grund der Summe der Ueberlegungen, die die Anzeige zu einem operativen Eingriff während der Geburt ausmachen, mit der Gebärfähigkeit der Frau für die nächste Geburt zu rechnen ist, besser, einmal ein Kind zu opfern, als aus kindlicher Anzeige die Schnittentbindung zu machen. Die Erfahrung lehrt nämlich, daß Frauen, die einmal das Kind bei der Geburt verloren haben, fruchtbarer bleiben, als Frauen, die durch Laparotomie zu ihrem Kinde kamen, und unter dem Eindruck, nur mit Hilfe einer solchen Operation Mutter werden zu können, weiteren Geburten ausweichen (Gauß).

Der Geburtshelfer hat immer wieder Gelegenheit, die so verschiedene Haltung der Gebärenden zu beobachten. Wir stehen oft voll Achtung vor der Selbstbeherrschung von Frauen, die auch bei schmerzhaften und lange dauernden Geburten Haltung bewahren und den ersten Schrei ihres Kindes bei vollem Bewußtsein erleben wollen. Wer nun neben solchen Frauen andere, oft Mehrgebärende, bei leichterem Geburtsablauf beobachtet, die mit ihrer Unbeherrschtheit sich und ihrer Umgebung die Geburt erschweren und, ohne an das Kind zu denken, unter Gebrüll Kaiserschnitt, Narkose, Zange fordern, lernt erkennen, was Erziehung zum Haltungbewahren ausmacht.

In den Komplex der Leistungen, die die Fruchtbarkeit ausmachen, sind auch die Funktionen der Milchdrüsen zu rechnen. Auch diese Drüsen entfalten sich in der Pubertät zur Funktionsfähigkeit. Sie werden aber erst am Schwangerschaftsende voll funktionsbereit. Mit dem Auslassen der Wachstumsimpulse nach der Geburt kommt das laktogene Hormon zur Wirkung. Die Brüste milchen aber nur weiter, wenn sie durch den Saugreiz angeregt und regelmäßig entleert werden. Diese Reize können so stark sein, daß das Milchen bei gut veranlagten Frauen auch durch das Eintreten einer neuen Schwangerschaft nicht versiegen muß. Die Ergiebigkeit der Milchdrüsen ist in erster Linie anlagebedingt. Ich glaube nicht, daß solche Drüsen während der Schwangerschaft durch künstliche Zufuhr von Sexualhormonen zu einer wesentlichen Steigerung ihrer Entfaltung und Funktionsbereitschaft zu bringen sind. Dagegen ist die Ergiebigkeit der Milchdrüsen weitgehend von der Stillbereitschaft abhängig. Frauen, die trotz anfänglicher Stillschwierigkeiten ihr Kind selbst nähren wollen, werden durch den wiederkehrenden Saugreiz auch mit schwächeren Drüsen ihr Kind lange, wenn auch nur teilweise nähren können. Sie schenken ihrem Kind auf diese Weise eine durch nichts zu ersetzende Nahrung.

Wie sehr psychische Einwirkungen die generativen Leistungen beeinflussen können, läßt sich beim Milchen geradezu meßbar beobachten.

Eine Frau, in der die Monate dauernden Rückbildungsvorgänge nach einer Geburt ablaufen und die ihr Kind aus ihren Milchdrüsen nährt, braucht Ruhe! Wer das überdenkt, wird begreifen, was da an Mutter und Kind gesündigt wird. Schwer arbeiten und viel Milch geben, das mutet der Bauer seiner Frau nur zu, weil er muß, seiner Milchkuh aber nicht! Wie sollen aber Frauen, auch wenn sie gut ernährt sind, durch Monate hindurch ihr Kind stillen, wenn ihnen zur Mutterschaft die Arbeitslast in der Familie, vielleicht noch der Beruf und dazu dann die psychische Belastung eines so unruhig gewordenen Lebens zugemutet wird. Das ertragen nur sehr robuste Frauen ohne Nachlassen der Milchleistung. Wenn wir von den Müttern viel erwarten, verstehen wir die zwingende Notwendigkeit unserer Anstrengungen, alles daran zu setzen, um der Familie die Grundlagen zu einem biologischen Leben zu schaffen. Darum kämpfen wir ja auch.

Die Funktionsfähigkeit ist Voraussetzung für das Erreichen der Funktionsbereitschaft. Erst die Bereitschaft führt zur Leistung. Die Impulse, die eine Zustandsänderung im Sinne einer erhöhten Bereitschaft auslösen und so zur Fruchtbarkeit führen, kommen zwar aus den vegetativen Hirnzentren. Sie haben jedoch ihre letzten Ursachen in Einwirkungen aus der Umwelt und aus dem Geheimnis des Lebens selbst. Ein wunderbares Beispiel haben wir an unserem Volkskörper selbst erlebt.

Vor dem Umbruch war die Fähigkeit zur Fruchtbarkeit unserer Frauen sicher und bestimmbar vorhanden. Das bedrohlich einsetzende Absterben des Volkes lag im Schwinden des Willens zur Fortpflanzung. Damals zeigte sich die größte Divergenz zwischen Kohabitations- und Fortpflanzungsbereitschaft, eine ungesunde Blüte der Industrie für Präventivmittel und eine verheerende Abortusseuche. Schon die Hoffnung auf bald erreichbare Besserung ließ die Geburtenfreudigkeit zunehmen. Nach dem Umbruch aber erlebten wir einen Geburtenanstieg, der wie ein Elementarereignis auftrat. Die Fähigkeit zur Fruchtbarkeit war also nicht verlorengegangen, wohl aber die Bereitschaft, die erst das Volk wieder zu einem fruchtbaren machte. Wir wollen nicht vergessen, daß der einzelne wie das Volk körperlich und ideell Einwirkungen der Umwelt ausgesetzt ist. Höchstleistungen, die über ein abschätzbares Maß hinausgehen, bedingen auch im Volk impulsiv ausgelöste Zustandsänderungen, die seine Leistungsfähigkeit in die Hochform der Leistungsbereitschaft bringen. Uralte Triebkräfte lösen im Volkskörper solche Wachstumsimpulse aus: Gute Jahre — aber der Mensch braucht mehr: den Glauben an eine bessere Zukunft, und das Vertrauen, daß diese Zukunft wenigstens den Kindern werde.

Mannigfaltig sind die Schäden, die an den Wurzeln eines Volkes nagen. Viele neue Erkenntnisse von den Zusammenhängen des Lebens lassen uns ahnen — ich verweise nur auf Ergebnisse der Forschungen über das Erbgut, den Lebensraum und über die verschiedenen Wirkstoffgruppen —, in wie vielfältiger Weise die Volkskraft, die Lebenskraft, also die Fruchtbarkeit des Volkes Schaden leiden kann. Um den Aufgaben, die aus solchen Erkenntnissen erwachsen, gerecht zu werden, müssen wir in unserem Beruf den Rahmen unserer Wissensgebiete viel weiter stecken, damit die Medizin kein Fachgewerbe werde. Sie muß sich zur Gesundheitsführung des Volkes entfalten.

Die Gestaltung des Lebensraumes zu biologischen Lebensbedingungen, wie die Zusammenstellung der Nahrung, die Gestaltung des Wohnens, die Regulation der Spannung und Entspannung bei der Beanspruchung der Volkskraft, der Rhythmus in Arbeit und Freizeit, in Pflicht und Freude soll das Volk leistungsfähig erhalten.

Diese Leistungsfähigkeit ist die Bedingung für die Kraft zur Leistungsbereitschaft. Das Erhalten und Fördern der Leistungsbereitschaft, von der nur eine Seite Opferbereitschaft heißt, gehört zu den schönsten, aber auch schwersten Aufgaben am Menschen.

In Zeiten der Erschöpfung, der Schwäche und des Niederganges wird der einzelne wie das Volk anfälliger für Infektionen des Körpers und der Seele.

Gebiert das Volk nicht bald aus der Not seines Zustandes eine ihm artgemäße Führung, die ihm den Weg zur Gesundung zeigt, so ist das Volk schwer gefährdet. Das Volk kann verderben, wenn es von Idee aus fremder Geisteshaltung infiltriert wird. Abkehr von biologischen Lebensbedingungen führt zu Schwächung bis zur Versklavung. Gegen Zeichen des Niederganges, wie die Abortusseuche, helfen dann nicht mehr Gesetze, Drohungen noch Strafen.

Ein noch lebenskräftiges, also funktionsfähiges Volk aber wird wieder Kraftträger als Führerpersönlichkeiten gebären, von denen Energien ausstrahlen, die das Volk als Idee ergreifen, der es nun stark und opferbereit folgt. Es erlebt durch die Impulse einer derartigen ideellen Einstrahlung den Zustand höchster Leistungsbereitschaft. Ist ein Volk derartiger Leistungen fähig, dann ist es gesund, lebensfähig und in weitestem Sinne fruchtbar.

Der Kinderfuß (variköser Symptomenkomplex)

Von

Professor **M. Hackenbroch**

Köln

Der Ausdruck, der in nord- und westdeutschen Gauen kaum bekannt sein dürfte, bezeichnet ursächlich nicht in vollem Umfange richtig, aber für den Kenner anschaulich, den Fuß (dialektisch für: Bein) der Frau, die viele Kinder geboren hat. Der Ausdruck steht für eine Vielheit von anatomischen und funktionellen Veränderungen, die sich, wenn eine angeborene Disposition ihrer Entwicklung den Boden bereitet, tragischerweise gerade am Bein der Frau finden, die ihr Leben als Frau und Mutter am stärksten gelebt hat. Es sind Störungen und Veränderungen verschiedener Herkunft, aber auf gemeinsamem Boden gewachsen, und sie zeigen sich gemeinsam an der anatomischen und funktionellen Einheit, dem Bein. Im wesentlichen sind sie statisch-dynamischer Art, gleichzeitig aber auch hämodynamisch- (hydraulich-) trophischer Natur. Es handelt sich um einen Teilausschnitt aus dem von Curtius als erblicher Status varicosus herausgehobenen, von Roeßle an familienpathologischen Untersuchungen bestätigten umfangreicheren Krankheitsbild, das wohl seinerseits wieder als Teil der umfassenderen angeborenen Bindegewebsschwäche Biers aufgefaßt werden kann. Mit dieser Einschränkung kann das Leiden auch als Belastungsdeformität angesehen werden. Somit verbindet sich bei ihm ein konstitutionell-anatomisches Problem mit einem statisch-hämodynamisch-nutritiven Problem (in Angleichung an Magnus' Definition des varikösen Problems). Es ist natürlich, wenn mit zunehmendem Lebensalter und immer wiederholter funktioneller Beanspruchung das Leiden, das an sich ja kein spezifisch weibliches ist, gerade bei der Frau im Klimakterium kulminiert und hier seine schärfste Ausprägung findet, bei der Frau, deren Organismus manche das Leiden begünstigende Vorbedingungen mit sich bringt.

Meine, des Orthopäden, Aufgabe sehe ich darin, die innige Durchflechtung der beiden Störungslinien aufzuzeigen, die an der Auszeichnung des Krankheitsbildes beteiligt sind.

Die hämodynamische Störung. Erst die ausgezeichneten Untersuchungen von Magnus haben der alten Auffassung den Boden entzogen, daß es die Insuffizienz des venösen Klappenapparates sei, die zur Krampfaderbildung führe. Der bekannte Versuch von Trendelenburg, der das Leerlaufen der Beinvenen bei angehobenem Bein in Rückenlage zeigt, die Wiederfüllung der Venen, im Stehen, wenn die Kompression der Saphena an der Abgangsstelle aufgehoben wird, beweist wohl diese Insuffizienz, sagt aber nichts über die Ursache der Venenerweiterung. Magnus zeigte im exakten hämodynamometrischen Versuch die rückläufige, zentrifugale (perverse) Richtung des Blutstromes in der erweiterten Beinvene und die schnellere Strömung in dieser Richtung. Die Rolle der tiefen Beinvenen hatte schon der Versuch von Perthes aufgedeckt, gleichzeitig mit der Bedeutung des Muskelspieles am sich bewegenden Bein, wenn die erweiterte und gestaute oberflächliche Vene sich trotz der Hemmung des Blutrückflusses im Gehen, bei liegender Stauung, über die tiefen Venen entleert. Magnus weist darauf hin, daß es keine mechanische Behinderung des venösen Rückstromes sein kann, die zur Erweiterung der Beinvenen führt, denn die Erweiterungen zeigen sich gewöhnlich schon in den ersten Monaten der Gravidität, wenn der Uterus noch keine raumbeschränkende Größe gewonnen hat, und er bringt dafür das Beispiel der Varizenentstehung nach Abort im dritten Monat. Eine klinische Bestätigung seiner Strömungsmessungen sieht er in der Tatsache, daß eine Thrombose in dem im Gehen sich bewegenden Bein sehr selten ist, und er sieht in zentrifugal, nicht zentripetal, verschleppten Embolie eine Ursache für manche Formen der Geschwürsbildung am Unterschenkel. Dagegen wird die so oft beobachtete Verschlimmerung von Venenerweiterungen am Bein in frühen Graviditätsstadien, oft sogar in der prämenstruellen Phase als Folge einer hormonalen Umsteuerung des Blutstromes angesehen, vielleicht auch einer hormonal bedingten Auflockerung der Venenwandung, analog der an den Gelenken der Becken-Kreuzbein-Verbindung und an der Schoßfuge beobachteten, sicher hormonal bedingten Auflockerung (Martius). Alle diese Entwicklungen sind gebunden an die Grundlage der angeborenen Bindegewebsschwäche, an den Status varicosus. Aber schon hier zeigt sich eine spezifisch weibliche Komponente wirksam.

Die pathologisch-anatomischen Veränderungen können sich nach Virchows Einteilung, die auch heute noch Geltung hat, in der Form der einfachen, der ampullären, der dissezierenden, der kavernösen und der — häufigsten — varikösen Ektasie entwickeln. Feingeweblich zeigen die varikösen Venenwandungen das Bild einer völligen Zerrüttung ihres Aufbaues. Dabei gehen degenerative Veränderungen Hand in Hand mit proliferativen. Aeußerste Wandverdünnungen stehen neben einer mächtigen Hypertrophie der Muscularis und Wucherungen des kollagenen Bindegewebes. Die Vasa vasorum sind vermehrt und verdickt. Besonders die hochwertigen Wandelemente sind atrophisch.

Naturgemäß kommt es bei hochgradigen Veränderungen solcher Art zu Störungen des Flüssigkeitsaustausches der Gewebe und damit zur Störung des Gewebsstoffwechsels. Zwar ergibt sich aus Untersuchungen des Krampfaderblutes keine andere Zusammensetzung gegenüber dem Blute etwa der Armvenen. Trotzdem muß aber auf Grund der venösen Abflußerschwerung und -stauung eine allmähliche Ernährungsstörung des Zellgewebes am Bein entstehen, die sich in einer Azidose des Gewebes, einer Wasser- und Salzretention, einer latenten Oedemisierung äußert. Manches mag hier im einzelnen noch problematisch sein. Sicher kommt es aber im weiteren Verlauf des Leidens zu Erscheinungen, die zweifellos der Störung des Gewebsstoffwechsels ihr Dasein verdanken, zur Stauungsdermatose und zur Geschwürsbildung. Bisgaard legt in einer kürzlich erschienenen Arbeit besonderen Wert auf das von ihm so genannte Frühinfiltrat, das palpatorisch sogar noch nicht nachweisbar ist. Hier finden wir einen Punkt, wo sich hämodynamisch-trophische Störungen mit statisch bedingten Störungen der Trophik der Gewebe berühren.

Die Stauungsdermatose kann unter dem Bilde einer Zirkulationsstörung, einer Entzündung und einer Ernährungsstörung auftreten. Sie führt schließlich zum Ulcus cruris varicosus, das, wenn es einmal da ist, das Krankheitsbild beherrscht. In allen Stadien kann ferner komplizierend eine Phlebitis auftreten.

Die statische Störung. Sie stellt den zweiten

Störungskreis dar, der am Krankheitsbild des „Kinderfußes“ beteiligt ist. Das Bein als statische Einheit zeigt gefährdete Stellen in den Gelenken, die der kinetischen Funktion dienen, aber die statische Funktion des Standbeines erschweren. Besonders ist es die Valgität des Fußes, die ja so häufig ist, die bei einseitiger statischer Beanspruchung häufig zur Insuffizienz des ganzen Beines führt. Allerdings dürfte sie allein wohl kaum zur Varizenentstehung führen, wie das hier und da in der Literatur vermutet wurde, etwa durch Ueberdehnung der Gewebe auf der Streckinnenseite des Unterschenkels, oder durch Ueberlastung und schlechte Arbeitsbedingungen der Muskulatur beim Knickplattfuß. Doch haben wir darin Faktoren zu sehen, die bei gegebener konstitutioneller Vorbedingung die Entstehung des Leidens fördern. Der Weg dazu ist lang und verschlungen. Das erste Stadium der Insuffizienz beim Pes valgus oder Pes valgoplanus ist nur erkennbar an subjektiven Beschwerden, die auf abnorme Zug- und Druckbeanspruchung des Beines zurückzuführen sind. Ueberdehnungen der Muskulatur, Mehrbeanspruchung und Ueberbeanspruchung der Muskulatur, Zerrungen an den Ansatzstellen von Bändern und Sehnen, abnorme Druckverteilung in den Gelenkflächen und an den Unterstützungsflächen machen charakteristische allbekannte Beschwerden. Im weiteren Verlauf treten auch objektiv faßbare Veränderungen hinzu: Myogelosen, die Schede geradezu als im Gewebe liegengebliebene verhärtete Stoffwechselschlacken ansieht, entzündliche Reizerscheinungen am Periost, am Peritendineum und schließlich auch Oedeme, sekundär nach statisch-myalgischer oder statisch-arthritischer Primärschwellung auftretend. So spielt sich das Hauptgeschehen zunächst weitgehend in der dynamischen Komponente des Halteapparates ab. Die Haltung des Fußes, des Beines und schließlich des Gesamtkörpers verfällt. Schede hat in seinen Arbeiten über Haltung und körperliche Erziehung oft darauf hingewiesen, wie hierdurch lokale Ernährungsstörungen, unvollständige Oxydationen, Gewebsazidose und auch allgemeine Störungen besonders auf dem Wege über das Daniederliegen der mit der Haltung verbundenen äußeren Atmungsvorgänge entstehen. So kommt es schließlich auch zu Störungen in den Gelenken, einmal durch Verschlechterung ihrer Muskelführung. Muskulär schlecht geführte und gesicherte Gelenke unterliegen einem rascheren Materialverbrauch, wie in der Technik schlecht gelagerte Achsen (Schede). So entsteht, worauf ebenfalls Schede hingewiesen hat, die Lateralverschiebung des Schienbeinkopfes nach außen bei der Arthrosis deformans des Kniegelenkes als Folge der Richtungsänderung des Unterschenkels beim Pes valgus. So entwickelt sich die statische Insuffizienz des Beines bei chronischem Haltungsverfall und dauernder Ueberbeanspruchung schließlich zur Fehlbeanspruchung der Gelenke, und damit kommt es zur Arthrosis deformans. Zwar sind die Akten über diesem rätselvollen Leiden vielleicht noch nicht geschlossen, doch kommen die neuesten Bearbeiter dieses Fragenkreises mehr und mehr zur Auffassung des Leidens als einem Resultat einer durch chronische Ueberbeanspruchung — wir fügen hinzu: Fehlbeanspruchung — verursachten Durchblutungsstörung, die zur allmählichen Unterernährung des Knorpel-Knochengewebes führt (Haase). So kommt es auch auf diesem Wege zur Materialverschlechterung, und damit hat die statische Insuffizienz des Beines wohl die folgenschwerste Veränderung gezeitigt.

Der weibliche Körper zeigt nun noch eine Reihe von spezifischen, die Entwicklung des varikösen Symptomenkomplexes, soweit er sich am Bein lokalisiert, begünstigenden Besonderheiten, zunächst im anatomisch-statischen Aufbau. Martius hat in seinem verdienstvollen Buch über den Kreuzschmerz der Frau sie im einzelnen aufgezählt: die längere Lendenwirbelsäule und deren stärkere Lordose, die stärkere Beckenneigung, die größere Beckenbreite, die kleinere Winkelbildung im Schenkelhals, das stärkere physiologische Genu valgum, die ganz allgemein schwächere Leistungsfähigkeit des Muskel-Bandapparates und seine geringere funktionelle Anpassungsbreite (funktionelle Kapazität nach Haglund). Hinzu kommen Besonderheiten physiologischer Natur: die starke Beanspruchung durch Belastungsschwankungen (Kreuz), wie sie sich durch viele Schwangerschaften ergeben, die anatomische Auflockerung der Beckenverbindungen in der Schwangerschaft und ihre Wiederholungen, wie überhaupt die starken hormonal bedingten Schwankungen der Blutverteilung und damit der Trophik der Gewebe. Schließlich die Vorderlastigkeit (Martius), die, wie Fick nachgewiesen hat, in 80% durch eine stärkere Streckung im Unterschenkelsprungbeingelenk und damit durch eine Veränderung der Gesamtstatik des Beines und des Körpers ausgeglichen werden muß (in 20% durch eine stärkere Lordose der Lendenwirbel). Hinzu kommen Folgen häufiger Schwangerschaften anderer Art, wie der Hängebauch mit seinen die Gesamthaltung sowohl als auch die Atmungsfunktion störenden Folgen. Auch die bei der Frau so häufige chronische Obstipation, die häufig Pressungen und damit Druckstauungen in den Venen und eine allgemeine Kongestionierung des Bauches mit sich bringt, ist hier zu nennen. Natürlich muß hier auch erwähnt werden, daß die fortgeschrittenen Schwangerschaftsstadien auch unmittelbar durch Behinderung des venösen Rückstromes auf die Varizenbildung einwirken.

So ist allgemein eine innige Verflechtung statischer, hämodynamischer und hormonaler Faktoren festzustellen, die alle im Sinne eines Circulus vitiosus bei der Entstehung des Kinderfußes oder Kinderbeines mitwirken.

Behandlung und Vorbeugung. Nach der Monographie von Nobl: „Der variköse Symptomenkomplex" ist in den letzten Jahren ein überaus reiches Schrifttum erschienen. Ich nenne u. a. die schöne, vor allem praktischen Bedürfnissen genügende Arbeit von Jäger aus der Klinik von Magnus und die jüngst erschienene Arbeit von Bisgaard, vor allem auch die ausgezeichnete Uebersicht im einschlägigen Kapitel von Hohmann: Fuß und Bein, 2. Auflage, 1940 (dort auch Literaturübersicht). Alle diese Arbeiten lassen die statische Komponente des Leidens trotz ihrer wesentlichen Bedeutung mehr oder weniger außer Betracht, leiden also an einer gewissen Einseitigkeit.

Im Rahmen dieses Fortbildungsvortrages ist es nicht möglich, auf Einzelheiten, besonders technischer Art, einzugehen. Nur die großen Umrisse können gezeigt werden.

Der alte Streit um den Vorrang der operativen Behandlung und der sogenannten Verödungsbehandlung dürfte inzwischen zugunsten der letzteren entschieden sein. Damit zusammenhängend kann wohl heute auch kein Zweifel mehr bestehen über die Vorzüge der ambulanten Behandlung, ob sie sich nun mit in der Hauptsache mit komprimierenden Verbänden allein oder in Verbindung mit dem Verödungsverfahren darstellt.

Die Vorteile dieser ambulanten Behandlung zeigen sich einmal in der Vermeidung unerwünschter Zufälle (Embolien) — ich erinnere an die Untersuchungen von Magnus —, sodann auch in der Möglichkeit, die Arbeitsfähigkeit auch während der Behandlung zu erhalten, was gerade heute bei der äußerst angespannten Lage des Arbeitsmarktes von größter Bedeutung ist.

Der chirurgischen Behandlung vorbehalten sind heute außer den verödungsresistenten Fällen nur wenige ausgewählte Fälle von variköser Erkrankung des Beines. Dazu gehören vor allem einzelne größere, oft tumorähnliche Krampfaderkomplexe, die am besten in toto exstirpiert werden. Dagegen wird die früher so oft gemachte Unterbindung der Saphena vor ihrer Einmündung in die Femoralis heute seltener ausgeführt, offenbar deshalb, weil sie allmählich wegen der nicht selten nachfolgenden Embolien in Verruf gekommen ist. Statistisch kommen die operativen Behandlungsverfahren überhaupt schlechter weg als die Verödungsverfahren. Nach Schwarz schwankt die

Mortalität nach Krampfaderoperationen zwischen 0·4 und 3%, während die Injektionsbehandlung mit 0·02% Mortalität zu rechnen hat. Dies spricht sehr stark zugunsten des Verödungsverfahrens, zumal jedes Verfahren mit Rezidiven zu rechnen hat. Wenn deren Zahl auch naturgemäß stark abhängig sein muß von der angewandten Technik und der Nachbehandlung, so ergibt sich doch ihre grundsätzliche Unvermeidbarkeit schon aus der Tatsache, daß kein einziges Verfahren, weder das operative noch das der Krampfaderverödung, eine kausale Behandlung genannt werden kann. Die dem Eingriff zugänglichen Venenerweiterungen können so oder so beseitigt werden, der perverse Kreislauf kann ausgeschaltet werden, dagegen kann nicht die Ursache der Varizen erfaßt werden. Die Grundlage des Leidens und damit die Möglichkeit der Wiederkehr des Symptoms der Venenerweiterung bleibt also bestehen. Darüber hinaus kommt beim Verödungsverfahren das aus der Unzulänglichkeit der angewandten Verödungstechnik oder des Verödungsmittels geborene Rezidiv hinzu. Will man diese Rezidive vermeiden, dann ist in die leere, ausgestrichene Vene ein mit genügender Aetzwirkung ausgestattetes Mittel zu injizieren und danach die Vene durch einen entsprechenden Kompressionsverband vom Fuß an nach aufwärts zu komprimieren (20%ige Kochsalzlösung oder 50- bis 70%ige Traubenzuckerlösung). Vor allem müssen die Gegenanzeigen beachtet werden, wenn Mißerfolge und Rezidive vermieden werden sollen: weder operative noch Verödungsmethoden sind angebracht, wenn auch die tiefen Beinvenen varikös erkrankt sind, denn beide Verfahren führen zu weiterer Einschränkung der venösen Abflußmöglichkeiten. Hier kommen nur Kompressionsverbände in Frage. Für die Injektionsbehandlung im besonderen sind Gegenanzeigen: das Vorhandensein eines Entzündungsherdes im Körper (Angina, Furunkel usw.), Stoffwechselleiden (Diabetes), renale und kardiale Oedeme, eine Phlebitis, auch eine Phlebitis innerhalb des letzten Jahres. Nur bei strenger Beachtung dieser Gegenanzeigen lassen sich Verödungen gefahrlos ausführen. Daß sie ambulant ausgeführt werden sollen, ist nach dem Gesagten eine ebenso wesentliche wie selbstverständliche Vorbedingung.

Weiterhin ist für den Erfolg jeder Behandlung der Varizen und ihrer Folgezustände Phlebitis, Dermatose, Ulcus cruris maßgebend die Technik des Kompressionsverbandes. Die Frage des Materials ist dagegen viel weniger von Bedeutung. Von der einfachen sogenannten elastischen Binde bis zum technisch komplizierteren Zinkleimverband ist alles brauchbar, wenn nur die Kompression der erweiterten Venen wirksam, also genügend stark, und dauernd, d. h. also auch im Gehen haltend, angelegt wird. Zweifellos ist das nicht ganz einfach, erfordert Uebung und Erfahrung, zumal durch die bei der Gehfunktion stark wechselnde Form des Beines die Aufgabe erschwert wird. Hier ist noch eine Lücke in der Ausbildung des Medizinstudenten und des praktischen Arztes zu schließen. Die Darstellung von Einzelheiten muß ich mir hier versagen.

Gegenüber dieser das Feld völlig beherrschenden ambulanten Behandlungsart des varikösen Symptomenkomplexes treten diätetische und medikamentöse Behandlungen, weil wenig oder gar nicht wirksam, ganz in den Hintergrund. Dagegen müssen entsprechend ihrer wirklich großen Bedeutung und Wirksamkeit besonders im Beginn des Leidens und in wenig entwickelten Stadien sowie in der Prophylaxe unbedingt hervorgehoben werden zwei Seiten einer sachlich richtigen und vollständigen Behandlung, das ist die Korrektur statischer Mißverhältnisse am Bein und die gymnastische Behandlung der Insuffizienz der Muskulatur und des varikösen Venensystems selbst. Leider pflegt in der Praxis gerade diese wichtige Komponente des Leidens und das zu seiner Behandlung geradezu naturgegebene Mittel der Uebung wenig Beachtung zu finden. Die zweckmäßig gearbeitete Fußeinlage kann sehr viel leisten, im Anfang des Leidens vor allem, aber man soll sich nicht auf sie allein verlassen. Der ganze insuffizient gewordene Haltungsapparat muß durch Uebung neu aufgebaut, rekonstruiert werden. Außer auf die eigentlichen Haltungsübungen ist besonderer Wert zu legen auf Atmungsübungen, zumal Ausatmungsübungen, sodann auf Widerstandstretübungen aus der Rückenlage heraus, Rumpfübungen etwa im Sinne der Hockergymnastik nach Kohlrausch. Hängebauch und chronische Obstipation sind besonders zu bekämpfen. Als Sport ist Schwimmen besonders zu üben.

Rein vorbeugend ist eine die Wahl eines geeigneten Berufes, der keine vorwiegende Beanspruchung im Stehen erfordert, von großer Bedeutung. Dasselbe gilt für den Arbeitseinsatz der Frau. Angesichts der Tatsache, daß der Status varicosus erblich ist, muß eine Prophylaxe schon bei der Eheberatung einsetzen. In der Schwangerschaft und im Wochenbett wird eine vernünftige Hygiene im Sinne der Prophylaxe wirksam sein. Da besonders wichtig auch eine Vorbeugung einer Verschlimmerung des Leidens besonders auch in bezug auf den Zustand bedeutend erschwerenden Folgeerscheinungen der Phlebitis und des Ulkus sein muß, ist die Forderung besonders sorgfältiger Hautpflege und Reinlichkeit zu betonen. Bisgaards Frühinfiltrate in der

Fersenmalleolengegend, die sich im Anfang nur durch besondere Druckempfindlichkeit, nicht durch Schwellungen verraten, sind durch Massage und Kompressionsverbände leicht zu beseitigen. Auch einfache, leicht durchzuführende Maßnahmen, wie Hochstellen des Fußendes des Bettes, können sehr zur Entlastung der Venenwände beitragen.

Ist der Symptomenkomplex völlig ausgebildet, dann darf bei der Behandlung der Varizen, des Ulkus usw. nicht die Behandlung einer Arthrosis deformans, etwa der Fußgelenke oder des Kniegelenkes, vernachlässigt oder gar vergessen werden. Man muß sich erinnern, daß die meisten Beschwerden, soweit sie nicht gerade durch eine Phlebitis oder ein Ulcus cruris bedingt sind, durch die statische Insuffizienz und die Arthrosis deformans verursacht werden. Gerade eine wirksame Prophylaxe muß an dieser statischen Komponente des Leidens angreifen, und sie tut es hier auch mit bestem Erfolg.

Es mochte dem Orthopäden gestattet sein, die ihm geläufige funktionelle Gedankenrichtung zur Anwendung zu bringen. Sie ermöglichte die Lösung von der einseitigen pathologisch-anatomischen Betrachtungsweise, die notwendigerweise das Leiden nicht nur in seiner Ganzheit erfaßt. Der variköse Symptomenkomplex ist am Bein mit seinen schweren Folgeerscheinungen besonders deutlich und auffällig lokalisiert. Er ist aber in seiner Entwicklung mit der Funktion des Beines als Belastungs- und Bewegungsorgan auf das innigste verflochten. Das ganze Krankheitsgeschehen ist an die Dysfunktion des Beines gebunden. Deshalb auch, wenn auch nicht aus diesem Grunde allein, muß der Schluß: „Krampfadern, also Verödung“, ein Trugschluß oder ein Kurzschluß sein. Die Wurzeln des Leidens liegen sehr viel tiefer. Es ist im letzten Grunde das Problem des gestörten Verhältnisses von Funktion und Form, das ihm zugrunde liegt und das sich gerade am Bein der kinderreichen Mutter verhängnisvoll auswirkt. Die besondere Tragik dieser Tatsache sollte ein Ansporn sein, ärztliches Denken und Mühen mehr als bisher auf die Vorbeugung des Leidens und die Bekämpfung der Frühsymptome zu richten, nicht nur die Varizen und ihre Folgen, sondern vorher und vor allem ihre dem ärztlichen Zugriff bevorzugt zugänglichen statischen Vorbedingungen zu beachten und sich der hohen ärztlichen erzieherischen Aufgabe zu erinnern. Zum mindesten werden dann die schweren Formen des varikösen Symptomenkomplexes seltener werden.

Barium untermengten Nahrungsmittel haben nach längstens 4 bis 6 Stunden den Magen verlassen; die Passage durch den Dünndarm geschieht rasch, so daß die Füllung des Dickdarmes nach $3\frac{1}{2}$ bis $4\frac{1}{2}$ Stunden beginnt und nach 6 bis 8 Stunden p. c. alles Barium den Magen und Dünndarm verlassen hat; zu dieser Zeit ist bereits der ganze Nahrungsbrei im Dickdarm angelangt; zunächst häufen sich die aus dem Ileum übergeführten Mengen im Coecum und in den proximalen Teilen des Colon ascendens. Eine der wichtigsten Aufgaben des Colons ist die Wasserresorption, es beginnt die Eindickung bereits im Colon ascendens; der Trockengehalt der aus dem Dünndarm kommenden Massen steigt im Ascendens von 10% auf 25% und erreicht damit fast die Konzentration des endgültigen Kotes.

Gleichzeitig mit der Rückresorption des Wassers setzt im Colon auch die bakterielle Tätigkeit ein; man spricht hier von einem „Gärkessel", Zellulose, Hemizellulose und Pentosane der pflanzlichen Kost werden von den Mikroorganismen angedaut und teilweise in resorbierbare Kohlehydrate übergeführt; hier erfolgt die Gasbildung (Wasserstoff, Methan, Schwefelwasserstoff), während die Gase, die vom Dünndarm kommen, vorwiegend aus Kohlensäure und verschluckter Luft bestehen.

Der Aufenthalt der Kotmassen im Colon ascendens gestaltet sich verschieden lang; durch peristaltische Wellen, die vom Coecum ausgehen, wird allmählich ein Teil gegen das Quercolon abgeschoben; innerhalb 2 bis 3 Stunden ist der Brei bis gegen die Mitte des Transversum vorgedrungen; die Verbindung mit der Kotsäule im Ascendens kann weiterbestehen, aber auch unterbrochen sein. Eine neue Phase beginnt, sobald größere Mengen das Quercolon erreicht haben; die Kotmassen werden jetzt hin- und hergeschoben, worauf eine gewisse Formung beginnt, die durch die Haustren bestimmt wird; starke Abschnürungen gehören nicht zum normalen Bilde, sondern man sieht höchstens deutliche Einbuchtungen. Mittlerweile sind die vordersten Partien bis in das Colon descendens abgerückt, ohne das sich das Coecum schon völlig entleert haben muß; ein späteres Stadium ist dadurch charakterisiert, daß vorübergehend einzelne Teile leer oder nur schwach gefüllt erscheinen, während an anderen Stellen um so dichtere Massen nachweisbar sind. 15 bis 16 Stunden nach der eingenommenen Mahlzeit beginnen sich die Kotmassen bereits im Bereiche des S Romanum zu formen; die Fortbewegung innerhalb des Transversum und ebenso des Descendens geschieht entweder durch kleine Verschiebungen oder durch große, schnell ablaufende Wellen; was das eigentlich auslösende Moment dieser größeren Bewegungen ist, die den Darminhalt in einem Schub vom Colon bis ins S Romanum treiben, darüber ist nichts Sicheres bekannt; mit stärkeren subjektiven Sensationen gehen diese stürmischen Bewegungen nicht einher. Ist einmal die Hauptmasse ins Descendens übergetreten, so können die Reste, die jetzt noch im Transversum liegen, ein deutliches rosenkranzförmiges Schattenbild zeigen; am stärksten prägt sich das im Bereich des linken Quercolons und des oberen Descendens aus.

Es ist schwierig, die normalen Verhältnisse genau zu umschreiben, da die Verweildauer der Nahrung im Colon schon bei völlig gesunden Menschen sehr variabel ist; kennt man die Verschiedenheit im anatomischen Aufbau, so darf dies nicht wundernehmen; zeitliche Unterschiede im Betrage von 6 bis 8 Stunden bedeuten daher noch nichts Pathologisches.

Unmittelbar vor der Stuhlentleerung liegen die Kotmassen im S Romanum und in der Ampulle, also im Bereiche des N. pelvicus; tritt jetzt Stuhldrang ein, so entleert sich ein Großteil der Stuhlmassen unter gleichzeitiger Oeffnung der unteren Sphinkteren und unter Zuhilfenahme der Bauchpresse. Ueber den Zeitpunkt, wann diese ziemlich stürmische Entleerung erfolgt, und über die eigentlich auslösende Ursache läßt sich schwer etwas Einheitliches sagen; sicherlich hat man es mit einer Summe von Reizen zu tun, wobei das Willkürliche nicht zu unterschätzen ist; die bloße Vorstellung, einen Stuhl zu entleeren, kann schon als auslösender Faktor in Betracht kommen, wie auch umgekehrt die spontane Stuhlentleerung durch willkürliche Vorgänge gebremst wird.

Die treibende Kraft für die Fortbewegung der Ingesta stellt die Peristaltik dar; sie nimmt selbstverständlich auch auf die Motorik des Enddarmes Einfluß. Da auch der herausgenommene Darm Peristaltik erkennen läßt, so muß dafür wohl in erster Linie der Auerbachsche Plexus verantwortlich gemacht werden; der Sympathicus und der Vagus nehmen auf die Autonomie nur fördernd oder hemmend Einfluß; wahrscheinlich geschieht auch das auf dem Umwege über den Auerbachschen Plexus; eine gesteigerte Erregung des Vagus bewirkt Spasmen, während Sympathicusreizung die Darmmotorik deutlich hemmt; da Hormone den Vagus- bzw. Sympathicustonus regeln, so können auch sie die Darmtätigkeit in der einen oder anderen Richtung beeinflussen.

Ein wichtiger Faktor, der die Peristaltik und damit die Fortbewegung der Ingesta anregt, ist die Darmfüllung; der leere Darm zeigt nie eine echte peristaltische Tätigkeit; sie wird erst durch die Füllung ausgelöst, sei es, daß man in das Darmrohr feste Gegenstände einführt, sei es, daß man ihn durch Zufuhr von Luft oder Flüssigkeit dehnt; die Intensität der Peristaltik ist weitgehend von dem Grad der Füllung abhängig; je größer die Dehnung, desto intensiver die Motorik; für die Weiterbewegung irgend welcher Ingesta ist es bedeutungsvoll, daß sich der Darm oberhalb des eingeführten Gegenstandes kontrahiert, während sich das Darmlumen in der Richtung gegen den After zu erweitert; dieser Dehnungsreflex (zuerst von Bayliss und Starling beschrieben) erklärt das Wandern einer lokal begrenzt dehnenden Masse, etwa eines Kotballens in die abwärts gelegenen Darmabschnitte. Ueber den Einfluß der Ueberdehnung auf die Motorik kann man sich am besten eine Vorstellung bilden, wenn man in das Lumen eines herausgeschnittenen Darmes eine kleine und eine große Glaskugel einlegt: die kleine bleibt die längste Zeit an Ort und Stelle liegen, während die große Kugel rasch analwärts bewegt wird.

Da in das Darmlumen eingebrachte Gegenstände nur dann imstande sind, eine Peristaltik auszulösen, wenn der Reiz auch entsprechend empfunden wird, so muß auch die Sensibilität bei der Fortbewegung der Kotmassen durch Colon und Rektum berücksichtigt werden.

Cholin und Acetocholin üben im Experiment einen außerordentlich mächtigen Reiz auf die Peristaltik; Acetylcholin wurde daher von manchen Pharmakologen sogar als das Hormon der Darmbewegung angesprochen; eine ähnliche Wirkung zeitigt die Kohlensäure. Selbstverständlich setzen alle diese Mittel, falls sie wirken sollen, eine normale Sensibilität voraus.

Gewöhnlich benötigt die Nahrung von ihrer Einfuhr bis zur Ausscheidung als Stuhlgang etwa 24 Stunden; eine tägliche Stuhlentleerung bietet noch keine Gewähr, daß tatsächlich die Nahrung das Verdauungsrohr mit dieser Geschwindigkeit passiert haben muß; trotz 72stündiger Passage kann täglich eine Stuhlentleerung erfolgen. Es gibt somit eine „obstipatio sine obstipatione". Bei gemischter Kost vollzieht sich in der Regel eine, manchmal auch zwei Entleerungen; Pettenkofer fand bei gemischter Kost die Stuhlquantität zu durchschnittlich 131 g (feucht) mit einem Trockengewicht von 34 g (26% Trockensubstanz).

Bei der spastischen Obstipation ist die Stuhlentleerung außerordentlich verzögert; 4- bis 8tägige Stuhlverhaltungen gehören nicht zu den Seltenheiten. Die Stuhlentleerung ist erschwert; die Gesamtmenge des Stuhles ist außerordentlich gering; der Wassergehalt des Stuhles minimal (30 bis 40% Trockenrückstand), weswegen die einzelnen Kotmengen kleinkalibrig und hart sind.

Dabei fühlen sich die verstopften Personen vielfach völlig wohl; zahlreiche kleine Beschwerden, wie Kopfdruck oder Kopfschmerz, Schwindel, Magendruck usw. werden ärztlicherseits oft nur als neurasthenisch hingestellt; charakteristisch ist der fehlende Meteorismus; kommt es doch einmal dazu, so ist die Möglichkeit einer Komplikation in Erwägung zu ziehen. Bevor wir auf die Details des klinischen Symptomenbildes zu sprechen kommen, erscheint es zweckmäßig, sich das röntgenologische Colonbild bei der spastischen Obstipation vor Augen zu halten.

Der Bariumbrei gelangt wie unter normalen Verhältnissen ins Coecum, verweilt aber hier und im Ascendens abnorm lang; statt schon nach 10 bis 12 Stunden, beginnt sich das Ascendens erst nach 20 bis 24 Stunden oder noch später etwas zu entleeren; Hand in Hand damit ist auch die Kotmischung im Colon ascendens sehr träge, was am besten daran zu erkennen ist, daß eine neuerliche Bariummahlzeit im von früher her gefüllten Coecum kaum eine Mischung erfährt. Gelangt schließlich der Bariumbrei ins Transversum, so kommt es hier zu frühzeitiger Ausbildung einer haustrenförmigen Segmentierung; einzelne Partikel gelangen zwar ins Colon descendens und auch bis zum S Romanum, aber das Wesentliche ist, daß dieser Zustand nun tagelang mehr oder weniger unverändert anhalten kann; die Kotballen werden von einer sich spastisch zusammenziehenden Muskulatur festgehalten, wofür die auffallend starke Segmentierung und die sichtbaren Hin- und Herbewegungen im Colon und Endabschnitte des Darmes ein deutliches Zeugnis abgeben; trotz dieser starken Hyperperistaltik ist das Colon nicht in der Lage, die Ingesta in entsprechender Weise herauszubefördern. Die Stuhlmassen, die im Quercolon noch immer eine gewisse Kontinuität erkennen lassen, werden aber jetzt zu Bröckeln, die sich in die Vertiefungen der Haustren verlieren; fast hat man den Eindruck, als könnte der nachrückende Stuhl diese alten, in den Haustren liegengebliebenen Kotmassen überhaupt nicht restlos weiterbefördern, denn wenn man 2 bis 3 Wochen später neuerdings eine Röntgenuntersuchung vornimmt, so lassen sich noch immer kleine Bariumschatten im Colon nachweisen. Als Ausdruck einer auch im Colon transversum stattfindenden Eindickung mag die Beobachtung dienen, daß die Bariumschatten, wie sie im Transversum und Descendens zu sehen sind — obwohl kein Stuhlabgang erfolgt —, von Tag zu Tag kleiner werden.

Stellt sich spontan doch Stuhlentleerung ein, so werden 1 bis 2 harte Knollen abgegeben, aber eine wesentliche Aenderung des Röntgenbildes ist deswegen noch nicht eingetreten; nach wie vor liegen im Colon und S Romanum reichlich Kotballen.

Versucht man auf Grund des Vorgebrachten das Wesen

der spastischen Obstipation zu umschreiben — soweit es röntgenologisch zu beurteilen ist —, so läßt sich folgendes sagen: Zwei Dinge sind es, die den Zustand beherrschen — die langsame Fortbewegung der Ingesta und die gleichzeitige spastische Kontraktion; daraus leitet sich die weitere Frage ab, wie man diese beiden Befunde einheitlich erklären kann und was therapeutisch in erster Linie in Betracht kommt.

Die Beantwortung dieser Fragen wird uns wesentlich erleichtert, wenn man folgenden Versuch anstellt: Man wählt normale junge Personen aus, die eine geregelte Stuhlentleerung haben, einem Teil der Fälle gibt man reine Fleischkost, dem anderen eine sehr schlackenreiche, z. B. Rohkost; der Kalorienwert ist bei beiderlei Personen derselbe; nach 3 bis 4 Tagen, nachdem sich der Darm auf die einseitige Ernährung eingestellt hatte, gibt man, gleichzeitig mit der Mahlzeit untermischt, eine entsprechende Bariummenge. Eine Stunde nach Einnahme der Mahlzeit begannen wir mit den Röntgenaufnahmen und setzten sie anfänglich in stündigen, später mehrstündigen Intervallen bis zur völligen Bariumentleerung fort. Wie die aus den Serien ausgewählten beiliegenden Bilder zeigen, ergab der Versuch bei beiden Ernährungsformen eine vollkommen verschiedene Darmpassage.

Bei der ersten Serie mit schlackenreicher Kost war 1 Stunde nach der Nahrungsaufnahme die mit Barium vermischte Nahrung bereits in allen Dünndarmschlingen verteilt. 2 Stunden nach Nahrungsaufnahme sammelte sich das Kontrastmittel (plus Nahrung) im Konvolut der Darmschlingen; die Schlingen des Jejunums zeigen starke Gasblähung; $3\frac{1}{2}$ Stunden p. c. findet sich das Kontrastmittel in zusammenhängender Folge im Coecum, Colon ascendens und in der proximalen Hälfte des Transversum; ein kleiner Teil findet sich aber bereits im Descendens und im Colon sigmoideum. Im Verlaufe der weiteren Beobachtungen kommt es zu einem deutlichen Vorrücken des Bariums gegen das Rektum; ein längeres Verweilen des Kontrastmittels in einem Dickdarmabschnitte wurde nicht beobachtet. 22 Stunden p. c. war der Großteil bereits entleert; nur geringe Reste finden sich noch im Coecum und im Rektum. Gegenüber der Norm findet sich also eine deutliche Beschleunigung der Darmpassage, die sich gleichmäßig auf alle Darmabschnitte verteilt, besonders aber im Colon transversum sich auswirkt; wie die Bilder zeigen, findet sich in allen Darmabschnitten eine die Kontrastfüllung begleitende Gasblähung; das Colon ist in allen Teilen breit gefüllt, eine stärkere Kontraktion oder Haustrierung war nicht nachzuweisen.

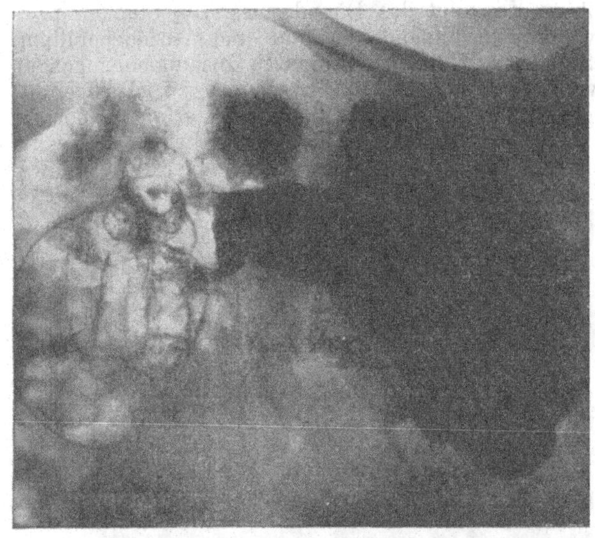
2 Stunden p. c.

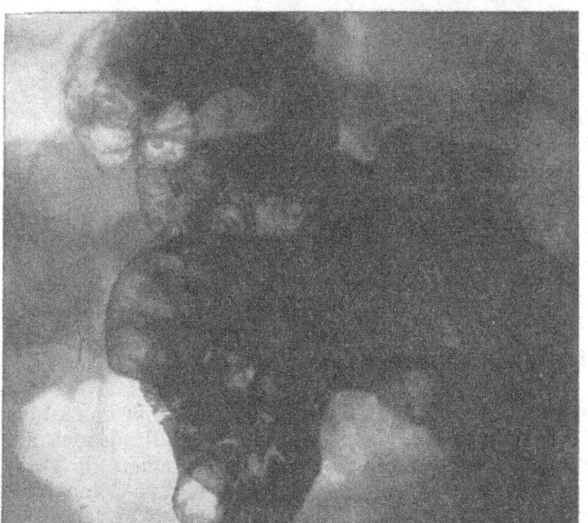
1 Stunde p. c.

Abb. 1. Zeitlicher Ablauf der Verdauung bei Rohkost

Bei der *Serie mit schlackenarmer Kost* ernährten Personen (sie erhielten vor allem Fleisch, Fett und Weißbrot) fanden wir 1 Stunde p. c. ebenfalls das Kontrastmittel in den Dünndarmschlingen; 2 Stunden nach der

Mahlzeit im Konvolut des Dünndarmes, $3\frac{1}{2}$ Stunden p. c. sehen wir eine beginnende Coecum- und Ascendensfüllung und 7 Stunden p. c. ist das Colon in zusammenhängender Folge vom Coecum bis zum Descendens kontrastgefüllt. Im Gegensatz zur zellulosehaltigen Kost erfolgte aber in den nächsten 40 Stunden keine wesentliche Weiterbeförderung des Darminhaltes; wir

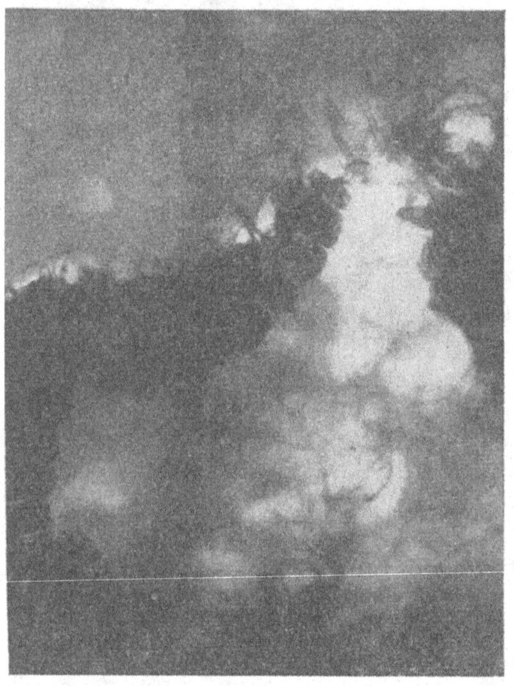

$3\frac{1}{2}$ Stunden p. c.

Abb. 2. Zeitlicher Ablauf der Verdauung bei Rohkost

sehen auf mehreren Aufnahmen in gleicher Weise das Ascendens, Transversum und das Descendens gefüllt, jedoch ändert sich im Laufe der verschiedenen Aufnahmen die Form der Colonfüllung; während 7 Stunden p. c. das Colon breit und normal haustriert erscheint, kommt es im Verlaufe der nächsten 40 Stunden zu einer beträchtlichen Verkleinerung des Lumens; die Haustrierung wird stärker und tiefer, und es treten nach und nach unregelmäßige, dichte, zum Teil nur schmale, miteinander zusammenhängende Bariumschatten auf; erst 50 Stunden p. c. kommt es zur vollständigen Ent-

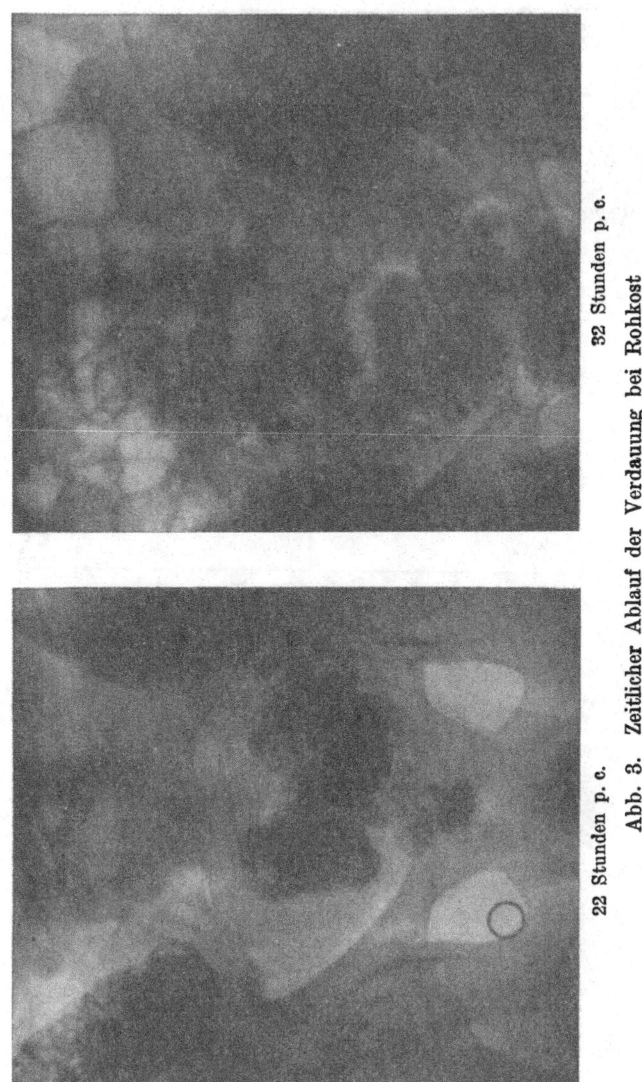

22 Stunden p. c. 32 Stunden p. c.

Abb. 3. Zeitlicher Ablauf der Verdauung bei Rohkost

leerung des Darmes — also um 30 Stunden später als bei schlackenreicher Kost; Gasblähungen sahen wir in dieser Serie erst knapp vor der Entleerung auftreten. Diese Beobachtungen decken sich mit den Erfahrungen, daß gesunde

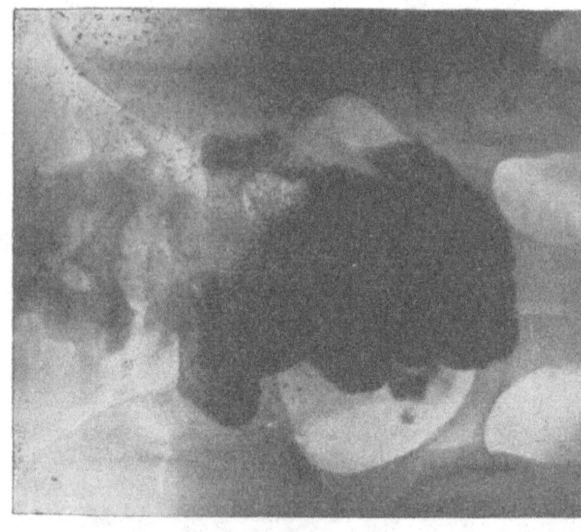

2 Stunden p. c.

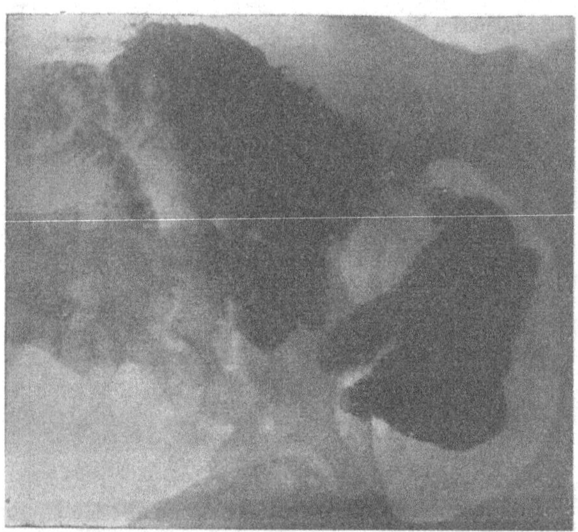

1 Stunde p. c.

Abb. 4. Zeitlicher Ablauf der Verdauung bei Fleischkost ohne Zellulose

Menschen nur zu leicht Obstipation bekommen, wenn sie nur Fleisch, Fett und Weißbrot genießen.

Vergleichen wir die bei Fleischnahrung gewonnenen Bilder mit denen bei Obstipation, so ergibt sich eine weitgehende

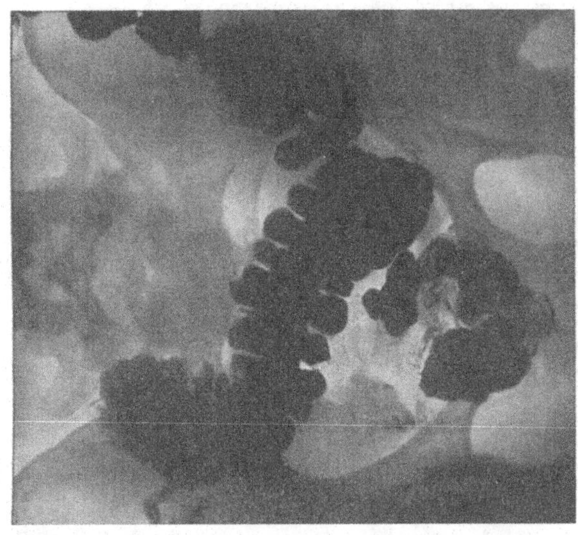

22 Stunden p. c.

$3 \frac{1}{2}$ Stunden p. c.

Abb. 5. Zeitlicher Ablauf der Verdauung bei Fleischkost ohne Zellulose

Uebereinstimmung, denn auch hier kommt es zu einer Verzögerung der Darmpassage (vor allem im Colon transversum) und zu einer starken Haustrierung, die wohl auf Spasmen zu beziehen sind. Kombiniert man Fleischkost mit

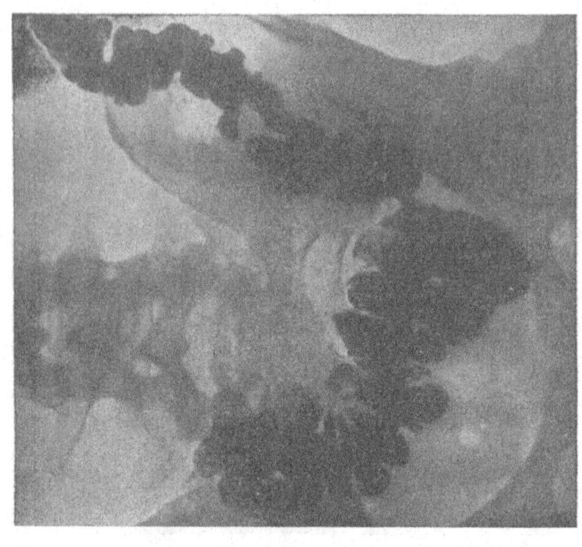

46 Stunden p. c.

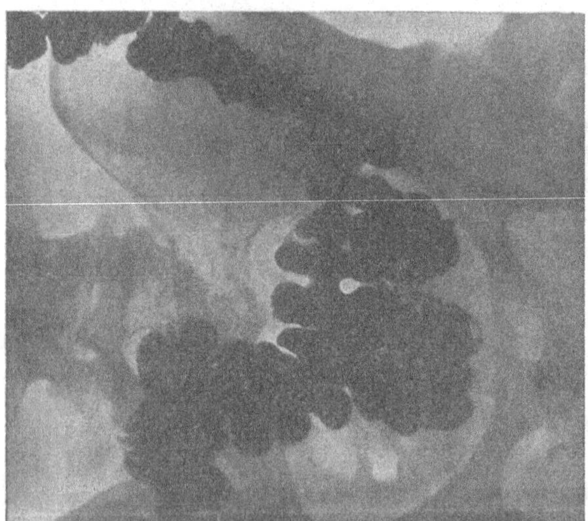

26 Stunden p. c.

Abb. 6. Zeitlicher Ablauf der Verdauung bei Fleischkost ohne Zellulose

reichlich Gemüsen, so nähert sich das Darmbild weitgehend jenem, das für die zellulosereiche Kost charakteristisch ist.

Es gelingt auch, bei ein und demselben Menschen bei Wechsel von schlackenreicher und schlackenarmer Nahrung von einer Passageform in die andere zu kommen; jedoch erscheint es zweckmäßig, um eindeutige Bilder zu erreichen, daß die betreffenden Personen zunächst auf mehrere Tage in der einen oder anderen Richtung eingestellt bleiben.

Dieser eigentümliche Einfluß der Nahrung auf die Darmtätigkeit wird uns verständlich, wenn wir uns an zwei Tatsachen halten: 1. daß die Peristaltik des Darmes vom Füllungsgrad der Intestina abhängig ist und 2. daß das Volumen des Stuhles vom Schlackengehalt der Kost beherrscht wird. Die zweite Kostform, die fast keine Zellulose enthält, bedingt nur eine geringe Füllung, weswegen der Darminhalt schlecht vorwärtsbewegt wird; die schlechte Lokomotion führt zu einer besseren Ausnützung des Darminhaltes, so daß dadurch das Volumen noch kleiner wird und insofern noch geringere Angriffspunkte der Darmmuskulatur geboten werden; der Darm bemüht sich, die Stuhlmassen vorwärtszubewegen, doch artet die Muskelkontraktion mehr in einen Spasmus aus als in eine Weiterbewegung. Diese Form der Obstipation wird auch die alimentäre genannt; sicher ist sie die häufigste, zum mindesten fangen die meisten spastischen Obstipationen mit dem alimentären Faktor an; andere Faktoren können sich dann dazu gesellen, so daß es später nicht immer leicht fällt, die primäre Ursache herauszufinden.

II.

Die Klagen und Symptome bei der chronischen Obstipation sind sehr mannigfaltig; die meisten Patienten kommen erst zum Arzt, wenn irgend eine Komplikation hinzutritt oder wenn die gewöhnlichen Hausmittel, die seit Jahren genommen werden, nichts mehr nützen; über den Beginn der Stuhlverhaltung ist es meist schwer, etwas Präzises zu erfahren; oft hört man die Angabe, daß man darauf nicht geachtet habe, weil die Angehörigen ebenfalls sich nur mit Abführmitteln einen Stuhl verschaffen konnten; ohne Medikament oder abführenden Tee dauert es oft mehrere Tage, bis es zu einer Entleerung kommt. Geringe Beschwerden sind es, die dann der unmittelbare Anlaß sind, für eine entsprechende Verdauung zu sorgen; nur selten sind es lokale Sensationen im Bauche, die zu Abhilfe mahnen; oft hört man, daß die Beschwerden nach einer Stuhlentleerung stärker sind als auf der Höhe der Obstipation.

Viele Menschen, die unter diesen Zuständen zu leiden haben, sind durch zwei Symptome besonders charakterisiert; es sind die kalten Hände bzw. Füße und die Erscheinung der sogenannten linksseitigen Appendizitis. An den kalten, meist auch feuchten Händen kann man schon bei der ersten Begegnung an die Möglichkeit einer spastischen Obstipation gemahnt werden; die Intensität des Kältegefühls geht oft parallel dem Grad der Obstipation. Das zweite Symptom vergesse ich nie bei solchen Patienten zu prüfen: perkutiert man die Coecalgegend, so ergibt sie meist lauten, tympanitischen Schall; ganz im Gegensatz dazu verhält sich die Region im Bereiche des S Romanum und des untersten Descendens, wo alles gedämpft erscheint; eine leichte Druckempfindlichkeit des kontrahierten Darmes ist selten zu vermissen. Manche Züge erinnern auch an die Vagotonie (Bradykardie, Speichelfluß, Dermographismus, Eosinophilie usw.).

Eine häufige Begleiterscheinung der spastischen Obstipation ist die Hyperazidität; da mit dem Schwinden der Obstipation die Salzsäurewerte geringer werden, hat man wohl ein Recht, hier von einer Fernwirkung zu sprechen; oft handelt es sich dabei um eine latente Erscheinung, die ohne Beschwerden einhergeht; kommt es aber zu saurem Aufstoßen, Sodbrennen, Druck in der Magengegend, so kann es leicht vorkommen, daß die hohen Salzsäurewerte der Anlaß sind, an ein Ulkus zu denken. Selbstverständlich gibt es Zustände, wo es sich tatsächlich um ein Ulkus handelt; man kann in solchen Fällen die Frage diskutieren, ob die Obstipation nur eine zufällige Begleiterscheinung darstellt oder ob die durch sie bedingte Hyperazidität mit der Anlaß der Geschwürsbildung ist; die Magenbeschwerden können gelegentlich das Symptomenbild so beherrschen, daß auf die Obstipation weder von seiten des Patienten noch des Arztes geachtet wird.

Vielfach ist man ärztlicherseits geneigt, das echte oder das fragliche Ulkus mit sogenannter „Magendiät" zu behandeln; die Obstipation wird durch die Darreichung von Zwieback, gehacktem Fleisch mit Kartoffelpüree, feinen Mehlspeisen usw. selbstverständlich noch mehr gesteigert; meist wird so auch das Magenübel nicht beseitigt. Fälle dieser Art werden schließlich, weil alles nichts nützen will, operiert. Werden die Beschwerden auch dann nicht gebessert, was nicht so selten der Fall ist, so wird eventuell eine zweite Operation in Erwägung gezogen, statt solche Patienten einer zweckentsprechenden diätetischen Behandlung der Obstipation zu unterziehen, womit mehr oder weniger alle Beschwerden in den Hintergrund treten können.

Etwas Aehnliches ist es mit der Appendizitis; wie viele Appendices werden unter der Annahme einer „akuten" oder „chronischen" Entzündung entfernt, während es sich in Wirklichkeit doch nur um eine spastische Obstipation handelt; meist schadet die Operation nicht, aber die Beschwerden bleiben, wenn nicht auch hier die entsprechende Behandlung eingeleitet wird; selbstverständlich darf man den angeführten Standpunkt nicht übertreiben und deswegen eine echte Appendizitis übersehen.

Auf dem Boden einer spastischen Obstipation können sich Diarrhoen entwickeln, die manchmal so in den Vordergrund treten, daß man die Möglichkeit einer ursächlichen Obstipation völlig außer acht läßt; die Entwicklung solcher Reizzustände wird klar, da man folgende anatomische Beobachtung machen kann: dort wo die kleinen — auch röntgenologisch sichtbaren — harten Stuhlballen innerhalb der Haustren liegenbleiben, kann es zu Ulzerationen kommen: zunächst sieht man nur Schleimhautdefekte, in vorgeschrittenen Fällen kann der Prozeß bis an die Muskulatur heranreichen; dieser entzündliche Prozeß kann von einer haustralen Nische auf die benachbarte übergreifen; jedenfalls kann das lange Liegen von Stuhlballen die Darmschleimhaut irritieren, was zu vermehrter Schleimabsonderung, aber auch zu Blutungen führen kann; dieses wunde Geschehen erfährt eine weitere Verschlechterung teils durch die Applikation starker Abführmittel, teils durch Irrigationen; der entzündliche Vorgang kann auch gelegentlich auf das Peritoneum übergreifen, was dann zu Verwachsungen Anlaß gibt. Berüchtigt sind in dieser Beziehung die Verwachsungen zwischen Colon transversum und Colon descendens, die Payr unter dem Namen der „Doppelflinte" genauer beschrieben hat, sowie das Krankheitsbild der Diverticulitis; nicht zuletzt muß auch mit der Tatsache gerechnet werden, daß sich auf dem Boden solcher Geschwüre gelegentlich ein Krebs entwickelt; bei älteren Personen ist es manchmal nicht leicht zu entscheiden, wann sich der Tumor entwickelt hat.

Auf die Behandlung dieser Formen wollen wir im nächsten Kapitel zu sprechen kommen; hier soll nur erwähnt werden, daß gerade diese Formen von kombinierter Obstipation und Diarrhoe oft mit einer Durchwanderung von Darmbakterien verbunden sind; an zwei Stellen kann sich das symptomatisch bemerkbar machen: im Harn und in der Galle; wie häufig sehen wir bei solchen verschleppten Obstipationen Bakteriourie und Bakteriocholie. Nichtgonorrhoische Cystitiden bei jungen Mädchen sind nur zu häufig auf solche Bakteriourien, bzw. spastische Obstipationen zurückzuführen; der Nachweis von Colibazillen und Enterokokken in der Galle gelingt bei Patienten mit chronischer Obstipation außerordentlich häufig.

Ohne auf die Pathogenese der Gallensteinkrankheit eingehen zu wollen, möchte ich auf die vielfachen Beziehungen zwischen chronischer Obstipation und Gallensteinkolik hinweisen; bekanntlich teilen wir die Gallensteine symptomatisch in zwei große Gruppen: in die „schlafenden" und in die „wachenden“; die schlafenden sind ein Zufallsbefund, die keiner Therapie bedürfen; unter dem Begriff der „wachenden Gallensteine“ fasse ich dagegen alle Cholecystitiden zusammen, die mit subjektiven oder objektiven Beschwerden einhergehen; die Aufgabe des Internisten besteht darin, tunlichst die wachenden Gallensteine wieder in den schlafenden Zustand zu versetzen; gelingt dies, so stellen auch diese Gallensteine harmlose Fremdkörper dar, die kaum einer dauernden ärztlichen Behandlung bedürfen. Schlafende Gallensteine können geweckt werden durch die verschiedensten entzündlichen Vorgänge, die sich im Organismus eines solchen Patienten abspielen; die Folgen, die sich daraus ergeben, sind außerordentlich verschieden und erfordern daher auch eine gesonderte Behandlung. Besonders gefährlich erscheinen die akut entzündlichen Cholecystitiden, die mit hohem Fieber, Ikterus usw. einhergehen; der Internist hat Mittel in der Hand, um die Operation aufzuschieben; jedenfalls hat er in innigem Kontakt mit dem Chirurgen zu bleiben. Da diese Fälle prognostisch immer vorsichtig einzuschätzen sind, so besteht die oberste Aufgabe des Arztes nicht so sehr darin, die Steinbildung zu verhindern, als zu vermeiden, daß es zu komplizierenden Infekten besonders von seiten des Magen-Darmkanals kommt.

Ganz abgesehen von diesen stürmisch verlaufenden Fällen von Gallensteinkrankheit haben wir mit der großen Anzahl von sogenannten „blanden Anfällen“ der Cholelithiasis zu rechnen; kaum hat sich der Patient von einer schweren Kolik erholt, setzt schon wieder ein neuer Anfall ein; wohl bringen Alkaloide eine Linderung der bestehenden Schmerzen, doch besteht dauernd die Gefahr des Auftretens neuer Koliken; in diesen Fällen stellt nun die Behandlung einer spastischen Obstipation, die außerordentlich häufig bei der Gallensteinkrankheit zu beobachten ist, ein besonders dankbares und noch viel zu wenig beachtetes Gebiet der Therapie dar.

Der Patient, leider oft auch der Arzt sehen vorwiegend das Leberleiden und achten entweder gar nicht oder nur sehr nebensächlich auf die spastische Obstipation; gelingt es aber, die Obstipation zu beseitigen und normale Stuhlverhältnisse zu schaffen, so gelingt es oft auf Jahre hinaus die Gallensteinkoliken zu bannen; Patienten, die bis dahin jeden Monat 1 bis 2 Gallensteinkoliken hatten und jedesmal bettlägerig wurden, können eventuell dauernd davor bewahrt bleiben. Jede diätetische Störung der normalen Darmtätigkeit führt nur zu leicht zu einem Rezidiv des Gallenleidens.

Wie innig sich die Beziehungen zwischen Cholecystitis und spastischer Obstipation gestalten, ist am besten zu beurteilen, wenn man das Vorkommen von Gallensteinattacken während und nach dem Weltkrieg verfolgt, denn in den Jahren 1915 bis 1922 hat z. B. in Wien die spastische Obstipation fast nicht existiert; die Ernährung, die vorwiegend aus Gemüse und schwarzem Brot bestand, näherte sich weitgehend den Prinzipien, auf denen die Schrotkost aufgebaut ist; sobald sich nach dem Kriege die Ernährung wieder besserte und mehr weißes Brot zu essen war, kam die spastische Obstipation wieder zum Vorschein. Läßt man sich von der Vorstellung leiten, daß tatsächlich ein Zusammenhang zwischen Bereitschaft zu Gallensteinkoliken und Neigung zu Obstipation besteht, dann war es naheliegend, zahlenmäßig einmal nachzuprüfen, wie häufig in den Kriegsjahren, wo wir unter dem Einflusse der „groben Kost" die spastische Obstipation kaum beobachten konnten, Fälle von Cholelithiasis in der Klinik zur Aufnahme kamen; im folgenden gebe ich eine Zusammenstellung des gesamten Krankengutes der I. Medizinischen Klinik in Wien, soweit es sich um Fälle von Cholelithiasis handelte; da ich immer den Leberkrankheiten, im speziellen den ikterischen, größte Aufmerksamkeit schenkte, dürfte der Zu-

Jahr	Männer		Frauen	
	Zahl der Fälle	Zahl der Fälle mit Cholelithiasis %	Zahl der Falle	Zahl der Fälle mit Cholelithiasis %
1915	506	—	620	0·97
1916	455	0·22	521	1·68
1917	472	0·43	761	1·62
1918	530	0·57	874	1·70
1919	721	0·83	903	3·53
1920	685	0·92	858	2·68
1921	612	0·65	820	3·41
1922	708	0·71	904	2·84
1923	741	0·54	896	4·79
1924	821	0·37	945	4·23
1925	704	1·56	904	4·62
1926	740	1·45	911	4·61
1927	731	2·06	899	6·11
1928	723	2·00	836	6·33
1929	787	1·96	877	5·79
1930	767	1·80	822	5·47
1931	650	1·06	854	5·56
1932	795	2·01	966	5·80
1933	964	2·28	895	6·70
1934	1305	1·96	1530	5·31
1935	1367	1·54	1576	4·44
1936	1421	1·50	1917	5·00

zug an geeigneten Fällen immer ein gleichmäßiger gewesen sein.

Ueberblickt man die angeführten Zahlen, so zeigt sich wohl in eindeutiger Weise, daß in den Kriegsjahren die sog. „grobe Kost“ sicherlich keinen ungünstigen Einfluß auf eventuelle Komplikationen im Sinne eines „Aufwachens“ der Gallensteine nahm. Im Gegenteil erfährt meine Ansicht, daß die grobe Nahrung, die das Prinzip der Schrotkost bildet, therapeutisch bei allen Fällen von chronischer Gallensteinkrankheit bevorzugt werden soll, eine starke Stütze; damit ist aber auch die ätiologische Rolle der spastischen Obstipation für die Entwicklung des Gallensteinleidens berührt, indem immer wieder zu beobachten ist, daß Frauen, die zur Zeit der Gravidität an hartnäckiger Obstipation zu leiden haben, ganz besonders zu Gallensteinkrankheit disponieren. Sowenig wir Sicheres über eventuelle Fernwirkungen der habituellen Verstopfung auf andere Organe (Herz, Nervensystem, Haut) wissen, so wahrscheinlich ist es mir, daß derartige Fernwirkungen wirklich bestehen; manche werden vielleicht an sich selbst die Erfahrung gemacht haben, daß Druckgefühl im Kopf, Inappetenz, Extrasystolen usw. bei bestehender Obstipation eintreten oder bereits vorhandene sich verschlimmern und nach stattgehabter Stuhlentleerung wieder vergehen; jedenfalls steht vieles damit in Zusammenhang, was sich vielleicht richtig oder auch fälschlich mit dem Begriff der Autointoxikation deckt; A. Schmidt hat zu dieser Frage in einem Vortrag Stellung genommen und gesagt: die intestinale Autointoxikation ist zu einem Platze für alle möglichen, sonst nicht klar zu deutenden Dinge geworden. Jeder Kliniker kennt die Krankheitsfälle, die ihm von den Spezialisten, namentlich Dermatologen und Ophthalmologen, zur therapeutischen Beeinflussung vom Darm aus mit um so mehr Vertrauen zugesandt werden, je weniger die lokale Therapie auszurichten vermag; jedenfalls steht fest, daß wir die verschiedensten Krankheitszustände durch eine Regelung der Darmtätigkeit beeinflussen, wenn nicht sogar heilen können.

III.

Reize auf die Darmschleimhaut, in erster Linie mechanische Reize, sind es, welche die Darmperistaltik auslösen, und es ist die Masse des Kotes selbst, welche den hauptsächlichen Reiz darstellt. Je leichter aufschließbar und je leichter verdaulich die Nahrung ist, um so kleiner wird die Kotmasse und um so kleiner der Reiz; die Kotmasse wäre bei einer leicht verdaulichen Kost (Eier, Weißbrot, Butter, gehacktes Fleisch, Reis, Grieß usw.) noch kleiner, wenn nicht unter diesen Umständen der überwiegende Teil des Kotes vom Organismus selbst wie beim Hunger als Produkt der Darmwand und der Verdauungssäfte geliefert würde, denn bei gut aufgeschlossener, animalischer Nahrung enthält der Kot so gut wie keine Nahrungsrückstände.

Diejenigen Substanzen, welche unsere Kost schwerer verdaulich — nicht zu verwechseln mit schwerer bekömmlich — machen und dadurch den unverdaulichen Nahrungsrest erhöhen, kann man als Schlacken der Nahrung bezeichnen; die Hauptrolle spielt hier die Zellulose, denn sie wirkt tatsächlich bestimmend auf die Menge und Beschaffenheit des Stuhles; das gilt sowohl für das Tier als auch für den Menschen; die Beschaffenheit der Nahrungszusammensetzung wirkt sich auch auf die Länge des Darmes aus; so ist z. B. bei den Pflanzenfressern der Darm 27mal so lang als die Körperlänge (Kopf bis zum Steiß); beim Menschen nur das 7- bis 8fache, beim Hund 4- bis 6fache, bei der Katze das 3fache. Die Ratte, die mit zellulosereicher Kost gefüttert wird, hat einen viel längeren Darm (22%) als die mit Fleisch gefütterte.

Sehr zu beachten ist auch eine Zusammenstellung von Rubner; es ist angenommen, daß von den jeweiligen Nahrungsmitteln jedes in der Menge genommen sei, die den körperlichen Bedarf deckt; es würde dann die Trockenkost nach Abzug der Asche betragen:

Kot	Kot (aschenfrei berechnet)	Kot	Kot (aschenfrei berechnet)
Fleisch	26	Mais	51
Eier	26	Gelbe Rüben	101
Weißbrot	36	Wirsing	113
Makkaroni	37	Kartoffel	133
Milch	42	Schwarzbrot	146
Reis	50		

Man hat sowohl beim Tier als auch beim Menschen zur Eiweißkost Zellulose in Form von Filterpapier zugesetzt, aber ohne Wirkung auf die Peristaltik; es gibt zwar dem Stuhl Form, beschleunigt aber nicht die Stuhlentleerung; man darf aus diesen Erfahrungen wohl den Schluß ableiten, daß nicht jede Form von Holzstoff stuhlfördernd wirkt, sondern eine gewisse Zusammenarbeit mit anderen Substanzen notwendig macht, wie sie vermutlich in den frischen Vegetabilien und in der Kleie vorhanden sind. Rubner spricht hier von Allektinen; den Wert der Vitamine hat damals Rubner noch nicht gekannt, so daß auch an Beziehungen dieser lebenswichtigen Stoffe zur Darmtätigkeit gedacht werden muß.

Kennt man diese Tatsachen, dann ist auch der Weg gezeigt, den der Arzt dem Patienten empfehlen muß, wenn er seine spastische Obstipation behandeln will; das Wesentliche ist somit die entsprechende Zufuhr an Zellulose, also von Schlackenkost; das Schrotbrot und die entsprechenden Quantitäten an Obst und derbem Gemüse bilden sozusagen das Rückgrat dieser Diät.

Um Schrotbrot herzustellen, verwendet man ein Mahlprodukt, das die sämtlichen Teile des Kornes enthält, also nicht nur den Mehlkern, sondern auch die äußeren Schichten; weiterhin bedingt der Begriff Schrotbrot, daß das Getreidekorn nur ganz grob zermahlen ist; bei vielen Sorten sind die Körner mehr zerbrochen und zerquetscht als zermahlen; die Schrotbrote des Handels werden teils aus Roggen, teils aus Weizenschrotmehl hergestellt. (Für den Hausgebrauch kann man sich zur Zubereitung von Schrotbrot folgender Vorschrift bedienen: 1 kg Weizenschrot wird mit 1 Liter lauem Wasser, 40 bis 50 g Bäckerhefe, 30 g Salz zum Teig geknetet; nach halbstündigem Stehen bei gelinder Wärme Abfüllen in kleinere Formen; nach 10 bis 15 Minuten weiterem Stehen bringt man die Formen in den Backofen.) Aus gleichgemischtem Teige stellt man auch wasserarme Weizenschrotfladen als Dauerware her.

Ein noch schlechter verdauliches Gebäck ist das Gelinck-Brot; das Korn wird überhaupt nicht gemahlen, sondern nur mit Wasser geweicht, dann zum Quellen gebracht und durch Druck zerquetscht, wozu allerdings bestimmte Vorrichtungen notwendig sind. Die Zubereitung des Simon-Brotes geschieht ähnlich, nur wird die gequollene Masse nicht zerquetscht, sondern zerrieben. Den Roggen- und Weizen-Schrotmehlgebäcken gegenüber spielen die gleichartigen, aus Hafer, Gerste und anderen Getreiden gebackenen Brotwaren eine untergeordnete Rolle.

Die Weizen- und namentlich die Roggenschrotbrote zeichnen sich durch kräftigen Geschmack aus, stellen aber an die Kauwerkzeuge große Ansprüche und belasten zweifellos den Magen ganz erheblich; um diesen Uebelständen abzuhelfen, hat man feinvermahlene Vollkornbrote zubereitet; ein solches ist das Steinmetz-Brot und das Klopfer-Vollkornbrot; leider stehen technische Schwierigkeiten der Verallgemeinerung des Verfahrens gegenüber, so daß diese Brote nicht überall erhältlich sind.

Um sich über den Zellulosegehalt der einzelnen Brote zu orientieren, habe ich die betreffenden Werte tabellarisch zusammengefaßt:

Kalorienwert und Zellulosegehalt der verschiedenen Brotarten

	Zellulose in 100 g	Kalorienwert von 100 g
Normales Weizenbrot	0·24	246
Roggenbrot	0·91	248
Kriegsbrot	1·46	233
Kommisbrot	1·21	227
Schrotbrot	1·07	233

In der Behandlung der spastischen Obstipation spielen nicht nur das Schrotbrot, sondern auch die verschiedenen Gemüse- und Obstarten wegen ihres hohen Zellulosegehaltes eine wichtige Rolle; in dem Sinne erscheint es angebracht, auch den Rohfasergehalt dieser Nahrungsmittel hier tabellarisch anzuführen. Der absolute Zellulosegehalt schwankt beim Obst und Gemüse innerhalb bestimmter Grenzen, denn die Art der Bodenbeschaffenheit, Düngung, Bewässerung und Besonnung wirkt sich nicht unerheblich aus. Zusammen mit der eigentlichen Zellulose sind auch die Pentosane und Hemizellulosen mitberücksichtigt.

100 g rohes Obst enthalten Zellulose

	%		%
Hagebutten	22·0	Aprikosen	0·80
Himbeeren	8·15	Bananen	0·80
Erdbeeren	5·09	Zwetschken (roh)	0·56
Ribisel	4·00	Orangen	0·48
Brombeeren	3·9	Ananas	0·62
Stachelbeeren	2·7	Süße Kirschen	0·33
Birnen	2·5	Weichselkirschen	0·27
Heidelbeeren	2·2		
Ananaserdbeeren	1·9	Haselnüsse	3·2
Preiselbeeren	1·8	Walnüsse	3·0
Feigen (frisch)	1·5	Mandeln (trocken)	3·7
Aepfel	1·28	Edelkastanien	1·6
Pfirsiche	0·95		

Genaue Zelluloseanalysen in frischem Gemüse liegen nur spärlich vor:

In 100 g frischer Substanz findet sich Zellulose

	%		%
Kartoffeln	0·21	Kohlrabi	0·72
Gelben Rüben	0·74	Weißkraut	0·78
Salat (jung, ohne Rippen)	0·47	Linsen (roh, trocken)	3·39
Spinat	0·36		

Hat man die Absicht, eine energische Schrotkur durchzuführen, so verabreicht man durchschnittlich 250 g Schrotbrot und $1^1/_2$ kg Obst bzw. Gemüse; das Gemüse kann in verschiedenster Form zubereitet werden; es ist vorteilhaft, einen Teil des Gemüses in Form von Rohkost zu verabfolgen; Obst wird teils frisch, teils gekocht verabfolgt; die Hauptmenge der Zellulose findet sich in den Schalen, weswegen es zweckmäßig erscheint, Aepfel und Birnen weniger als Kompott, als vielmehr roh dem Patienten zu geben; mit Dörrobst erreicht man gleiche Erfolge; besonders empfehlenswert erscheint die Verabfolgung von gedörrten Pflaumen, die zweckmäßigerweise für mehrere Stunden vorher ins Wasser gelegt werden.

Es steht natürlich nichts im Wege, die Schlackendiät mit Fleischkost, Fett und Kohlehydraten zu paaren; entscheidend kann der allgemeine Ernährungszustand sein; ist er schlecht, so kann man Schrotbrot reichlich mit Butter und Honig mengen; will man die Regelung der Darmtätigkeit mit einer Entfettungskur verbinden, so wird man mehr Fleisch und weniger Fett bzw. aufgeschlossene Kohlehydrate zusetzen.

Bei Personen, die bis zur Einleitung einer Schrotkost nur „milde Diät" nahmen, stößt der Uebergang zur groben Diät oft auf Schwierigkeiten; es empfiehlt sich daher, den Uebergang nicht allzu akut zu gestalten; man soll — um einen Vergleich zu wählen — nicht mit dem Kopf ins Wasser springen; zweckmäßig erscheint es oft, die Patienten in dauernder Kontrolle zu behalten, wozu sich eine Aufnahme auf der Klinik oder im Sanatorium sehr bewährt; wegen anfänglicher Beschwerden unterbrechen manche unkontrollierte Patienten die eingeleitete Nahrungsänderung und kehren zur „milden Diät" zurück; für dieses Uebergangsstadium bewährt sich manchmal ein leichtes Abführmittel in Kombination mit Belladonna; ich bevorzuge dafür folgende Pillenzusammensetzung: Extract. Aloe, Extract. Rhei aa 5·0—10·0, Extract. Belladonnae 1·0. Massa pill. ut fiant Pill. Nr. C. Meist genügt die Verabfolgung von einer Pille am Abend. Wird die Schrotkost vertragen, so ist die Verabfolgung der Pillen nicht mehr notwendig; sie sollen aber immer wieder in Anwendung gebracht werden, wenn eine Stockung der Darmtätigkeit von neuem einsetzt.

Schwieriger gestaltet sich manchmal die Behandlung, wenn sich zur spastischen Obstipation Diarrhoen hinzugesellt haben; dort, wo es sich nur um Pseudodiarrhoen handelt, worunter wir die Entleerung von harten kleinen Stuhlmassen, untermengt mit Schleim und Eiter, eventuell auch Blut, verstehen, führt die Einleitung einer gewöhnlichen Schrotkost ebenfalls rasch zum Erfolg, nur soll man bei Verwendung der Pillen die Beimengung von Aloe und Rheum weglassen, dafür aber um so mehr Belladonna verabreichen;

bei älteren Personen muß man in der Beurteilung einer sogenannten spastischen Obstipation sehr vorsichtig sein, besonders wenn sie vorher nie bestanden hat, da sich oft ein beginnendes Rektumkarzinom dahinter verbergen kann.

Kommt es zu wirklichen Diarrhoen, also zur Entleerung von flüssigen Stuhlmassen, in denen einzelne harte Stuhlkonkremente nachweisbar sind, so empfiehlt es sich zunächst, den Darm durch Verabfolgung einer vorwiegend aus Apfelkompott bestehenden Kost ruhigzustellen; nach ein bis zwei Tagen ist dies meist erreicht; jetzt beginnt man langsam mit der Einschaltung der Schrotdiät; sehr wohltuend wirken Dermatolklysmen, die in folgender Weise zu geben sind: Man spült zuerst den Darm mit warmer Kochsalzlösung; ist die Hauptmenge an Stuhl entleert, so verabfolgt man vorsichtig folgende auf Körpertemperatur erwärmte Mischung: Dermatol 4·0, Mucill. Gummos. 250·0, Tinct. opii gt. X. Von dieser Stammlösung nimmt man die Hälfte und vermengt sie mit gleichen Teilen heißer physiologischer Kochsalzlösung; nun läßt man die warme Lösung vorsichtig in den Darm einfließen — am besten in der Bauchlage; der Reiz soll während des Einfließens so gering als möglich sein, damit die Dermatollösung mehrere Stunden lang im Darm liegenbleibt; wiederholt man diese Spülungen vier- bis sechsmal in der Woche, so ist meist die Neigung zu Durchfällen gehemmt und die Schrotkost wird jetzt gut vertragen. Besteht gleichzeitig, was bei länger anhaltenden Diarrhoen immer möglich ist, Achylie, so wirkt sich die Verabfolgung von Salzsäure oder Acidolpepsin außerordentlich wohltuend aus.

Jedenfalls gewinnen wir den Eindruck, daß sich durch die Schrotkost viele krankhafte Zustände außerordentlich günstig beeinflussen lassen; aber auch darüber hinaus sollte der Stuhlregulierung ärztlicherseits mehr Aufmerksamkeit geschenkt werden; denn auf dem Boden dieser „Anomalie" — so könnte man die spastische Obstipation in ihren Anfängen noch nennen — entwickelt sich vieles, was dann später eine energische und langwierige ärztliche Behandlung erfordert.

Das Karzinom der Frau

Von

Professor Dr. **A. I. Amreich**

Wien

Der Ausdruck „Karzinom der Frau" bedeutet nicht etwa, daß eine geschlechtsspezifische Art des Krebses bei der Frau vorkommt, sondern will nur besagen, daß der Krebs beim Weibe durch das vorzugsweise Auftreten an ganz bestimmten Körperstellen sein eigenartiges und auffallendes Gepräge erhält. Bei der Frau betrifft das Karzinom nämlich vor allem den Genitalapparat, während die Männer in erster Linie an Karzinomen des Digestions- und Respirationstraktes erkranken. Das weibliche Genitalsystem wird in allen seinen Abschnitten, jeder Bezirk freilich in sehr verschiedener Häufigkeit vom Krebs befallen. An unserer Klinik kamen in den Jahren 1926 bis 1934 im ganzen 994 Krebse der weiblichen Geschlechtsorgane zur Beobachtung. Darunter befanden sich 26 Vulvakarzinome, 39 Scheidenkrebse, 661 Collumkarzinome, 98 Corpuskrebse, 3 Tubenneoplasmen und 167 maligne Ovarialtumoren. Die prozentuale Häufigkeit dieser nach dem örtlichen Ursprung unterschiedenen Krebse in bezug auf die Gesamtzahl der Genitalkrebse ist somit in unserem Material folgende: Vulva 2·6%, Vagina 3·9%, Collum 66·5%, Corpus 9·9%, Tube 0·3%, Ovarium 16·8%.

I. Das Vulvakarzinom ist das zweitseltenste Karzinom des Genitaltraktes. Es können sämtliche Teile des äußeren Genitales an Krebs erkranken. Den häufigsten Sitz des Vulvakrebses bilden die kleinen Labien. Auch die Klitoris, mit der die Nymphen durch das Präputium und Frenulum clitoridis in direktem geweblichen Zusammenhang stehen, stellt oft den Ausgangspunkt für die Krebsentwicklung dar. Weiter kann das Leiden auch von den großen Labien seinen Ursprung nehmen. Gewöhnlich ist in solchen Fällen die Erkrankung von einer Kraurosis der Vulva begleitet. Manche Forscher, A. Martin, J. Veit, Terruhn, Kehrer, glauben, daß Kraurosis in zirka 10% den Auftakt zur Entwicklung eines Karzinoms darstellen. Kehrer meint, daß speziell das erste Stadium der Kraurosis entweder in Gewebsschwund und Schrumpfung oder in blastomatöse Wucherung der Epidermiszellen übergehen kann. Berkeley-Bonney leugnen jedoch jede Beziehung der Kraurosis zum Karzinom, halten jedoch die Leukoplakie als einen häufigen Vorläufer des Krebses. Verhältnismäßig selten wird die Urethramündung von Karzinom eingenommen. Nur das eine oder andere Mal ist die Bartholinische Drüse der Ort der Krebsentwicklung. Siegfried Raith konnte in seiner Inauguraldissertation bis jetzt aus der ganzen Weltliteratur nur 57 Fälle von Krebs der Bartholinischen Drüse zusammenstellen. Der Krebs der Vulva kommt entweder in Form einer mehr scheibenförmigen flachen Infiltration oder als knotige, das Oberflächenniveau stark emporwölbende eiförmige oder papillomatöse Bildung vor. Alle diese drei Formen führen frühzeitig zur Zerstörung der Haut und zum blastomatösen Gewebszerfall und zur Geschwürsbildung. Das infiltrative Wachstum erfolgt sowohl nach den Seiten wie nach der Tiefe zu bei derselben Lokalisation und der gleichen histologischen Struktur des Karzinoms oft in ganz verschiedenem Tempo. Außer dem Fortschreiten per continuitatem geht die Ausbreitung noch auf dem Wege der Lymphgefäße vor sich. Für die Metastasierung des Karzinoms der Labien und Nymphen stellen die oberflächlichen inguinalen Lymphknoten der erkrankten Seite die erste, die gleichseitigen tiefen inguinalen und die iliakalen Drüsen die zweite bzw. dritte Etappe dar. Doch können auch infolge Seitenüberkreuzung und Anastomosenbildung der Lymphgefäße die Lymphknoten der Gegenseite erkranken. Das Karzinom des Praeputium clitoridis bewirkt sogar recht häufig eine neoplastische Schwellung der Lymphknoten beider Seiten. Die Lymphgefäße der Glans und des Corpus clitoridis verlaufen aber entlang des Dorsum clitoridis zu vor der Symphyse liegenden Schalt-Lymphknoten und von hier teils zu den oberflächlichen und tiefen inguinalen Lymphknoten, teils durch den Inguinal- und Kruralkanal zu den kaudalsten iliakalen Drüsen (Ln. ilici ext. caudales). Periurethralkarzinome ohne Uebergreifen auf die eigentliche Urethralwand metastasieren in die inguinalen Drüsen, solche mit Durchwachsung der Urethralwand streuen in diese und auch noch in die regionären Drüsen der Blase, die Lymphonodi vesicales laterales und Ln. ilici interni (Ln. glutaeus).

Die Bartholinischen Krebse machen Infiltrationen der anorektalen Lymphknoten, welche am kaudalen Rektum zwischen Rektumwand und Rektumfaszie an den Teilungswinkeln der Arteria haemorrhoidalis superior liegen. Erst wenn die Haut über dem Bartholinischen Karzinom mitergriffen ist, werden auch die inguinalen Drüsen befallen. Vulvakarzinome, die den Hymen nach oben überschreiten, brechen außer in die inguinalen auch in die hypogastrischen Drüsen ein. Die karzinomatösen Lymphknoten sind durch ihre Größe, ihre runde Form, harte Konsistenz und ihre Unempfindlichkeit charakterisiert. Schauta hat nachgewiesen, daß oft nicht vergrößerte Knoten mikroskopisch sich als karzinomatös erkrankt erweisen, während große und harte Drüsen nicht immer karzinomatös sein müssen, sondern durch Entzündung und Hyperämie zu ihrer abnormen Beschaffenheit gelangen können. Die Patientinnen mit Vulvakarzinom klagen über Fluor, Blutungen, Jucken, Brennen und Schmerzen im Bereich der erkrankten Stellen. Das Erkennen der Erkrankung macht keine besonderen Schwierigkeiten. Das frühzeitige Auftreten von Ulzerationen, die Brüchigkeit des krankhaften Gewebes, der positive Sondenversuch, das Austreten komedonenartiger Würstchen bei Kompression und schließlich die Probeexzision beseitigen rasch jeden Zweifel über die Natur des Leidens. Die Therapie besteht in Operation oder Bestrahlung, am besten in der Kombination beider Verfahren. Bezüglich des operativen Vorgehens haben Schauta und Koblanck schon Ende des vorigen Jahrhunderts gefordert, in Anlehnung an Rotters Operation des Brustkrebses das Vulvakarzinom durch Exstirpation der Vulva in Zusammenhang mit den beiderseitigen inguinalen Lymphknoten zu behandeln. In systematischer Weise wurde dieses Verfahren erst 1907 von Stoeckel zur Anwendung gebracht. Wegen der schlechten Dauerresultate hat Stoeckel 1910 außer der Exstirpation der Vulva und der beiderseitigen Leistendrüsen auch noch die Entfernung der iliakalen und hypogastrischen Drüsen verlangt. Im Jahre 1918 hat Kehrer eine Operationsmethode angegeben, nach der die ganze Vulva, die oberflächlichen und tiefen Leistendrüsen und auf extraperitonealem Wege auch noch die iliakalen und hypogastrischen Lymphknoten ausgeschnitten werden können. Da aber die meisten Vulvakarzinomträgerinnen alt und wenig widerstandsfähig sind, daher eine so eingreifende Operation schlecht vertragen, anderseits meist nur die oberflächlichen Drüsen (Ca. labii am häufigsten!) miterkrankt sind, wird man sich in der Regel mit der weniger eingreifenden Schauta-Stoeckelschen erweiterten Vulvektomie begnügen können. Meiner Erfahrung nach ist die Entfernung der iliakalen und hypogastrischen Drüsen weniger wichtig als die gründliche Exstirpation der Vulva. Da dieses Organ an der Vorderfläche der Symphyse und dem Diaphragma urogenitale befestigt ist, muß nach seiner Exstirpation ein anatomisch einwandfreies Bild der Vorderfläche der Symphyse und des vorderen Abschnittes des Beckenbodens resultieren. Für die irradiative Behandlung des Vulvakarzinoms sind die Methoden, die Adler, Döderlein, Seitz, Eymer, Martius, Gauß, Simon ausgearbeitet haben, maßgebend. Ueber die Erfolge unserer Therapie gibt die Statistik unserer Klinik, welche die in den Jahren 1921 bis 1935 beobachteten Ca. vulvae betrifft, Auskunft. (Siehe Tabelle 1, 2 und 3.)

Unter 49 Ca. vulvae befanden sich 39 Ca. labii, 9 Ca. clitoridis und 1 Ca. urethrae. Von 10 ohne primäre Mortalität operierten Ca. labii sind 5 dauernd geheilt. Von 17 vollständig bestrahlten Ca. labii sind 3 endgültig von ihrem Ca. befreit, von 12 unvollständig bestrahlten wurden alle innerhalb der 5-Jahresgrenze rezidiv. Von 9 Ca. clitoridis wurde 1 operiert und dauernd geheilt, 8 wurden ohne Dauererfolg bestrahlt (5 vollständig, 3 unvollständig). Unter den 8 bestrahlten Klitoriskarzinomen findet sich 1 primärer Bestrahlungstod, der durch fortschreitenden Gewebszerfall und Infektion verursacht wurde. 1 Urethralkarzinom wurde

Tabelle 1

Ca. vulvae 1921—1935

1. Ca. labii

	Zahl	Geheilt	Primär gestorben	Interkurrent gestorben	Rezidiv
Operation	10	5	—	1*	4
Bestrahlung vollständig	17	3	—	—	14
Bestrahlung unvollständig	12	—	—	—	12
Summe	39	8	—	1	30

* Vag. totale wegen Myom $2^1/_2$ Jahre nach der Vulvektomie.

Tabelle 2

2. Ca. clitoridis

	Zahl	Geheilt	Primär gestorben	Interkurrent gestorben	Rezidiv
Operation......	1	1	—	—	—
Bestrahlung vollständig......	5	—	1*	—	4
Bestrahlung unvollständig...	3	—	—	1**	2
Summe....	9	1	1	1	6

* Fortschreitender Gewebszerfall.

** Ca. vesica (Elektrokoagulation), Ca. clitoridis (Bestrahlung). 1 Jahr nach der Bestrahlung wegen Blasenfistel Implantation beider Ureteren ins Rektum. Gestorben. Obduktion: Abszedierende Pyelonephritis: kein Ca.!

Tabelle 3

3. Ca. urethrae

Vollkommen bestrahlt..	1 Fall	Dauernd geheilt.......	1 Fall

vollständig bestrahlt und dauernd geheilt. Ein Bartholinisches Karzinom kam in der Berichtszeit nicht zur Beobachtung.

II. Das primäre Karzinom der Vagina tritt entweder als Knoten mit höckeriger oder blumenkohlartig zerklüfteter Oberfläche oder als flächenhaftes Infiltrat oder schließlich in Gestalt eines krebsigen Geschwüres auf. Als Sitz bevorzugt es die kraniale Hälfte der Scheide, und zwar vor allem die hintere und seitliche Wand, während die Vorderwand seltener befallen ist. Die Ausbreitung erfolgt entweder in den Lymphspalten oder in den Lymphgefäßen. Durch Weiterkriechen des Neoplasmas in den Gewebsspalten kommt es bald zur Durchwachsung der Scheidenwand und Einbrechen des Krebses in die Umgebung: paravaginales Gewebe, Rektum, Vesica. Durch lymphogenen Transport gelangen die Geschwulstzellen in die regionären Lymphknoten: Bei Sitz des Tumors im unteren Scheidendrittel finden sich krebsige Einlagerungen in den obturatorischen Lymphknoten; wegen der Kommunikation der Lymphgefäße der Scheide mit jenen des äußeren Genitales durch den Beckenboden hindurch ist beim distalen Scheidenkarzinom öfter auch eine karzinomatöse Erkrankung der inguinalen Lymphknoten zu beobachten. Bei Begrenzung des Krebses auf die beiden oberen Scheidendrittel können teils ein oder zwei Lymphknoten an der medialen Seite des Abganges der Uterinae von der Hypogastrica (Ln.

ilici interni mediales), teils auch die untere mediale Lymphdrüse an der Iliaca externa in Mitleidenschaft gezogen werden. Die Symptome des Vaginalkarzinoms bestehen in blutig-wässerigem, später auch jauchigem mißfärbigem Ausfluß, und es treten auch die ominösen Koitusblutungen auf. Schmerzen bekommen die Patientinnen immer erst, wenn das Gewächs schon in das nervenreiche paravaginale Bindegewebe vorgedrungen ist. Die Diagnose wird in analoger Weise wie beim Vulvakarzinom aus der Brüchigkeit und Kurzlebigkeit (Geschwürsbildung) des Aftergewebes, aus dem positiven Ausfall des Sondenversuches und durch mikroskopische Untersuchung eines exzidierten Gewebsstückchens gestellt. Für die Behandlung stehen Operation oder Bestrahlung bzw. Paarung der beiden Methoden zur Verfügung. Als Methoden der Wahl kommen für das operative Vorgehen die Schauta- oder Wertheim-Operation unter Mitnahme hinreichend großer Scheidenpartien in Betracht.

Tabelle 4

Ca. vaginae 1921—1935

	Zahl	Geheilt	Interkurrent gestorben	Rezidiv
Operation	6	4	—	2
Bestrahlung vollständig	43	8	2	33
„ unvollständig	20	1	—	19
Unbehandelt	4	—	—	4
Summe	73	13	2	58

An unserer Klinik wurden im Zeitraum 1921 bis 1935 6 Fälle operiert, von denen 4 dauernd geheilt blieben. Von 43 vollständig bestrahlten Fällen blieben hingegen nur 8 dauernd gesund; von 20 unvollständig Bestrahlten wurden alle mit Ausnahme einer einzigen Dauerheilung rezidiv. 4 Frauen mit Vaginalkarzinom waren bei ihrer Einlieferung an die Klinik in so desolatem Zustand, daß sie überhaupt nicht behandelt werden konnten. Es waren auffallend viele spontan oder nach der Operation bzw. Bestrahlung auftretende Fisteln zu beobachten. Zahlreiche Frauen starben bei lokal günstigem Befund an Kachexie infolge ubiquitärer Metastasierung in die inneren Organe.

III. Der Gebärmutterkrebs. Wir unterscheiden nach Veit und Ruge nach dem Ausgangspunkt des Neoplasmas einen Krebs 1. der Portio, 2. der Cervix und 3. des Corpus uteri. Ist die Zerstörung durch den Krebs schon weiter fortgeschritten, so läßt sich der Ausgangspunkt, ob von der Portio oder von der Cervix, meist nicht mehr mit Sicherheit feststellen. Daher hat man die beiden Lokalisationsformen als Collumkarzinome zusammengefaßt.

A. Der Collumkrebs. 1. Die Portiokarzinome verursachen bei exophytischem Wachstum Blumenkohltumoren, bei endophytischem Fortschreiten mächtige Verdickung der durch Aftergewebe ersetzten Portio oder sie bilden Geschwüre mit zerklüftetem unebenem Grund und wallartigen Rändern. 2. Die Cervixkrebse führen in der Regel zu tonnenförmiger Auftreibung der Cervix, in seltenen Fällen treten sie in Gestalt karzinomatöser Cervixpolypen auf. Das Collumkarzinom breitet sich entweder per continuitatem auf die Vagina oder gegen das Corpus uteri zu oder schließlich gegen die Parametrien aus. Blase und Ureteren pflegen aber wegen ihres gesonderten Lymphsystems und wegen ihrer Eigenbewegungen lange Zeit von der Miterkrankung verschont zu bleiben. Auf dem Wege der Lymphgefäße treten Verschleppungen nach den parauterinen Schaltdrüsen, nach den zwei oberen Lnn. ilici caudales mediales und nach dem untersten lateralen Element der kranialen ilischen Lymphknoten auf. Die Symptome des Collumkarzinoms sind sanguinulenter oder jauchiger übelriechender Fluor, atypische Blutungen, die durch Koitus, Scheidenspülungen, Pressen beim Stuhlabsetzen, also kurz durch mechanische Einflüsse verursacht sind. Solange das Karzinom noch relativ beschränkte Ausdehnung hat, können die Patientinnen blühend aussehen. Erst im fortgeschrittenen, meist inoperablen Stadium bekommen die Frauen kachektische Züge und Schmerzen. Die Diagnose wird durch das typische Verhalten des malignen-neoplastischen Gewebes und durch die Probeexzision gesichert. Für die Therapie stehen zwei erfolgreiche Methoden zur Verfügung: die Operation und die Bestrahlung. Beim rasch auf die Nachbarschaft übergreifenden Halskrebs wird nur jene Operationsmethode Aussicht auf Erfolg haben, die Adnexe, Uterus, die proximale Vagina und parametrane Bindegewebe auszuschneiden gestattet. Diese Art der Gebärmutterentfernung nennt man erweiterte Totalexstirpation oder Radikaloperation. Diese kann sowohl vom Abdomen (Wertheim), als auch von der Scheide aus (Schauta) durchgeführt werden. Die Strahlentherapie muß trachten, das ganze wahrscheinliche Ausbreitungsgebiet mit der karzinomtötenden Strahlendosis zu beschicken. Man hat dieser Bestrahlungsart den Namen Radikalbestrahlung gegeben. Dieselbe kann entweder nur mit radioaktiven Substanzen oder ausschließlich mit der Röntgenapparatur durchgeführt werden. Heutzutage wird wohl in der Regel die kombinierte Radium-Röntgenbestrahlung zur Radikalbehandlung des Gebärmutterhalskrebses verwendet. Während über die anzuwendenden Strahlenquellen eine erfreuliche Einheit der Meinungen herrscht, bestehen hinsichtlich der zeitlichen und mengenmäßigen Verhältnisse der Bestrahlung diametrale Gegensätze. Auf der einen Seite stehen Regaud und Coutard, welche mit kleinen Strahlenmengen, aber mit Zuhilfenahme langer Applikationszeiten bestrahlen, am Gegenpol befinden sich Seitz und Wintz, Döderlein, Lahm, Martius, Kehrer, Gauß, welche große Strahlenmengen durch kurze Zeit anwenden oder wenigstens ursprünglich angewendet haben.

Ueber die Erfolge unserer Klinik in den Jahren 1926 bis 1934 geben die folgenden Tabellen einen Ueberblick.

Tabelle 5
Ca. colli 1926—1934 operiert

	Zahl	Geheilt	Interkurrent gestorben	Primär gestorben
Vaginale Totale	12	7	3	1
Erweiterte vaginale Totale	320	152	15	25 (7·8%)
Abdominale Totale	2	1	—	1
Erweiterte abdominale Totale	12	} 5	—	4
Ca. + Gravidität	3			
Andere Operationen	3	2	—	—
Summe	352	167	18*	31 (8·8%)

* Davon 9 mit Obduktionsbefund, die übrigen mit ärztlicher Diagnose und kurz vorheriger klinischer Untersuchung.

Tabelle 6
Ca. colli 1926—1934 bestrahlt

	Zahl	Geheilt	Interkurrent gestorben	Primär gestorben
Vollkommen bestrahlt	141	41	14*	12
Unvollkommen bestrahlt	145	—	3	—
Unbehandelt	23	—	—	—
Summe	309	41	17	12

* Davon 5 mit Obduktion, die anderen mit Aerztebefund und kurz vorheriger klinischer Untersuchung.

Es wurden 352 Collumkarzinome operiert, von denen 167 nach 5 Jahren noch leben und gesund sind. Das ergibt unter Abrechnung der 18 interkurrent Gestorbenen eine relative operative Dauerheilung von 50%. (Siehe Tabelle 6.)

Im gleichen Zeitraum wurden 309 Fälle bestrahlt, von denen nach 5 Jahren noch 41 am Leben und geheilt waren. Bei Abzug der interkurrent Gestorbenen errechne ich daraus eine relative irradiative Dauerheilung von 14%.

Tabelle 7

Gesamtleistung

Ca. colli 1926—1934

	Fälle	Geheilt	Interkurrent gestorben	Primär gestorben
Operation	352	167	18	31
Bestrahlung	309	41	17	12
Summe	661	208	35	43

In der Berichtsperiode kamen insgesamt 661 Collumkarzinome zur Beobachtung. 208 von diesen Frauen waren nach 5 Jahren rezidivfrei und am Leben. Die absolute Gesamtleistung unter Abzug der 35 interkurrent Verstorbenen beträgt also 33·2%. Dabei darf man aber nicht vergessen, daß gewiß einige der 5 Jahre Geheilten noch in späterer Zeit ihrem Krebsleiden erlegen sind.

Schalte ich bei Berechnung der absoluten Gesamtleistung die unvollständig Bestrahlten und Unbehandelten aus, wie dies auch von anderen Autoren getan wird, so beläuft sich die absolute Gesamtleistung auf 42·19%.

B. Das Corpuskarzinom bedingt breitbasig aufsitzende knollige, seltener zottige Gewächse, kann aber auch mehr diffuse Anschoppungen in die Schleimhaut verursachen. Es bleibt lange Zeit auf den Uterus selbst beschränkt und veranlaßt erst spät krebsige Einlagerungen außerhalb der Gebärmutter und Absiedelungen in den regionären Lymphknoten. Krebse des Gebärmuttergrundes können zur Erkrankung der inguinalen und lumbalen Drüsen führen, Krebse des Hauptabschnittes des Gebärmutterkörpers, der eigentlichen Gebärmutterhöhle, setzen Metastasen in den beiden oberen Ln. ilici ext. caudales mediales. Die Corpuskarzinomträgerinnen sind in der Regel Frauen, die sich schon etliche Jahre in der Menopause befinden. Sie klagen über eitrigen oder übelriechenden, bräunlich gefärbten Ausfluß, über Gebärmutterkrämpfe und sind meist beunruhigt über das Wiederauftreten von Gebärmutterblutungen, nachdem die Regeln schon jahrelang sistiert hatten. Die Diagnose sichert das Probekürettement. Zur Behandlung des Corpuskarzinoms wird vorwiegend die Operation, seltener die Bestrahlung angewendet. Für alle Fälle, in denen der Krebs noch auf die Gebärmutter beschränkt ist, genügt die einfache vaginale oder abdominale Totalexstirpation mit Entfernung der Adnexe. Sind aber die Parametrien bereits mitergriffen, dann müssen die Radikaloperationen (Schauta-Wertheim) zur Anwendung kommen. Bei der Bestrahlung des Corpuskarzinoms wird vor allem von der intrauterinen Radiumeinlegung Gebrauch gemacht, bei der man wegen der dicken schützenden Corpuswand hinsichtlich Nebenschädigungen der Nachbarorgane nicht besonders ängstlich zu sein braucht. An unserer Klinik machen wir von den Röntgen-Radiumstrahlen vor allem zur Nachbehandlung der Operierten ausgiebigen Gebrauch. Ueber die Therapieerfolge gibt die nachfolgende Tabelle Bescheid.

Tabelle 8

Ca. corporis 1914—1934

Operationsart	Zahl der Fälle	Dauerheilung	Interkurrent gestorben	Primär gestorben	Rezidiv	Verschollen
Vaginale Totale	123	76	9	1	29	8
Erweiterte vaginale Totale	11	5	—	1	5	—
Abdominale Totale	14	6	1	—	6	1
Supravaginale	3	2	—	1	—	—
Erweiterte abdominale Totale	4	1	—	2	1	—
Summe	155	90	10	5	41	9

In der Zeit von 1914 bis 1934 wurden an unserer Klinik 155 Corpuskrebse operiert, von denen 90 dauernd geheilt sind, während 10 an interkurrenten Erkrankungen vor Ende der 5-Jahresfrist starben. (Siehe Tabelle 9.)

In der gleichen Zeitperiode wurden 30 Fälle bestrahlt und davon 6 dauernd geheilt. Interkurrent starben 2 bestrahlte Patientinnen. Die relative operative Dauerheilung beträgt somit 62% (145 : 90); die absolute operative Dauerheilung 51·14% (176 : 90). Die absolute Gesamtleistung erreicht die Höhe von 54·86% (175 : 96) bei einer Operabilität

Tabelle 9
Ca. corporis 1914—1934

Bestrahlung	Zahl der Falle	Dauerheilung	Interkurrent gestorben	Primär gestorben	Rezidiv
Plus 2 unbehandelte Fälle....	30*	6	2	5	17

* Unter den 30 bestrahlten Fällen befindet sich 1 Operationsverweigerung.

von 82·9% (187 : 155) und einer primären Operationsmortalität von 3·23% (155 : 3).

IV. Der Tubenkrebs ist hauptsächlich eine Erkrankung des 4. und 5. Lebensdezenniums. Der krebsige Eileiter ist vergrößert und zu einem wurst- oder keulenförmigen Gebilde umgestaltet. Der aufgeschnittene Eileiter läßt umschriebene oder sehr ausgedehnte zottige Wucherungen in seinem Innern erkennen, seltener zeigt er eine diffuse markige Infiltration seiner Wand. Der Krebs greift verhältnismäßig bald auf seine Umgebung per continuitatem oder intrakanalikulär oder auf den Lymph- und Venenweg über. Absiedelungen sind in der Gebärmutterschleimhaut, in den Ovarien im Peritoneum und in den regionären lumbalen Lymphknoten beobachtet worden. Die Symptome des Leidens sind uncharakteristisch. Schmerzen im Unterbauch, bisweilen bernsteinfarbener Ausfluß (Latzko) sind die Hauptbeschwerden, über welche die Patientinnen klagen. Der Palpationsbefund entspricht dem eines ein- oder doppelseitigen entzündlichen Adnextumors. Wegen der schwierigen und unsicheren Erkennbarkeit des Leidens ist der Rat Franqués, die Adnextumoren älterer Frauen zu operieren, wohl beherzigenswert. Für die Behandlung des Tubenkrebses kommt wohl nur die Operation in Frage, und diese hat in der Exstirpation der krebsigen Adnexe und des Uterus zu bestehen. Aber die Erfolge der Operation sind nicht sehr befriedigend, trotzdem wir alle Fälle einer intensiven Nachbestrahlung unterziehen.

Tabelle 10
Ca. tubae 1916—1935

Zahl	Geheilt	Spätrezidiv gestorben	Primär gestorben	Rezidiv gestorben	Verschollen
13	1	1	2	8	1

In der Zeit von 1916 bis 1935 suchten 13 Frauen mit Tubenkarzinom unsere Klinik auf. Ueber 11 dieser Patientinnen hat Frankl 1928 in der Zeitschrift über Geburtshilfe und Gynäkologie berichtet. Nur eine einzige der Patientinnen ist dauernd geheilt. Eine zweite war wohl bei der 5-Jahreskontrolle blühend gesund, hatte 15 kg zugenommen. Sie starb aber ein Jahr später etliche Tage nach der Operation eines großen karzinomatösen Lymphdrüsentumors an dei Aorta.

V. Der Eierstockkrebs präsentiert sich als karzinomatöses papilliferes Kystom, als genuines Karzinom des Ovars ohne gutartiges Vorstadium, als Krukkenberg-Tumor oder endlich als karzinomatöses Pseudomucinkystom. Die krebsigen Schleim- bzw. Flimmerepithelgewächse haben für das bloße Auge oft eine große Aehnlichkeit mit den entsprechenden gutartigen Kystadenomen. Die Eierstockkrebse brechen bald durch fortschreitende Infiltration in ihre Nachbarschaft ein und führen zur Fixation der Tumoren. Auch Implantationsmetastasen infolge Abbröktkelns der Tumoroberfläche kommen im Abdomen und im Nabel (Ottow), nach Operationen auch in der Laparotomienarbe zur Beobachtung. Ob aber speziell die Absiedelungen in der Bauchhöhle nicht durch lymphogenen Antransport von Tumorzellen entstehen, ist noch nicht endgültig entschieden. In einem großen Teil der Fälle metastasieren die Eierstockkrebse in die regionären lumbalen Lymphknoten. Aber auch fernabgelegene Drüsen, z. B. die supraklavikulären, besonders jene der linken Seite, können miterkranken (Ernst, Hermann, Fleischmann). Für das Ovarialkarzinom charakteristische Symptome gibt es nicht. Am häufigsten findet man in den anamnestischen Angaben das Dreisymptom: Schmerzen im Unterbauch, Größerwerden des Abdomens und gleichzeitige Abmagerung. Bisweilen treten auch atypische Blutungen, Harn- und Stuhlbeschwerden auf. Die präoperative Diagnose des malignen Charakters der Eierstockgeschwulst ist meist sehr schwer, oft erst durch Inaugenscheinnahme des exstirpierten Tumors, ja bisweilen erst durch die mikroskopische Untersuchung zu stellen. Im allgemeinen kann man sagen, daß im Kindes- und Entwicklungsalter auftretende Geschwülste maligen sind. Ebenso sprechen Doppelseitigkcit, Einschränkung der Beweglichkeit (Verwachsungen, intraligamentärer Sitz), gröbere Abweichungen der Tumorform von der Kugelgestalt im großen und ganzen für Malignität. Solide Tumoren sind in einem hohen Prozentsatz Karzinome und haben die Neigung, sich in den Douglas zu senken. Genuine Karzinome haben eine markige, weiche Konsistenz und gelappte Oberfläche. Vergesellschaftung der

Ovarialtumoren mit knötchenförmigen Wucherungen im Douglas und mit beträchtlicherem Aszites, das schlechte Aussehen der Kranken bilden weitere Hinweise für die bösartigen Eigenschaften des Ovarialtumors. Für die Anzeigestellung ist es nicht unumgänglich nötig, daß die maligne Eigenart des Ovarialtumors schon vor der Operation festgestellt wird, da jeder neoplastische Ovarialtumor, d. i. jede überfaustgroße Ovarialgeschwulst, die absolute Indikation zur Operation abgibt. Aus diesen Gründen werden selten maligne Ovarialtumoren der Operation entgehen. Die Diagnose der Malignität des Tumors ist aber wichtig für das operative Vorgehen. Für den malignen Ovarialtumor ist die Entfernung des Uterus im Zusammenhang mit beiden Adnexen die Methode der Wahl, während die benignen Gewächse nur die Exstirpation des blastomatös veränderten Ovars erfordern. Bei Unsicherheit der Diagnose des Geschwulstcharakters vor der Operation sollte daher stets der exstirpierte Tumor noch bei offenem Abdomen aufgeschnitten und inspiziert werden, um im Anschluß daran nötigenfalls sofort die entsprechende Ergänzungsoperation (Entfernung des Uterus bzw. des Uterus und der anderen Adnexe) ausführen zu können. Die alleinige Strahlenbehandlung des Ovarialkarzinoms ist fast aussichtslos. Nach Seitz und Wintz kann kein überkindskopfgroßer Tumor gleichmäßig mit der Karzinomdosis erfüllt werden. Kleinere Tumoren können nach Schäfer wohl zur Schrumpfung und Verkleinerung gebracht werden. Meist wird aber nur eine Verlängerung der Lebensdauer (durchschnittlich um 2 Jahre), nur ausnahmsweise eine wirkliche Dauerheilung erzielt. Mit Rücksicht auf die Unsicherheit der klinischen Malignitätsdiagnose ist es aber nicht unbezweifelbar, ob es sich bei diesen strahlengeheilten Fällen wirklich um Karzinome gehandelt habe. Der Strahlentherapie als selbständiger Behandlungsmethode beim Ovarialkarzinom darf keine allzu große Bedeutung beigemessen werden. Sie erweist sich jedoch als Zusatztherapie, Nachbestrahlung, bei allen radikal und nichtradikal Operierten als sehr nützlich. Die Nachbestrahlung ist dabei eine prophylaktische Maßnahme, d. h. sie hat den Zweck, dem Auftreten von Rezidiven vorzubeugen, oder sie besitzt therapeutischen Charakter, indem durch sie zurückgelassene Tumorreste zerstört oder in ihrem weiteren Wachstum behindert werden sollen. Die Tatsache, daß beim Ovarialkarzinom der ganze unversehrte Tumor durch die Bestrahlung nicht ausgerottet werden kann, daß aber kleine Tumorreste durch sie wohl vernichtet oder wenigstens niedergehalten werden können, macht es uns zur Pflicht, bei Ovarialkarzinom auch bewußt unradikale Operationen auszuführen. In solchen Fällen aber belassen wir den Uterus (Heynemann, Gauß), weil er einen weit ins kleine Becken vorgeschobenen Träger und Filter für die Radiumkapseln darstellt. Beim unradikalen Vorgehen stellt die Operation also einen vorbereitenden Eingriff dar, welcher den Zweck hat, die nachfolgende Bestrahlung wirksamer zu gestalten. Die Resultate der Ovarialkarzinombehandlung unserer Klinik hat Willy Wirth in seiner Inauguraldissertation zusammengestellt.

Tabelle 11

Ca. ovarii 1925—1935

Operation	Zahl	Seite	Geheilt
Ca. pseudomucinosum	4	4 e. s. 0 d. s.	1
Papilliferum	58	37 e. s. 21 d. s.	9 4
Genuine	36	18 e. s. 18 d. s.	3 1
Metastaticum	7	2 e. s. 5 d. s.	— —
Summe der Operierten	105*	—	18**
Radium—Röntgen	63	—	—
Endsumme	168	—	18

* Davon sind 35 Probelaparotomien, die zum Teil primär (4 Fälle [11·4%]), zum Teil rezidiv gestorben sind. Von den 70 therapeutischen Laparotomien starben 2 Frauen (2·9%).

** Außerdem leben 3 Frauen mehr als 5, 8, 11 Jahre, sind aber nicht rezidivfrei.

In der Zeit von 1925 bis 1935 wurden 168 Ovarialkarzinome an der Klinik eingeliefert. 105 von diesen Frauen wurden operiert: 35 Probelaparotomien mit 4 tödlichen Ausgängen und keiner einzigen Dauerheilung und 70 therapeutische Laparotomien mit 2 primären Todesfällen und 10 Dauerheilungen. Die relative operative Dauerheilung beläuft sich somit auf 26·5% (68 : 10); außerdem wurden 63 Ovarialkarzinome mit Radium-Röntgen behandelt, ohne daß wir eine einzige Dauerheilung auf diesem Wege erzielen konnten. Die absolute Dauerheilung beträgt bei unseren Ovarialkarzinomen also 10·7% (168 : 18).

Die Erfolge unserer Therapie des Genitalkarzinoms sind sicherlich nicht schlecht. Was wir erreichten, bleibt aber hinter dem, was wir wünschten, weit zurück. Das Defizit muß für uns die Triebfeder sein, die uns zu neuer Arbeit die Kraft verleiht.

Literatur: Amreich, A. I.: Ergänzungsband zur Operationslehre. S. Karger. 1934. — Derselbe: Radium-Röntgentherapie maligner Tumoren. Zbl. Gynäk., Nr. 33, 1921. — Derselbe: Zur Anatomie und Technik der erweiterten vaginalen Karzinomoperation. Arch. Gynäk., Bd. 122, H. 3. — Derselbe: Die Radium-Röntgentherapie in der Gynäkologie. Wien. klin. Wschr., Jg. 39, H. 46. — Derselbe: 30 Jahre vaginale Karzinomoperation. Wien. klin. Wschr., 1931, Nr. 22. — Derselbe: Ein Fall von primärem Tubenkarzinom. Zbl. Gynäk., Nr. 6, 1922. — Derselbe: Zweizeitig operiertes Carcinoma ovarii metastaticum. Arch. klin. Chir., 140, 1926. — Derselbe: Dauernd geheiltes metastatisches Ovarialkarzinom. Wien. klin. Wschr., 1930. — Derselbe: Operative Behandlung des Collumkarzinoms. Geburtsh. u. Frauenhk., H. 7, 1941. — Berckeley und Bonney: Leukoplakie, Vulvitis and its relation to Kraurosis vulvae and carcinoma vulvae. Brit. med. J., 1909. — Coutard: Zusammenfassung der Grundlage der röntgentherapeutischen Technik der tiefgelegenen Krebse. Strahlenther., Bd. 37, H. 1, 1930; Ref. Zbl. Gynäk., H. 13, S. 1247, 1931. — Döderlein: Krebsheilung durch Strahlenbehandlung. Arch. Gynäk., 109, 705, 1918. — Derselbe: Strahlentherapie bei Karzinomen. Zbl. Gynäk., 1915. — Ernst: Metastasen in den Supraclaviculardrüsen als Fernsymptom von Genitalkarzinomen. S. 2466. Zbl. Gynäk., 1931. — Eymer: Nach Bericht von Dietel in Veit-Stoeckel, Handb. d. Gynäk., Bd. IV (2. Hälfte), 2. Teil, S. 368. — Fleischmann: Späte Metastase nach cystischem Ovarialkarzinom. Zbl. Gynäk., S. 3173, 1930. — Frankl: Beitrag zur Pathologie des Vulvakarzinoms. Gynäk. Rdsch., 1915. — Derselbe: Zur Pathologie und Klinik des Tubenkarzinoms. Z. Geburtsh., 94, 1928. — Frankl und Amreich: Zur pathologischen Anatomie bestrahlter Uteruskarzinome. Strahlenther., Bd. 21, 1921. — v. Franque: Erkrankungen der Eileiter in Menge-Opitz, Handb. d. Frauenkrankheiten. — Derselbe: Carcino-Sarko-Endothelioma tubae. Z. Geburtsh., 47, 1902. — Gauß: Nach Bericht von Neeff in Veit-Stoeckel, Handb. d. Gynäk., Bd. IV (2. Hälfte), 2. Teil, S. 375. — Kehrer: Die Vulva und ihre Erkrankungen. Handb d. Gynäk. von Veit-Stoeckel, 1929. — Derselbe: Heilerfolge durch Radium beim Vulvakarzinom. Gyn. Ges, Dresden. Ref. Zbl. Gynäk., Nr. 33, 562, 1918. — Derselbe: Soll das Vulvakarzinom operiert oder bestrahlt werden? Mschr. Geburtsh., 48, 346, 1918. — Derselbe: Radiumbestrahltes Vulvakarzinom. Gyn. Ges., Dresden. Ref. Zbl. Gynäk., Nr. 20, 434, 1921. — Derselbe: Die Radiumbestrahlung bösartiger Neubildungen. Verh. dtsch. Ges. Gynäk., 16, 1920. Ref. Zbl. Gynäk., Nr. 36, 1925. — Kermauner: Die Erkrankungen des Eierstocks in Veit-Stoeckel, Handb. d. Gynäk., Bd. VII, 1932. — Koblanck: Operation eines Vulvakarzinoms. Z. Geburtsh., 36, 520, 1897. — Küstner, O.: Zur Pathologie und Therapie des Vulvakarzinoms. Z. Geburtsh., 7, 20, 1882. — Lahm: Radiumtiefentherapie. Dresden 1921. — Martin, A.: Ueber Kraurosis vulvae. S. Kl. V., 102, 1894. — Martius: Nach eigenem Bericht in Veit-Stoeckel, Handb. d. Gynäk, Bd. IV (2. Hälfte), 2. Teil, S. 392. — Ottow: Hautmetastasen beim Ovarialkarzinom. Zbl. Gynäk., 943, 1934. — Peham-Amreich: Operationslehre. S. Karger. 1930. — Raith, S.: Das Karzinom der Bartholinischen

Drüse. Inaug.-Diss., 1940. — Regaud: Die Radiosensibilität der malignen Neubildungen in ihren Beziehungen zu den Schwankungen der Zellvermehrung. C. r. Soc. Biol. Sitz. v. 8. u. 29. April sowie v. 6. u. 20. Mai 1922. Ref. Zbl. Gynäk, Nr. 42, S. 2302, 1924. — Schäfer: Ueber Dauerheilung bei Ovarialkarzinom. Z. Geburtsh., Bd. 85, H. 3, 613 — Schauta, F.: Die erweiterte vaginale Totalexstirpation des Uterus bei Collumkarzinom. J. Safar. 1908. — Seitz: Die Bestrahlung des in und direkt unter der Haut gelegenen Karzinoms. Münch. med. Wschr., 1920, Nr. 6, 145. — Seitz-Wintz: Unsere Methode der Röntgentiefentherapie und ihre Erfolge. 5. Sonderband z. Strahlenther., 1920. — Simon: Die Curie-Röntgentherapie bösartiger Frauenleiden. 20. Bd. der Radiologischen Praktika. G. Thieme. 1933. — Stoeckel: Ueber die Radikalheilung des Vulvakarzinoms. Aerzt. Ver. Marburg. Ref. Münch. med. Wschr, 1910, Nr. 9, 497. — Derselbe: Wie lassen sich die Dauerresultate bei der Operation des Vulvakarzinoms verbessern? Zbl. Gynäk., Nr. 34, 1102, 1912. — Terruhn: Kraurosis. Arch. Gynäk., 134, 578, 1928. — Derselbe: Leukoplakie und Kraurosis. Arch. Gynäk., 1929. — Veit, J.: Demonstration des Rezidivs eines Vulvakarzinoms. Ref. Münch. med. Wschr., 1906, Nr. 28, S. 1438. — Wertheim: Die erweiterte abdominale Operation bei Carcinoma colli uteri. Urban & Schwarzenberg. 1911. — Wintz-Wittenbeck: Die Röntgenbehandlung der bösartigen Geschwülste in Veit-Stoeckel, Handb. d. Gynäk., Bd. IV (2 Hälfte), 2. Teil.

Ueber die Entzündungen der ableitenden Harnwege

Von

Dozent Dr. **K. Haslinger**
Wien

Mit Rücksicht auf das Thema des Kurses: „Die Frau, ihre Physiologie und Pathologie“, soll hier nur von den entzündlichen Vorgängen der ableitenden Harnwege der Frau, wozu wir die Nierenbecken, die Ureteren, die Blase und Urethra rechnen, gesprochen werden. Es besteht eine Berechtigung, die in diesen Organen sich abspielenden entzündlichen Veränderungen zusammenfassend zu behandeln, weil sich der Geschlechts- und Harnapparat der Frau aus einer gemeinsamen Anlage entwickelt und innige nachbarliche Wechselbeziehungen beider Trakte zueinander bestehen. Dies geht so weit, daß man sowohl aus eigener Erfahrung als auch aus dem reichlichen Schrifttum von einer Anfälligkeit der Frau für Erkrankungen der Harnwege spricht. Es gehören diese Erkrankungen zu den Grenzgebieten der Gynäkologie und Urologie.

Wenn wir die Menstruation als einen physiologischen Vorgang ansehen, so sehen wir bei ihr eine außerordentliche Blutfülle der Harnorgane. Besonders aber sind es die Gravidität und Geburt, zu welch letzterer noch mannigfache Geburtstraumen hinzukommen, ferner die hormonale Beeinflussung der Ureteren in der Gravidität, die bei der so unerhört häufigen Anwesenheit von Infektionen in den ableitenden Harnwegen, die besondere Bevorzugung der Frau für zystische und pyelitische Veränderungen plausibel machen. Sind schon bei normalen Vorgängen besondere Neigungen vorhanden, so kommt noch die Kürze der weiblichen Harnröhre, ihr oft mangelhaft funktionierender Muskelverschluß gegen die Blase, ihr förmliches Eintauchen in die Vagina, die praktisch nie von Infektionskeimen frei ist, die innige Verbindung der Blase mit dem Uterus und seinen Adnexen, das Anastomosieren der Lymphsysteme beider Trakte, die für die Frau so häufige und charakteristische Obstipation als Ausgangspunkt bakterieller Infektionen des Harntraktes hinzu.

Schon das früheste Säuglingsalter zeigt eine besondere Bevorzugung des weiblichen Geschlechtes für infektiöse Erkrankungen, indem statistisch nachgewiesen ist, daß nur 5 bis 25% der Säuglingspyelitiden auf das männliche Geschlecht entfallen. Und so sehen wir dann weiter im ganzen Verlaufe des Lebens bis zum höchsten Greisenalter Entzündungen verschiedener Natur, sowohl leichten als auch schwersten Grades, bei der Frau in einer Häufigkeit auftreten, wie sie beim Manne nicht nachweisbar sind. Gewisse Formen der Entzündung sind beim Manne selten oder gar nicht anzutreffen, so die postoperative und puerperale Cystitis, die Deflorationscystitis und -pyelitis, die Graviditätspyelitis, das Ulcus simplex, das Ulcus incrustatum, die Leuko- oder Melakoplacie.

Der Infektionsweg zeigt die innigen Wechselbeziehungen zwischen Harn- und Genitaltrakt der Frau. Die meisten Infektionen entstehen auf aszendierendem Wege. Stoeckel meint sogar, daß die Cystitis — er glaubt dies aber auch für die Pyelitis — fast ausnahmslos aufsteigend zustande kommt. Für die Cystitiden mag dies wohl zutreffen, doch kann man dies für die Pyelitis nicht restlos annehmen. Es gibt eine ganz bedeutende Zahl von Fällen, bei denen auf dem Lymph- und Blutwege die Infektion in die Harnwege verschleppt wird. Nennen wir nur die häufigsten der auf dem Blutwege zustande gekommenen Infektionen des Harntraktes, so kommen hier die Angina, die Fokalinfektion, die Grippe mit all ihren Nachkrankheiten, die Otitiden, die Darmkatarrhe, die Gallenblasenerkrankungen und die Furunkulose in Betracht, abgesehen von der großen Zahl der sonstigen infektiösen Prozesse im Organismus. Der Streit, welcher der Infektionswege der häufigste ist, ist — obwohl er schon viele Jahrzehnte zur Diskussion steht — bis heute noch nicht entschieden. Die Art der Infektion gibt nur einen gewissen Anhaltspunkt für den Weg.

Ueber 80% der Infektionen des weiblichen Harntraktes sind Infektionen mit Colibakterien, in allen ihren Abarten, bei denen nachweislich der aszendierende Weg der Infektion der häufigste ist. Vielfache Untersuchungen ergeben, daß auch Strepto- und Staphylokokken, Proteus, Faecalis alcaligenes sowie verschiedene andere Bakterien in einer großen Zahl von Fällen ebenfalls den aszendierenden Weg wählen. Ein Teil der Strepto- und Staphylokokkeninfektionen sowie die Tuberkulose entstehen auf dem Blutwege. Bei den Colibakterien kommt auf dem Lymphwege in erster Linie der Uebertritt aus dem Darmtrakt in Frage. Ihr Nachweis im Blut gelingt selten und schwer. Durch direktes Uebergreifen verschiedener entzündlicher Prozesse des weiblichen Genitaltraktes auf den Harntrakt kommt der direkte Infektionsweg in Frage, so an der Blase bei Adnex- und Uteruserkrankungen, bei der Perforation von Abszessen in die Blase, von denen aber auch der Ureter und in weiterem Fortschreiten die Niere ergriffen werden kann, die Entzündungen der Vagina, an denen die Urethra und Blase so oft mitbeteiligt sind.

Die großen und kleinen Labien, die das Genitale nach außen abschließen, bedingen es, daß teils durch Smegmabildung, teils durch Verteilung des Vaginalsekretes die äußere Oeffnung der Harnröhre von Infektionskeimen umspült ist. Dazu kommt noch das Trauma, das sowohl beim Koitus, bei der Masturbation, bei der Operation als auch besonders bei der Geburt die Harnröhre so häufig trifft. Es darf uns daher nicht wundernehmen, wenn wir so oft Erkrankungen der weiblichen Harnröhre und von hier aus übergreifend Erkrankungen der Blase feststellen können, um so mehr wir auf Grund eingehender Untersuchungen wissen, daß die weibliche Harnröhre fast immer Bakterien beherbergt. Die meisten Infektionen der Harnröhre sind jedoch nicht schwerwiegender Natur und heilen rasch und leicht aus. Eine Ausnahme hiervon macht die gonorrhoische Infektion, die sich lange in der Harnröhre halten kann. Faltenbildung, Taschen, paraurethrale Gänge, divertikelartige Ausbuchtungen sind vielfach die Ursache für die Persistenz der Infektion. Periurethrale Infiltrate mit Abszeßbildung oder lange Zeit chronisch verlaufende Entzündungen der Harnröhre geben vielfach die Ursache dafür ab, daß nach scheinbarer Abheilung der Gonorrhoe die Frau noch lange ansteckungsfähig ist. Es müssen daher sorgfältig wiederholte Untersuchungen, nicht selten mit dem Endoskop, vorgenommen werden, um die Infektion restlos zu beseitigen.

In diesem Zusammenhange möchte ich darauf hinweisen, daß die Untersuchung des Harnes bei der Frau stets mit dem Katheter erfolgen muß, und zwar nach vorheriger Reinigung der Harnröhrenmündung vom Sekret, weil die Sekretbeimischung aus der Scheide und dem Vestibulum vaginae falsche Urteile über die Beimengung von Infektionskeimen zum Harn abgeben kann. Es soll hier auf einige wichtige Punkte zu diesem Eingriff hingewiesen werden.

Der Katheterismus ist bei der Frau außerordentlich häufig notwendig. Ziehen wir bloß in Betracht, daß vor jeder Geburt die Blase meist mit dem Katheter entleert werden muß, daß das Instrument zu diagnostischen Zwekken und zur Blasenbehandlung eingeführt wird, so ergibt sich schon daraus, daß dieser Eingriff — der so unwesentlich und harmlos erscheint — nicht bagatellisiert werden darf. Grundbedingung ist, daß er unter allen Umständen steril und möglichst schonend, also vorsichtig durchgeführt wird. Wenn trotz Berücksichtigung dieser Maßnahmen eine nicht geringe Zahl von Fällen durch den Katheterismus infiziert wird, so liegt das darin, daß saprophytisch in der Harnröhre und Blase lebende Keime bei Traumatisierung dieser Organe, durch die bei der weiblichen Blase oft stark wechselnde Blutfülle der Genitalorgane — ich nenne hier bloß die Ischämie bei der Geburt — pathogen werden und eine Entzündung erzeugen. Es ist daher der Katheterismus, besonders bei Schwangeren, bei denen sich die Harnröhre von ihrer normalen Länge von $3^1/_2$ cm bis zu 9 cm verlängern kann und in ihrem Verlaufe Windungen zeigt, besonders vorsichtig durchzuführen. Wie groß die Gefahr des Katheterismus bei der Frau ist, zeigt die Meinung von O l s h a u s e n, der sich mit dieser Frage ausführlich beschäftigt hat, und der sagt, daß fast alle Cystitiden ankatheterisiert werden. Ich verwerfe den Katheterismus mit dem Glaskatheter und verwende nur weiche Gummi- oder Metallkatheter, da ich mit dem Glaskatheter durch Absplitterung und Brüche nicht selten Verletzungen der Harnröhre und Blase gesehen habe.

Zu den entzündlichen Veränderungen der Harnröhre gehören auch die Strikturen beim Weibe. Außer den angeborenen Verengerungen der äußeren Harnröhrenmündung kommen noch Traumen der Harnröhre, besonders operativer Natur, aber auch nach einem einmaligen oder öfteren Katheterismus sowie bei entzündlichen Prozessen, speziell gonorrhoischer Natur, Verengerungen der Harnröhre vor, die auch höchste Grade erreichen können. Daß die Strikturen, wie dies beim Manne öfter vorkommt, undurchgängig werden, ereignet sich bei der Frau eigentlich selten. Jedenfalls müssen sie gedehnt werden, was mit Dittel-Stiften meist ohne besondere Schwierigkeit möglich ist. Zusammenfassend kann man sagen, daß man mit den entzündlichen Erkrankungen der weiblichen Harnröhre leichter und rascher fertig wird als beim Manne, und daß weniger Komplikationen auftreten.

Von den Entzündungen der Blase ist die einfache akute sowie hämorrhagische Cystitis als bei der Frau so häufige Erkrankung allgemein bekannt. Die Symptome, das sind der häufige Harndrang, geringere oder stärkere Sensationen beim Harnlassen, die falsche Untersuchung des spontan gelassenen Harnes, ergeben zahlreiche Fehldiagnosen, an denen die Frauen nicht selten monatelang, auch schwerstens, leiden. Bei der Frau bestehen sehr häufig dysurische Beschwerden, die mit entzündlichen Veränderungen der Blasenschleimhaut nichts zu tun haben. Wenn in diesen Fällen die Behandlung mit harntreibenden Tees und mit Medikamenten die gesunde Schleimhaut stärker irritiert, wie dies durch das Formaldehyd bei allen Präparaten der Hexamethylengruppe der Fall ist, oder wenn der chemische Reiz der desinfizierenden Spülungen auf die durch nervöse oder andere Momente gereizten Schleimhäute einwirkt, dann wird der Zustand der quälenden Dysurie bei der Frau immer schlechter und die Kranken flüchten zum Spezialisten, der dann feststellt, daß es sich nicht um einen zystischen Prozeß handelt. Eine Blasenerkrankung als Cystitis zu behandeln, erfordert auch die genaue Erhebung der zu dieser Erkrankung gehörigen Befunde!

Die Diagnose einer Trigonitis wird oft mißbraucht. Eine viele Jahre lange Beobachtung zeigt, daß bei der Frau in einer außerordentlich großen Zahl der Fälle der Trigonum eine Rötung zeigt, ohne daß es sich dabei um eine Entzündung handelt. Diese Hyperämie des Trigonums besteht oft auch ohne jedweden Reiz oder Schmerz und ohne pathologischen Befund im Harn. Es zeigt sich, daß bei sachgemäßer und genügend lang dauernder Behandlung solch einer vermeintlichen Trigonitis diese Rötung nicht verschwindet.

Die verschiedenen Formen der Cystitis können erst durch spezialärztliche Untersuchungen mit dem Cystoskop diagnostiziert werden. Ich kann darauf hier nicht eingehen. Ich will hier nur auf jene eingangs erwähnten Blasenerkrankungen hinweisen, die beim Manne selten oder nicht vorkommen. Hierzu gehört die postoperative Cystitis, die sich im Anschluß an gynäkologische Operationen entwickelt, so daß die Frauenärzte mit ihr bei den Operationen rechnen. Einen spezifischen Befund ergeben diese Fälle von Blasenentzündungen nicht und sind auch in der Behandlung gegen die einfachen Cystitiden nur insofern different, als hier die Dauerkatheterbehandlung gute Resultate erzielt. Zur selben Gattung der Cystitiden gehört die puerperale Cystitis, die schwerste Grade erreichen kann und auf ischämische Zustände der Blase zurückzuführen ist.

Sowohl meine Erfahrungen wie die Mitteilungen des

Schrifttums ergeben, daß das Ulcus simplex und das Ulcus incrustatum überwiegend bei Frauen auftreten. Das Ulcus simplex, eine Zeitlang als Ulcus cystoscopicum bezeichnet, wurde als traumatisches Geschwür angesehen, ausgehend von Verbrennungen durch die heiße Cystoskoplampe. Es finden sich aber solche Geschwüre auch in Blasen, bei denen eine Cystoskopie nicht vorgenommen wurde. Nicht selten aus freien Stücken, in anderen Fällen kurze oder längere Zeit nach einer akuten, meist hämorrhagischen oder chronischen (tuberkulösen) Cystitis entstehend, findet man in der überwiegenden Zahl der Fälle am Blasenscheitel — diese Lage ist für das Ulcus simplex charakteristisch — entweder ein solitäres Geschwür oder mehrere Defekte, die unregelmäßig begrenzt, oft kaum 1 mm breit mit Fibrin belegt und von einem roten Hof umgeben sind. Die Geschwüre sind außerordentlich schmerzhaft, die Kapazität der Blase ist nicht selten stark eingeschränkt, der Urin häufig blutig oder mit kleinen Coagula vermischt. Ohne sich oberflächlich weiterzuverbreiten, entstehen nicht selten nach Abheilung an anderen Stellen ein oder mehrere Geschwüre, sie greifen auf die tieferen Schichten der Blase über und führen durch die raumbeengenden, besonders bei der Miktion schmerzhaften Zustände der Blase zu einem schweren Leiden. Charakteristisch für sie ist auch, daß sie lange Zeit jeder Behandlung trotzen und in einer großen Zahl von Fällen erst die Elektrokoagulation oder operative Exzision des Geschwüres Heilung bringt. In letzter Zeit hat man auch mit Salvarsan gute Erfolge erzielt. Es werden 3 bis 4 Neosalvarsaninjektionen (1 bis 2 zu 0·15 und 1 bis 2 zu 0·30) verabfolgt, die eine Besserung oder Heilung bewirken. Ich habe wesentliche Besserungen, auch Heilungen durch Instillation von Albucid, Cibazol und Neosalvarsan in die Blase gesehen.

Diesem Geschwüre ähnlich, manchmal aus dem Ulcus simplex entstehend, finden wir das Ulcus incrustatum. Soweit bisher Berichte vorliegen, entstehen diese nicht selten die ganze Blase einnehmenden schmerzhaften Veränderungen nach Läsionen der Blase bei Operationen, speziell nach der Geburt, aus uns bisher unbekannten Ursachen. Es handelt sich in erster Linie um ischämische Veränderungen der Blasenwand, die meiner Meinung nach auch die Schleimhaut betreffen müssen. Auf den Geschwürsflächen legen sich aus den Harnsalzen Inkrustationen an, die zu besonders stark gehäuften Schmerzen, Abgang von Blut und Sand sowie bröckeligen, leicht zerfallenden Steinen führen und nur durch Abschaben der Schleimhaut mit dem scharfen Löffel, dem Lithotriptor, oder durch operative Exzision zur Abheilung gebracht werden können. Es ist an diesen

Geschwüren noch vieles unklar, ich möchte mich hier auf Theorien nicht einlassen, sondern nur darauf hinweisen, damit Sie von diesen Krankheitsbildern Kenntnis besitzen.

Als besonders schwere Form, die bei der Frau während der Gravidität auftritt, gilt noch die Cystitis dissecans gangraenescens nach Stoeckel, die sich in der Gravidität bei der Retroflexio uteri incarcerati entwickeln kann. Infolge der Einklemmung der Gebärmutter im Becken kommt es zur Ueberdehnung der Blase und in weiterer Folge zur Nekrose der Blasenwand, die durch die Anämie bedingt ist und nicht selten zur Perforation und zum Exitus letalis führt.

Heilt eine Cystitis trotz sachgemäßer Behandlung nicht aus, so muß man annehmen, daß die Ursache außerhalb der Blase gelegen ist. Hier ist es am häufigsten die entzündliche Veränderung des Nierenbeckens und der Niere, die den Prozeß in der Blase aufrecht erhält, womit wir zur Besprechung der entzündlichen Veränderung des Nierenbeckens als deren häufigste Erkrankung kommen. Auch für diese Erkrankung gilt, daß sie beim Weibe wesentlich häufiger auftritt als beim Manne, und daß der aszendierende Weg, wie schon früher erwähnt, als der häufigste Infektionsmodus anzusehen ist. Die akute Pyelitis, beginnend mit Schüttelfrost und hohem Fieber, mit und ohne Nierenschmerzen, wird häufig als solche nicht diagnostiziert. Sie wird als Grippe, Angina, Pneumonie, Gastritis oder als sonst eine fiebernde Erkrankung behandelt. Wenn man viele Nieren operiert, sieht man an ihnen häufig Absumptionsherde, die auf abgelaufene entzündliche Prozesse hinweisen, wo die Anamnese keine Anhaltspunkte für eine Erkrankung der Nieren ergibt. Die Pyelitis ist nach allen bisherigen Erfahrungen und Untersuchungen in der überwiegenden Zahl der Fälle nicht bloß auf das Nierenbecken beschränkt, sondern es greift der Prozeß immer in schwächerem oder stärkerem Maße auf das Nierenparenchym über. Schon leichte Schwellungen der Nierenbeckenschleimhaut können bei Ureteren, die nicht trichterförmig vom Nierenbecken abgehen oder Knickungen zeigen, Stauungen hervorrufen, die bei Zunahme des Innendruckes des Pyelons zu Einrissen der Schleimhaut an den Fornices calicis führen, wodurch ein Uebertreten des Nierenbeckeninhaltes in die reichlichen, um das Nierenbecken gelagerten Venen und ins Nierengewebe sowie in die Nierenkanälchen stattfindet. Man nennt den Rückfluß durch die Nierencalices ins Blut den pyelovenösen Reflux. Die Resorption des bei dieser Gelegenheit ins Blut gepreßten infizierten Harnes trägt mit zu den Erscheinungen allgemeiner Natur und dem Erbrechen bei, das bei akuten Entzündungen des

Nierenparenchyms infektiöser Natur auftritt. Wie bei der Blase begünstigen Stauungen im Nierenbecken das Zustandekommen der Entzündung. Der Harn ist ein guter Nährboden für Bakterien, wenn er lange im Nierenbecken verweilt. Es bilden dann die Bakterien Nitrite, die wir mit der Nitritreaktion stets nachweisen können. Durch die Giftstoffe wird eine starke Reizung der Schleimhaut erzeugt. Wir sehen nach Beseitigung der Stauungen den entzündlichen Prozeß oft ohne Schwierigkeiten ausheilen.

Die Ablaufzeit der akuten und subakuten Pyelitis dauert für gewöhnlich 1 bis 2 Wochen. Sind tiefgreifende Prozesse in der Niere entstanden, wie eine Pyelonephritis, oder sind Stauungen vorhanden, wird sich die Heilung verzögern und 3 bis 4 Wochen dauern. Bleibt der Harn länger infiziert und enthält er Leukozyten in größerer Menge, so muß der Sache nachgegangen werden, ob nicht ein Stein, eine Tuberkulose oder ein anderer schwerer eitrig-entzündlicher Prozeß in der Niere besteht. Im akuten Stadium der Nierenvereiterung ist das Fieber sehr hoch, sinkt aber in vielen Fällen auch schwerster Vereiterung bald ab, so daß man nicht selten auch bei reichlichem Eiterabgang aus der Niere wie bei den Pyonephrosen keine oder keine wesentliche Temperatursteigerung beobachtet. Diese Vorgänge, spielen sich beim Manne und der Frau im selben Sinne ab, in den Geschlechtern ist hierbei kein wesentlicher Unterschied, bloß in der Häufigkeit ist die Frau stark bevorzugt.

Einer besonderen Besprechung bedarf die Graviditätspyelitis, die 1841 von Rayer zuerst besprochen wurde. Sie ist nicht als eine einfache Nierenbeckenentzündung aufzufassen, sondern ist eine hormonal (Corpus luteum-Hormon) bedingte Schwangerschaftstoxikose. Manche Punkte sind in diesem Krankheitsbilde noch nicht geklärt. Mehrfach tritt dieses Leiden schon im zweiten und dritten Schwangerschaftsmonat auf, zu einer Zeit, zu der der Uterus noch nicht so groß ist, daß er einen Druck auf den Ureter ausüben würde. Für gewöhnlich beobachtet man das Auftreten der Graviditätspyelitis wohl erst vom fünften Monat an. Es betrifft die Uretererweiterung nicht immer den ganzen Ureter, sondern reicht meist nur bis zum Promontorium, von der Niere aus gesehen. Man findet diese Erweiterung oder Weitstellung des Ureters nicht nur bei infizierten, sondern auch bei keimfreien Nieren. Die Infektion kommt entweder aus einem alten, oft noch aus der Säuglingszeit stammenden Prozeß auf dem aszendierenden Wege, durch Uebertritt von Bakterien aus dem Darm in die Niere oder auf dem Blutwege zustande. In nicht seltenen Fällen kommt es schleichend zur Vereiterung der Niere, zur Pyelonephritis oder Pyonephrose. Der Verlauf ist ein sehr wechselnder. In einzelnen Fällen genügt zur Behebung des Zustandes eine diätetische und perorale Behandlung oder Lagerung der Kranken auf die linke Seite, meistens betrifft die Erkrankung vornehmlich die rechte Niere, in anderen Fällen wirken Harndesinfektionsmittel in Injektionen ausgezeichnet, wieder in anderen Fällen muß eine ein- oder mehrmalige Ureterensondierung und Nierenbeckenspülung vorgenommen werden, besonders wenn Allgemeinstörungen hinzukommen. Vollkommene Unverträglichkeit der Nahrung, Schüttelfröste, hochgradige Abmagerung, Anstieg des Reststickstoffes, Zylindrurie, Hämaturie, eventuell unstillbares Erbrechen zwingen zur künstlichen Unterbrechung der Gravidität, die unbedingt einzuleiten ist, wenn schwere Leberschädigungen sich zeigen. Durch die Toxinwirkungen kann das Kind im Leibe der Mutter Schaden leiden, ja absterben. Es kann also die sonst meist harmlose Pyelitis, wenn sie als Graviditätspyelitis auftritt, eine schwere Gefahr für Mutter und Kind darstellen. Einen so schweren Fall, der nach monatelanger Beobachtung und Behandlung zum Schlusse doch zur Unterbrechung der Schwangerschaft durch Sectio caesarae führte, hatte ich vor Jahresfrist mit Herrn Amreich zu beobachten Gelegenheit.

Die Tuberkulose des Harnfraktes ist ebenso häufig bei der Frau wie beim Manne und unterscheidet sich in ihrem Verlauf und der Behandlung nicht. An eine Nierentuberkulose soll man stets denken, wenn ein länger dauernder Blasenprozeß nicht beeinflußbar ist, auf gewöhnliche Behandlung nicht nur nicht anspricht, sondern sich verschlechtert und die lokale Behandlung schmerzhaft ist. Die Diagnose kann aus dem Bazillenbefund des Harnes, dem zystoskopischen Befunde, der Pyelographie, der Harnkultur oder dem Tierversuch in den meisten Fällen ohne besondere Schwierigkeiten gestellt werden. Für die Behandlung der einseitigen Nierentuberkulose kommt nur die Nephrektomie in Betracht, bei Beiderseitigkeit des Prozesses kann nur eine konservative Behandlung — meist ohne Effekt — angewendet werden. Die Blasentuberkulose heilt nach Entfernung der kranken Niere ohne besondere Behandlung aus. In der rechtzeitigen Erkenntnis und Behandlung der Tuberkulose des Harntraktes bei der Frau werden leider noch sehr viele Fehler gemacht.

Zu den entzündlichen Erkrankungen des Harntraktes der Frau gehören auch die Fisteln, die bei Männern nicht oder selten vorkommen. Teils durch Drucknekrose in der Schwangerschaft, besonders bei der Geburt durch Abquetschung des Blasenhalses, teils durch Traumen bei Operationen am Genitaltrakt, werden an der Urethra, Blase und den Ureteren Schädigungen hervorgerufen, die zu Kommunikationen der verschiedenen Organe führen. Dementsprechend sind auch die Fisteln mannigfaltig. So gibt es Scheidenharnröhren-, Blasenscheidenfisteln, bei Douglasabszessen Blasenperitonealfisteln, die Zervixscheidenfisteln, sowie die Ureterscheidenfisteln als die häufigsten Formen, In seltenen Fällen kann man mit konservativen Methoden eine Heilung erreichen, meist müssen sie operiert werden, wobei sehr häufig mehrere Operationen notwendig sind. Die Ureterscheidenfisteln führen nicht selten zum Verlust der Niere.

Die Behandlung der Entzündungen der ableitenden Harnwege will ich, insofern sie nicht schon bei den verschiedenen Erkrankungen besprochen wurde, zusammenfassen. Sie teilt sich in die physikalische, diätetische, medikamentöse, lokale, instrumentelle und operative Therapie.

Die Wärme, wie sie bei allen entzündlichen Prozessen des Körpers angewendet wird, wird auch hier in Form der warmen Umschläge, des Thermophors, der Sitz- und Vollbäder meist sehr gute Dienste leisten. Ebenso können Wärmebestrahlungen mit Sollux, Profundus, Vitalux und Rotlicht verwendet werden. Wenn die Wärmesteigerung Schmerzen erzeugt, muß sie unterlassen werden. Diathermie und Kurzwellen finden bei diesen Erkrankungen ebenfalls häufig Anwendung.

Die diätetischen Maßnahmen beschränken sich entweder auf die Verabfolgung einer reizlosen Kost, wobei man in den jetzigen Kriegsverhältnissen die Einhaltung einer gewissen Diät in sehr vielen Fällen schwer oder gar nicht durchführen kann, oder man verabfolgt die sogenannte Schaukeldiät, die in drei- bis fünftägigem Wechsel einer alkalischen gegen eine saure Kost besteht. Persönlich habe ich hiervon nicht viel Erfolg gesehen.

Mannigfaltig ist die medikamentöse Behandlung dieser entzündlichen Erkrankungen. Die verschiedenen, teils in der Pharmakopoe aufscheinenden Tees und Pflanzenextrakte sowie die homöopathischen Mittel und von den Dürrkräutlern hergestellten Teemischungen, wirken in erster Linie diuretisch, also durch Verdünnung des Harnes. Die Desinfektionskraft ist bei den meisten dieser Mittel gering. Sie sind in der Therapie beim Volke tief eingewurzelt und können nicht entbehrt werden. Die große Reihe der Hexamethylenpräparate, in den meisten Fällen als Spezialität mit den nötigen Anweisungen versehen, wirken außerordentlich günstig, besonders in akuten Fällen. In chronischen Fällen ist ihre Wirksamkeit nur sehr selten eindeutig. Es würde zu weit führen, sie alle mit dem Namen anzuführen, teils richtet man sich nach der Reaktion des Harnes, teils handelt man nach persönlichen Erfahrungen, die man mit den einzelnen Medikamenten gemacht hat. Als zweite Gruppe möchte ich die Farbstoffe nennen, sowohl die gelben, roten als auch die blauen, die wir auch bei anderen Erkrankungen des menschlichen Körpers mit gutem Erfolg anwenden. Es gehören hierher als die häufigsten das Neotropin, das Pyridium, das Prontosil, sowie das Methylenblau und das Indigokarmin. Für den Kranken wirken sie augenfällig. Eine weitere Gruppe bilden die Mandelsäurepräparate. Die gangbarsten von ihnen sind das Mandelat, das Manzitrop, das Eggopurin. Eine ausführliche Besprechung kann hier nicht vorgenommen werden, ihre Wirkung erstreckt sich in erster Linie auf die Coliinfektionen. Der quälende Durst und die strengen Diätvorschriften für diese Medikamente belästigen den Patienten oft stark, ihre Verabfolgung in Injektionen läßt sich leichter durchführen.

In der Chemotherapie spielt die große Reihe der Sulfonamidpräparate eine große Rolle. Uliron-, Neo-Uliron, Albucid, Eubasin, Cibazol, Eleudron sind Ihnen allen bekannt. Zweifellos kann man sowohl bei den großen Dosen als auch in protrahierter Verabfolgung kleiner Dosen (dreimal täglich eine Tablette) oft schlagartige Heilung erzielen. Die Wirkung als Sterilisatio magna ist aber auch mit diesen Präparaten nicht zu erreichen. Jedenfalls haben wir in diesen Mitteln die heute wirksamsten Medikamente in der Hand. Mir haben sich die Kombinationen dieser Präparate mit denen der Hexamethylengruppe, besonders bei den schweren Infektionen, ausgezeichnet bewährt, und zwar in der Form, daß die einen peroral, die anderen in Injektionen und Suppositorien verabfolgt werden. Auch die Sulfonamidpräparate sind in Suppositorien und Klysmen verwendbar.

Die lokale und instrumentelle Behandlung wird in erster Linie in Form von Spülungen und Instillationen in die Harnröhre, Blase und das Nierenbecken durchgeführt. Es ist auffallend, wie gut manche Prozesse auf diese Behandlung reagieren. Oft wochen- und monatelang unbeeinflußbare Entzündungen können durch 1 bis 2 instrumentelle Behandlungen geheilt werden. Hier ist meiner Ansicht nach nicht so sehr die chemische Desinfektionskraft des Spülmittels maßgebend — ausgenommen die gute, aber nicht selten schmerzhafte Spülung mit den Silbersalzen —, sondern die Beseitigung der Retention (Nierenbecken) und die mechanische Reinigung. Die Instillation von Silberpräparaten, wie Agoleum, Metem, Agidal, Argolaval, wirken durch langes Verweilen, sowie ihre kolloidale Zusammensetzung außerordentlich günstig. Ebenso habe ich gute Erfolge mit Oeleinspritzungen, wie gewöhnliches Tafelöl, Metuvitöl, Gomenolöl, in letzterer Zeit, wie schon erwähnt, mit den Sulfonamiden Albucid und Cibazol gesehen. Bei tuberkulösen Blasenentzündungen wirken die von mir angegebenen Spülungen mit einer 3- bis 5%igen Natrium bicarbonicum-Lösung sehr beruhigend auf die Blase.

Operative Eingriffe kommen nur für schwere entzündliche Vorgänge in Frage, in denen die konservative Therapie nicht zum Ziele führt, oder in denen Stauungen dauernd beseitigt werden müssen, oder aber die Entzündungen zu destruktiven Prozessen in den betroffenen Organen geführt haben. Im großen und ganzen kann man sagen, daß die entzündlichen Vorgänge bei richtiger Erkenntnis therapeutisch gut beeinflußbar und in ihrer schädlichen Wirkung meist zu beherrschen sind.

Die Hygiene der Frau, vom Säuglingsalter beginnend, besonders aber zur Zeit der Geschlechtsreife, wird viele dieser Entzündungen der ableitenden Harnwege vermeiden lassen, besonders aber sollen Vorgänge in der Scheide und der Harnröhre in erster Linie das Augenmerk des praktischen Arztes auf sich lenken. Die erhöhte Gefahr für entzündliche Prozesse der ableitenden Harnwege bei der Frau besteht sicherlich in erster Linie in der Gestation.

Mutter und Kind in der Gesundheitsfürsorge

Von

Professor Dr. **M. Gundel**

Wien

Vor etwa vier Jahrzehnten war maßgebend für die Aufnahme eines planmäßigen Kampfes gegen die damals außerordentlich hohe Säuglingssterblichkeit die Erkenntnis, daß sie im wesentlichen auf vermeidbare Ursachen zurückzuführen sei. Da man in der hohen Säuglingssterblichkeit fast allgemein eine Ausleseerscheinung erblickte, wird die bis dahin zu beobachtende fast tatenlose Haltung gegenüber diesem bevölkerungspolitisch verhängnisvollen Geschehen verständlich. Das Aufblühen der Hygiene und der Kinderheilkunde als Lehr- und Forschungsfächer der wissenschaftlichen Medizin sorgte dafür, daß mehr und mehr die Erkenntnis wuchs, daß den dieser Sterblichkeit zugrunde liegenden Ursachen sowohl lebenskräftiges und widerstandsfähiges als auch lebensschwaches und widerstandsunfähiges Leben zum Opfer fiel, und daß in einem hohen Prozentsatz Fehler der Ernährung und der Pflege von ursächlicher Bedeutung waren. Erinnern wir uns doch nur, daß die ersten einwandfreien Statistiken schon bald die Uebersterblichkeit der Flaschenkinder gegenüber den Brustkindern mit einem Sterblichkeitsverhältnis von 5 : 1 bewiesen, daß die Höhe des Säuglingssterbens um so größer war, je ungünstiger sich die Lebenshaltung der Familie darstellte, daß mangelhafte persönliche Pflege und Hygiene in der Familie, schlechte Wohnungsverhältnisse, gesundheitlich ungünstige Umgebungsbedingungen, die besonders hohe Sterblichkeit unehelicher Säuglinge usw. sehr schnell als weitere statistisch nachweisbare Ursachen für die hohe Sterblichkeit der Säuglinge nachgewiesen werden konnten.

So ist es verständlich, daß die ersten in den Abwehrkampf eingesetzten Bekämpfungsmaßnahmen einen ausgesprochen sozialen Einschlag aufwiesen. Diese sozialhygienischen Maßnahmen bestanden einerseits in der Mutterberatung und anderseits vorwiegend in wirtschaftlichen Hilfen. Es begann der Aufbau der Mutterberatungsstellen und der Säuglingsfürsorgestellen, in denen in Form kinderärztlicher Sprechstunden die Säuglinge ärztlich untersucht und registriert wurden, in denen die Mütter Weisungen für die Ernährung und Pflege der Kinder erhielten, und — von diesen Stellen ausgehend — durch Fürsorgerinnen mittels Hausbesuche die weitere Entwicklung überwacht und das häusliche Milieu geprüft wurde.

Diese Gesundheitsfürsorge für das heranwachsende Kind wurde von zahlreichen Organisationen getragen und es war — abgesehen von nur verhältnismäßig wenigen vorbildlichen Regelungen in einigen Gemeindeverwaltungsbezirken vorwiegend Westdeutschlands — in vielen Landesteilen Großdeutschlands bis zu den Jahren 1933 bzw. 1938 in der Ostmark ein Nebeneinander und oft ein Gegeneinander in dem Einsatz der verschiedensten Institutionen zur Fürsorge für die Mutter und das Kind. Ich möchte, um kurz die unglücklichen Verhältnisse auf diesem Gebiet in unsere Erinnerung zurückzurufen, nur an die Gesundheitsfürsorge, beispielsweise in einer Millionenstadt wie Wien, erinnern und hierbei betonen, daß auf dem Lande die Verhältnisse noch viel ungünstiger lagen. Vor dem Umbruch lag die Gesundheitsfürsorge Wiens teils in der Hand der Gemeinde, teils wurde die Arbeit durch private Organisationen geleistet. Während auf einzelnen Teilgebieten vorbildliche Arbeit geschafft wurde, war es auf anderen Arbeitsgebieten um so unglücklicher bestellt. Der Gesundheitsfürsorge standen im wesentlichen nur vielfach mangelhaft eingerichtete Schwangeren- und Mutterberatungsstellen zur Verfügung, die damals in Wien von acht verschiedenen Organisationen unterhalten wurden. Diese Organisationen erfaßten ganz verschiedene Bevölkerungsgruppen. Die Mitglieder der Arbeiterkrankenkasse mußten beispielsweise ihre Kinder in den neun vorhandenen Beratungsstellen betreuen lassen, die Gemeinde Wien kümmerte sich im wesentlichen um die Mündel und die Pflegekinder der Stadt, in den Beratungsstellen des Vereines Volkspatenschaft wurde der Mittelstand erfaßt usw. So wurden dieselben Kinder bald der einen, bald der anderen Beratung zugeführt, wobei in manchen Gruppen durch die Ausgabe von Nähr- und Pflegemitteln die Arbeit auch zu politischer Propaganda verwertet wurde. So standen im Jahre 1937 10.000 Neugeborenen nicht weniger als 16.000 Neuaufnahmen von Säuglingen in den Beratungsstellen gegenüber, und trotzdem war es eigentlich dem Zufall überlassen, ob nun ein Kind betreut wurde oder nicht. Die Erfassung der Neugeborenen war völlig unzulänglich, von einer im heutigen Sinne notwendig erscheinenden gesundheitsfürsorgerischen Arbeit konnte keine Rede sein. Ja, das Nebeneinander der verschiedensten mit den gleichen Aufgaben betrauten Organisationen führte bei dem fehlenden Kontakt und dem wachsenden Geburtenschwund zu Konkurrenzierungen, die zu dem wohl allgemein bekannten traurigen Resultat führten, daß bei ein und demselben Kind verschiedene Fürsorgeeinrichtungen zum Einsatz gelangten und verschiedene Fürsorgerinnen auch Nachschau hielten.

Es war selbstverständlich, daß ein völliger Neuaufbau der gesundheitsfürsorgerischen Arbeit im Staat, in Stadt und Land unbedingt vonnöten war. Unser Reich und unsere Staatsführung haben nun dem Begriff von „Mutter und Kind" eine völlig andere Bedeutung gegeben als in früheren Zeiten. Es wird immer mehr Allgemeingut aller Bevölkerungskreise, in dem Begriff „Mutter und Kind" und in ihrem Verhältnis zueinander weniger ein rechtliches, denn ein biologisches Verhältnis zu erblicken. Sie sind für den Staat, der das Leben seines Volkes sichern will, die „Leistungskerne" seiner Macht, und er hat die Verpflichtung, für ihre Betreuung alles zu tun, was ihm möglich ist. Es ist also mehr als die frühere sogenannte Menschenpflicht, als man einen Bedürftigen durch eine zudem oft nur kärgliche Unterstützung sattzumachen versuchte. Für uns sind „Mutter und Kind" die lebendigste Gemeinschaftsidee des Volkes und des Staates, und allein von diesem Gesichtswinkel aus dürfen die staatlichen Pflichten um Mutter und Kind gezeichnet werden. Ganz eindeutig in diesem Sinne werden erst verständlich die seit dem Jahre 1933 erlassenen Gesetze und Verordnungen über die Gesundheitsbetreuung des deutschen Volkes, von denen ich nur erwähnen möchte: das Gesetz zur Verhütung erbkranken Nachwuchses, das Gesetz zur Vereinheitlichung des Gesundheitswesens, die Reichsärzteordnung, das Gesetz zur Ordnung der Krankenpflege, die Reichsverordnung über die Seuchenbekämpfung und das im Jahre 1938 erlassene Hebammengesetz, das wohl zum erstenmal in der Kulturwelt die volkspolitische Bedeutung des Schutzes von Mutter und Kind zum Ausdruck bringt. Lassen die gesetzlichen Maßnahmen die derzeitigen und künftigen Entwicklungen erkennen, so dürfen in diesem Zusammenhang aber keineswegs alle jene Einrichtungen unerwähnt bleiben, die direkt oder indirekt eindrucksvoll aufzeigen, daß ein völlig anderer und neuer Geist in die gesundheitliche Betreuung der Menschen unseres Staates eingezogen ist. Man denke nur an die Führung und die Art der Einrichtungen der gesundheitsfürsorgerischen Beratungsstellen für werdende Mütter, Säuglinge und Kleinkinder, an den Aufbau der staatlichen Gesundheitsämter, an die so überaus zahlreichen und schon heute wertvollste Dienste leistenden Hilfsstellen des Hilfswerkes „Mutter und Kind" der NSV, an die Arbeit der NS-Frauenschaft auf dem umfangreichen und wichtigen Gebiet der Mütterschulung und man denke an die Erlässe der letzten Zeit über die enge Zusammenarbeit der Gesundheitsämter und der NSV zum Besten von Mutter und Kind. Ausdrückliche Erwähnung verdienen in diesem Zusammenhang ganz besonders auch die Mütterheime und Müttererholungsheime der NSV, die Kindertagesstätten mit ihren Kindergärten, Krippen und Horten, die Säuglings- und Kinderheime sowie die Kindererholungsheime. Alle diese kurz erwähnten gesetzlichen Bestimmungen und Einrichtungen würden aber nicht ausreichen, jene Ziele, die sich die Regierung für die gesundheitliche Betreuung der Mütter und Kinder gesetzt hat, zu erreichen, wenn nicht gleichzeitig auch eine geistige Umstellung des gesamten Volkes in dem Sinne erreicht wird, in dem Schutz und der Erhaltung der Gesundheit eines jeden Menschen den besonderen Reichtum des Staates selbst zu erblicken. Auch hier ist im Rahmen unserer Ausführungen besonders der Mütterschulung zu gedenken, die bereits im Schulunterricht ihren Anfang nimmt, die sich im Pflichtjahr für die weibliche Jugend und die sich im Arbeitsdienst fortsetzt und die im Reichsmütterdienst ihren Abschluß findet. In diesem Zusammenhang sei ausdrücklich noch einer der letzten Verfügungen des Reichsjugendführers gedacht, der der Gesundheitsführung einen ganz neuen Weg aufzeigte, indem er auf jeden jungen Volksgenossen persönlich einzuwirken bemüht ist, um ihn zum Mitarbeiter im Kampf um die Volksgesundheit zu gewinnen.

Haben wir in unseren bisherigen Betrachtungen die Einheit von Mutter und Kind in der gesundheitsfürsorgerischen Arbeit darzustellen versucht, dann soll auch in der nachfolgenden Betrachtung der gesundheitsfürsorgerischen Arbeit die Fürsorge für werdende Mütter, Säuglinge und Kleinkinder, soweit wie möglich, einheitlich besprochen werden.

Die Fürsorge für werdende Mütter scheint in allen Teilen Großdeutschlands noch eines erheblichen Ausbaues bedürftig. Die unzureichende Inanspruchnahme der Beratungsstellen scheint zum Teil in Hemmungen, die bei den Frauen selbst liegen, begründet zu sein, zum Teil aber auch in einer starken Ueberlastung der Gesundheitsämter und insbesondere auch der Volkspflegerinnen. Entsprechend einer reichsgesetzlichen Regelung sollen jetzt erfreulicherweise in großem Umfange die frei praktizierenden Hebammen zur Arbeit in den Beratungsstellen für werdende Mütter herangezogen werden. Diese Maßnahme ist sicherlich zu begrüßen, da sich dadurch vor allem in Großstädten auch eine wünschenswerte Verschiebung von den Anstalts- zu den Hausentbindungen ergeben wird. In einigen Großstädten, besonders auch in Wien, ist diese Entwicklung notwendig, da sich eine wachsende Zahl von Frauen, die der Entbindung entgegensehen, immer mehr angewöhnt haben, sich auf die Hilfe der Allgemeinheit zu verlassen, obschon sie selbst in der Lage wären, die notwendigen Vorbereitungen aus eigenem zu schaffen. Hier hat gerade auch die Arbeit der Beratungsstellen einzusetzen, deren Arbeit durch Angehörige der NS-Frauenschaft und NSV unterstützt wird. Die hohe Bedeutung der in diesen Beratungsstellen geleisteten Arbeit zeigt auf dem Gebiete der Prophylaxe die Aufzählung der Arbeitsgebiete genügend auf, denken wir doch nur an die Tuberkulosebekämpfung in der Schwangerschaft, an die Luesbekämpfung und Prophylaxe und an die Eklampsieverhütung. Die Mitarbeit des praktischen Arztes und des Facharztes ist auf diesem Gebiete nicht zu entbehren, doch dürfen wir ausdrücklich darauf hinweisen, daß, wenn der eine oder andere Arzt in seiner Sprechstunde nicht die notwendige Zeit findet, um sich für die gesundheitsfürsorgerischen Belange genügend einzusetzen, er doch seine Patienten dann in die Beratungsstellen schicken möge, damit dort kostenlos die notwendigen Untersuchungen und Kontrollen durchgeführt werden. Es ist selbstverständlich, daß neben der gesundheitlichen Beratung diese Einrichtungen zur Untersuchung und Beratung für werdende Mütter ausdrücklich auch dazu berufen sind, in Fällen sozialer Hilfsbedürftigkeit den Frauen die notwendigen Beihilfen zu verschaffen oder ihre rechtzeitige Ueberweisung in ein Heim für werdende Mütter zu veranlassen. Es ist eine unserer wichtigsten Aufgaben, dafür Sorge zu tragen, daß die Frau während der Zeit ihrer Schwangerschaft möglichst frei von Sorgen und schweren Arbeiten ist. Gerade in der Ostmark ist bekannt, wie außerordentlich hoch die Zahl der Frühgeburtentodesfälle ist. Aber auch in diesen Kriegsjahren hat sich das Frühgeburtenproblem verschärft, da nicht nur die Zahl der Frühgeburten entsprechend der Geburtenhäufigkeit gestiegen ist, vielmehr heute nicht mehr 5%, sondern sich mit 8·5% aller Geburten dem Reichsdurchschnitt nähert. Die Frühgeburtensterblichkeit beträgt nicht mehr wie früher ein Drittel, sondern etwa die Hälfte aller Säuglingstodesfälle, und die Bekämpfung der Säuglingssterblichkeit ist schon heute praktisch gleichbedeutend mit der Bekämpfung der Frühgeburtlichkeit. Wir alle wissen, wie schwierig in der heutigen Zeit der Beanspruchung aller Arbeitskräfte unsere Arbeit gerade auf diesem Gebiet ist. Die rechtzeitige Beurlaubung der Frau von der Arbeit, die Beistellung von Haushaltshilfen und andere Maßnahmen stoßen oft auf fast unüberwindliche Schwierigkeiten, und trotzdem dürfen wir den Mut nicht sinken lassen und müssen weiterhin bestrebt bleiben, daß alle auf diesem Gebiet zum Einsatz gelangenden Organisationen mit möglichst großem Erfolg zusammenarbeiten. Die NS-Frauenschaft vermag für die stundenweise Beistellung von Wochenbetthilfen, die NSV durch Entsendung von Haushaltshilfen, die Gemeindeverwaltungen durch wirtschaftliche Beihilfen, durch die Zurverfügungstellung von Entbindungskörben usw. wertvolle Hilfen gerade jenen Frauen zu bringen, die im Arbeitsprozeß stehen und deren Männer womöglich noch draußen an der Front sind.

Die Schwierigkeiten der fürsorgerischen Erfassung der werdenden Mütter sind also trotz aller Bemühungen immer noch nicht überwunden, Schwierigkeiten, die es im wesentlichen bei der gesundheitlichen Betreuung der Säuglinge nicht mehr gibt. Der Erfassung der Säuglinge z. B. Wiens dient die im Hauptgesundheitsamt geführte Säuglingskartei, in der seit dem 1. Juli 1939 alle Geburtsmeldungen verkartet werden. Diese Kartei enthält nicht nur geburtshilfliche Angaben, sondern gibt auch über die angeborenen Mißbildungen und über die Erkrankungen der ersten Lebenstage der in den Anstalten geborenen Kinder Aufschluß. Die Mutterberatungsstellen erhalten auf Grund dieser Kartei eigene Blätter zugesandt, die die Grundlagen für die Erfassung durch die offene Fürsorge darstellen. Diese Mutterberatungskarte begleitet nun das Kind durch das erste Lebensjahr, nach dessen Abschluß ihr die Kleinkinderkarte angeschlossen wird, die für die Eintragungen bis zum 6. Lebensjahr genügt, wonach beide Karten zusammen die Grundlage für das Stammblatt der Schulfürsorge abgeben. Bei einer Uebersiedlung des Kindes wird die Karte an die dann zuständige Mutterberatungsstelle mit der Weisung weitergeleitet, das Kind von dort nunmehr in Fürsorge zu nehmen. Die Einführung dieser Mutterberatungskarte für jeden in Wien geborenen Säugling läßt umfassende fürsorgerische Aktionen ohne Anlegung besonderer Listen schlagartig zu. So ist inzwischen diese Mutterberatungskartei bereits die Grundlage geworden für die Rachitisprophylaxe, die C-Vitamin-Ausgabe, die Pockenschutzimpfung sowie neuerdings für die Diphtherieschutzimpfung. Wie erfolgt nun die Betreuung der Säuglinge?

Ich muß in diesem Zusammenhang die Erfahrungen Wiens mit seiner Entwicklung gerade auf gesundheitsfürsorgerischem Gebiet in den letzten Jahren und unter Zugrundelegung der Einheitsfürsorge besonders herausstellen. Zunächst sei ganz besonders eines neuen Zweiges der fürsorgerischen Tätigkeit gedacht, der Neugeborenenfürsorge. Sie ist in dieser Form sonst kaum, vor allem auch nicht in diesem Ausmaße, bekannt. Unseres Erachtens ergibt sich die unbedingte Notwendigkeit einer eigenen Neugeborenenfürsorge allein schon aus der Tatsache, daß die Säuglingsfürsorge, d. h. die Mutterberatungsstelle, die Mütter und Säuglinge viel zu spät erfaßt, um beispielsweise der Stillfrage als dem zentralen Problem des Säuglingsschutzes die ihr gebührende Aufmerksamkeit zu schenken und damit die Brusternährung der Kinder sicherzustellen.

In den Bestrebungen für das Neugeborene und den Säugling stand und steht die Stillpropaganda an erster Stelle. Es ist gelungen, das vor 30 und mehr Jahren stark daniederliegende Selbststillen in unermüdlicher Tätigkeit auf eine beachtliche Höhe zu bringen. Um die Jahrhundertwende war es doch so, daß in den Städten etwa 60% der Säuglinge überhaupt nicht gestillt wurden, im Weltkrieg betrugen die Zahlen der Ungestillten noch 30%, nach dem Kriege 20% und 1930 nur noch 10%. Heute nähert sich die Stillziffer bereits stärkstens physiologischen Breiten. Zweifelsohne ist der entscheidende Rückgang der Säuglingssterblichkeit auf die Stillpropaganda, an der vor allem die Hebammen beteiligt wurden, und damit auf die Zunahme des Selbststillens zurückzuführen. So könnte man fast schon mit der Stillfrequenz zufrieden sein, nicht aber mit der Stilldauer. Der Kampf geht also heute im wesentlichen schon in der Richtung der Verlängerung der Stilldauer. Die Sterbewahrscheinlichkeit des nichtgestillten Kindes gegenüber dem gestillten beträgt nach E. Meier 3:1, wobei ich auf die Verbesserung gegenüber früher von 5:1 nebenbei verweise. Die Sterbewahrscheinlichkeit verringert sich bei Fortführung der Stillung bis zum vierten Monat um ein Drittel auf 2:1 und um etwa die Hälfte auf 1·5:1, wenn bis zum halben Jahr gestillt wird. Die Wahrscheinlichkeit also, an einer Säuglingskrankheit zugrunde zu gehen, ist für ein nichtgestilltes oder nur einen Monat gestilltes Kind zwei- bis dreimal größer als bei einer Stilldauer bis zum siebten Monat oder länger — oder anders ausgedrückt: Der Gesundheitswert des Brustkindes ist dreimal so hoch anzusetzen wie der des Flaschenkindes. Es ist nicht unsere Aufgabe, weitere Einzelheiten in diesem Zusammenhang zu bringen, die Fragen des Stillwillens, des Stillzwanges, die Einzelheiten der stillfördernden Maßnahmen usw. zu besprechen — diese Probleme sind genügend oft behandelt worden, es ist nur auf das Grundsätzliche dieser Fragen auch an dieser Stelle ausdrücklich hinzuweisen. Richtig ist jedenfalls, daß es sich meistens in den ersten 10 Tagen entscheidet, ob das Kind natürlich oder künstlich ernährt werden wird, und darum ist die Neugeborenenfürsorge dazu berufen, das Stillproblem an seinem Angelpunkt zu fassen und einer günstigen Lösung zuzuführen.

Bei der Neugeborenenfürsorge haben wir eine offene von der geschlossenen zu unterscheiden. Die offene Neugeborenenfürsorge umfaßt hierbei die im Privathaushalt geborenen Kinder, die pflegerisch den Hebammen anvertraut sind. Die Aufklärungsarbeit der letzten Jahre hat hier sicherlich außerordentliche Fortschritte gebracht. Immerhin haben aber auch die Volkspflegerinnen wertvolle Arbeit zu leisten, sie müssen die Kinder sofort nach Erhalt der Geburtsanzeige aufsuchen und werden sich immer noch besonders um die natürliche Ernährung des Kindes kümmern müssen. Wir sind aber überzeugt, daß binnen kurzem ihr Einsatz in dieser Richtung nicht mehr die Bedeutung wie früher haben wird, da die Hebammenschaft seit wenigen Jahren in der Ostmark auch auf diesem Gebiet positiv mitarbeitet. Darüber hinaus werden Hebammen und Volkspflegerinnen ihr besonderes Augenmerk aber auch dem Gesundheitszustand der Mitbewohner schenken, den Wohnverhältnissen selbst, der sozialen Lage und auch der Nachbarschaft. Dieser Hausbesuch ist naturgemäß auch in der Wohnung der in der Anstalt geborenen Kinder innerhalb der ersten 14 Tage durchzuführen, um der Gesundheitsgefährdung auch dieser Kinder in gleicher Richtung entgegenzutreten.

In Wien kommt der geschlossenen Neugeborenenfürsorge heute noch die größere Bedeutung zu, denn über 80% der Wiener Kinder kommen in den Anstalten zur Welt. In jeder Entbindungsanstalt sind jetzt Neugeborenenstationen geschaffen worden, die einem Kinderfacharzt unterstehen. Eigene Säuglingsschwestern besorgen die Pflege. Die Aufgabe des Kinderarztes und der Säuglingsschwestern ist es, neben der einwandfreien Versorgung der Säuglinge in erster Linie die Brustnahrung der Säuglinge sicherzustellen. Die Stationen werden dieser Aufgabe schon heute weitgehendst gerecht. In Wien bestehen heute bereits 11 solcher Neugeborenenstationen. Eine weitere ist in Bau. Die Aerzte und Schwestern der Neugeborenenstationen unterstehen organisatorisch der Leitung der einzelnen Krankenanstalten, während wir die wissenschaftliche Oberleitung dieser Neugeborenenstationen im Rahmen des zuständigen Referats des Hauptgesundheitsamtes dem verdienstvollen Vorarbeiter auf diesem Gebiet, Professor v. Reuss, übertragen haben. Die Verbindungsfürsorgerin als Exponent der Fürsorge nimmt die notwendigen Ueberweisungen und Ueberstellungen vor und weist die zuständigen Mutterberatungsstellen an, die die jungen Mütter nach Verlassen der Krankenanstalten in ihre Betreuung nehmen.

Auch die Säuglingsfürsorge zerfällt in eine offene und eine geschlossene. Der geschlossenen Säuglingsfürsorge stehen beispielsweise in Wien die vorbildliche Kinderübernahmestelle und Fürsorgeklinik zur Verfügung sowie die zahlreichen Kinderkrankenanstalten. Die beiden zuerst genannten Anstalten nehmen die Säuglinge mit den sie stillenden Müttern auf, womit die Einheit von Mutter und Kind zumindest in diesen Anstalten erhalten bleibt. Erkranken die Säuglinge, so müssen sie leider im allgemeinen den sie stillenden Müttern abgenommen werden, nur in der Wiener städtischen Kinderklinik Glanzing besteht in ausreichendem Maße auch die Möglichkeit, die stillenden Mütter mit ihren kranken Säuglingen aufzunehmen. Wir sind bemüht, derartige Möglichkeiten auch noch in anderen Anstalten zu schaffen, vorerst besteht hier aber eine Lücke, die zu bedauern ist. Die Reihe der geschlossenen Anstalten für Säuglinge in Wien wird hier wie auch zunehmend in anderen Gauen Großdeutschlands durch die kinderärztlich geleiteten Säuglingsheime der NSV erweitert, deren Ausbau auch trotz des Krieges in vorbildlicher Weise durch die Reichsleitung der NSV und durch die einzelnen Gauamtsleitungen vorangetrieben wird.

Im Mittelpunkt der offenen Säuglingsfürsorge steht die Mutterberatungsstelle. Von ihren Arbeiten hängt der Erfolg aller gesundheitsfürsorgerischen Bestrebungen ab. Bei der hohen Bedeutung dieser Einrichtungen sollte auch in diesen schweren Kriegsjahren überall an dem Ausbau dieser Einrichtungen mit allen Kräften gearbeitet werden. Im Reichsgau Wien verfügen wir jetzt über 100 ortsfeste Mutterberatungsstellen. In den letzten zwei Jahren wurden trotz des Krieges fast 20 neue Einrichtungen geschaffen, weitere 16 durch Uebersiedlung vergrößert und 9 andere neu eingerichtet. Die Inanspruchnahme der einzelnen Beratungsstellen ist trotz des Krieges erheblich angestiegen und manche Stellen weisen einen durchschnittlichen Besuch von 40 bis 50 Säuglingen pro Beratung auf. Diese Mutterberatungsstellen erfreuen sich großer und wachsender Beliebtheit.

Die Zahl der Säuglinge, die hier einer Beratung zugeführt wurden, betrug im Jahre 1938 8356. Im Jahre 1939 stieg diese Zahl an auf 23.146 Säuglinge und im Jahre 1940 auf 31.993. Die Gesamtzahl der vorgeführten Kinder stieg in den Jahren 1938 bis 1940 von 24.907 über 36.523 auf 42.562. Dementsprechend stiegen auch die Zahlen der Untersuchungen gewaltig an, und zwar von 155.639 im Jahre 1938 über 205.259 im Jahre 1939 auf 227.705 im Jahre 1940. Wie ich bereits erwähnt habe, erfolgt die organisatorische Erfassung der Säuglinge durch die zentrale Säuglingskartei. Wird etwa in der dritten Lebenswoche der Säugling erstmalig in der Mutterberatungsstelle vorgeführt, dann hat hier die Mutterberatungskarte bereits mit der entsprechenden Eintragung über den Hausbesuch vorzuliegen, so daß dem Arzt der Mutterberatungsstelle alle Daten über Geburt, Wochenbett, Wohnverhältnisse, Gewicht und bisherige Entwicklung bereits vorliegen. Bei Ausbleiben des Kindes oder bei nicht regelmäßiger Vorführung eines Kindes, das bei dem Hausbesuch aus irgend einem Grunde fürsorgebedürftig erschien, hat die zuständige Sprengelfürsorgerin die Verpflichtung, den Hausbesuch schnellstens zu wiederholen und ihre dann notwendig erscheinenden Maßnahmen zu treffen. Die enge Zusammenarbeit von Gesundheitsamt und NSV gibt die weitere Gewähr für die Durchführung schnellster Hilfsmaßnahmen und für eine erfolgreiche nachgehende Fürsorge.

Es ist selbstverständlich, daß es nicht möglich ist, alle Teile des Gaues gleichmäßig mit ortsfesten Mutterberatungsstellen zu versorgen. Das gilt um so mehr für Großstädte, die einen mehr oder minder umfangreichen Landbezirk angegliedert erhalten haben. Beispielsweise sei in diesem Zusammenhang wieder der Reichsgau Wien erwähnt, der innerhalb seiner Grenzen von relativ zahlreichen Siedlungen und etwa 80 Dörfern umgeben ist. Die Schaffung stationärer Mutterberatungsstellen in größerer Zahl würde sich hier überaus kostspielig gestalten. Aus diesem Grund übernimmt die Versorgung dieser Gebiete eine sogenannte motorisierte Mutterberatung in Form eines kleinen, von der NSV zur Verfügung gestellten Wagens mit allen notwendigen Einrichtungen sowie eines großen Mutterberatungszuges. Durch die Presse wird täglich bekanntgegeben, zu welchen Zeiten und in welchen Dörfern die Mutterberatungen stattfinden. Ein sich für diese Arbeit besonders einsetzender hauptamtlicher Arzt ist mit dieser Aufgabe betraut und hat wachsende Erfolge zu verzeichnen. Der Wagen ist mit dem genannten Arzt, einer Volkspflegerin des Hauptgesundheitsamtes sowie einer Säuglingsschwester der NSV besetzt. Daß diese Einrichtung einem allgemeinen Bedürfnis entspricht, zeigt das praktisch vollständige Erscheinen der jungen Mütter in den einzelnen Ortschaften. Bei dem ja nicht zu bestreitenden Aerztemangel besonders auf dem flachen Lande und in abgelegenen Waldortschaften konnte in ungezählten Fällen auch dringende Hilfe geleistet werden und in vielen Fällen lebensrettend eingegriffen werden, indem mit diesem Wagen plötzlich schwer erkrankte Kinder auch in die Krankenanstalten befördert wurden. Uebrigens wurde diese Einrichtung auch zur Durchführung der aktiven Diphtherieschutzimpfung und für sonstige gesundheitliche Maßnahmen in abgelegenen Orten der Landbezirke eingesetzt. Wie vorzüglich sich diese motorisierte Mutterberatung auch andernorts bewährt hat, lehren die einschlägigen Erfahrungen aus dem Gau Niederdonau, über die übrigens auch ein allgemein gezeigter Kulturfilm der Wien-Film berichtet hat.

Ohne diese Mutterberatungsstellen können wir uns heute die Durchführung gesundheitsfürsorgerischer Maßnahmen im großen, die an das wachsende Kind herangebracht werden sollen, gar nicht mehr vorstellen. Man denke nur an die allgemeine Rachitisprophylaxe und ihre außerordentlichen Erfolge. Diese Rachitisprophylaxe ist inzwischen eine selbstverständliche Einrichtung geworden, obwohl seit ihrer allgemeinen Einführung kaum mehr als ein Jahr verstrichen ist. Man vergißt viel zu leicht, daß noch vor kurzem eine solche Maßnahme in ihrer praktischen Durchführung kaum vorstellbar gewesen ist, und ich darf in diesem Zusammenhang nur erwähnen, daß noch wenige Monate vor dem Erlaß des Reichsministeriums des Innern die von uns beabsichtigte Rachitisprophylaxe einfach an dem Widerstand der Krankenkassen gescheitert ist. Die C-Vitamin-Prophylaxe wurde gleichfalls eng an die Arbeit der Mutterberatungsstellen gebunden und konnte dementsprechend auch einfach auf Grund der vom Reichsministerium des Innern großzügig zur Verfügung gestellten Mittel erfolgreich zur Durchführung gebracht werden. Daß sich die Mutterberatung nicht nur auf die allgemein bekannten rein ärztlichen Untersuchungen zu beschränken hat, ist wohl selbstverständlich. Sehr weitgehend im Vordergrund steht immer wieder die umfassende Beratung in allen Ernährungsfragen. Ich denke an die Stillpropaganda, an die Propaganda für die Versorgung des Kindes mit Obst und Gemüse, die Ausgabe von Ernährungsvorschriften in Form von Rezeptblocks, die Belehrung über Pflegefragen und Wartung der Säuglinge sowie alle bekannten Fragen der Wohnungshygiene (Licht, Luft, Sonne usw.). Es läßt sich zur Zeit nicht umgehen, daß noch hier und da, vor allem bei den Beratungen auf dem Lande, die Behandlung kleiner Krankheitserscheinungen, geringfügiger Hautschäden usw. vorgenommen wird. Es soll und darf dies keinerlei Konkurrenzierung der frei praktizierenden Aerzte bedeuten. Die Volksgenossen würden aber anderseits heute kein Verständnis haben, wenn unsere Fürsorgeärzte nicht hier und da einmal helfend eingreifen. Die Behandlung ist nicht ihre Aufgabe und soll nie ihre Aufgabe werden. Sie werden immer bemüht sein, den besten und kameradschaftlichsten Kontakt mit den Aerzten ihres Bezirkes zu haben, jedoch wird in der heutigen Zeit der stark überlastete praktizierende Arzt diese Hilfe, wie uns bekannt, stets dankbar begrüßen.

Ein Stiefkind der gesundheitsfürsorgerischen Maßnahmen ist leider immer noch die Kleinkinderfürsorge, obwohl doch nicht vergessen werden sollte, daß gerade auch das Kleinkindesalter von ganz besonderer Bedeutung ist. Die im Säuglingsalter erworbenen Krankheiten wirken sich im Kleinkindesalter aus. Fragen der Ernährung sind im Kleinkindesalter, vom 1. bis 5. Lebensjahr, von eben solcher Bedeutung wie die Fragen der Pflege. Auch die Mütter kleiner Kinder versprechen sich leider von dem Besuch der Kleinkinderfürsorgestellen für die Gesunderhaltung des Kleinkindes noch zu wenig, da sie eben von dem Erfolg dieser Arbeit bisher nichts gehört haben. Es genügt auch nicht, daß man sich in den zahlreichen Kindergärten in Stadt und Land mit der gesundheitlichen Betreuung der Kleinkinder befaßt, da man hiermit einen viel zu kleinen Teil in die Beobachtung bekommt. Zwar ist das Kleinkindesalter in erster Linie durch die Infektionskrankheiten Masern, Keuchhusten, Diphtherie und Scharlach gefährdet, und die Maßnahmen des Infektionsschutzes des Kleinkindes können im allgemeinen nicht Gegenstand der Tätigkeit der Fürsorgestellen sein. Es liegt hier aber ein großes Arbeitsgebiet vor uns, vor allem, wenn wir bedenken, daß beispielsweise die Sterblichkeit an Masern und Keuchhusten in erster Linie vom Lebensalter der Erkrankten abhängig ist. Man muß immer wieder an den Ausspruch Pfaundlers erinnern, der betont, wenn es gelänge, die Masern- und Keuchhusteninfektion nur bis zur Einschulung aufzuschieben, daß dann diese beiden Krankheiten dem Volksbestand keine irgendwie nennenswerte Einbuße mehr tun können. Im Reichsgau Wien beschäftigen wir uns seit Anfang 1940 besonders mit dem Aufbau einer ausreichenden Kleinkinderfürsorge. Bei der Vorstellung zur Rachitisprophylaxe wird das Kind in die Kleinkinderkartei übergeführt, wobei es also im Stande der Mutterberatung, wenn auch gesondert, eingereiht wird. Dies geschieht nun mit allen seit November 1939 geborenen Kindern. In der Kleinkinderkartei werden damit alle ein- bis sechsjährigen Kinder enthalten sein. Die Kleinkinder werden dann regelmäßig jahrgangsweise zu einem Gesundheitsappell vorgeladen, wobei dieser Appell nur für die Kinder der Krabbelstuben und der Kindergärten entfällt, die ja ohnehin dauernd in ärztlicher Kontrolle stehen und deren Gesundheitsbogen auch dort geführt wird.

Zum Abschluß sei noch besonders der Frauenmilchsammelstellen gedacht, deren Führung und Aufbau vor kurzem eine gesetzliche Regelung erfahren hat. Es ist sicher, daß diese Einrichtungen von hohem gesundheitlichem Wert sind, und hinsichtlich der Wiener Stelle darf betont werden, daß diese nach kaum 1½ Jahre Bestehen bereits einen monatlichen Umsatz von 1000 Liter Frauenmilch aufweist. Die Frauenmilchsammelstelle ist für die Kinderkrankenhäuser schon zu einer unentbehrlichen Einrichtung geworden. Sie erfreut sich auch bei der Bevölkerung größter Beliebtheit und — wir können es für Wien zumindest feststellen — sie ist bereits zu einer Selbstverständlichkeit geworden.

Daß die Fürsorge für die Frühgeburten immer noch ein überaus schwieriges ärztliches Problem ist, braucht nicht besonders betont zu werden. Wir sind überzeugt, daß gerade auch auf diesem Gebiete die kinderärztlich geleiteten Neugeborenenstationen Vorzügliches leisten, wozu bei uns in Wien noch die besondere Frühgeburtenberatungsstelle hinzukommt, die der Wiener städtischen Kinderklinik Glanzing angegliedert ist und in die die Frühgeborenen regelmäßig mit 5 Monaten zu einer Kontrolle vorgeladen werden, bei der besondere Aufmerksamkeit einer etwaigen Rachitis oder Anämie geschenkt wird. Bisher hat sich dieser Versuch einer Art Spezialfürsorge durchaus bewährt, man wird endgültig die Erfahrungen einiger Jahre abwarten müssen. Besonders in Großstädten hat die Fürsorge für schwer erziehbare und psychisch abnormale Kleinkinder eine wichtige Rolle zu spielen. Für sie besteht ja in vielen Städten schon eine teils ärztlich, teils vom Psychologen geleitete Erziehungsberatung, die im allgemeinen den Jugendämtern angeschlossen ist. Bei den organisatorisch besonders glücklich geeigneten Verhältnissen im Reichsgau Wien sind wir in der Lage gewesen, eine besonders großzügige Planung durchzuführen. Einerseits besteht in der Kinderklinik Glanzing eine besondere Untersuchungs- und Beratungsstelle, anderseits ist für die geschlossene

Fürsorge eine größere Anstalt geschaffen worden, die sogenannte Jugendfürsorgeanstalt Am Spiegelgrund, in die — unter ärztlicher Leitung stehend — alle Kinder vom Säuglings- bis zum Schulalter eingewiesen werden, die irgendwie auffällig sind und die während einer dem Einzelfall angepaßten Beobachtungsdauer nun sowohl fachärztlich als auch psychologisch sorgfältig durchuntersucht werden, um dann je nach dem Befund in die Familie oder in eine entsprechende geschlossene Anstalt übergeführt zu werden.

Kommen wir zum Schluß, dann darf ich Sie noch einmal daran erinnern, daß in einer Großstadt wie Wien die Säuglingssterblichkeit im Jahre 1900 19·3% betrug, daß in diesem Jahre 1900 in Wien 52.364 Geburten verzeichnet wurden, und daß in einem ständigen Absinken der Geburtenziffern im Jahre 1937 nicht über 50.000, sondern nur noch 10.000 Geburten gemeldet wurden. Dieser bevölkerungspolitisch katastrophalen Entwicklung steht der Wandel gegenüber, der auch hier in der Ostmark mit dem Jahre 1938 begann. Bei weiterem Absinken der Säuglingssterblichkeit stiegen die Geburten auf das Dreifache. Unsere Aufgabe ist es, lebenswertes Leben am Leben zu erhalten. Das Rückgrat der Gesundheitsführung von Mutter und Kind ist die Arbeit der Beratungsstellen mit der Erfassung der Schwangeren, der Mütter, der Säuglinge und der Kleinkinder. Die Erfolge dieser Beratungsstellen sind abhängig von den Erfolgen der nachgehenden Fürsorge. Die in der offenen Fürsorge zum Einsatz gelangten Mittel sind die besten aller Aufwendungen, die in der Gesundheitsfürsorge gemacht werden können. Eine gut besuchte Säuglingsfürsorgestelle ist in ihrer volksgesundheitlichen Auswirkung unendlich viel höher zu veranschlagen als das bestgeleitetste und kostspieligste Erholungsheim. Maßgebend für den Erfolg dieser gesundheitsfürsorgerischen Arbeit aber ist der Wert der Menschen, die auf diesem Gebiet arbeiten. Seien sie nun für diese Aufgabe abgestellt von den Gesundheitsämtern oder von der NSV. Die engste Zusammenarbeit beider ist unentbehrlich und allein erfolgversprechend. Diese gemeinsame Arbeit ist heute sichergestellt, die hohe Bedeutung dieser Arbeit von Partei und Staat restlos anerkannt, so daß wir sicher sein dürfen, daß wir hinsichtlich der Auswirkungen gerade dieser Arbeit für die Mutter und für das Kind erst am Beginn stehen.

Schwangerschaftstoxikosen

Von

Dozent Dr. **E. Navratil**

Wien

Unter der Sammelbezeichnung Schwangerschaftstoxikosen werden jene Erkrankungen zusammengefaßt, die, in einem kausalen Zusammenhang mit einer Schwangerschaft stehend, während derselben, unter der Geburt und im Früh- bzw. Spätwochenbett auftreten. Dem Vorschlag L. Seitz' entsprechend, teilen wir die Toxikosen in drei große Gruppen ein und unterscheiden Neurovegetosen, Organopathien und die Oedneklose. Bei den Neurovegetosen wirken sich — wie die Namensgebung es bereits ausdrückt — die Störungen vornehmlich am vegetativen Nervensystem aus. Unter den Organopathien verstehen wir funktionelle Störungen einzelner Organe. Als Neurovegetosen werden die Emesis und die Hyperemesis gravidarum aufgefaßt. Zu den Organopathien gehören die Dermopathien, Hepatocholepathien, Hämatopathien und die Neuro- und Psychopathien. Der Hydrops gravidarum (essentieller Schwangerschaftshydrops), der essentielle Schwangerschaftshochdruck, die Nephropathia gravidarum und die Eklampsie werden endlich unter die Bezeichnung Oedneklose (ödemonephrotischer und eklamptischer Symptomenkomplex) subsumiert. Nach dem Zeitpunkt des Auftretens unterscheidet man ferner Früh- und Spättoxikosen. Als Grenze kann der 4. bis 5. L. M. gelten.

Eine Besprechung aller Schwangerschaftsgestosen würde den Rahmen meiner Ausführungen sprengen. Dementsprechend sei nur auf die besonders wichtigen Formen der Toxikosen, vor allem auf die Hyperemesis gravidarum, eingegangen.

Unter den Schwangerschaftsfrühtoxikosen kommt der Hyperemesis gravidarum zweifellos die praktisch größte Bedeutung zu.

Mit der Bezeichnung Hyperemesis ist nur ein — allerdings das Krankheitsbild klinisch beherrschendes Symptom, nämlich das Erbrechen — zur Namensgebung verwendet worden, ein Symptom, das aber durchaus nicht immer nur für das echte unstillbare Schwangerschaftserbrechen charakteristisch ist, das vielmehr bei einer Gravidität auch aus anderen Ursachen, wie meningealen, abdominalen Erkrankungen u. a., zustande kommen kann. In diesen Fällen ist der Ausdruck „Hyperemesis", auch in Form der gebräuchlichen Krankheitsbezeichnung „Hyperemesis in graviditate", meines Erachtens durchaus nicht am Platze, man sollte vielmehr zur Namensgebung die Grundkrankheit, die das Erbrechen hervorgerufen hat, wählen, allerdings mit dem Vermerk, daß es sich hierbei gleichzeitig um eine Gravidität handelt. Nur dann, wenn das in den ersten drei Monaten einer Schwangerschaft auftretende Erbrechen einzig und allein durch die bestehende Schwangerschaft, ohne daß eine sonstige Erkrankung nachweisbar ist, hervorgerufen wird und zumindest zu schweren Störungen des Allgemeinbefindens führt, sind wir berechtigt, von einer Hyperemesis gravidarum, besser vom echten bzw. idiopathischen Schwangerschaftserbrechen (Seitz) zu sprechen. Bei dieser strengen begrifflichen Unterscheidung des Erbrechens bei schwangeren Frauen dient einzig und allein die jeweilige Aetiologie zur Namensgebung, dadurch wird sie begreiflicherweise von größter praktischer Bedeutung, da selbstverständlich, abhängig von der Diagnose, die Therapie verschiedene Wege zu gehen haben wird.

Im Rahmen meiner heutigen Ausführung sei nur auf unsere derzeitigen zur Diskussion stehenden Vorstellungen über die Aetiologie und auf die Frage der aussichtsreichsten konservativen Therapie des idiopathischen Schwangerschaftserbrechens eingegangen. Seine klinische Symptomatologie ist allgemein bekannt, ebenso die Tatsache, daß das Krankheitsbild alle nur möglichen fließenden Uebergänge von den leichten, therapeutisch gut beeinflußbaren bis zu jenen schweren und schwersten aufweist, die von uns ein großes psychologisches und therapeutisches Können verlangen. Für unser therapeutisches Handeln, das ja stets letzten Endes bestrebt sein muß, eine ursächliche ätiologische Behandlung darzustellen, ist die Kenntnis unserer Vorstellungen über das Zustandekommen der Erkrankung begreiflicherweise notwendigste Voraussetzung. Vorweggenommen sei, daß wir dem Ziel einer ursächlichen konservativen Therapie vielleicht nähergekommen sind. Dafür sprechen zweifellos die bemerkenswerten guten Ergebnisse, die man heutzutage, zum Unterschied von früher, mit konservativen Maßnahmen erzielen kann, ohne daß chirurgische Eingriffe Anwendung finden müssen. Die chirurgische Behandlung d. h. der Abbruch der Schwangerschaft, kann selbstverständlich niemals unseren therapeutischen Wünschen genügen, die darin bestehen, das unstillbare Erbrechen zu beheben und die Schwangerschaft gleichzeitig zu erhalten, sie kann daher immer nur als ein bedauerlicher Notbehelf angesehen werden, um wenigstens das Leben der Mutter durch Opferung der Schwangerschaft zu retten.

Ueberblickt man die bisher geäußerten Meinungen über das Zustandekommen der Hyperemesis, so müssen wohl die Lehren von einer primären, psychogenen und toxischen Entstehung herausgestellt werden, von denen vor allem die zuerst von Kaltenbach (1890) vertretene psychogene, im wesentlichen unverändert, auch heute noch von Bedeutung ist. Die Erkrankung würde danach primär durch psychogene Faktoren entstehen. Das Erbrechen wäre als der Ausdruck der Unlust, des Widerwillens, der Abneigung, des Ekels, der Angst gegenüber der bestehenden Gravidität zu werten. Der sich in Form des Erbrechens äußernde Protest kann außer gegen die Schwangerschaft auch gegen den Mann oder gegen andere Familienmitglieder gerichtet sein; es können ihm ferner die verschiedensten Motive zugrunde liegen. Das Zustandekommen des Erbrechens kann man sich derart vorstellen, daß es, psychogen bedingt, zu einer zentralen Uebererregbarkeit der Großhirnrinde kommt, die sich auf das Vagus- und Brechzentrum überträgt und infolge einer Vagushypertonie zum Erbrechen führt (reine, psychogene, vagushypertonische Form [Kehrer]); diese kann sekundär in eine perniziöse Verlaufsform übergehen, da sich durch das ständig sich steigernde Erbrechen und durch den anhaltenden Hunger- und Durstzustand immer schwerere Störungen des intermediären Stoffwechsels ergeben. Für die Möglichkeit einer psychogenen Entstehung bzw. Mitbeteiligung treten übrigens auch heute noch namhafteste Vertreter unseres Faches ein, wie Winter, Kehrer, A. Mayer, Schultze-Rhonhoff u. a. Zweifellos findet man bei einer nicht geringen Zahl von Fällen psychogene Motive, deren Bedeutung als unterstützende

Faktoren unbestritten sei. Die Hyperemesis jedoch allgemein und in jedem Falle als primär psychogen entstanden zu erklären, erscheint nicht angängig, da es doch sicher genügend viel Fälle gibt, bei denen auch die exakteste Untersuchung keinen Anhaltspunkt für die angeführten psychogenen Motive ergibt. Den Tod einer an Hyperemesis Erkrankten endlich mit einem Selbstmord zu vergleichen, erscheint vollends abwegig.

Untersucht man das Krankheitsgeschehen bei der Hyperemesis, so ist sicher der Versuch einer toxischen Erklärung sehr verlockend. An die Spitze aller derartigen Erklärungsversuche wäre zur Charakteristik dieser Auffassung wohl der Satz Pinards zu setzen: „Das Erbrechen ist der Alarmschrei des vergifteten Organismus." Es würde zu weit führen, sollten alle hypothetischen Giftstoffe, die für die Entstehung des unstillbaren Erbrechens verantwortlich gemacht wurden, angeführt werden. Zusammenfassend kann wohl gesagt werden, daß es sich vor allem hierbei um Giftstoffe fötaler oder chorialer Genese und um Produkte des intermediären Stoffwechsels handelte, die zur Intoxikation des mütterlichen Organismus Veranlassung geben sollten. Einen Wendepunkt in der Auffassung bezüglich des Entstehens der Hyperemesis bedeuteten die Untersuchungen von L. Seitz, der an Stelle der hypothetischen Toxine die Quelle der Intoxikation weder in die Plazenta noch in den Fötus, sondern in den mütterlichen Organismus selbst verlegte. Die Giftwirkung kommt danach durch eine Stoffwechselstörung zustande, die nur durch die Kenntnis der tiefgreifenden Umstellung des mütterlichen Organismus durch die eingetretene Schwangerschaft verstanden werden kann. Die Schwangerschaft führt zu Aenderungen der Reaktionslage des vegetativen Nervensystems, damit im Zusammenhang stehend zu Aenderungen im Ionengleichgewicht, im Kolloidzustand des Blutes und nicht zuletzt im hormonalen Geschehen, wobei die Drüsen mit innerer Sekretion in ihrer Gesamtheit zu Funktionsänderungen veranlaßt werden. Es ist begreiflich, daß es gelegentlich dieser Umstellungen sogar auch bei physiologischem Verhalten des Eies zu einer abwegigen, pathologischen Reaktion des mütterlichen Organismus in verschiedenem Ausmaße kommen kann. In der Frühschwangerschaft sind bekanntlich leichteste und leichte Störungen des Allgemeinbefindens an der Tagesordnung (Uebelkeiten, Brechreiz, Vomitus matutinus, Emesis). In diesen Fällen paßt sich der mütterliche Organismus und seine Teilfunktionen jedoch bald den neuen Verhältnissen an, die abwegigen Erscheinungen bleiben transitorisch und subpathologisch. In einzelnen Fällen allerdings sind die Störungen höhergradig, sie sind anhaltend und führen zwangsmäßig ablaufend infolge der bestehenbleibenden Erregbarkeitssteigerung des Brech- und Vaguszentrums und des Parasympathicus zu dem Krankheitsbild der Hyperemesis. Auch bei dieser Auffassung können psychische Momente selbstverständlich eine unterstützende, ja sogar eine auslösende Bedeutung haben, wobei aber stets letzten Endes eine abwegige Reaktion des vegetativen Nervensystems gelegentlich der Schwangerschaftsumstellung für das Erbrechen primär verantwortlich ist. Das Erbrechen wäre demnach zentral vagal bedingt (Seitz, Albrecht, Hofbauer). Kehrer, der in der letzten Zeit eine ausführliche Studie dem Problem der Hyperemesis gewidmet hat, faßte schematisch das Geschehen derart zusammen, daß sich eine psychogen gesetzte Erregbarkeitssteigerung der Großhirnrinde und der subkortikalen Zentren, dem System Zwischenhirn-Hypophyse, den medullären Zentren (Vagus-Brechzentrum) und damit dem Vagus mitteilt, dessen Uebererregbarkeit zum Erbrechen führt. Zweifellos können aber auch außerdem sowohl psychische als auch nervöse und hormonale Reize das Zwischenhirn-Hypophysensystem direkt treffen. Infolge einer mißglückten Schwangerschaftsumstellung kann ferner primär das vagale Kerngebiet übererregbar werden. Das ständige Erbrechen einerseits, die fehlende Flüssigkeits- und Nahrungsaufnahme anderseits führt dann zwangsmäßig zur Exsikkose, zum Chlor- und Kochsalzverlust, ferner zu Störungen, die durch den Ausfall von Vitaminen und Kohlehydraten bedingt sind, und damit zu Symptomen und Folgen, auf die später noch zurückzukommen ist, und die eigentlich nicht nur für die Hyperemesis charakteristisch sind, sondern die überdies immer als Folgen ständigen Erbrechens und mangelhafter bzw. sistierender Flüssigkeits- und Nahrungsaufnahme aufzutreten pflegen. (Abb. 1.)

Begreiflicherweise wurde des weiteren auch einem abwegigen hormonalen Geschehen eine ursächliche Rolle zugeschrieben, kommt es doch mit dem Eintritt einer Schwangerschaft zu tiefgreifenden Umstellungen gerade auf hormonalem Gebiet. Die Forschungen der letzten Jahre vermittelten uns nun ein Bild über den hormonalen Zustand bei der Hyperemesis gravidarum, ohne daß bisher allerdings etwas Endgültiges festgestellt werden konnte. Der Gehalt des Blutes und Harnes an gonadotropen Hormonen wurde vermehrt (Heim, Anselmino, Hoffmann, Brindeau und Mitarbeiter) oder schwankend (Brandstrup), oder zwar erhöht, aber dadurch, daß hohe Werte in den ersten zwei Schwangerschaftsmonaten auch sonst ohne Hyperemesis häufig sind, uncharakteristisch (Westmann) gefunden. Anker neigt dazu, weniger den von ihm festgestellten hohen Prolanwerten eine Bedeutung zuzubilligen, als vielmehr den von ihm festgestellten Schwankungen in den Hormonwerten (Serum-Harn). Den erhöht gefundenen

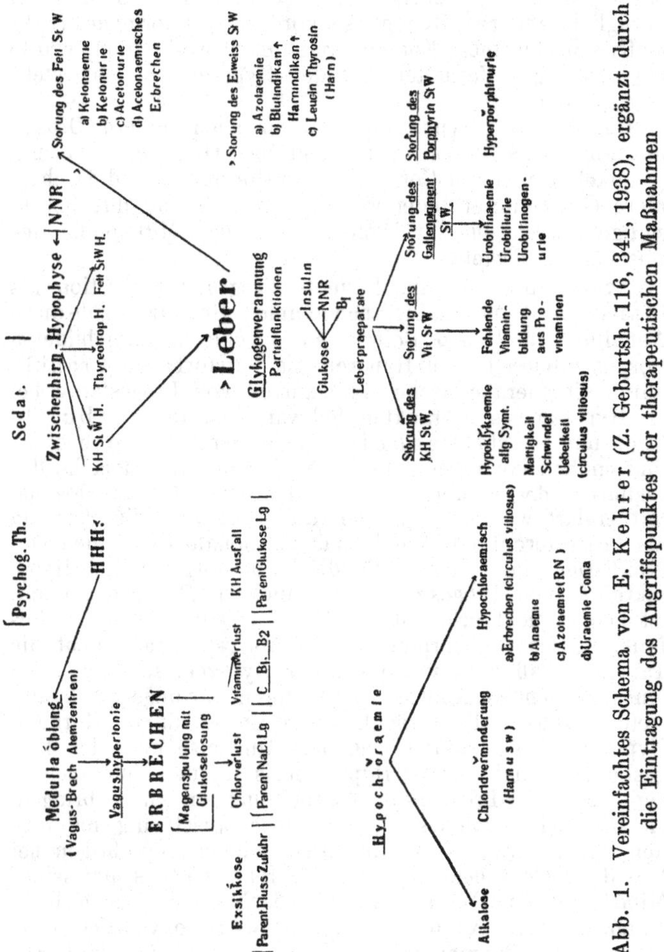

Abb. 1. Vereinfachtes Schema von E. Kehrer (Z. Geburtsh. 116, 341, 1938), ergänzt durch die Eintragung des Angriffspunktes der therapeutischen Maßnahmen

Werten von gonadotropen Hormonen kommt sicherlich keine ursächliche Bedeutung zu; die Hyperinkretion ist als sekundär infolge der zentralen Erregbarkeitssteigerung bedingt anzusehen. Vielleicht führt aber in Form eines Circulus vitiosus der hohe Serumprolangehalt wieder zu einer Sensibilisierung der ohnehin übererregten Zwischenhirnzentren (Fekete). Im übrigen ist in diesem Zusammenhang die Feststellung von Interesse, daß nämlich auch das Hypophysenhinterlappenhormon zu einer zentralen Vaguserregbarkeitssteigerung führen kann (Cushing). Aber auch bezüglich anderer Hypophysenvorderlappenhormone (Fettstoffwechselhormon, Kohlehydratstoffwechselhormon) wurde ein abwegiges Verhalten bei der Hyperemesis festgestellt (Anselmino).

Außer der Hypophyse wurden auch andere Drüsen mit innerer Sekretion, vor allem das Ovar, die Plazenta (Follikelhormon und Corpus luteum-Hormon) und die Nebenniere (Nebennierenrindenhormon) für sich und ihre gegenseitige Korrelation zur Hypophyse in den Mittelpunkt des Geschehens gestellt.

So wurde eine insuffiziente Progesteroninkretion als Ursache der Hyperemesis angenommen. Gestützt wurde diese Annahme durch den Befund eines schlecht ausgebildeten Corpus luteum bei an Hyperemesis Verstorbenen (Frankl), durch die therapeutische Wirksamkeit von Progesteron bei an Hyperemesis erkrankten Schwangeren (Seitz, Buschbeck und Reifferscheid, Clauberg, Fekete u. a.), und endlich konnte mit dieser Auffassung die Tatsache des Sistierens des Erbrechens im 4. bis 5. L. M. zwanglos damit erklärt werden, daß eben um diese Zeit die Plazenta als Progesteronproduzent in das hormonale Geschehen eingreift. Der exakte Beweis für die Auffassung, daß eine Hypoinkretion von Progesteron ursächlich in Betracht kommt, ist bisher nicht erbracht worden. Für eine etwaige Unterfunktion des Gelbkörpers spricht übrigens auch nicht die Tatsache, daß man selten bei der Hyperemesis Symptome eines drohenden Abortus sieht, die erwartungsgemäß auftreten müßten, falls tatsächlich eine Corpus luteum-Hormon-Hypoinkretion bestünde. Genauere Hinweise über den Progesteronhaushalt bei der Hyperemesis könnten Untersuchungen über die Pregnandiolausscheidung im Harn bringen, sie sind jedoch meines Wissens bisher ausständig und werden daher derzeit von mir vorgenommen. Im übrigen sei hier der bedeutungsvollen Befunde Hamblens und seiner Mitarbeiter und Westphals gedacht, nach denen beim Mann und beim Kaninchen zugeführtes Desoxycorticosteron ebenfalls als Pregnandiol im Harn ausgeschieden wird. Für die Auffassung einer insuffizienten Progesteroninkretion ließe sich einzig und allein die Tatsache verwerten, daß unzweifelhaft mit der Progesterontherapie Erfolge zu verzeichnen sind, Erfolge, die jedoch damit zwanglos zu erklären sind, daß das Progesteron zu der Pregnangruppe gehört und als solches eine gewisse Nebennierenrindenhormonwirkung besitzt (Steigerung der Glykogenese in der Leber, gleichsinnige Wirkung von Progesteron und Cortin). Die therapeutischen Erfolge sind daher nicht als Beweis für eine Progesteronhypoinkretion zu werten, sie müssen sich bei einer insuffizienten Nebennierenrindenhormonproduktion ebenso einstellen wie bei sonstigen Stoffwechselstörungen, bei denen es ebenfalls zu einer verminderten Glykogenese in der Leber kommt.

Von den erwähnten Drüsen mit innerer Sekretion muß die Stellung der Nebennierenrinde deshalb besonders hervorgehoben werden, weil die therapeutischen Erfolge, die sowohl mit den natürlichen Nebennierenrindenextrakten als auch mit den synthetisch dargestellten Hormonen erzielt wurden, sich als besonders bemerkenswerte erwiesen haben. Von der physiologischen Umstellung des gesamten mütterlichen Körpers wird bekanntlich auch die Nebennierenrinde betroffen; sie hypertrophiert, um den an sie gestellten Anforderungen Genüge leisten zu können. Ist sie hierzu nicht in ausreichendem Maße fähig, so stellt sich eine relative Nebennierenrindeninsuffizienz ein, die beim Erreichen höherer Grade zur Hyperemesis führen soll. Von diesem Standpunkt gesehen, lassen sich auch die mannigfaltigen, bei den meisten Graviden nachweisbaren Beschwerden, wie Mattigkeit, leichte Ermüdbarkeit, gesteigertes Schlafbedürfnis, Hypotonie, Pigmentierungen, die Kollapsneigung und die Myasthenia gravidarum, Uebelkeit, der Vomitus matutinus und die Emesis, erklären, da all diese Symptome auch für die Nebenniereninsuffizienz charakteristisch sind. Wesentlich gestützt wird diese Auffassung durch die weitgehende Parallelität zwischen den bereits erkannten Formen von Addisonismus und Morbus Addison einerseits und der Hyperemesis anderseits sowohl bezüglich der klinischen Symptome als auch der Stoffwechselveränderungen, worauf vor allem Anselmino, Elert u. a. hingewiesen haben. Bei der Hyperemesis finden sich demnach die auch schon bei der normal verlaufenden Frühschwangerschaft meist bestehenden Erscheinungen einer relativen Nebennierenrindeninsuffizienz in verstärktem Maße. Die Inkretbildung des Nebennierenrindenhormons geht, im Gegensatz zu der des Adrenalins, vorwiegend auf hormonalem Wege durch das corticotrope Hypophysenvorderlappenhormon und nicht durch nervöse Impulse vor sich. Prüft man auf Grund dieser Tatsache die Möglichkeiten, die zu einer insuffizienten Bildung von Nebennierenrindenhormon in der Frühgravidität führen können, so kann diese entweder durch eine ungenügende Bildung von corticotropem Hormon, die zu einer Hypoinkretion des Nebennierenrindenhormons Veranlassung gibt, bedingt werden, oder die mütterliche Nebennierenrinde ist durch primäre konstitutionelle oder funktionelle Störungen oder sekundär durch früher überstandene Infekte geschädigt, so daß sie auf die durch die Schwangerschaft bedingte Hyperinkretion des corticotropen Hormons mit einer insuffizienten Bildung von Nebennierenrindenhormon reagiert, sie erweist sich nicht als voll leistungsfähig. Von den beiden angeführten Möglichkeiten liegt die zweite — eine verminderte Ansprechbarkeit der Rinde — durchaus im Bereiche der Möglichkeit, findet man doch mit eingetretener Schwangerschaft eine erhöhte allgemeine Leistungsfähigkeit der Hypophyse, so daß es unwahrscheinlich ist, daß ihre Leistung nur bezüglich des corticotropen Hormons gemindert wird. Im übrigen sprechen gerade die Untersuchungen von v. Bergmann, Thaddea u.a. dafür, daß es im allgemeinen häufiger „latente" und „larvierte" Addisonismen gibt, als man früher annahm. Diese könnten tatsächlich bei eintretender Gravidität in Form des emetischen und hyperemetischen Symptomenkomplexes manifest werden, da man sich leicht vorstellen kann, daß eine primär oder sekundär geschädigte Nebennierenrinde der ihr durch die Gravidität auferlegten Mehrbelastung nicht gewachsen ist. Aber auch eine Hypoinkretion von corticotropem Hypophysenvorderlappenhormon kann für das Ausbleiben der physiologischen Nebennierenhypertrophie in Betracht gezogen werden (Anselmino). Vom 4. M. M. würde die relative mütterliche Nebennierenrindeninsuffizienz durch den vikariierenden Einsatz der fötalen ausgeglichen werden, weshalb um diese Zeit das Erbrechen sistiert. Mit der Erklärung der Hyperemesis als einer Nebennierenrindeninsuffizienz würde die Auffassung dieser Erkrankung als einer primären Neurovegetose zunächst hinfällig. Allerdings wird es erst weiteren Untersuchungen vorbehalten bleiben müssen, hier endgültige Klarheit zu bringen.

Um die Nebennierenrindentherapie bei der Hyperemesis verstehen zu können, muß kurz auf die Beziehung der Nebennierenrinde zum Gesamtstoffwechsel eingegangen werden. Da der Nebennierenausfall zahlreiche und tiefgehende Stoffwechselstörungen nach sich zieht, muß der Nebennierenrinde eine überragende Stellung im Stoffwechselgeschehen zugeschrieben werden. Verzár erklärt alle Stoffwechselabwegigkeiten, die sich bei nebennierenlosen Tieren ergeben, durch eine Störung der intrazellularen Phosporylierungsprozesse. Im Kohlehydrathaushalt kommt dem Rindenhormon eine entscheidende Rolle zu. Wie aus dem Schema von Verzár hervorgeht, wirkt Cortin an der Glykogenbildung (in der Leber, Muskulatur, Herzmuskel) mit, Adrenalin ist glykogenabbauend, Insulin glykogenanreichernd:

				Schutzwirkung von *Insulin* gegen den Glykogenabbau ↓
Corticotropes Hormon des Hypophysenvorderlappens (fördert die Inkretion der Nebennierenrinde	Cortin wirkt am:	Glukoseaufbau zu Glykogen-(Phosphorylierungen)	→	Glykogen
				↑ Abbau zu Glukose durch *Adrenalin*, Sympathicusreize und Muskelstoffwechsel.

Darüber hinaus ist das Rindenhormon für die Regulierung des Gleichgewichtes des Natrium-Kaliumhaushaltes unbedingt notwendig. Die Auffassung, nach der die Hyperemesis auf eine relative Nebennierenrindeninsuffizienz primär zurückzuführen ist, basiert — wie gesagt — bisher hauptsächlich auf allerdings sehr verlockenden Analogieschlüssen, ohne daß bisher ein allen Einwänden begegnender, exakter Beweis erbracht worden wäre. *Elert* hat in jüngster Zeit die primäre Bedeutung der Nebennierenrinde für das Zustandekommen des idiopathischen Schwangerschaftserbrechens dadurch zu stützen versucht, daß er zeigen konnte, daß Abweichungen des Kohlehydratstoffwechsels während der Frühgravidität sich durch Nebennierenrindenhormon normalisieren lassen. Nach den Untersuchungen von *Anselmino*, *Hoffmann* und *Rhoden* ist das Nebennierenrindenhormon auch imstande, die ketogene Wirkung des Fettstoffwechselhormons des Hypophysenvorderlappenhormons aufzuheben. Ob der Nebennierenreizstoff (*Riml*), der u. a. auch bei relativer Nebennierenrindeninsuffizienz entsteht, sich auch bei an Hyperemesis Erkrankten nachweisen läßt und sich derart eine weitere Stütze für eine bestehende Nebennierenrindeninsuffizienz erbringen läßt, ist meines Wissens bisher nicht untersucht; eigene entsprechende Untersuchungen sind im Gange. Unter der Voraussetzung, daß die Hyperemesis primär durch eine mütterliche Insuffizienz der Nebennierenrinde bedingt ist, wäre die Therapie mit dem entsprechenden Hormon zweifellos als eine *ätiologische* und *nicht nur symptomatische* zu bezeichnen.

Wie immer man nun aber die Entstehung der Hyperemesis auffaßt, so muß zunächst festgehalten werden, daß es infolge des Erbrechens und der fehlenden Flüssigkeits- und Nahrungsaufnahme zu den konsekutiven Symptomen der Austrocknung (Exsikkose) und des Chlorverlustes kommt, und daß sich schwerwiegende Folgen durch den Kohlehydrat- und Vitaminausfall einstellen. Dadurch kommt es zu einer weiteren Kette sehr wesentlicher, ja lebensbedrohlicher Folgen, die sich im intermediären Stoffwechsel abspielen und die am besten aus der von Kehrer stammenden Zusammenstellung entnommen werden können, in der der Angriffspunkt unserer derzeitigen therapeutischen Maßnahmen verzeichnet wurde (Abb. 1). Sedativa wirken sich am Zentralnervensystem aus und müssen daher symptomatisch eine beruhigende Wirkung entfalten. Zur Dämpfung der Erregbarkeit des Brechzentrums hat sich eine Reihe von Medikamenten bewährt: Brosedanklysmen, Rectidonzäpfchen (Rossenbeck), 10%ige Brom-Natriumlösung (abends 2, morgens 1 Eßlöffel auf ein Klysma von 30 bis 50 ccm), in Fällen, bei denen eine rektale Applikation von Sedativis nicht möglich ist, hat sich das Luminal (1 ccm der 20%igen Luminal-Natriumlösung) gut bewährt. Der Exsikkose begegnet man durch parenterale Flüssigkeitszufuhr; man wählt hierzu, um gleichzeitig eine Hypochlorämie zu bekämpfen und der Kohlehydratverarmung entgegenzuwirken, Kochsalz- und Glukoselösungen. Die physiologische Kochsalzlösung kann subkutan, intravenös oder in Form von Tropfklysmen verabfolgt werden, ferner können auch 10 bis 15 ccm einer hypertonischen, 10- bis 20%igen Kochsalzlösung zwei- bis dreimal intravenös täglich gegeben werden. Die beste Art, parenteral die Glukose dem Körper zuzuführen, ist die Form einer intravenösen Dauertropfinfusion, da dadurch eine künstliche Hyperglykämie gesetzt wird (Elert). Bei der rektalen Zufuhr wird kein Zucker resorbiert, da der Dickdarmschleimhaut die Phosphatase fehlt (Verzár, Carrer, Groen und Hallen, Elert). Der rektalen Einverleibung kommt demnach nur der Wert einer Flüssigkeitszufuhr zu. Die unmittelbaren Folgen der Kohlehydratverarmung äußern sich an der Leber. Mit der Besprechung der Traubenzuckerbehandlung wurde bereits die Frage nach der Behandlung der Leber mit ihrem Parenchymschaden und ihren gestörten Partialfunktionen angeschnitten. Das Problem jeder hier ansetzenden Therapie läuft letzten Endes darauf hinaus, einen Glykogenansatz in der Leber zu erzielen. Hier stehen uns verschiedene Wege zur Verfügung, und zwar die Traubenzuckerbehandlung, die Behandlung mit Insulin, mit Nebennierenrindenhormonpräparaten und mit Stoffen des Vitamin B-Komplexes. Es erhebt sich nur die Frage, welche Medikation oder Kombination zweier oder mehrerer Maßnahmen sich am vorteilhaftesten auswirken muß.

Bekanntlich bauen sich die in der Leber und in der Muskulatur verankerten Glykogendepots aus der Glukose, die von den Kohlehydraten der Nahrung vor allem stammen, auf. Beim Kohlehydrathungerzustand decken die im

Körper vorhandenen Glykogenvorräte nur für eine sehr kurze Zeit den Zuckerbedarf des Organismus (es kommt unter diesen Bedingungen zu einer Zuckerbildung aus Fett und Eiweiß [Glykoneogenie]), und endlich werden durch den Glykogenmangel in der Leber ihre vielfältigen und lebenswichtigen Partialfunktionen in Mitleidenschaft gezogen. Aus diesen Gründen besteht die unbedingte Notwendigkeit, zunächst Glukose künstlich zuzuführen. Duncan und Harding (1919) haben dann auch den Traubenzucker in die Behandlung der Hyperemesis eingeführt, damals allerdings noch in der Vorstellung, daß die Glykogenverarmung der Leber ursächlich das Erbrechen verursache. Bezüglich der Art der Applikation von Glukose wurde schon das Wesentliche gesagt.

Für den Glukoseaufbau und für die Glykogenstapelung in der Leber und in der Muskulatur ist das Insulin von ausschlaggebender Bedeutung. So ist es verständlich, daß das Insulin zur Leberschutztherapie herangezogen worden ist und sowohl allein als auch in Kombination mit Traubenzucker zur Behandlung der Hyperemesis empfohlen wurde. Thalhimer (1924) hat als erster die Insulin-Traubenzuckerbehandlung bei der Hyperemesis eingeführt, um in der glykogenverarmten Leber eine Glykogenbildung zu erreichen. Insulin, allein gegeben, kann jedoch zu einer Glykogenmobilisierung aus der Leber führen, es verstärkt ferner, allein verabfolgt, die schon ohnehin bei der Hyperemesis meist vorhandene Hypoglykämie (Frey, Tibur u. a.) und kann sich derart, allein, ohne Traubenzucker gegeben, deletär auswirken. Aus diesen Gründen ist es verständlich, daß eine alleinige Insulinmedikation unzweckmäßig, ja gefährlich sein muß. Um diesem Ereignis vorzubeugen, muß mit dem Insulin gleichzeitig Traubenzucker verabfolgt werden. Da die rektale Verabfolgung — wie bereits angeführt — zu keiner ausreichenden Resorption der Glukose führt, muß der Traubenzucker in Form einer intravenösen Dauertropfinfusion gegeben werden, um derart eine künstliche Hyperglykämie zu setzen (Elert).

In jüngster Zeit wurde endlich das Nebennierenrindenhormon zur Leberschutztherapie herangezogen. Folgt man den Vorstellungen Verzárs über die Wirkungsweise des Cortins, so ergeben sich die bereits ausgeführten Zusammenhänge, auf die nunmehr nur verwiesen sei. Es ergibt sich demnach, daß das Cortin den Glykogenaufbau fördert. In geringerem Ausmaß entfaltet auch das Progesteron dieselbe Wirkung. Beim adrenalektomierten Tier finden sich denn auch nur geringe Glykogenmengen in der Muskulatur, vor allem wird aber die Leber sehr glykogenarm (Britton, Silvette und Kline). Cortin führt hier wieder zur Auffüllung der Glykogendepots. Bei Leberparenchymschäden konnte dementsprechend auch eine gute Wirkung mit Cortin erzielt werden (Eppinger, v. Uexküll).

Während bereits im Jahre 1912 von Sergent und Lian ein Zusammenhang zwischen der Hyperemesis und einer Nebennierenrindeninsuffizienz angenommen wurde, nahm wohl als erster Kemp 21 Jahre später wieder diesen Gedanken auf. Seitdem ist eine große Zahl von Veröffentlichungen erschienen, die über gute, ja glänzende, den bisherigen Behandlungen überlegene Ergebnisse bei der Behandlung der Hyperemesis mit Nebennierenrindenhormon berichteten. Neben Pancortex, einem hochkonzentrierten, ascorbinsäurehaltigen Nebennierenrindenpräparat, das aus frischen Drüsen hergestellt wird (Wagner, Elert u. a.), wird auch synthetisches Nebennierenrindenhormon (Lange-Sundermann, Posatti, Elert, Regretti u. a.) angewendet.

Das Vitamin B_1 endlich dürfte über den Parasympathicus den Inselapparat des Pankreas zur Funktionssteigerung anregen, vor allem greift es regulierend in den Glykogenbestand der Leber ein. Bei entleerten Leberglykogendepots infolge einer Pankreasdysfunktion fördert das Vitamin B_1 die Auffüllung der Depots. Ferner wird bekanntlich der Phosphorylierungsprozeß beim Zuckerabbau und bei der Resynthese von Cortin bewirkt; das Vitamin B_1 ist das Coferment der Carboxylase, die einen normalen Ablauf des Kohlehydratstoffwechsels ermöglicht (Spaltung der im intermediären Stoffwechsel gebildeten Brenztraubensäure in Acetatdehyd und Kohlensäure). Auf Grund dieser Wirkungen erklären sich die günstigen therapeutischen Ergebnisse, die nur mit Vitamin B_1 im Verein mit Traubenzucker erzielbar sind. Eine kombinierte Anwendung von Cortin und Vitamin B_1 (Spitzer, Posatti, Elert) wird jedoch zu besonders günstigen therapeutischen Erfolgen führen müssen. Aber auch das zum Vitamin B_2-Komplex gehörige Lactoflavin und Nikotinsäureamid hat für einen geregelten intermediären Kohlehydratstoffwechsel eine katalytische Bedeutung und wird daher mit Vorteil Anwendung finden müssen. Eine Leberschutztherapie kann übrigens auch mit Leberpräparaten durchgeführt werden, so daß es erklärlich ist, daß auch diese bei der Hyperemesisbehandlung Verwendung finden (Campolon [Mühle]).

Da die Leberveränderungen im Mittelpunkt des Krankheitsgeschehens stehen, kommt der Leberschutztherapie die größte Bedeutung zu. Ueberblicken wir nunmehr die therapeutischen Ergebnisse, die sich mit den verschiedenen

„Leberschutzbehandlungsarten" erzielen lassen, so sei auf eine Zusammenstellung (Elert) hingewiesen, aus der wohl einwandfrei hervorgeht, daß die Nebennierenrindenhormontherapie zu den besten Ergebnissen führt.

Auf Grund unserer Erfahrungen ist folgender Behandlungsart der Vorzug zu geben: Schwere Fälle gehören unbedingt in stationäre Behandlung, ferner erweist sich eine Isolierung der Patientinnen, unter Umständen ein Besuchsverbot als notwendig. Von den Nebennierenrindenpräparaten haben sich uns sowohl Pancortex als auch Cortiron bestens bewährt. Je nach der Schwere des Falles werden folgende Dosen verabfolgt: Pancortex: bei leichteren Fällen täglich 5 bis 10 ccm intravenös mit Glukose, bei schweren 10 bis 20 ccm; Cortiron: bei leichteren Fällen täglich 5 bis 10 mg intramuskulär, bei schwereren täglich zwei- bis dreimal 10 mg. Nach dem Sistieren des Erbrechens erscheint eine weitere Behandlung für die Dauer von 4 bis 5 Wochen mit vier- bis fünfmal täglich je 1 Cortiron-Dragee zu 1 mg, das langsam im Munde zergehen gelassen wird, empfehlenswert. Ferner wird selbstverständlich der Gefahr einer Hypochlorämie durch die Verabfolgung von physiologischer Kochsalzlösung in Form von täglichen rektalen Tropfklysmen begegnet; wenn diese Form der Verabfolgung wegen einer Reizung der Rektumschleimhaut — die auch durch die täglich notwendigen Reinigungseinläufe (Chrobak) mitbedingt wird — nicht mehr möglich ist, wird das Kochsalz subkutan verabfolgt. Außerdem wird in schweren Fällen eine intravenöse Dauerinfusion mit isotonischer 6- bis 7%iger Traubenzuckerlösung angelegt oder kleine Mengen einer hypertonischen (10- bis 20- bis 50%igen Lösung) intravenös injiziert. Tägliche subkutane Gaben von Vitamin B_1, Lactoflavin und Nikotinsäureamid, von Vitamin C bei einer Cortironmedikation vervollständigen sinngemäß die Behandlung, die sich mit der auch von anderen Autoren bevorzugten deckt. Gute Erfolge werden übrigens auch mit Magenspülungen erzielt, wobei zunächst mit einer 1%igen Tanninlösung, danach täglich durch beiläufig 8 bis 10 Tagen mit einer 15- bis 30%igen Traubenzuckerlösung gespült wird.* Der Angriffspunkt dieser Behandlung ist die Magenschleimhaut selbst. Die Nahrungs- und Flüssigkeitsaufnahme hat sich nach der Schwere des Falles zu richten. Bei schweren Fällen ist eine 24stündige Karenz nur von Nutzen. Die weitere Nahrungsauswahl nach dem Sistieren des Erbrechens ist nicht ganz leicht; hier wird man zwar den Neigungen der Patienten nach Möglichkeit entgegenzukommen suchen,

* Diese Angabe verdanke ich Herrn Dozent Roller (Klinik Professor Eppinger).

zweckmäßig aber den Uebergang zur festen Nahrung über eine flüssig-breiige zu gestalten suchen.

Bei einer bestehenden Emesis oder Hyperemesis, aber auch ohne diese, wird auch ein Ptyalismus beobachtet. Die Menge des sezernierten Speichels kann täglich 1 bis 1½ Liter betragen (E. Kehrer, G. Döderlein). Unter der anhaltenden Hypersalivation kann das Allgemeinbefinden leiden, selbstverständlich besonders in jenen Fällen, die mit Erbrechen einhergehen. Der Ptyalismus ist durch einen parasympathischen Erregungszustand (Chorda tympani) bedingt. Die therapeutische Beeinflussung ist nicht immer leicht. Neben Atropinpräparaten, Diät, Traubenzucker, Kochsalzinfusionen wurden auch Nebennierenrindenhormonpräparate empfohlen. Eine prompte Wirkung wird durch die Röntgenbestrahlung der Parotis erzielt (Biermer und Backer, G. Döderlein), wobei zunächst der Versuch mit einer einseitigen Bestrahlung unternommen werden soll (an 3 Tagen je 200 r auf die Parotis). In einem selbst beobachteten einschlägigen Fall, der innerhalb von 24 Stunden 900 ccm Speichel produzierte und der keine emetischen Symptome aufwies, gelang es einzig und allein durch die Injektion von täglich 2 Ampullen Betaxin, die Salivation zu normalisieren.

Ich bin mir bewußt, daß ich von der großen Zahl therapeutischer Vorschläge nur eine Auslese gebracht habe, die aber, auf unseren derzeitigen Kenntnissen über die Aetiologie des idiopathischen Schwangerschaftserbrechens basierend, zu den besten Ergebnissen führt, mußten wir doch in den letzten 5 Jahren unter 45 Fällen von Hyperemesis in keinem Fall zu einem Abbruch der Schwangerschaft schreiten. Da auch von anderen Seiten über ähnlich gute Resultate der konservativen Behandlung berichtet wird, sind wir vielleicht von jenem Zeitpunkt nicht mehr allzufern, in dem der bekannte Ausspruch Ahlfelds nicht mehr ganz zutrifft, nach dem nämlich „die Behandlung der Hyperemesis eine mehr experimentelle ist", und in dem die Namensgebung „unstillbares" Erbrechen der Tatsächlichkeit nicht mehr entspricht und zu anderen therapeutischen Leistungen in unserem Fach sich noch jene hinzugesellt, dem idiopathischen Schwangerschaftserbrechen seine Gefahr für Mutter und Kind genommen zu haben.

Bei den Toxikosen mit einer vorwiegenden funktionellen Schädigung eines Organs spielen die Dermopathien in der Praxis eine größere Rolle. Sie finden sich sowohl in den ersten Monaten der Schwangerschaft, als auch besonders gehäuft in der zweiten Schwangerschaftshälfte. Hierher gehören die Erytheme, urtikariaähnliche Ausschläge und Ekzeme. Relativ oft leiden schwangere Frauen an einem Pruritus, der unter Umständen nur an der Vulva lokalisiert ist, manchmal jedoch den ganzen Körper befällt. Wenn diese angeführten Hauterkrankungen auch nicht schwerwiegendere Folgen nach sich ziehen, so werden sie doch, besonders der Pruritus, von den betroffenen Frauen so unangenehm empfunden, so daß sich eine Behandlung als notwendig erweist. Der vulväre Pruritus spricht in der Regel auf lokale Pinselungen der betroffenen Teile der äußeren Genitalien mit 2- bis 5%iger Lapislösung gut an. Die Behandlung des universellen Juckreizes bereitet allerdings oft größere Schwierigkeiten. Neben Kalziumpräparaten werden Schwangerenserum, Pferdeserum, Infusionen von Ringerscher Lösung (200 bis 300 ccm) und Eigenblutinjektionen empfohlen. In letzter Zeit wurde über günstige Ergebnisse mit einer Follikelhormonbehandlung berichtet (Friedrich, Albrecht, Haupt), wobei täglich 1 mg Progynon oder dreimal wöchentlich 2 mg verabfolgt werden.

Ernster als die eben erwähnten Hautveränderungen sind der Herpes und die Impetigo herpetiformis zu bewerten, besonders dann, wenn diese Erkrankungen in schweren Formen auftreten. Die Behandlung besteht in Kalkzufuhr, in Ringer- oder Normosallösungen (200 ccm), in der Verabfolgung von Schwangerenserum, bzw. des Homoserans und in A. T. 10-Gaben, wobei allerdings der Kalkblutspiegel bzw. der Kalium-Kalzium-Quotient fortlaufend kontrolliert werden muß. Die Impetigo herpetiformis wird als eine Hypokalzinose aufgefaßt. Während sie früher, vor der A. T. 10-Medikation, nicht so selten den Grund zu einer Schwangerschaftsunterbrechung abgab, ist sie nunmehr einer Behandlung mit dem genannten Präparat zugänglich.

Die drei wichtigsten Krankheitsbilder, unter denen die Spättoxikosen, die Oedneklose, auftritt, sind der essentielle Schwangerschaftshochdruck, die Schwangerschaftsnephropathie und die Eklampsie.

Eine latente Wasserretention oder ein latenter Hydrops stellt sich im Laufe einer jeden Gravidität ein. Werden die Oedeme klinisch nachweisbar, so sprechen wir von einem essentiellen Schwangerschaftshydrops (Hydrops gravidarum), wobei keinerlei Nierenveränderungen sich nachweisen lassen. Die Behandlung hat im Laufe der letzten Jahre keine wesentliche Aenderung erfahren. Nach wie vor stehen diätetische Maßnahmen im Vordergrund, wie Einschränkung der Kochsalz- und Flüssigkeitszufuhr (800 bis 500 ccm), bzw. vollständiger Kochsalzentzug und Durst-Hungertage. Das Ausmaß unseres therapeutischen Vorgehens hat sich nach der Schwere der Erkrankung zu richten. Bei schweren Fällen werden neben den obigen diätetischen Maßnahmen absolute Bettruhe und Diuretica (Diuretin usw.) zu verordnen sein. Mit Hilfe der angegebenen Maßnahmen gelingt es in der Regel, eine Verschlechterung zu vermeiden, das Auftreten nephrogener Symptome zu verhüten und derart die Gefahr einer Eklampsie zu beheben.

Unter dem essentiellen Schwangerschaftshochdruck versteht man eine oft nicht unbeträchtliche Blutdruckerhöhung in der Gravidität, die, nur durch die Schwangerschaft bedingt, mit keinen anderen Krankheitszeichen einhergeht. Da jedoch jene Hypertonien weit häufiger im Laufe einer Schwangerschaft auftreten, die als prämonitorische Zeichen eines eklamptischen Symptomenkomplexes zu werten sind, muß jeder Blutdrucksteigerung eine besondere Aufmerksamkeit geschenkt und die Betroffenen in fortlaufender Beobachtung gehalten werden. Die so häufig zur Beobachtung kommende Hypotonie, die mit leichter Ermüdbarkeit, verminderter Leistungsfähigkeit, Neigung zu Ohnmachtsanfällen, Herzklopfen usw. einherzugehen pflegt und die auf eine auch in der zweiten Schwangerschaftshälfte persistierende Nebenniereninsuffizienz zurückgeführt werden kann, läßt sich durch eine Nebennierenrindenhormonmedikation (Cortiron) im Verein mit Sympatol (zwei- bis dreimal täglich 15 Tropfen) unserer Erfahrung nach gut beeinflussen.

Die Schwangerschaftsnephropathie, bei der sich als symptomatische Trias neben Oedemen eine Albuminurie, Zylindrurie und Hypertonie finden, zwingt uns zu schärferen therapeutischen Maßnahmen. Vor allem ist absolute Bettruhe erstes Erfordernis. Die Flüssigkeitszufuhr ist, entsprechend der Schwere des Falles, weitgehend herabzusetzen (400 bis 200 ccm), bzw. gänzlich zu streichen und Dursttage einzuschalten. Den Dursttag kombiniert man vorteilhaft mit einem Hungertag, dem ein Obsttag oder ein Kartoffeltag folgt. Das Kostschema ist kochsalzfrei zu gestalten. Neben der Anwendung von Diureticis kann auch von nicht allzu ausgiebigen Aderlässen Gebrauch gemacht werden. In schwersten Fällen empfehlen sich intravenöse Gaben von hypertonischer, 50%iger Traubenzuckerlösung, Vitamin B_1- und Nebennierenrindenhormon.

Die Verhütung der Eklampsie besteht in einer sorgfältigen ärztlichen Ueberwachung in den letzten drei Schwangerschaftsmonaten. Bei diesen in regelmäßigen Abständen vorzunehmenden Untersuchungen ist außer auf subjektive Symptome, auf das Verhalten des Blutdruckes, des Harnes und eine allfällige Wasserretention (abnorme Gewichtszunahme, Nachweis von Oedemen) zu achten und derart ein gegebenenfalls bestehender ödemonephrotischer Symptomenkomplex aufzudecken und sofort die entsprechende Therapie durchzuführen. Die Behandlung einer drohenden oder gar bereits ausgebrochenen Eklampsie soll nach Möglichkeit einer Anstalt vorbehalten bleiben. Die Behandlung der drohenden Eklampsie wird nach den beim nephrotischen Symptomenkomplex bereits kurz geschilderten Grundsätzen ausgeführt. Bei einer sub partu ausgebrochenen Eklampsie tritt für die Praxis die „Therapie der mittleren Linie" in ihr Recht: Bis zu dem Zustandekommen der notwendigen Vorbedingungen für eine operative Beendigung der Geburt per vias naturales empfehlen sich folgende Maßnahmen: Intravenöse Zufuhr von 100 ccm einer 50%igen Traubenzuckerlösung (Albers u. a.), Aderlaß (nicht mehr als 300 ccm), Dämpfung der Uebererregbarkeit der Zentren durch Narkotika (Stroganoff: Morphium-Chloralhydrat oder an deren Stelle Luminal, Pernocton, Magnesium sulfuricum (intravenös 20 ccm einer 20%igen Lösung), Verabfolgung von Nebennierenrindenhormonpräparaten (Pancortex, Cortiron usw.), Vitamin B_1, unter Umständen bei bedrohlicherem Absinken des Blutdruckes und Verschlechterung der Herztätigkeit Kreislaufmittel (Strophanthin, Cardiazol, Sympatol, Veritol). In Anstalten tritt eine primär chirurgische Behandlung der Geburtseklampsie in Konkurrenz mit der geschilderten Therapie der mittleren Linien in Form des Kaiserschnittes. In jüngster Zeit berichtete Bach über besondere, bemerkenswerte Erfolge, die er bei diesen Fällen mit Blutegeln erzielen konnte (Anlegen von 12 Blutegeln an jedes Bein). Von dieser Beobachtung aus empfiehlt Bach zur Unterstützung der sonstigen konservativen Behandlung die Anwendung von Blutegeln in allen Fällen von Präeklampsie, Schwangerschafts-, Geburts- und Wochenbetteklampsie. An Stelle von Blutegeln wurde auch Hirudin verwendet (2 ccm einer 1%igen Hirudinkarbolsäurelösung, frisch gelöst, Lösungszeit 10 Minuten, intramuskuläre Injektion, eventuell innerhalb 12 bis 24 Stunden drei bis viermalige Wiederholung der Injektion).

Einen großen Fortschritt in der Behandlung der Spättoxikosen hat die Erfassung und genau durchgeführte prophylaktische Betreuung aller Schwangeren gebracht, so daß die Bedeutung der kunstgerechten Schwangerenberatung, gleichgültig, ob diese nun im Rahmen einer Beratungsstelle oder einzeln durchgeführt wird, besonders in diesem Zusammenhang eigens hervorgehoben zu werden verdient.

Ueberblicken wir die vorstehenden Ausführungen zusammenfassend, so muß wohl festgehalten werden, daß auf dem Gebiete der Behandlung der Schwangerschaftstoxikosen zweifellos neuerdings bemerkenswerte Erfolge zu verzeichnen sind, die dazu berufen sind, die Gefahren, die eine Gravidität für Mutter und Kind heraufbeschwören können, um ein Wesentliches herabzusetzen.

Literatur: Albrecht: Münch. med. Wschr., 1937, 20, 786. — Anker: Acta obstetr. scand. (Schwd.), 20, 216, 1940. — Anker und Per Laland: Norsk Mag. Laegevidensk. (Norw.), 95, 1324; zit. nach Ber. Gynäk., 29, 160. — Anselmino: Ber. Gynäk., 28, 1, 1935. — Anselmino, Hoffmann und Herold: Arch. Gynäk., 157, 86, 1934. — Anselmino, Hoffmann und Rhoden: Naunyn-Schmiedebergs Arch., 181, 325, 1936. — Bach: Arch. Gynäk., 173, 212, 1942. — Rossenbeck: Geburtsh. u. Frauenheilk., 1, 259, 1939; Arch. Gynäk., 173, 226, 1942. — Brandstrup: Acta obstetr. scand. (Schwd.), 19, 376, 1939. — Buschbeck und Reifferscheid: Zbl. Gynäk., 3, 123, 1938. — Carrer, Groen und Hallen: Acta med. scand. (Schwd.), 107, 1, 1941. — Clauberg: J. Méd. Par., Juli 1937. — Cuyler, Ashley und Hamblen: Endocrin., 27, 177, 1940. — Doederlein: Zbl. Gynäk., 2235, 1939. — Elert: Klin. Wschr., 1940, 49; Arch. Gynäk., 173, 414, 1942; Zbl. Gynäk., 1538, 1942. — Engelhart und Riml: Arch. Gynäk., 158, 2, 314, 1934. — Fekete: Z. Geburtsh., 124, 148, 1942. — Frankl: Endokrinologie, 7, 167, 1930. — Freeman, Melick und McClusky: Amer. J. Obstetr., 33, 618, 1937. — Friedrich: Zbl. Gynak., 29, 1289, 1938. — Haupt: Med. Welt, 1937, 46, 1623. — Heidler, H.: Wien. med. Wschr., 1934, II, 825. — Heim: Klin. Wschr., 1934, 1614; 1935, 166; Mschr. Geburtsh., 104, 1937. — Herbrand: Fschr. Ther., 131, 1940. — Jores: Klinische Endokrinologie. Berlin: Springer, 1942. — Kehrer: Z. Geburtsh., 116, 333, 1938. — Lange-Sundermann: Münch. med. Wschr., 1940, 808. — Mühle: Zbl. Gynäk., 645, 1938. — Navratil: Wien. klin. Wschr., 1938, Nr. 41, 1. — Derselbe: Wien. klin. Wschr., 1942, Nr. 26, 551. — Posatti: Wien. klin. Wschr., 1941, Nr. 43 u. 44. — Repetti: Fol. gynaec. et demogr. (It.), 38, 169, 1941; zit. nach Ber. Gynäk., 43, 472, 1942. — Riml: Pflügers Arch., 238, 345, 1936. — Derselbe: Arch. exper. Path. (D.), 188, 35, 1937; 189, 659, 1938. — Derselbe: Z. Klin. Med., 134, 1, 1938. — Derselbe: Med., Klin., 1938, I, 385. — Derselbe: Verh. dtsch. Ges. inn. Med., 228, 1938. — Derselbe: Klin. Wschr., 1936, II, 1936; 1937, I, 801. — Rossenbeck, Schultze-Rhonhoff: Arch. Gynäk., 157, 462, 1934. — Derselbe: Geburtsh. u. Frauenheilk., 2, 104, 1939. — Seitz: Zbl. Gynäk., 1664, 1937. — Derselbe: Mschr., Geburtsh., 97, 325, 1934. — Selijott-Rivers: Acta obstetr. scand. (Schwd.), Bd. 18, Suppl.-H. 1. Helsingfors 1938.—Spitzer: Zbl. Gynäk., 1433, 1938. — Stemmer: Zbl. Gynäk., 456, 1935. — Stoeckel: Lehrbuch der Geburtshilfe. Jena: G. Fischer, 1941. — Thaddea: Die Nebennierenrinde. Leipzig: G. Thieme, 1936. — Verzár: Die Funktion der Nebennierenrinde. Basel 1939. — Wagner: Zbl. Gynäk., 432, 1939. — Westmann: Acta obstetr. scand. (Schwd.), 20, 203, 1940. — Westphal: Hoppe-Seylers Z., 273, 13, 1942.

Tuberkulose und Schwangerschaft

Von

Obermedizinalrat Dr. **W. Ekhart**

Wien

Man kann zu dem Thema Tuberkulose und Schwangerschaft nicht Ausführungen machen, ohne einleitend darauf hinzuweisen, daß unser Wissen in dieser Frage noch nicht abgeschlossen ist. Insbesondere die Zusammenarbeit zwischen dem Frauenarzt und dem Tuberkulosearzt, wie sie bereits an einigen Stellen in Angriff genommen wurde müßte noch verstärkt werden, worauf ich noch zu sprechen komme. Immerhin kann für praktische Zwecke bereits einiges Grundsätzliche gesagt werden und Anwendung finden.

Die Veränderungen in der Biologie der Frau, welche während einer Gravidität eine gleichzeitig bestehende Tuberkulose beeinflussen können, zeigen sich in ihren leichtesten Formen bereits zur Zeit der Menstruation; noch deutlicher bereits am Beginn dieser für die Frau physiologischen Entwicklung, zur Zeit der Pubertät; der gemeinsame Nenner sozusagen, über den diese Veränderungen wirken, ist die erhöhte vegetative Reagibilität, also die Herabsetzung der vegetativen Reizschwelle. Die Gravidität ist ja nach Seitz ein vegetativer Vorgang. Faktoren und Zeiten, die erfahrungsgemäß die vegetative Reizschwelle erniedrigen, bedingen nach Redeker die bekannten kritischen Momente der Phthiseentwicklung und -entstehung. Zu ihnen gehören von den für die Frau biologischen Entwicklungsperioden Pubertät, Menses, Gravidität, Puerperium; darüber hinaus noch ganz allgemein Faktoren oder Zeiten, wie Frühjahr, sekundär-allergisierende Infektionen, vegetabilisierende Lebensweise und Ernährung, psychische Alterationen, vererbte Besonderheiten des vegetativen Status (also angeborenkonstitutionelle Momente) usw. Die Erhöhung der vegetativen Reagibilität (oder, anders ausgedrückt, die Erniedrigung der vegetativen Reizschwelle) begünstigen ihrerseits die Entstehung und Entwicklung eines tuberkulösen Schubes; wobei wir heute wissen, daß jede tuberkulöse Neuherdsetzung über ein exsudatives, hochallergisches Stadium sich entwickelt, wobei Schub und hohe Empfindlichkeitskomponente der Allergie, sich gegenseitig bedingend, als Ursache wie auch als Wirkung auftreten können und sich auch gewöhnlich im Circulus vitiosus verstärken, bis unter günstigen Umständen ein Phasenwechsel eintritt, der mehr die Immunitätskomponente der Allergie hervortreten läßt, wonach es dann zur Resorption des perifokal-entzündlichen Infiltrates und zur produktiv-indurativen Umwandlung des infiltrativen oder schon verkäsenden Prozesses kommt, im weiteren Verlauf zu dessen cirrhotischer Vernarbung; bei ungünstiger Entwicklung allerdings behält die allergische Empfindlichkeitskomponente die Oberhand und es kommt zur Verkäsung und Kavernisierung.

In dieser Weise müssen wir uns also, ganz allgemein gesprochen, die gegenseitige Beeinflussung von Tuberkulose und Gravidität vorstellen, nämlich über die Brücke der vegetativen Hochreagibilität zur allergischen Hochempfindlichkeit, deren pathologisch-anatomisches Substrat die exsudative Neuherdsetzung (oder das Wiederaufflackern älterer Herde) ist, deren klinisches Zeichen der tuberkulöse Schub darstellt.

Ganz kurz seien hier auch die für den Praktiker wichtigen Beziehungen zwischen Tuberkulose und Menstruation geschildert: Die Tuberkulose kann den Eintritt der ersten Monatsblutung verzögern oder beschleunigen. Schwere tuberkulöse Erkrankungen führen bekanntlich zur Amenorrhoe, welche wir praktisch am besten als Spar- und Abwehrmaßnahme des Körpers werten und daher medikamentös oder durch Bäder u. dgl. nicht bekämpfen sollen. Die nicht seltenen Menstruationsbeschwerden der Tuberkulösen (Krämpfe, Schmerzen) werden am besten durch Salipyrin behandelt. Die Temperatur ist bei tuberkulösen Frauen am häufigsten vor, aber auch während und nach der Menses erhöht; am wichtigsten ist, wie schon Turban festgestellt hat, die prämenstruelle Temperatursteigerung, welche oft schon 14 Tage vor der Menses auftritt und meistens nicht mehr als 37·5 erreicht, bei sonst normalen Temperaturen; im allgemeinen sind Anstiege bis zu 3 Zehntelgraden nicht von Bedeutung. Häufig sind wellenförmige Temperaturanstiege schon 12 bis 14 Tage vor der Menses. Mit Einsetzen der Menses kommt es oft zu einem Abfall der Temperatur unter die Norm (Poindecker). Wiederholen sich Temperaturanstiege während und nach den Menses oft, so ist dies vielleicht prognostisch ein ungünstiges Zeichen. (Die Ursache der prämenstruellen Temperatursteigerung ist der innersekretorische Einfluß des Ovars auf den tuberkulösen Prozeß, der auslösende Faktor ist der Follikelsprung und die Ausbildung des Corpus luteum; so erklärt sich auch die zeitliche Verlaufsform.)

Nach Neumann wirft eine im Beginn einer tuberkulösen Erkrankung eintretende Amenorrhoe ein sehr trübes Licht auf eine an sich vielleicht noch ganz leicht aussehende Erkrankung. Daß während der Menses auch die Sinkgeschwindigkeit erhöht ist, ist bekannt, sie erhöht sich aber nicht auf mehr als 10 bis höchstens 15 mm nach Poindecker.

Fragen wir uns nun nach dem möglichen Einfluß einer Gravidität auf die Entwicklung einer Tuberkulose, so müssen wir die oben skizzierte Beziehung über den gemeinsamen Nenner der erhöhten vegetativen Reagibilität als die eine Beeinflussungsmöglichkeit herausstellen. Davon unabhängig ist die mehr mechanische Beeinflussung einer Tuberkulose, wie sie sub partu stattfindet. Betrachten wir zunächst die Beziehungen zwischen Tuberkulose und Gravidität im engeren Sinne, so finden wir von den einzelnen Autoren eine Reihe von Vorgängen als ursächlich angegeben, die, im Gefolge der Schwangerschaft auftretend, auf die Tuberkulose einen verschlechternden Einfluß haben sollen. In der Tat macht ja der weibliche Organismus in der Schwangerschaft eine Fülle von Umwälzungen mit: es kommt zu einer Verschiebung der Ionenkonzentration, des Kolloidzustandes des Blutes (z. B. in der erhöhten Senkung zum Ausdruck kommend, die in der Gravidität physiologischerweise Werte bis zu 25 mm nach Poindecker erreichen kann, manchmal aber auch normal bleibt), ferner zu hormonalen Verschiebungen und schließlich, wie bereits erwähnt, zu einer Aenderung der Reaktionsweise des vegetativen Nervensystems. Wenngleich alle diese Veränderungen sich zumeist innerhalb physiologischer Grenzen halten, so sind sie doch tiefgreifend genug, um die Möglichkeit einer durch sie bedingten Verschlechterung tuberkulöser Prozesse im Organismus der Schwangeren wahrscheinlich zu machen.

Wenn von einzelnen Autoren eine Reihe von besonderen Ursachen für diese zunächst hypothetische ungünstige Beeinflussung einer Tuberkulose während einer bzw. durch eine Gravidität angeführt werden, so muß man sich der Problematik dieser Zusammenhänge bewußt bleiben, deren Wertigkeit zudem oft in positivem wie in negativem Sinne von den verschiedenen Autoren festgestellt wird. Einige dieser Faktoren, die im übrigen Schultze-Rhonhof und Hansen in ihrer großen Arbeit zusammenstellen, seien des Verständnisses halber angeführt: so die Abnahme der fettspaltenden Kraft des Serums in der Gravidität, die physiologisch in der Gravidität auftretende Cholesterinämie (von der übrigens einzelne Autoren im Gegenteil einen günstigen Einfluß auf die Tuberkulose behaupten); die in der Gravidität eintretende Demineralisation, besonders die Verminderung des Kalkgehaltes, ferner Störungen innersekretorischer Art (z. B. ovariell bedingte dauernde Kongestion der Lungen während der Gravidität; Hyperfunktion der Schilddrüse; nach anderen Autoren wieder Funktionsstörungen des gesamten Endokriniums, insbesondere auch zusammen mit Funktionsstörungen der Leber), ferner eine von einigen Autoren behauptete, von anderen bestrittene Graviditätsanergie, entsprechend einem Abfall des Prozentsatzes der positiven Tuberkulinreaktionen während der Gravidität (der vielleicht aber auf Hautveränderungen bei der Graviden, nicht auf einen Antikörperschwund zurückzuführen ist); weiter wird als ursächlich angeführt die physiologische Graviditätshyperglykämie, eine erhöhte myeloide und lymphoide Tätigkeit der hämatopoetischen Organe (dadurch Möglichkeit des Freiwerdens von Tuberkelbazillen in Lymphdrüsen?), das gesteigerte Ernährungs- und Sauerstoffbedürfnis der Schwangeren, der vielfach während der Gravidität bestehende psychische Druck, die Hyperemesis sowie überhaupt Uebelkeit und Inappetenz während der Gravidität.

Die Vielfalt dieser Angaben sowie die vielfach widerstreitenden Ansichten der Autoren zeigen deutlich, wie weit wir von einer klaren Fassung und Analyse der Faktoren, die eine im Verlauf der Gravidität von den meisten als möglich zugegebene Verschlechterung einer Tuberkulose bedingen können, entfernt sind. Daß einige der genannten Faktoren daran mitbeteiligt sein können, ist ohneweiters zu vermuten, wahrscheinlich spielen mehrere im wechselnden Ausmaß zusammen, sicher scheint aber, daß die Gesamtwirkung auf dem Wege über die Erniedrigung der vegetativen Reizschwelle geht, welche ihrerseits wieder die exsudative Phase eines tuberkulösen Schubes auszulösen vermag.

Ich glaube, daß gerade dieser Teil der Frage, ob eine Tuberkulose schon während und durch die Schwangerschaft ungünstig beeinflußt werden kann, dringend noch weiterer Bearbeitung bedarf. Indes möchte ich auf einen Umstand noch aufmerksam machen: Wir alle wissen, daß die Frauen auch ohne eine komplizierende Erkrankung sich auf die physiologische Belastung einer Gravidität sehr verschieden verhalten können, wobei es konstitutionelle Unterschiede der verschiedenen Individuen geben kann und ebensosehr ein und dasselbe Individuum zu verschiedenen Zeiten verschieden reagieren kann, also z. B. auf die erste Schwangerschaft anders als auf die zweite usw. Es gibt Frauen, die blühen in der Schwangerschaft und auch während der Laktation ordentlich auf, während andere fast kachektisch werden. Daß in dem einen und in dem anderen Fall eine daneben noch bestehende Tuberkulose allein durch diesen sozusagen endokrin-konstitutionell bedingten Ablauf einer Gravidität mitbeeinflußt wird, ohne daß wir im einzelnen die Faktoren analysieren müßten oder könnten, erscheint mir klar. Wüßten wir durch Ergebnisse einer frauenärztlichen Konstitutionsforschung im Einzelfall den voraussichtlichen Verlauf und die Wirkung einer Schwangerschaft auf die einzelne Frau etwa im voraus (wobei eventuell die bisherigen Erfahrungen mit früheren Graviditäten herangezogen werden könnten), dann könnten wir Tuberkuloseärzte daran unsere Erfahrungen über die Belastungsfähigkeit einzelner Tuberkuloseformen schließen und wahrscheinlich vielfach im Einzelfall zu einem sicheren Urteil hinsichtlich der Unterbrechungsnotwendigkeit kommen. Freilich dürfte die Heranziehung dieser konstitutionellen Indikation nicht an die Stelle der endlich abgeschafften sogenannten sozialen treten.

Aus dem Gesagten ergibt sich die heute von den allermeisten Autoren anerkannte Möglichkeit einer ungünstigen Beeinflussung einer gleichzeitig bestehenden Tuberkulose durch eine Gravidität; wie oft diese erfolgt, bei welchen Fällen — pathologisch-anatomisch gesehen — und vor allem, wann die Verschlechterung kommt, das wissen wir nicht sicher. Es ist daher klar, daß die einzelnen Autoren darüber verschiedene Ansichten haben, und dies ist auch die Ursache dafür, daß das Problem immer neu gestellt und diskutiert wird. Seit 1850 wurde der Einfluß einer Gravidität auf eine Tuberkulose zunehmend pessimistisch beurteilt, bis wir schließlich zu dem Extrem einer scheinsozialen und scheinmedizinischen Indikationsstellung kamen, wie es bis tief in die Systemzeit gang und gäbe bei uns war; die ganze Frage spielte schließlich bereits eine ernste Rolle in unserer Bevölkerungsbilanz, denn die Tuberkulose war — aus Gründen, die hier nicht untersucht werden sollen — anscheinend die bequemste und sicherste Indikationsquelle geworden. Das hat sich ja nun grundlegend geändert und wir haben im nationalsozialistischen Deutschland ein strenges gesetzliches Verfahren für die Indikationsstellung der Unterbrechung einer Gravidität. Die Aufgabe des praktischen Arztes ist nach unseren gesetzlichen Bestimmungen sehr eingeengt: er hat das Recht zur Antragstellung an die sogenannte Gutachterstelle für Schwangerschaftsunterbrechungen; insofern wäre seine Verantwortlichkeit ja zum Teil auf diese Stelle übergegangen, und es wäre seine Aufgabe, lediglich nicht zu viele Anträge zu stellen, um seine eigene Autorität nicht abzunutzen. Allein ich möchte darüber hinaus klarstellen, daß er auch eine wesentliche Pflicht zu übernehmen hat: denn er als Antragsteller muß Bescheid wissen, wann er eine Indikation nicht nur stellen kann, sondern auch muß, um durch Opferung des kindlichen Lebens das mütterliche zu schonen.

In diesem Sinne möchte ich also einiges zur Indikationsstellung bei Tuberkulose sagen. Ich halte mich dabei an die Erfahrung der einzelnen Autoren, vor allem an Braeuning und die Stadlerschen Richtlinien, an meine eigene Erfahrung als ehemaliger Leiter einer Gutachterstelle sowie an meine Einsicht in das Material einer größeren Gutachterstelle (Wien, 1940).

Gerade das Material von Wien pro 1940 zeigt, wie reinigend und korrigierend das Gesetz bereits gewirkt hat: In einer Großstadt mit immerhin 2 Millionen Einwohnern wurden in einem Jahre (1940) nur mehr 60 Anträge auf Unterbrechung wegen Tuberkulose eingebracht und konnten 50 davon bewilligt werden (d. s. über 83%): das zeigt einerseits, daß nicht mehr allzuviel Anträge wegen Tuberkulose die Arbeit der Gutachterstellen belasten, anderseits die Indikation im allgemeinen doch so enge gestellt wird, daß ihr in den meisten Fällen entsprochen werden kann und muß.

Sehr klar hat sich zur Frage der Schwangerschaftsunterbrechung vor allem Braeuning geäußert, der allgemein folgende Forderungen aufstellte: Die Gefahr, welche eine Schwangerschaft für eine tuberkulöse Frau bedeutet, ist wohl geringer, als von den meisten Aerzten angenommen wird. Die Unterbrechung ist nur gerechtfertigt, solange noch die Möglichkeit einer Heilung besteht; sie ist nicht angezeigt bei Fällen, die so wenig aktiv sind, daß keine Behandlung notwendig ist. Wichtig ist ferner die Frage, ob es sich um das erste Kind handelt, da man sich in diesem Falle eher entschließen wird, austragen zu lassen, denn wir wissen ja, daß eine Abrasio zur Sterilität führen kann. Schwersttuberkulöse werden meist überhaupt nicht schwanger, oder wenn, kommt es vor dem Exitus zur Frühgeburt. Wir dürfen auch, wie Braeuning richtig sagt, nicht vergessen, daß die Prognose einer Tuberkulose an sich schwer zu stellen ist, und daß wir daher schwer sagen können, wie die Tuberkulose ohne die Gravidität schon verlaufen wäre. Es ist durchaus möglich und auch bewiesen, daß die Gravidität eine Tuberkulose auch günstig beeinflußt, sowie eben auch ohne Tuberkulose (oder ohne eine andere komplizierende Erkrankung) manche Frauen auf die Gravidität ordentlich aufblühen, manche, wie schon betont, sehr geschwächt werden. Als besonders günstiges Moment während der Gravidität wird ja von vielen die langsam zunehmende Kompression der Lungen von unten her durch die höhertretenden Zwerchfelle (Kollapswirkung) angegeben. Eines steht auch nach Braeuning, der in dieser Frage sehr exakt und vorsichtig vorgeht, fest (übrigens auch nach Schultze-Rhonhof und Hansen), daß während der Gravidität und in den ersten 6 Monaten nach der Entbindung Verschlechterungen in der Verlaufsrichtung einer Tuberkulose häufiger vorkommen als ohne Schwangerschaft; in den ersten 3 Monaten der Gravidität sind diese Verschlechterungen nur selten beobachtet worden; am häufigsten treten die Verschlechterungen in den ersten 6 Monaten nach der Entbindung ein (siehe später!). Am häufigsten traten nach Braeuning Verschlechterungen bei entzündlichen und kavernösen offenen Tuberkulosen ein (man vergesse aber nicht, daß dies auch ohne Gravidität möglich ist und daß auch umgekehrt unerwartete Besserungen beobachtet wurden). Infiltrate bis 2 cm Durchmesser ohne Einschmelzung und ohne Bazillennachweis wurden selten verschlechtert. Aus der Höhe der Senkung zu Beginn der Gravidität ist nach Braeuning nicht, wie manche glaubten, ein Schluß darauf möglich, ob die Gravidität eine Verschlechterung der Tuberkulose hervorrufen wird. Jedenfalls soll die Unterbrechung spätestens Ende des 3. Schwangerschaftsmonates, d. i. $(3 \times 28) + 7$ Tage $= 91$ Tage nach dem ersten Tage der letzten Menstruation (und nicht, wie manche noch zugeben wollen, auch bis Ende des 4. Monates), vorgenommen werden. Unter allen Umständen ist aber zu fordern, daß wir den tuberkulösen Schwangeren unsere erhöhte Aufmerksamkeit und Fürsorge zuwenden und sie, wenn irgend möglich und die Indikation dazu gegeben, lang dauernden Anstaltskuren unterziehen, daß wir ferner trachten, daß die Entbindung in Anstalten erfolgt (natürlich in isolierten Zimmern oder Abteilungen). Darüber hinaus sollte es in Zukunft unser Bestreben sein, alle Schwangeren möglichst bald in der Gravidität einer sogenannten „gezielten Röntgenreihenuntersuchung“ zu unterziehen, wie es Braeuning in Pommern längst schon tut, um so früh wie nur möglich die Diagnose einer Tuberkulose bei einer Graviden stellen zu können.

Betrachten wir nun so gut wie möglich unter Berücksichtigung der einzelnen dafür besonders wichtigen Autoren und besonders der Stadlerschen Richtlinien (Lydtin) die einzelnen Tuberkuloseformen hinsichtlich der Indikationsnotwendigkeit, so stimmen eigentlich alle Autoren darin überein, daß die Phthisis fibrocaseosa nach Neumann (dazu gehört ein Großteil der Frühinfiltrate), wenn der allgemeine Grundsatz, daß eine Besserung dieser Erkrankung noch möglich ist, gegeben ist, eine ausgesprochene Indikation zur Interruptio darstellt.

Ganz allgemein muß zur Frage der Prognose gesagt werden, daß je mehr die exsudativen Prozesse die produktiv-cirrhotischen überwiegen und je ausgedehnter sie sind, desto ungünstiger die Prognose zu stellen ist. Daß die Beobachtung von Fieberverlauf, Senkung, Blutbild, Gewichtskontrolle, Sputumuntersuchungen, der Lokalbefund im Röntgenbild, das Auftreten von Hämoptoën für die Aktivitätsdiagnose und damit auch für die Prognosestellung von ausschlaggebender Wichtigkeit sind, sei hier nur angemerkt.

Neumann legt allerdings größte Wichtigkeit nicht so sehr auf die Beeinflussung der Tuberkulose durch das Graviditätsgeschehen an sich, als vielmehr auf die Einflüsse des Geburtsaktes, also auf das mechanische Moment, von dem wir bisher noch nicht sprachen. Neumann gibt davon eine klassische Schilderung, wenn er sagt, daß es beim Geburtseintritt, der von tiefen, seufzenden Inspirationen begleitet wird, zu einer plötzlichen Entleerung des Uterus, zu einem Herunterrücken des Zwerchfelles kommt, und daß in diesem Augenblick eine Aspiration bazillenhaltigen Materials zur Basis zu eintritt. Dennoch, die ersten Wochenbettwochen verlaufen normal, erst später, erst nach dem Verlassen der geburtshilflichen Station oder des Wochenbettes daheim, bricht das Unheil los. (Ein Gleiches und damit das Vorwiegen des mechanischen Einflusses beweist ja auch Braeuning, wenn er, wie bereits erwähnt, sagt, daß der größte Teil aller von ihm statistisch erfaßten Verschlechterungen in den ersten 6 Monaten nach der Entbindung auftrat.) Es kommt nun plötzlich zu einem hohen, als Grippe aufgefaßten Fieber, in Wirklichkeit zu einer käsigen Pneumonie der basalen Lungenpartien: Neumann nennt diesen typischen postpuerperalen Tuberkuloseschub, die Kombination Spitzenkaverne oben und käsig zerfallende Pneumonie der basalen Lungenanteile der gleichen Seite, postpuerperale Phthise. Dieser

Vorgang ist auch zeitlich zu verstehen: Wir wissen, daß die gewöhnliche Inkubation zwischen einer endogenen Aspiration (wie übrigens auch einem Einbruch von Tuberkelbazillen in die Blutbahn) und dem Ausbruch der ersten stürmischen Krankheitserscheinungen 3 bis 8 Wochen dauert. Wenn wir so bei den eigentlichen phthisischen Formen mit Bazillennachweis oder nur mit Kavernen, und wenn eine Heilungsmöglichkeit noch gegeben ist, ziemlich klar sagen können, daß eine Indikation besteht (am eindeutigsten bei der Phthisis fibrocaseosa incip. nach Neumann oder den äquivalenten Formen anderer Autoren), so liegen demgegenüber die Dinge wesentlich schwieriger in allen anderen Fällen.

Herde der Primärperiode können gelegentlich (heute kommt es grundsätzlich vielleicht häufiger überhaupt zu dieser Fragestellung wegen der Hinaufsetzung des Erstinfektionsalters) eine Indikation geben, nämlich Lungeninfiltrate oder Infiltrierungen und tumorige Bronchialdrüsentuberkulose (wegen Gefahr einer tödlichen hämatogenen Streuung). Von den Formen der Frühgeneralisation käme nur die Miliartuberkulose in Frage, bei dieser ist, weil Heilung der Mutter ausgeschlossen, eine Unterbrechung nicht angezeigt. Die uns heute bekannten, mehr chronischen, nicht absolut infausten, manchmal sogar rückbildungsfähigen Fälle von Miliartuberkulose können gelegentlich eine Indikation abgeben, sie leiten eigentlich schon über zu dem hämatogenen Formenkreis der Tuberkulose. Dazu kann man sagen, daß die lediglich physikalisch und röntgenologisch nachweisbaren Spitzenherde (übrigens gleichgültig, ob exogen oder hämatogen entstanden) keine Indikation abgeben (Lydtin, Braeuning). Nur wenn solche Spitzentuberkulosen gleichzeitig Bazillenbefund oder Kavernen oder beides zeigen, wenn also unmittelbare Streuungsgefahr vorhanden ist (vor allem die erwähnte mechanische sub partu), können sie eine Indikation zur Unterbrechung abgeben. Man muß aber gerade diese Spitzentuberkulosen besonders vorsichtig werten und im Zweifelsfall lieber zuwarten und eventuell eine Behandlung, besonders Anstaltskur, einleiten. Vergessen wir nicht, daß die bevölkerungspolitische Hauptgefahr gerade bei den sogenannten Spitzentuberkulosen und Spitzenherdchen lag, vom in dieser Hinsicht besonders berüchtigten Spitzenkatarrh des früher meist jüdischen Indikators bis zu den selbst röntgenologisch, ja schon sogar physikalisch nachweisbaren, eventuell sogar mit subfebrilen Temperaturen einhergehenden Spitzentuberkulosen.

Bei der Tbc. fibrosa densa ist nach Neumann die Indikation gegeben, wenn Kachexiesymptome vorhanden sind, also Abmagerung, Blässe, mechanische Uebererregbarkeit der Muskulatur, selbstverständlich auch bei Metastasen an lebenswichtigen Stellen des Körpers (Zeichen von Addison, Nierentuberkulose, Darmtuberkulose). Im übrigen geben ferner jene Fälle von Tbc. fibrosa densa eine Indikation, in denen feuchte RG. vorhanden sind, das Sputum positiv ist und Temperatur über 37·5 besteht, bei denen gelegentlich eine Hämoptoë vorkommt, Fälle also, die bereits qualitativ und quantitativ den Uebergang zur Phthisis ulcerofibrosa darstellen. In diesen Fällen wird man sich schon deshalb eher zur Unterbrechung entschließen, als ja bei der Doppelseitigkeit des Prozesses und bei der Häufigkeit pleuraler Mitbeteiligung eine Pneumothoraxbehandlung leider meist nicht möglich ist. Gerade in solchen Grenzfällen wird man aber häufig (was überhaupt bei der Frage der Indikationsstellung, besonders unter ländlichen Verhältnissen öfters geschehen sollte) die stationäre Beobachtung nicht entbehren können.

Ueber das Frühinfiltrat braucht hier nicht mehr viel gesagt werden, da wir es eigentlich schon unter der Diagnose Phthisis fibrocaseosa incipiens abhandelten. Nach Lydtin ist beim echten Frühinfiltrat mit sicher diagnostiziertem Hohlraum die Indikation immer gegeben. Griesbach nimmt dazu einen etwas abweichenden Standpunkt ein: Legt man bei Frühinfiltrat gleich einen Pneumothorax an und gelingt er gut, so daß vor dem Partus noch Bazillenfreiheit zu erwarten ist, so läßt er die Gravidität eher bestehen; dagegen läßt er bei einseitigem Frühinfiltrat ohne Bazillennachweis, bei dem die Indikation zum Pneumothorax noch nicht gegeben und Spontanrückbildung möglich ist, gegebenenfalls die Indikation gelten, um diese Spontanrückbildung nicht durch die Belastung der Gravidität zu stören. Wir selbst würden, wie auch in anderen Fällen, lieber solche nicht streng indizierte Fälle doch der Kollapsbehandlung zuführen und sie dann, wie Griesbach im ersten Fall, nicht zur Interruptio indizieren.

Schwierig wird die Beurteilung der Fälle mit tertiärphthisischen Formen; diese können zwar aktiv, aber doch vorwiegend produktiv-cirrhotisch sein und befinden sich dann bisweilen jahrelang in einem Immunitätsgleichgewicht, das aber bei verschiedenen Belastungen gestört werden kann, worauf diese Fälle dann einen ungünstigen Verlauf nehmen. Man kann in dieser Gruppe ein breites Indikationsgebiet sehen (und die praktische Handhabung der Gutachterstellen bewilligt, soviel ich sehen kann, diese Fälle in der Regel), denn sie sind zwar quoad sanationem nicht günstig, wohl aber quoad vitam, und diese längere Lebensdauer, welche eventuell durch eine Interruptio gewährleistet wird, kann besonders bei der Wichtigkeit des Lebens der Mutter für die Familie wohl in die Waage fallen. Lydtin und Braeuning schließen diese Fälle ebenfalls ein unter folgendeı Gruppe: Spitzen- und Oberlappencirrhosen, die bis unter die Clavicula reichen, wenn sie entweder offen sind, oder eine Kaverne zeigen, oder Lungenblutungen haben, oder bei denen Katarrh zu hören ist. Damit sind diese Fälle etwas besser abgegrenzt. Die praktisch wichtigste Abgrenzung ist freilich auch hier, daß die Fälle nicht prognostisch so ungünstig sind, so daß auch eine Unterbrechung den deletären Verlauf nicht hindern könnte. Dazu ist notwendig, daß genügende Vernarbungstendenz besteht und daß die Kaverne(n) nicht allzu groß sind.

Die Pleuritis exsudativa scheint mir im allgemeinen keine Indikation abzugeben, außer es weisen Tbc.-Bazillen im Auswurf auf eine unter ihr sitzende Lungentuberkulose hin. Bei Polyserositis und bei der Miliaris migrans nach Neumann kann die Unterbrechung indiziert sein.

Die Kollapsbehandlung der Lungentuberkulose kann die Indikationsbreite der einzelnen Tuberkuloseformen, die sich dafür eignen, wesentlich einschränken, wie das ja beim Frühinfiltrat (und zum Teil auch bei der ihm äquivalenten Phthisis fibrocaseosa incipiens) bereits betont wurde. Doch möchte ich nicht verfehlen, darauf hinzuweisen (wie auch an anderer Stelle), daß wir trotz aller unserer Bemühungen nicht über eine allzu große Zahl von erfolgreich bis zu Ende, d. h. bis zur Ausheilung behandelten Fälle verfügen, als daß wir nicht gerade diesen unter unserer Behandlung allem Augenschein nach sich prognostisch günstig gestaltenden Fällen alle unsere Fürsorge und Hilfe angedeihen lassen müßten. Ich würde also gerade diese Fälle, wenn sie gravid werden, am liebsten in stationärer Beobachtung einerseits und in Anstaltsbehandlung anderseits sehen, gerade auch in den ersten drei Schwangerschaftsmonaten, damit auch, wenn eine solche notwendig werden sollte, die Indikation rechtzeitig und fachlich einwandfrei gestellt werden kann. Desgleichen müssen übrigens auch Fälle, die eine schwer einengende Thoraxoperation hinter sich haben, besonders vorsichtig beurteilt werden.

Die Frage, ob eine geheilte Gravide, welche früher an einer Lungentuberkulose litt, ihr Kind austragen darf, kann derzeit vielleicht am besten so beurteilt werden, daß man bei einer Heilungsdauer von über 2 Jahren die Gravidität unter entsprechender Ueberwachung austragen lassen kann; besteht die Heilung aber noch nicht 2 Jahre, dann müßte der Fall hinsichtlich einer Indikationsstellung in Erwägung gezogen werden, wenn auch keineswegs immer der Antrag gestellt und noch weniger ihm stattgegeben werden muß. Im übrigen rate ich auch hier zu Anstaltssicherungskuren.

Wir können damit auf die extrapulmonalen Tuberkuloseformen übergehen und uns fragen, in welchen Fällen hier eine Indikation gegeben ist; es ist darüber im allgemeinen nicht sehr ausführlich geschrieben, bzw. dazu Stellung genommen worden, zum Teil werden daher hier eigene, allerdings auch im Gespräch mit anderen Fachleuten entstandene Ansichten vorgelegt. Von den Knochentuberkulosen gibt vor allem die Karies der Wirbelsäule, insbesondere die Spondylitis der unteren Brust- und der Lendenwirbelsäule eine Indikation ab. Desgleichen möchte ich die Coxitis tuberkulosa, solange ihr ein florider Prozeß zugrunde liegt, hierher einbeziehen. — Die Larynxtuberkulose bedarf, wenn sie, wie in der Mehrzahl der Fälle, eine Folge und Komplikation der Lungentuberkulose darstellt, besonderer fachärztlicher Begutachtung: Gerade hier scheidet eine Reihe von Fällen von der Indikationsstellung aus, da diese Komplikation meist die Folge einer prognostisch ernsten Lungentuberkulose darstellt, bzw. die Prognose durch die Komplikation sehr getrübt wird; in diesen Fällen würde also eine Interruptio das Leben der Mutter nicht mehr retten können. Doch gibt es auch eine Reihe von Fällen, in denen nach laryngologischem Urteil ein nicht zu fortgeschrittener Prozeß durch die Unterbrechung zum Stillstand und zur Besserung gebracht werden kann. Schließlich gibt es auch gutartige Fälle von tuberkulösen Kehlkopfaffektionen mit gutem Allgemeinzustand der Frau, bei denen ein gutartiger Verlauf der Gravidität erwartet werden darf, und in denen daher nicht zur Unterbrechung geschritten werden muß, so z. B. Rötung und Schwellung eines Stimmbandes, ein mäßiges Infiltrat, eine umschriebene Ulzeration sogar (besonders der Regio interarytaenoidea, an der vorderen Kommissur, an einem Stimmband usw., Neumayer), ein Tuberkulom des Larynx, eine Pachydermie; solche Fälle bedürfen aber natürlich eingehender fachärztlicher Ueberwachung, am besten in einer Anstalt, damit bei einem Fortschreiten des Prozesses, solange die Gravidität noch nicht zu fortgeschritten ist, eine Unterbrechung noch angeschlossen werden kann. — Von den Hauttuberkulosen wird selten einmal ein progredienter, von der Gravidität offensichtlich ungünstig beeinflußter Lupus vulgaris eine Indikation abgeben. — Bei Nierentuberkulose wird man bei Einseitigkeit des Prozesses auch in der Gravidität zur Operation schreiten, wenn auch ohne die Schwangerschaft die Indikation gegeben wäre. Beiderseitige Nierentuberkulosen sind prognostisch ungünstig, so daß aus diesem Grunde die Unterbrechung an sich nicht gerechtfertigt ist; doch glaube ich, daß es Fälle gibt, insbesondere bei der häufigen Komplikation mit Blasentuberkulose, wo die subjektiven Beschwerden das Austragen einer Gravidität zu qualvoll machen, als daß man nicht zur Interruptio zu schreiten sich berechtigt sehen könnte. — Aehnliches kann für einzelne Fälle von Peritonitis tuberkulosa (falls es dabei überhaupt zu einer Konzeption kommt) gelten, sowie auch bei isolierter Darmtuberkulose, doch kann bei der letzteren die Indikation nicht als die Regel gelten. Auch eine Periproktitis tuberkulosa, bzw. ein periproktitischer Abszeß können in Ausnahmefällen die Unterbrechung notwendig machen. Die intrakanalikulär entstandene Darmtuberkulose (als Komplikation der schweren Lungentuberkulose) macht eine Unterbrechung jedoch überflüssig, da wir dadurch nicht mehr mit einer Rettung des mütterlichen Lebens rechnen dürfen.

Zum Schluß noch einige Regeln: In Fällen, in denen zugleich eine Pneumothoraxbehandlung und die Unterbrechung indiziert ist, soll man mit der Pneuanlegung nicht zuwarten, bis die Interruptio vorgenommen wurde, sondern die Kollapsbehandlung möglichst vorher einleiten. Möglicherweise kann dann doch noch eine Unterbrechung der Gravidität überflüssig werden. Fälle von Lungentuberkulose, die in Pneumothoraxbehandlung stehen (oder bei denen eine größere einengende Operation vorgenommen wurde), gehören meiner Ansicht nach (und nach Ansicht vieler anderer Autoren) zur Entbindung in eine Anstalt, und zwar in eine Anstalt, wo auch ein Lungenfachmann oder ein entsprechend ausgebildeter Internist zur Verfügung stehen. Bei Pneufällen müssen möglichst bald nach der Entbindung, wenn der Druck der hochstehenden Zwerchfelle so plötzlich in Wegfall gekommen ist, die notwendigen Gasmengen nachgefüllt werden, um den Druckausgleich herzustellen. Auch die Fälle, in denen eine einengende Operation vorgenommen wurde, bedürfen zur Geburt fachärztlichen Rates, sowohl was Ratschläge für die Geburtsdauer, die eventuell notwendige Narkose, Herz- und Kreislaufbehandlung anlangt, als auch insbesondere hinsichtlich der Nachbeobachtung der Lunge im Wochenbett und danach. Ueberhaupt aber gehören kreißende Tuberkulöse in eine Anstalt, schon wegen der Geburtsanstrengung, des möglichen Blutverlustes und der Schmerzen.

Zur Frage der Laktation herrscht, soviel ich sehen kann, noch keine Uebereinstimmung, ob das Stillen für die Mutter einen schädlichen Einfluß auf den Verlauf der Lungentuberkulose habe; die meisten Lungenärzte verneinen dies aber. Ich möchte dies aber nicht für alle Fälle gelten lassen, wieder aus der Erwägung heraus, daß konstitutionell manche Frauen auf das Stillen allein schon schlecht reagieren. Es erübrigt sich aber meist eine Stellungnahme zu dieser Frage, da wir um des Kindes willen nur dort das Stillen durch eine tuberkulöse Mutter erlauben können, wo entsprechende Verantwortung, Intelligenz und — soweit es im Haushalt geschieht — die allgemeinen hygienischen Voraussetzungen dafür gegeben sind; das Stillen durch eine tuberkulöse Mutter kann man und soll man in Anstalten lehren und anregen, wenn es auch daheim versucht wird, muß es unter strenger Kontrolle des Hausarztes und der Fürsorgerin geschehen. Dabei muß sich bekanntlich die Mutter ein Tuch vor den Mund binden, besser ist vielleicht noch der Vorschlag von Poindecker, daß man ein Tuch lose über das Kind und die Brust der Mutter breitet.

Es mag vielleicht gewisse Fälle geben, in denen auch eine Sterilisierung wegen Tuberkulose notwendig wird; es kommen dafür aber eigentlich nur ausgebildete chronische Lungentuberkulosen (Spätformen) nach Lydtin in Frage, also solche wie die oben erwähnten aktiven, produktiv-cirrhotischen, langsam progredienten Phthisen, in denen auch Griesbach dafür ist, da sonst vielleicht das jahrelang erhaltbare Immunitätsgleichgewicht durch die Belastung der Gravidität gestört würde. Man muß aber hier, wie Lydtin bemerkt, jeden Einzelfall nach Erkrankungsart, Lebensalter, Zahl und Verlauf früherer Schwangerschaften usw. beurteilen und danach entscheiden. Es muß also die Unfruchtbarmachung auf solche chronische Tertiärphthisen beschränkt werden, in denen Heilung zwar nicht mehr erwartet werden kann, dagegen aber ohne zu schwere Belastungen mit einem oft jahrelangen Immunitätsgleichgewicht und daher noch längerer Lebensdauer gerechnet werden kann; gleichwohl ist die Indikation zur Sterilisation wegen Tuberkulose eine schwere Verantwortung, in Zweifelsfällen hat sie eher zu unterbleiben. Braeuning, der über eine große fürsorgerische und klinische Erfahrung verfügt, hat sich zur Beantragung einer Sterilisierung wegen Tuberkulose bisher noch nicht veranlaßt gesehen; ich möchte mich ihm anschließen.

Ich komme nun zum Ende. Daß eine bestehende Schwangerschaft eine gleichzeitig bestehende Tuberkulose, besonders Lungentuberkulose, ungünstig zu beeinflussen vermag, ist eine von keinem Autor ernstlich angezweifelte Tatsache. Fest steht ferner, daß die Verschlechterung nicht regelmäßig eintritt. Die Frage bleibt also offen, wie oft dies geschieht und wie oft die Schwangerschaft ursächlich an einer solchen Verschlechterung beteiligt ist. Die weitere Frage ist, ob man im Einzelfall (und man muß immer den Einzelfall mit allen seinen Besonderheiten, trotz aller Versuche, schematische Regeln aufzustellen, im Auge haben) voraussagen kann, daß die Gravidität eine Verschlechterung bewirken werde. Die weitaus ernstete Möglichkeit zu einer Verschlechterung einer bestehenden Lungentuberkulose dürfte aber rein mechanisch durch den Geburtsakt vorliegen; um dieser Möglichkeit willen wird nach unserem heutigen Wissen für eine Reihe von Lungentuberkuloseformen der Fachmann, vorausgesetzt, die Frau wünscht nicht ausdrücklich, die Gravidität auszutragen, die Verantwortung für die Ablehnung einer Unterbrechung nicht auf sich nehmen.

Ich habe versucht, möglichst für die einzelnen Tuberkuloseformen und unter Heranziehung der Meinung experter Autoren die Frage der Indikation Ihnen zu beantworten. Aber wenn wir eingangs zugeben mußten, daß wir in der Frage Tuberkulose und Schwangerschaft auch heute noch über kein abgeschlossenes Wissen verfügen, und daß dieses Problem der weiteren Bearbeitung gemeinsam vom Tuberkulosearzt und Frauenarzt bedarf (vom Standpunkt des Tuberkulosearztes besonders hinsichtlich der Frage: Wie reagieren die einzelnen Tuberkuloseformen auf Gravidität und Partus?), so scheint mir doch eines festzustehen: Heute sind, wenigstens bei uns im Großdeutschen Reich, keine ad hoc tuberkulosekrank sein wollenden oder — was noch schlimmer war — ad hoc tuberkulosekrank gemachten Frauen mehr möglich. Heute ist bei uns diese Frage der Verantwortung des praktischen Arztes hinsichtlich der Antragstellung, der Verantwortung eines Ausschusses von Fachleuten hinsichtlich der Entscheidung überantwortet. Die Anträge wegen Tuberkulose sind der Zahl nach beschränkt; in der großen Mehrzahl der Fälle kann und muß ihnen auch nach fachlichem Urteil stattgegeben werden. Damit hat das Problem Tuberkulose und Schwangerschaft für uns Deutsche seine ernste, bevölkerungspolitische Seite verloren, für uns Aerzte ist es eine wissenschaftlich weitgehend geklärte, in den Einzelheiten aber noch fachlich zu bearbeitende Aufgabe geblieben. Ich glaube, daß die nationalsozialistische Gesundheitsführung damit einen besseren Beitrag zur Behandlung eines schwierigen Themas geleistet hat als die liberalistisch-demokratische Welt und Zeit.

Die Menstruationsstörungen

Von

Dozent Dr. **K. Lundwall**

Salzburg

Je feiner konstruiert ein Apparat ist, je weitgehender ausgebaut ein System, desto zahlreicher müssen, trotz oder gerade neben seiner höheren Anpassungsfähigkeit, die Versagungsmöglichkeiten sein. Eine Welt liegt zwischen der Eireifung und einfachen Ausstoßung der niedrigen Wirbeltiere und der unter einer Vielfalt von humoralen, hormonalen, neuralen Bedingtheiten stehenden, selbst wieder mannigfache Folgen auslösenden Ovulation des Menschen. Sein Vorrecht vor allen Nichtprimaten, daß seine Ovulation mit einer Menstruation einhergeht, ist jedoch ein zweifelhaftes, denn nicht nur bringt diese eine verminderte Arbeitsfähigkeit, vermehrte Anfälligkeit und Schwankungen der körperlichen und seelischen Reaktionslage mit sich, sondern ergibt die hohe Zahl der zu klagloser Funktion erforderlichen Vorbedingungen ebenso zahlreiche Möglichkeiten von Funktionsstörungen.

Auch hier bildet eine gesunde, kräftige Konstitution die beste Gewähr für einen natürlichen gedeihlichen Ablauf des Körpergeschehens; und zwar ist sehr zu begrüßen, daß Seitz den Begriff der „geschlechtlichen Konstitution" schuf, da diese durchaus nicht immer und überall mit einer gleichwertigen allgemeinen Körperkonstitution einhergeht. Wird doch manche wenig hochwertige Konstitution von ihrer guten sexuellen Konstitution durch Generationen weitergetragen, während mitunter Geschlechter von prachtvoller Körperkonstitution durch ihre wenig widerstandsfähige geschlechtliche Konstitution aussterben. Der Begriff der geschlechtlichen Konstitution konnte sich erst bilden auf Grund des im letzten Jahrzehnt aufgedeckten, teilweise noch unentwirrbar scheinenden Netzes gegenseitiger Abhängigkeit der am Zyklus der Frau beteiligten Faktoren. Organpräparate und synthetische wurden hergestellt, um Dysfunktionen und Ausfallserscheinungen zu begegnen, nur ist es meist noch nicht gelungen, deren Wirkungsarten und -bereiche mit restloser Klarheit abzustecken. Um so größeres Gewicht müssen wir auf die Klärung der inneren Zusammenhänge aller dem weiblichen Zyklus unter- und beigeordneten Funktionen legen, denn nur eine möglichst genaue Kenntnis des normalen, hormonalen Geschehens im Zyklus der Frau ermöglicht uns, pathologische Zustände richtig zu deuten und damit einer kausalen Therapie zuzuführen.

Wir glauben uns heute berechtigt, anzunehmen, daß unter dem Einfluß des Follikelreifungshormons des HVL. ein Follikel heranreift und es in der Mitte des Intermenstruums zum Follikelsprung kommt, welcher als eine Höchstleistung des geschlechtlichen Hormonsystems anzusehen ist (Seitz). Der luteinisierende Faktor des HVL. veranlaßt die Bildung des Gelbkörpers, dessen Lebensdauer von Knaus als konstant mit 14 Tagen angegeben wird. Das Reaktionsterrain der beiden hormonalen Wirkstoffe des Ovars ist das Endometrium, es gibt uns ein getreues Spiegelbild des ovariellen Geschehens. Das Follikelhormon bewirkt die Proliferation, den Aufbau, das Gelbkörperhormon die Sekretion in der uterinen Schleimhaut, beide dienen der Vorbereitung zur Eieinnistung. Mit dem Zusammenbruch des Gelbkörpers bei unfruchtbarem Zyklus kommt es auch zur Abstoßung der aufgebauten Schleimhaut und damit zum Eintritt der menstruellen Blutung. Die Wundfläche des Endometriums heilt in 5 bis 6 Tagen, die Stärke der Blutung wird durch die Kontraktionswirkung des Uterusmuskels beherrscht.

Wir können also im normalen Zyklus einen zweiphasischen Funktionsgang erkennen.

In dieses System Ovar-Hypophyse spielen aber noch andere Drüsen mit innerer Sekretion hinein, wie Zwischenhirn, Nebennierenrinde, vor allem aber die Schilddrüse. Nach den Untersuchungen von Gumbrecht und Loew und Siegert soll der zyklische Ablauf der Ovarialfunktion durch den Wirkstoff der Thyreoidea mitbestimmt werden. Durch Resorption der Follikelflüssigkeit durch die

Uterusschleimhaut soll eine verstärkte Ausschüttung von Schilddrüsenhormon erfolgen, welche auf das Ovarium im Sinne einer Sensibilisierung gegenüber dem gonadotropen Hormon des HVL. wirkt und damit den hormonalen Anstoß zu neuer Follikelreifung gibt.

Der Zyklus ist aber kein isolierter Vorgang, sondern in Abhängigkeit von allen anderen Drüsen mit innerer Sekretion, vom autonomen Nervensystem, von der Menge und den Verhältnissen der verschiedenen Vitamine und Salze. Nur ein optimales Zusammenspiel aller Faktoren garantiert die ungestörte Harmonie des Ablaufes des menstruellen Zyklus.

Wir können also aus Tempo, Stärke und Dauer der Blutung gewisse Rückschlüsse auf die Funktion des Eierstockes und auf die Bildung der Geschlechtshormone ziehen.

In der Art, wie der Zyklus der Frau auf Umwelteinflüsse reagiert, in seiner Beeinflußbarkeit bzw. Unbeirrbarkeit auch endogenen Faktoren gegenüber sieht Seitz einen Gradmesser für die geschlechtliche Konstitution der Frau; er unterscheidet die zyklisch stabile Frau, deren Zyklus nur geringe Schwankungen aufweist, sowohl zeitlich als auch der Stärke und Dauer nach; die zyklisch labile Frau, bei der Klimaänderungen, Aenderungen in der Ernährung und seelische Erregungen Tempo, Stärke und Dauer der Periode stark beeinflussen, und die ein dankbares Feld hormonaler Behandlung ist. Und schließlich die zyklisch debile Frau mit einer minderwertigen geschlechtlichen Konstitution, mit unterentwickelten Geschlechtsorganen, über deren sehr schwache oder fehlende Menstruation auch hormonale oder andere Behandlung wenig oder nichts vermag.

Aus diesen Gesichtspunkten müssen wir zuerst die Bedingtheiten jeder Zyklusanomalie zu erfassen suchen, um diese und mit ihr ihre schwerwiegendste Folge, die Sterilität, bekämpfen zu können.

Ehe wir nun die wichtigsten Menstruationsstörungen besprechen, gilt es Blutungen, die der Betroffenen als irreguläre, aber immerhin als Regelblutungen imponieren können, tatsächlich aber keine solchen oder durch schwerwiegende außerzyklische Ursachen veränderte Menstruationen sind, abzugrenzen. Da diese Feststellung oft sehr wichtig, mitunter aber nicht ganz einfach ist, möge ein kurzer Hinweis auf solche nicht oder nicht rein menstruelle Blutungen folgen.

Zunächst muß man besonders bei zeitlich atypischen Blutungen genaueste Anamnese und einen exakten Palpationsbefund erheben, auch die Spiegeluntersuchung nicht vergessen, um ein Carcinoma colli, ein Chorionepitheliom,

Schleimhaut- und myomatöse Polypen, blutende Erosionen, eine überreizte Colpitis und mechanische Verletzungen, beispielsweise Pessardekubitus, ausschließen zu können.

Myome ändern im allgemeinen den Regeltypus nicht, sie führen zu verstärkten Menses und, besonders wenn sie submukös sitzen, zu verlängerten Blutungen, welche nicht allzu selten bis über 50 Jahre hinaus andauern. Als konservative Maßnahme bei verstärkten Myomblutungen verschreiben wir Eufemyltabletten, Proluton „C"-Tabletten, 10 mg, täglich 1 Tablette bis zum Eintritt der Menses, und anschließend Gynergen in den ersten drei Regeltagen, dreimal täglich 2 Tabletten nach dem Essen. Man kann auch zur besseren Tonisierung der Uterusmuskulatur 4 bis 5 Tage vor Regelbeginn täglich 1 Tablette Gynergen verordnen. Bestrahlte Myome, die wieder zu bluten beginnen, erwecken den Verdacht auf bösartige Degeneration oder Nekrose und müssen operiert werden. Bei entzündlichen Blutungen, bei Adnexitis hat sich uns das Follikelhormon, 10.000 E. täglich, Kalk-, Eigenblut-, Claudeninjektionen, Kongorot intravenös, und zwar 1 ccm der 1%igen Lösung auf 10 kg Körpergewicht, bewährt; nebenbei geben wir zur Anregung der Uteruskontraktion Secalepräparate.

Blutungen bei inkomplettem Abort müssen der Kürettage zugeführt werden, solche bei Endometritis, besonders nach Geburt und Abort, sprechen bei Bettruhe und Eisbeutel, auf Injektionen von täglich 10.000 E. Follikelhormon ausgezeichnet an. Nach zwei, vereinzelt vier Injektionen sind die Blutungen durch den Wachstumsreiz des Hormons auf das Endometrium zum Stehen gekommen.

Nach Ausräumung einer Blasenmole wird jede Dauerblutung den Verdacht auf beginnendes Chorionepitheliom erwecken.

Und schließlich ist noch die Extrauteringravidität anzuführen, welche in ihrer larvierten Form ein sehr vielgestaltiges Symptomenbild bieten kann. Auch die Blutungsbilder sind bunt und nicht immer aufschlußreich, die Menstruation kann zur richtigen Zeit eingetreten sein und die Palpation einen negativen Befund ergeben. Auch der Erfahrene kann sich mitunter täuschen, wenn wir aber bei jeder unklaren Blutung auch an die Möglichkeit einer E. U. denken, ist schon viel getan.

Im Gegensatz zu den nicht durch den Zyklus bedingten weiblichen Blutungen beginnt das ewige Ach und Wehe menstrueller Störungen bereits im frühen Pubertätsalter. Bereits hier kommen unregelmäßige, schmerzhafte, starke und lang dauernde, wie zu seltene, schwache, unmotiviert ausbleibende Blutungen vor, wenn hier auch die letzteren häufiger sind als später. Wir müssen uns aber immer vor

Augen halten, daß das Einspielen eines biologisch so komplizierten Geschehens, wie es Eireifung und Follikelsprung darstellen, eine gewisse Zeit benötigt. Längere Pausen zwischen den ersten Blutungen sollen daher keine Veranlassung sein, ärztlich einzugreifen. Wir haben nur dafür zu sorgen, Schädigungen körperlicher und seelischer Art fernzuhalten und durch allgemein kräftigende Maßnahmen den in Entwicklung befindlichen jugendlichen Körper zu stärken. Dazu gehört die Schaffung hygienischer Verhältnisse, Luft und Sonne, maßvoller Sport, vitaminreiche Ernährung, besonders C-Vitamin, Eisen, Arsen, Höhenklima. Durch diese Maßnahmen wird man wohl bei der engen Bindung zwischen Eierstocksfunktion und Allgemeinbefinden im jugendlichen Organismus eine Normalisierung des Zyklus erreichen. Auch bei verzögertem Ingangkommen der Menses werden diese allgemein roborierenden Maßnahmen zunächst angewendet werden. Sportliche Betätigung muß der Konstitution des Mädchens strenge angepaßt sein.

Nur bei rasch aufeinanderfolgenden oder lang anhaltenden Blutungen, die zu einer Schwächung des jugendlichen Organismus führen, ist ärztliches Eingreifen notwendig. Nicht die Stillung der Blutung allein ist hier unsere Aufgabe, sondern auch die Regulierung der anlaufenden Eierstocksfunktion (Runge).

Bei zu rasch aufeinanderfolgenden Blutungen im zweiten Jahrzehnt genügt es im allgemeinen, mit kleinen Dosen Follikelhormon von 2000 bis 3000 E. pro Tag, nach Aufhören der Blutung durch 10 Tage gegeben, eine Regulierung des Zyklus zu erzielen.

Schwer zu beeinflussen sind oft die profusen Blutungen in der Menarche, welche keine Neigung zu spontanem Aufhören haben und bis zu lebensbedrohenden Anämien führen können. Wir wissen heute, daß besonders in der Menarche und in der Klimax, also beim Einlaufen und Abklingen der Ovarialfunktion es zu Störungen kommt, welche zum Teil darauf beruhen, daß der Follikel nicht springt, sondern persistiert (Corner, Novak, Schröder), oder daß immer wieder neue Follikel heranreifen und artresieren ohne folgende Gelbkörperbildung (E. Meyer). Mit dem Follikelsprung fehlt hier die luteale Phase; es ist also auch beim Menschen ein non-ovulating-Bleeding, ein einphasischer Zyklus, möglich. Die eigentlichen Ursachen des Ausbleibens des Follikelsprunges sind noch nicht geklärt. Jedenfalls sind ovarielle bzw. hormonale Unzulänglichkeiten dafür verantwortlich zu machen. Anderseits scheint auch ein gewisser Reifezustand des Eies für die Bildung des Gelbkörpers notwendig zu sein, sonst entfällt mit dem Corpus luteum die luteine Phase des Zyklus.

Die Strichkürettage erlaubt es, ohne Narkose oder Dilatation ein kleines Stückchen Schleimhaut zu gewinnen. Aus der histologischen Untersuchung desselben, je nach dem, ob die Schleimhaut ruht, in Proliferation, Sekretion oder Zerfall, Abbruch begriffen ist, können wir Einblick in das ovarielle Geschehen erhalten (auch, ob eine Follikelpersistenz anzunehmen ist).

Ueber die Häufigkeit anovulatorischer Zyklen können wir heute noch keine Angaben machen; sie dürften in der Menarche und Klimax relativ häufiger sein, aber bei manchen Frauen auch neben bzw. zwischen ovulatorischen Zyklen vorkommen.

Bei den profusen Menarcheblutungen dürfte die Follikelpersistenz zum Teil auf einen ungenügenden Reifezustand des Eies zurückzuführen sein. Hier bewähren sich Gaben von 0·5 mg Oestradiolbenzoat, jeden zweiten Tag bis zur Blutstillung, und gleichzeitig intravenöse Injektionen von Vitamin C in einer Dosis von 0·5 g Redoxon oder Cebion forte (H. Runge). Daneben wird über erfolgreiche Behandlung mit Schwangerenblut berichtet (Mayr, 1912, Erhardt, Winkler, Kneer, Engelhardt, Clauberg).

Neben der roborierenden Wirkung des Blutersatzes kommen hier die im Schwangerenserum vital gelösten Geschlechtshormone zur Wirkung.

Von manchen Autoren werden HVL.-Hormone verabreicht, täglich 100 E. Anteron intravenös oder 2000 E. Prolan (Vöge bei Runge).

Erwähnung soll schließlich auch die Röntgenbestrahlung der Milz finden, welche jüngst wieder von Seitz empfohlen wurde.

Die mit einem Drittel der HED. ausgeführte Bestrahlung bewirkt wohl keine Schädigung des Follikelapparates und hilft uns über bedrohliche Zustände hinweg. Ueber den Wirkungsmechanismus dieser Behandlung sind wir noch nicht befriedigend unterrichtet, man nimmt eine Erhöhung der Gerinnungsfähigkeit des Blutes an (Stephan).

In letzter Zeit wurden noch von ausländischen Autoren gute Erfolge bei der Behandlung der Menarcheblutungen durch männliche Keimdrüsenhormone — der sogenannten paradoxen Hormonbehandlung — berichtet. Man gibt täglich 10 mg Testoviron Schering, im ganzen 5 bis 10 Injektionen. Hierauf länger dauernde Amenorrhoe, welche in eine geregelte Menstruation übergehen soll (Rodecurt, Konrad, Latzka). Die Wirkung soll eine gelbkörperähnliche sein.

Selten dürfte bei jungen Mädchen eine Kürettage unumgänglich sein; ich selbst bin bisher ohne eine solche ausgekommen. 12 bis 14 Tage nach einer solchen Kürettage sollte eine Injektion von 20 ccm Schwangerenserum, Homoseran, gegeben werden.

Zusammenfassend kann nach unserer heutigen Erfahrung gesagt werden, daß bei schweren Menarcheblutungen, bei denen bereits erhebliche Grade von Anämien vorhanden sind, wo möglich eine Bluttransfusion, 300 bis 500 ccm, mit Schwangerenblut gemacht werden soll, bei weniger bedrohlichen Zuständen aber eine Follikelhormontherapie meist zum Stillen der Blutung führt. Nebenher werden wir Cebion, Sangostop, Kalk- und Leberpräparate verordnen.

Aehnliche Blutungen wie in der Menarche finden wir im gestationsreifen Alter der Frau bei der glandulär-zystischen Hyperplasie, früher als Metropathie haemorrhagica oder sehr ungenau „ovarieller Blutung" bezeichnet. Nach längerer Amenorrhoe kommt es zu einer sich über Tage und Wochen hinziehenden Blutung, die zu erheblichen Anämien führen kann. Klinisch finden wir meist einen großen derben Uterus, etwas Charakteristisches ist palpatorisch nicht nachweisbar; auf Grund der vorangegangenen Amenorrhoe wird man bisweilen an einen inkompletten Abort denken. Diese Erkrankung kann sich unabhängig mit Myomen, Karzinomen, Ovarialtumoren usw. kombinieren.

Durch Untersuchungen der Schleimhaut wissen wir, daß es sich in solchen Fällen vielfach um einen einphasischen Zyklusgang handelt, es also nicht zu einem Follikelsprung gekommen ist und daher auch die Gelbkörperbildung ausblieb. Es besteht dann ein Ueberangebot von Follikelhormon, welches die Uterusschleimhaut zu starker Proliferation bringt. Es kommt zu Nekrosen in der hoch aufgebauten Schleimhaut und damit zur Blutung. Anatomische Befunde sprechen dafür, daß mehrere Follikel fast zugleich heranreifen, es zu einem An- und Abschwellen des Hormonspiegels kommt und damit zu einem vollkommen verwischten Blutungsbild.

Die Therapie besteht hier grundsätzlich in einer Kürettage, schon um ein Corpuskarzinom auszuschließen; sie fördert meist eine dicke, bisweilen auf Karzinom verdächtige Schleimhaut zutage. Uterustonica und -stiptica sind hier ohne Erfolg. Charakteristisch für diese endokrine Erkrankung ist ihre Neigung zu Rezidiven. Um diese zu verhüten, gibt man nach Kneer am 14. Tage nach der Ausschabung 20 ccm Schwangerenserum oder Prolan, zweimal täglich 500 R. E. oder Preloban, 25 Reifungseinheiten zweimal täglich subkutan, beides 5 Tage hindurch (Schröder). Wir trachten damit eine Luteinisierung zu erzielen. Einige Tage später tritt eine regelähnliche Blutung auf. Ein anderer Weg ist die Substitutionstherapie, womit wir das abnorm proliferierende Endometrium in die Sekretionsphase überzuführen hoffen. Wir geben täglich 5 mg Progesteron 6 bis 8 Tage hindurch; auch hier kommt es einige Tage nach Abbruch der Behandlung zu einer Art menstrueller Blutung, worauf man die Patientin aufmerksam machen muß.

Kommt die Patientin zur Zeit der Blutung, werden täglich 50.000 E. Follikelhormon gegeben, bis die Blutung sistiert, um dann die obengenannte Behandlung vorzunehmen.

Ehe ich in der Besprechung menstrueller Störungen fortfahre, wird es Ihnen, glaube ich, erwünscht sein, aus der verwirrenden Fülle von Präparaten die wichtigsten und anerkanntesten, ihre Namen und Wertbezeichnungen, zu hören.

Die früher angegebene Dosierung des Follikelhormons nach Mäuseeinheiten ist fallen gelassen worden, als es Buterandt und Doisy, unabhängig voneinander, gelungen war, aus dem Harn schwangerer Stuten eine kristallisierte Substanz von bestimmter Konstitutionsformel, das kristallisierte Follikelhormon oder Oestron, im Perlatan, Follikulin und Menformon enthalten, zu isolieren. Die I. E. = internationale Einheit entspricht 0·0001 mg des Oestrons.

Auf rein chemischem Wege gelang es Schwenk und Hildebrand, aus dem Oestron das Oestradiol mit einer fünffachen Wirkung des Oestrons am Menschen zu gewinnen. Es ist im Progynon B. oleosum als Oestradiolbenzoat enthalten. Eine I. B. E. = internationale Benzoateinheit entspricht der oestruserregenden Wirkung von 0·0001 mg Oestradiolbenzoat. Zum Aufbau der Proliferationsphase bei der kastrierten Frau benötigt man 25 mg, das sind 250.000 I. B. E. Oestradiolbenzoat (Kaufmann).

Die im Handel befindlichen Präparate lassen durch die Verschiedenheit ihrer Herstellung, ihrer Wirkung am Menschen, Zeitdauer der Resorption und Schnelligkeit der Ausscheidung nur sehr bedingt einen Vergleich zu. Mit dieser Einschränkung entsprechen etwa 35.000 I. E. 10.000 I. B. E. oder 1 mg Oestradiolbenzoat.

Inzwischen ist es Dodd und seinem Mitarbeiter gelungen, chemische Verbindungen, die Oestrostilbene, darzustellen, die, bei vollkommen verschiedenen chemischen Zusammensetzungen, im Mäuseversuch und auch beim Menschen dieselbe Wirkung wie das Oestron haben; es sind dies Cyren und Oestromon, welche auch in Milligramm dosiert werden. 0·5 mg Cyren B, das ist eine Tablette Cyren B forte, entsprechen 1 mg Oestradiolbenzoat. Zum Aufbau der ruhenden Schleimhaut werden ungefähr 12 mg Cyren B benötigt. Der niedrige Preis, die bequeme Verabreichung und protrahierte Wirkung der Tabletten eröffnen damit dem Praktiker neue Wege der Hormontherapie.

Das Corpus luteum-Hormon wird heute nach internationalen Einheiten standardisiert und entspricht einer Menge von 1 mg reinem kristallisiertem Progesteron. Im Handel unter dem Namen Proluton, zu 2·5 und 10 mg, seit kurzem auch in Dragees als Proluton „C" zu 5 und 10 mg, von denen man etwa die zwölffache Menge der parenteralen Dosis benötigt. Andere Präparate sind das Luteogan, Lutren und Progestin.

Die Behandlung der primären Amenorrhoe ist nach dem Urteil aller Autoren wenig aussichtsreich. Durch unsere Substitutionstherapie in Verabreichung von fünf- bis sechsmal 5 mg Oestradiolbenzoat jeden vierten Tag und anschließend fünfmal 5 mg Progesteron können wir eine künstliche Menstruationsblutung erzielen (Hampe).

Bei der Behandlung der sekundären Amenorrhoe gehen wir im allgemeinen nach dem von Kaufmann angegebenen Plan vor. Eine Gravidität ist vor Behandlungsbeginn ebenso auszuschließen wie ein aktiver Lungenprozeß, wo jede Hormonbehandlung zu unterbleiben hat. Die Dauerfolgen sind von der Dauer der Amenorrhoe abhängig und betragen bei einer Amenorrhoe von 6 Monaten bis zu einem Jahre ungefähr 80 bis 90%, bei einer über ein Jahr bestehenden Amenorrhoe etwa 30% (Rodecurt).

Bei Amenorrhoen bis zu 6 Monaten geben wir fünfmal jeden vierten Tag Progynon, 1 mg intramuskulär, oder eine Ampulle Cyren B. Kommt es 14 Tage nach der letzten Injektion nicht zur Blutung, geben wir fünf- bis sechsmal jeden vierten Tag Progynon, 20.000 I. B. E., oder 2 mg Oestradiolbenzoat, anschließend eine 10- bis 14tägige Pause. Trat eine Blutung auf, wiederholt man dieses Schema zweimal. Trat keine Blutung auf, so wird dieselbe Hormontherapie wiederholt, anschließend aber 5 Tage täglich 5 mg Progesteron injiziert.

Bei Frauen mit einer Amenorrhoedauer von länger als einem Jahre werden fünf- bis sechsmal 5 mg Oestradiolbenzoat jeden vierten Tag verabreicht, anschließend fünfmal je 5 mg Progesteron, und diese Therapie durch 6 Monate hindurch fortgesetzt.

In letzter Zeit berichtete Roth (Klinik Linzenmeier) über die Behandlung sekundärer Amenorrhoe mit Stilbenpräparaten; er gibt fünf- bis sechsmal 5 Tabletten Cyren B forte in dreitägigem Abstand, entsprechend einem Wirkstoffgehalt von 12·5 bis 15 mg, mit anschließender Gelbkörperbehandlung. Sollten sich seine günstigen Erfahrungen weiterhin bestätigen, so wäre damit eine bedeutende Vereinfachung in der Behandlung dieses Krankheitsbildes gegeben. Die Prognose dieser Behandlung bleibt durch die eventuell schon bestehenden Ausfallserscheinungen, den Zeitpunkt der Menarche oder Sonderlänge des Uterus, unberührt. Eine zufriedenstellende Erklärung dieser Therapie können wir nicht geben, wohl aber spielt die bisherige Dauer der Amenorrhoe eine maßgebende Rolle für die Rückgängigmachung der Störung (Kneer). Diese hormonalen Maßnahmen können durch mechanische Maßnahmen, wie Sondierung des Uterus und Zervixdilatation, unterstützt werden.

Unter dem Bilde der Oligomenorrhoe oder seltenen Regelblutung können sich die verschiedensten hormonalen Störungen verbergen (Lauterwein). Entweder ist der Zyklus nur stark verlangsamt, diese Fälle werden auf Follikelhormongaben in der ersten Phase des Zyklus gut ansprechen; bei einer zweiten Form der Oligomenorrhoe besteht ein einphasischer, also „unvollkommener Genitalzyklus“ (Tietze), dessen Behandlung die gleiche ist wie bei glandulär-zystischer Hyperplasie, und schließlich dürfte es noch eine dritte Form geben, wo bei einem funktionslosen Endometrium es zu einer Kongestionsblutung kommt; diese Fälle werden wie eine sekundäre Amenorrhoe behandelt. Eine Klärung kann hier nur durch eine Strichkürettage gegeben werden, auf jeden Fall kann der Praktiker einen Versuch mit Follikelhormon in der ersten Zyklushälfte machen.

Wie aufschlußreich die Strichkürettage sein kann, erhellt unter anderem aus einem Bericht Lauterweins, wonach Fälle von isolierter Tuberkulose des Endometriums ohne Lungenbefund oder Abortreste Amenorrhoen verursachten und bis zur Strichkürettage unerkannt blieben.

Als unterstützende Medikation können Schilddrüsenpräparate gegeben werden, unter vorsichtiger Dosierung und genauer Kontrolle.

Bei zu schwacher Regelblutung, der Hypomenorrhoe, gebe man vom 8. bis 15. Tag des Zyklus Oestron in kleinen Dosen und wechsle die Präparate. Es ist eine reine Substitutionstherapie, d. h. nach Aussetzen der Therapie ist die Periode so schwach wie zuvor.

Bei Hypoplasie des Uterus, bei langer rigider Zervix und kleinem, meist spitzwinklig anteflektiertem Uterus brauchen keine nennenswerten Tempostörungen der Regel auftreten. Doch finden wir mitunter verspätete und zu schwache Blutungen. Hier geben wir 2 Tage nach Regelende bis zum 14. Tage 3 Tabletten Cyren B oder Progynon liqu., zweimal täglich 15 Tropfen durch 3 bis 4 Monate, eventuell Injektionsbehandlung. Gleichzeitig verordnen wir Kurzwellen- oder Diathermiebehandlung.

Bei der Behandlung der regelmäßigen, aber zu starken Regelblutung sollen wir auch nicht wahllos und ohne Untersuchung Secale verordnen, sondern die Ursachen der Menorrhagie zu klären suchen. Wir wissen, daß die Blutstillung bei der Regel durch Zusammenziehung der Gebärmuttermuskulatur zustande kommt, welche die Gefäße abdrosselt. Ist dieser Mechanismus gestört, wie bei Hypoplasie, bei reichlicher Durchsetzung der Muskulatur mit Bindegewebe, also nach zahlreichen Geburten oder bei Adenomyosis oder Entzündungsherden in der Muskelwand, so kommt es zu profuser Blutung. Aber auch andere Ursachen sind zu beachten, Verlagerungen, besonders die Retroflexio fixata, Stauungen durch Geschwülste, Entzündungen, an extragenitalen Ursachen erwähne ich Hypertonie, Thrombopenie, Beginn von Infektionskrankheiten, körperliche Ueberanstrengung, Schreckerlebnisse, seelische Erregungen.

Symptomatisch geben wir Basergin und Neo-Gynergen. Basergin wirkt rasch und hat große therapeutische Breite ohne Gefäßwirkung, wir geben zwei- bis dreimal täglich 15 bis 20 Tropfen. Neo-Gynergen ist eine Kombination von Basergin mit Gynergen, es wirkt rasch und anhaltend. Wir geben es in Form von täglich dreimal 15 bis 20 Tropfen. Gewissermaßen zum Training der Uterusmuskulatur verabreichen wir einige Tage vor Regelbeginn Liquidrast in Zuckerwasser, auch Tenosin und Kalk.

Ist die Blutung zum Stehen gekommen, so benutzen wir die Zwischenzeit, um so weit als möglich kausale Therapie zu treiben.

Dysmenorrhoe. Ein paar Worte zur schmerzhaften Periode, der Dysmenorrhoe; auch hier werden wir uns bemühen, jeden Fall ätiologisch aufzuklären. Am meisten beschäftigen uns wohl jene Formen der Dysmenorrhoe, welche durch Ovarialinsuffizienz bedingt sind, wo eine Hypoplasie des Uterus meist mit starker Anteflexio nachweisbar ist, wie wir dies ja so häufig bei Mädchen und jungen Frauen finden. Eine Sondierung des Zervikalkanales ist meist unmöglich oder löst bisweilen einen typischen Kolikanfall aus. Diese Fälle sprechen auf die Hormontherapie im allgemeinen recht gut an. Wir geben in der ersten Phase des Zyklus 3 bis 4 Injektionen von Progynon, 1 mg (Kaufmann), auch Stilbenpräparate werden in letzter Zeit verwendet sowohl in Form von Injektionen als auch in Tabletten. Roth berichtet über gute Erfolge durch Verabreichung von 4 bis 5 Tabletten Cyren B forte an 2 Tagen zur Zeit des Follikelsprunges. Unterstützend wirken meiner Erfahrung nach Prolutongaben von Proluton „C", 5 bis 10 mg, 4 bis 5 Tage vor Regelbeginn bis zum Eintritt derselben täglich eine Tablette oder eine Injektion von Proluton „C", 5 mg, kurz vor Beginn der Menses oder auch am ersten Regeltag. Diese Therapie wirkt natürlich nicht sofort heilend und muß mehrere Monate fortgesetzt werden, dann sind aber die Erfolge befriedigend. Das Gelbkörperhormon wirkt offenbar tonusvermindernd auf die Uterusmuskulatur und damit auflockernd.

Bei der spastischen Form der Dysmenorrhoe ist eine Sondierung meist ohne Schwierigkeiten möglich, das Berühren der Uterusschleimhaut löst einen typischen Periodenschmerz aus. Ich verabreiche auch hier Proluton antemenstruell, daneben kann man Calcipot „D" durch längere Zeit verabreichen oder B e l l e r g a l.

Daß starke Schmerzen um die Zeit der Regel die Frauen zum Arzt treiben, nimmt nicht wunder. Wir müßten jedoch durch breit angelegte Aufklärung dafür sorgen, daß die Frauen auch durch andere Regelwidrigkeiten sich ausnahmsloser als bisher zu einer Konsultation bzw. Behandlung bestimmen lassen, damit alles geschieht, was getan werden kann. Denn damit darf man sich nicht abfinden, daß die Frau eben seelisch wie körperlich i r r i t a b l e r ist als der Mann, daß es sehr viele sonst gesunde Frauen mit l a b i l e m Zyklus gibt, ja daß für die weibliche Regel geradezu R e g e l l o s i g k e i t typisch sei. Die Arbeitskraft unserer Frauen ist ein zu wertvolles Volksgut, als daß wir sie unnötig durch unschwer zu behebende oder einzuengende zu starke oder zu häufige Blutungen schwächen lassen, die Arbeitslust durch Schmerzen oder beunruhigende Unregelmäßigkeiten bei der Regel mindern dürften.

Wenn alle Frauen mit regelwidriger Menstruation sich in Heilbehandlung begäben, wäre eine häufige Abhilfe nicht das alleinige Ergebnis, sondern fielen uns nebenbei immer weitere Erkenntnisse über Art, Stärke und ganzen Bereich individuell verschiedener Wirkungen neuer Behandlungsmethoden sowie über die sehr verschiedene Bedingtheit klinisch ganz ähnlicher Krankheitsbilder als wertvolle Früchte zu.

Denn wir müssen gestehen, daß neben sehr erfreulichen Erfolgen durch die neuartigen Behandlungsmethoden ein ansehnlicher Rest unansprechbarer Fälle verbleibt, daß nicht nur die Theorien, sondern auch die Anwendung und Wirkung mancher Präparate bei verschiedenen Autoren nahezu konträr angegeben wurden. Wir bewegen uns hier also auf einem sehr weiten und, wie wir hoffen, dankbaren Forschungsgebiet.

fast gleich geblieben, hat um 36‰ nur ganz wenig geschwankt. In den Jahren 1926 bis 1928 betrug sie nur mehr 18·8‰ (Printzing), war also nahezu auf die Hälfte gesunken. Im Jahre 1933 kamen im Deutschen Reich nur mehr 957.000 Kinder lebend zur Welt. 1937 war die Zahl der Geburten wohl wieder auf 1,275.000 gestiegen, hat aber noch nicht die 1·4 Millionen erreicht, die nach Burgdörfer zur Erhaltung der Bevölkerungszahl notwendig wären, und ist weit hinter den 1,966.000, die 1900 lebend zur Welt kamen, zurückgeblieben (Meisinger). Aehnlich stand es in der Ostmark, wo die Geburten von 1912 bis 1927 um fast 47% abgenommen haben. Dieser Rückgang fällt natürlich nicht der Abtreibung allein zur Last. Ihr Anteil an dieser Erscheinung ist ziffernmäßig nicht zu fassen, spielt aber unter deren Ursachen eine bedeutende Rolle. Das geht schon aus der gewaltigen Zunahme der Fehlgeburten gegenüber den zeitigen Geburten hervor, deren Zahlenverhältnis von Hegar für 1863 mit 1:10 ausgewiesen wurde. Dieses Verhältnis wurde noch nach der Jahrhundertwende angegeben (Bumm). Vielleicht waren die Fehlgeburten auch für jene Zeit zu gering angenommen. Denn ein beträchtlicher Teil, namentlich der frühen Fehlgeburten, wird als solche gar nicht erkannt. Die zahlenmäßige Schätzung der Fehlgeburten ist also sehr unsicher. Auch derzeit werden sie, obwohl Aerzte und Hebammen im ganzen Reich zur Meldung verpflichtet sind, nur zum Teil bekannt. Ebenso kamen in Oesterreich bei den vielen Fehlgeburten, die ohne Aerzte und ohne Hebamme verliefen, die Abgänge trotz der seit langem bestehenden Verpflichtung nicht zur ärztlichen Totenbeschau. Sie waren daher nicht zu erfassen. Doch bringen uns Aufzeichnungen von Krankenkassen wertvolle Aufschlüsse. Bei den Krankenkassen der A. E. G., die im Jahre 1925 14.937 weibliche Mitglieder hatte, sind in diesem Jahre 406 Geburten und 666 Fehlgeburten gemeldet worden (Liepmann). Es betrug also die Zahl der gemeldeten Fehlgeburten mehr als das Eineinhalbfache der Geburten, wobei die Meldungen doch sicher hinter der Wirklichkeit zurückstehen. 1927 sind in einem Feinmechanikbetrieb mit 7000 Arbeiterinnen auf 148 Geburten 724 Fehlgeburten gekommen (Meisinger), das ist fast fünfmal soviel. Freilich ist das eine einseitige Auslese. Die Schätzungen der jährlichen Fehlgeburten im ganzen Altreich schwanken für die Zeit um 1930 (Zahl der Lebendgeburten 1,114.000) zwischen 350.000 und 930.000. Selbst wenn wir mit Uebertreibungen rechnen und wenn die frühen Fehlgeburten aus innerer Ursache viel häufiger sein sollten (Schultze[19]), als man gewöhnlich annimmt, ist ihre Zunahme im Verhältnis zu den Schwangerschaften doch fraglos, und dies läßt sich vernünftigerweise nur durch Abtreibung erklären. Wie es zugegangen ist, wissen die älteren unter uns ja aus eigener Wahrnehmung. Abtreibung und Bereitschaft dazu wurde bei Hamsterfahrten aufs Land zum Tausch gegen Lebensmittel angeboten. Die Zunahme der Abtreibungen bekundete sich auch im wachsenden Anteil der Verheirateten an den Fehlgeburten. Nach Bichlmeyer machten im Regierungsbezirk Nordhausen die Verheirateten noch in den Jahren 1934 bis 1939 61% aller wegen Abtreibung verfolgten Frauen aus.

Die Kriminalstatistik ist zwar kein verläßlicher Maßstab, weil sie sehr vom Eifer der Verfolgung eines Tatbestandes abhängt. Dennoch verdient es Beachtung, daß nach Meisinger die Zahl der Verurteilungen innerhalb des Deutschen Reiches von 191 im Jahre 1882 auf 7193 im Jahre 1925, mit hohen Stufen in den Jahren 1914 und 1921 angestiegen ist, um bis 1933 auf 3800 zurückzugehen. Daß es 1938 wieder 6983[2] waren, ist zweifellos nur durch die schärfere Verfolgung zu erklären. Es muß wohl auch offenbleiben, ob der neuerliche starke Rückgang (im ersten Vierteljahr von 1940 bloß 360 Verurteilungen[1]) in der Ueberlastung der Behörden mit anderen Aufgaben oder im Rückgang der Anzeigen seinen Grund hat. Ein so jäher Abfall von 1938 bis 1940 wäre unwahrscheinlich.

Jedenfalls geht durch die Abtreibung eine ungeheure Zahl von Früchten verloren.* Der Verlust an Früchten ist aber noch lange nicht der ganze Schaden. Vielmehr werden als Folge von Abtreibung zahllose Frauen unfruchtbar und bleiben häufig bis in die Wechseljahre krank. Nach Schultze[18] hatten in Berlin Fehlgeburten bei 17% der Frauen Unfruchtbarkeit zur Folge, fieberhafte Fehlgeburten mit Beteiligung der Gebärmutteranhänge sogar bei 40%. Schließlich geht eine ganz erkleckliche Zahl von Frauen zugrunde, darunter viele Mütter junger Kinder. Nach Peller schwankte die Sterblichkeit der wegen Fehlgeburt in eine Wiener Krankenhausabteilung aufgenommenen Frauen zwischen 3·4% (1919) und 0·54% (1925). Man wird nicht fehlgehen, wenn man wenigstens die Fälle mit schlimmen Folgen als Abtreibung zählt. Dennoch muß die Sterblichkeit für die Gesamtzahl der Abtreibungen geringer sein. Immerhin sind die Verluste so groß, daß dieser Gegen-

* Für die Wertschätzung der Frucht haben wir ein Rechtsdenkmal aus ältester Zeit. Daß im Gesetz der Alemannen (Lewin) die Buße für eine weibliche Frucht doppelt so hoch war wie für eine männliche, lag zweifellos am höheren Zuchtwert der weiblichen.

stand seitens der Gesundheitsführung und der Aerzte ebensoviel Augenmerk verdient wie irgend eine Seuche. Pietrusky hält 1930 die Schätzung der tödlichen Ausgänge in Deutschland mit 2500 für zu niedrig.

Man hatte längst erkannt, daß zumindest der strafgerichtliche Kampf gegen die Abtreibung bei den Helfern angreifen müsse. Denn Frauen, die während langer Abwesenheit des Ehemannes empfangen, oder bei Unverheirateten, die von einem ledigen Kind die Aechtung in ihrem Gesellschaftskreis und die Zerstörung ihres Lebensplanes befürchten, wird jede Strafdrohung zuschanden werden, und sie werden abtreiben, wenn sie die Gelegenheit dazu finden. Die Zahl dieser Fälle ist aber verhältnismäßig gering. Die bis vor wenigen Jahren so reichlich gebotene Gelegenheit verleitete auch Frauen zur Abtreibung, die sich sonst nicht dazu entschlossen hätten. Es galt also und gilt noch immer, diese Gelegenheit zu beseitigen.

In den letzten Jahrzehnten hatte sich auch die Industrie auf das Geschäft geworfen, wie die bekannten Abtreibungsgeräte in den Auslagen der sogenannten Sanitätsgeschäfte lehrten. Man denke nur an die birnenförmigen Spülballons und die Schlauchpumpen mit den langen, dünnen, starren Kathetern daran, die überhaupt nur zur Abtreibung gedacht, zu nichts anderem brauchbar waren, auch zur Selbstabtreibung verwendet wurden. Obwohl von einzelnen (Feldmann, Meixner) und von ärztlichen Berufsvereinigungen[20] auf dieses Uebel aufmerksam gemacht wurde, und obwohl der öffentliche Gesundheitsdienst leicht ohne jede Aenderung des Gesetzes dagegen hätte einschreiten können, ist bis in die jüngste Zeit nichts dagegen geschehen. Hier bedeutete aber das Geschehenlassen den Selbstmord des Volkes. Das neue Deutschland hat auch den Kampf gegen diese Seuche entschlossen aufgenommen. Gleich 1933 wurden die Bestimmungen des Strafgesetzes ergänzt. Seit Anfang 1941* ist durch Verordnung Herstellung und Handel mit Mutterrohren unter 12 mm Durchmesser und von Intrauterinpessaren bei Strafe untersagt. Ein Weg ist es auch, die Fruchtabtreibung als Erwerb so streng zu strafen, daß den Abtreibern das Wagnis zu groß wird.

Doch ist der Kampf auf strafrechtlichem Gebiet besonders schwierig, denn die Fruchtabtreibung wird eben verhältnismäßig selten kund. Das rührt daher, daß von einer Fehlgeburt in den ersten Monaten oft außer der Schwangeren selbst niemand etwas merkt, und daß durch

---

* Pol. V. vom 21. Januar 1941, RGBl. Nr. 13 vom 3. Februar 1941.

eine Abtreibung ein Dritter nur ganz ausnahmsweise unmittelbar beeinträchtigt ist. Für die Beteiligten aber ist das Geheimbleiben gleich wichtig. Wo von privater Seite eine Anzeige erfolgt, steckt meist Rachsucht dahinter. Die Anzeiger bleiben auch gewöhnlich anonym. Fälle, in denen die Polizei rein zufällig, etwa durch einen bei einer Hausdurchsuchung gefundenen Brief von einer Fruchtabtreibung erfährt, fallen nicht ins Gewicht.

Unvergleichlich häufiger hat der Arzt bei Fehlgeburten Anlaß, eine Abtreibung zu argwöhnen. Dabei gerät er oft in den schwersten Widerstreit zwischen der vom Arzttum untrennbaren Pflicht zur Wahrung des Berufsgeheimnisses auf der einen Seite, Bedenken wegen der Auswirkung auf die Gesamtheit und einer Reihe von Vorschriften auf der anderen Seite.

Zunächst die Justizgesetze.

Nach § 359* des in der Ostmark geltenden österreichischen Strafgesetzes von 1852 wäre der Arzt verpflichtet, bei Verdacht einer Fruchtabtreibung selbst der Polizeibehörde oder dem Gericht oder der Staatsanwaltschaft die Anzeige zu erstatten. Das Recht des Altreiches kennt eine ähnliche Verpflichtung zur Strafanzeige nicht. Aber auch in Oesterreich wurde seit jeher gelehrt, daß der Arzt, wenn die Frau nicht gestorben ist, im allgemeinen nicht anzeige und die Frau nicht ausfrage, nicht bloß, weil er dadurch, im Gegensatz zur Wirkung aller anderen ärztlichen Anzeigen, auch sie der Verfolgung preisgibt, sondern weil als unvermeidliche Folge Frauen nach Abtreibungen ärztlicher Hilfe aus dem Wege gehen, dafür aber Kurpfuschern aller Art zum Opfer fallen müssen.**

Um die Frauen von ihren Helfern, den Abtreibern, zu trennen, wurde wiederholt, namentlich von ärztlicher Seite (Nippe) vorgeschlagen, die Frau selbst straffrei zu lassen, freilich ohne Erfolg. Vielleicht würden dann viele Frauen freier aussagen. Doch würde auch diese Begünstigung die Abneigung der Frauen gegen die Oeffentlichkeit des Gerichtssaales nicht beseitigen.

* § 359: „Aerzte, Wundärzte, Apotheker, Hebammen und Totenbeschauer sind in jedem Falle, wo ihnen eine Krankheit, eine Verwundung, eine Geburt oder ein Todesfall vorkommen, bei welchem der Verdacht eines Verbrechens oder Vergehens oder überhaupt einer durch andere herbeigeführten gewaltsamen Verletzung eintritt, verpflichtet, der Behörde davon unverzüglich die Anzeige zu machen. Die Unterlassung dieser Anzeige wird als Uebertretung mit einer Geldstrafe bis zu 250 S geahndet." (Grundlage der „Verletzungsanzeige".)

** Die unbehandelten und mangelhaft behandelten Fehlgeburten haben nach Schultze[18] auch häufiger Unfruchtbarkeit zur Folge.

Anders bei tödlichen Ausgängen. Doch wird man trotz Anzeige in ein Papier, das den Angehörigen zum Zwecke der Bestattung übergeben wird, und Kindern, Basen, Boten, Sargtischlern, Leichenbestattern und Kanzleikräften kleiner Gemeinden in die Hände kommt, nicht „Fruchtabtreibung" schreiben. Der Statistik geschieht dadurch kein Abbruch. Eine Anzeige aber läßt sich auf andere Weise machen. Jedenfalls sollen sich Verletzungen des Berufsgeheimnisses auf das beschränken, was für den übergeordneten, die Verletzung rechtfertigenden Zweck notwendig ist.

So wurde auch gelehrt, in besonderen Fällen, wenn gehäufte Wahrnehmungen auf das gemeingefährliche Wirken eines Abtreibers hinweisen, die Polizei aufmerksam zu machen, jedoch unter möglichster Schonung der eigenen Patientin.

Der Arzt hat ja auch früher, zu Zeiten, als die Schweigepflicht noch unbedingt galt, zugunsten einer von ihm betreuten Familie das Berufsgeheimnis mitunter preisgeben müssen, um nicht sehend einen Ahnungslosen (Frau oder Mann) in ein Unglück stürzen zu lassen. Der Grundsatz, daß bei einem Widerstreit das höhere Rechtsgut vor dem geringeren den Vorrang hat, ist auch in den Justizgesetzen schon lange mehrfach verankert.

Nunmehr ist er auch für den Arzt gesetzlich anerkannt, indem dieser nach § 13, 3 der Deutschen Aerzteordnung straffrei bleibt, „wenn er ein solches Geheimnis zur Erfüllung einer Rechtspflicht oder sittlichen Pflicht oder sonst zu einem nach gesundem Volksempfinden berechtigten Zweck offenbart und wenn das bedrohte Rechtsgut überwiegt".

Dieser Erwägungen ist der Arzt jetzt durch die Verpflichtung* überhoben, alle Fehlgeburten dem Amtsarzt zu melden. Zur Meldung fieberhafter Fehlgeburten ist der Arzt schon nach dem Reichsseuchengesetz von 1900 verpflichtet. Gemäß dem in den Erläuterungen[8] klargelegten Zweck der Verordnung wäre es erwünscht, daß die Strafjustiz einen Praktiker oder Frauenarzt, namentlich wenn ein Fall durch seine Meldung oder durch seine Aufzeichnungen bekanntgeworden ist, nach Möglichkeit nicht als Zeugen Frauen gegenüberstellt, denen er bei Uebernahme der Behandlung nur als Arzt gegenüberstand, wogegen der Polizeibeamte von vornherein als Polizeiorgan kenntlich ist.

Nach der österreichischen Strafprozeßordnung darf der Arzt, im Gegensatz zum Geistlichen und zum Verteidiger, vor dem Strafgericht die Aussage nur verweigern, wenn

* Art. 12 d. 4. Verordnung zur Ausführung d. Ges. z. Verh. erbkranken Nachwuchses vom 18. Juli 1935; RGBl. I, S. 1035.

sie ihm „einen unmittelbaren oder bedeutenden Vermögensnachteil . . . oder ihm . . . Schande bringen würde“. Dann kann ihn der Richter „nur in besonders wichtigen Fällen“ dennoch zur Aussage verhalten. Im Recht des Altreiches ist der Arzt dem Geistlichen und Verteidiger gleichgestellt und kann die Aussage verweigern, wenn ihn der Geheimnisherr nicht von der Schweigepflicht entbindet. Nach der erwähnten Bestimmung der Aerzteordnung kann er, wenn ihm die Aussage zur Verhütung weiteren Schadens notwendig scheint, auch ohne Zustimmung aussagen, kann aber auch schweigen. Uebrigens dürften wegen Fruchtabtreibung angeklagte Frauen sich kaum jemals getrauen, ihre Zustimmung zur Aussage des Arztes zu verweigern.

Sehr zu wünschen wäre auch, daß in Verfahren wegen Fruchtabtreibung Aerzte als Sachverständige öfter zugezogen würden, als dies geschieht, und zwar möglichst früh; einerseits zur Sicherung der Beweise, anderseits um Fehlurteile zu verhüten (Merkel). Ohne Sachverständige wird nicht allzuselten ein Sachverhalt als erwiesen angenommen, der ganz unmöglich ist. Der behandelnde Arzt wird wegen Befangenheit als Sachverständiger meist nicht geeignet sein.

Für den Sachverständigen gibt es nur das Ziel, bei der Untersuchung und der Befragung zum Ergründen der Wahrheit das Möglichste beizutragen. Von diesen Aufgaben lassen sich hier nur ein paar Punkte streifen, wo öfter Fehler begangen werden. In vielen Fällen ist eine zweckdienliche Befragung ohne einen mit diesen Tatbeständen vertrauten Arzt gar nicht möglich. Leider wird der Sachverständige oft erst gerufen, wenn der Karren festgefahren ist. Jahraus jahrein wiederholen sich dieselben Fehler. Oft ist schon die Anklage erhoben, über den Eingriff aber steht nicht mehr im Akt, als daß eine Einspritzung in die Geschlechtsteile — oft heißt es nur eine Spülung — gemacht wurde, ohne daß nach Einzelheiten gefragt worden wäre. Bei der Verhandlung ist das zu spät. Dann heißt es, es sei bloß eine Scheidenspülung gemacht worden, um der flehentlich bittenden Schwangeren einen Eingriff vorzutäuschen. Wenn keine Fragen über die Monatsregel gestellt wurden, kann die Frau später darüber sagen, was sie will. Das Befragen durch den Arzt ist nicht Verhör oder Vernehmung im Sinne der Gerichtsordnung, sondern Teil der ärztlichen Untersuchung, der auch der Untersuchungsrichter und der Staatsanwalt wie jedem anderen Augenschein beiwohnen kann, soweit nicht Schicklichkeitsgründe entgegenstehen. Letzteres trifft für die Befragung der Beschuldigten sicher nicht zu. Freilich sind die Angaben eines Beschuldigten auch gegenüber dem Arzt nur mit Vorsicht zu verwerten. Keinesfalls aber sind sie wertlos oder gar entbehrlich. Selbst einem Richter, der auf dem Gebiet der Fruchtabtreibung einiges weiß, kann die Beschuldigte Dinge erzählen, gegen die der Richter nichts mehr zu sagen weiß. Dem Arzt gegenüber ist das nicht so leicht möglich. Denn oft genügt eine einzige treffende Einwendung, den Plan der Verantwortung umzustoßen. Auch wenn einige Zeit nach der Fehlgeburt durch die körperliche Untersuchung kein Aufschluß mehr zu erwarten ist — man wird natürlich nie darauf verzichten —, bleibt der Wert der sachkundigen Befragung. Deshalb haben in Wien, wo ich lange tätig war, die Richter in vielen Fällen dem Gerichtsarzt den Vortritt gelassen und erst auf Grund seines Berichtes und Gutachtens eingehender vernommen.

Nach dem Wortlaut der Strafgesetze ist Schwangerschaft Voraussetzung für den Tatbestand der Fruchtabtreibung. Nun gibt es genügend Fälle, in denen die Annahme der Schwangerschaft sich bloß auf den Befund eines Arztes stützt, der die Frau vor der Fehlgeburt untersucht hat. In solchen Fällen wird dann häufig von der Verteidigung eingewendet, daß eine Schwangerschaft in der ersten Hälfte nicht sicher festzustellen ist. Es kam mir mehrmals vor, daß ein Verteidiger ein Lehrbuch aufschlug und einen ähnlich lautenden Satz, aus dem Zusammenhang gerissen, vorlas. Wenn aber ein Arzt bei mehreren oder selbst nur bei zwei Untersuchungen eine fortschreitende Größen- und Festigkeitsveränderung der Gebärmutter festgestellt hat, die ihrer Veränderung in der Schwangerschaft entspricht, und die Gebärmutter sich nachher im Zuge des Verfahrens als nicht vergrößert erweist, so kommt für die frühere Vergrößerung nur eine Schwangerschaft in Betracht. Die Eihaftstelle, der sichere Beweis der Schwangerschaft, bleibt auch nach einer Fehlgeburt in den ersten Monaten 4 bis 6 Wochen als beetartige Erhabenheit an der Leiche erkennbar.

Fieberhafte Fehlgeburten begründen immer den Verdacht, daß es sich um eine Abtreibung handelt, ganz besonders aber die Fälle tödlicher, von den inneren Geschlechtsteilen ausgegangener Blutvergiftung. Bei Fruchtabtreibungen tritt Fieber meist schon sehr früh auf. Man muß natürlich auch andere Quellen in Betracht ziehen. Wenn wir bei tödlicher Blutvergiftung mit Endocarditis nach Fehlgeburt an den inneren Geschlechtsteilen die Eintrittspforte nicht einwandfrei finden, kann die Frage, ob die Endocarditis Ursache oder Folge der Fehlgeburt war, sehr schwierig sein, mitunter ist sie nicht zu beantworten. Es ist mir wiederholt untergekommen, daß Aerzte Pyämie nach Fruchtabtreibung nicht erkannt, sondern die Lungenherde für eine gewöhnliche Lungenentzündung oder Teilerscheinung einer Grippe angesehen haben. Sie kamen nicht auf den Zusammenhang, weil sie sich zu wenig Zeit genommen haben. Eine Frage nach der Monatsregel hätte wahrscheinlich Klärung gebracht. Erst bei den durch Anzeigen veranlaßten Obduktionen kam der Sachverhalt auf.

Die Infektion erfolgt am häufigsten im Bereiche des inneren Muttermundes, gewöhnlich rückwärts. Bei Frauen, die durch Luftembolie sofort ums Leben kamen, habe ich mehrmals ganz frische oberflächliche, rinnenförmige Verletzungen der Schleimhaut am inneren Muttermund gesehen, die vielleicht in wenigen Tagen spurlos verheilt wären. Solche Verletzungen entstehen auch durch Instrumente mit Olive. Da das Erkennen einer Luftembolie durch Fäulnis vereitelt werden kann, soll die Leichenöffnung nicht hinausgeschoben werden.

Eingespritzte Flüssigkeit wird nicht selten durch die Eileiter bis in die Bauchhöhle getrieben und kann eine Bauchfellentzündung herbeiführen. Eine Abtreiberin trug den Frauen auf, es zu sagen, wenn sie Krämpfe spürten. Vorher sei es nicht das Rechte. Erst dann hörte sie zu pumpen auf. Daß bei solchem Vorgehen Flüssigkeit in die Bauchhöhle gelangen kann, ist verständlich. In Fällen dieser Art kann die chemische Untersuchung der im Becken gefundenen Flüssigkeit Aufschluß geben. Eingespritzte Flüssigkeit kommt durch die Ablösung der Eihäute auch reichlich ins Blut, wo die gelösten Stoffe bei genügender Menge giftig wirken können. Vor 10 bis 15 Jahren wurden zur Einleitung von Fehlgeburten Pasten angepriesen, die aus Seife mit verschiedenen Zusätzen bestanden und durch starre Katheter in die Gebärmutter eingetrieben wurden. Sie kamen unter Namen wie Interruptin, Antigravid, Provokol in den Handel, hießen auch Heiser-Paste, nach dem Apotheker, der sie angegeben hat. Diese Pasten wurden auch von ärztlich nicht geschulten Abtreibern gebraucht. In kurzer Zeit sind damals 20 Todesfälle durch Anwendung der Pasten bekanntgeworden. Sie wirkten teils durch Verätzung der Decidua und des Eies, teils durch Aufnahme in den Kreislauf. Bei solchen Todesfällen wurden auch Pastenembolien in den Lungen gefunden, doch ist es ganz unwahrscheinlich, daß diese Embolien mechanisch gewirkt haben. Auch Verätzungen im Scheidengewölbe können von einer Fruchtabtreibung oder einem Versuch zurückbleiben.

Frauen in Behandlung zu nehmen, die durch einen fruchtabtreibenden Eingriff infiziert oder sonstwie beschädigt worden sind, kann für den selbständig tätigen Arzt recht verdrießlich werden. Weist man solche Frauen nicht an eine Anstalt, so empfiehlt es sich, den Befund bei der Uebernahme vorzumerken.

Bauchfellentzündung, eine häufige Todesursache nach

Fruchtabtreibung, verrät sich an der Leiche durch die rasche Fäulnis, den eigenartigen, schwer zu beschreibenden Geruch, der sich vom gewöhnlichen, widerlich süßlichen Fäulnisgeruch unterscheidet, durch die Auftreibung und Spannung des grünlich verfärbten Bauches und die Trockenheit der Haut. Auch Gasbrand, gekennzeichnet durch die ungewöhnlich rasche Dunsung der ganzen Leiche und die kupferige Färbung ist bei Frauen, wenn nicht eine äußere Eintrittspforte offenkundig ist, auf Abtreibung verdächtig. Auch mit Tetanus können Frauen durch abtreibende Eingriffe infiziert werden.

Was die innerlichen Mittel anlangt, so kennen wir keines, das ohne Allgemeinstörungen oder Vergiftungserscheinungen eine Fehlgeburt auslöst, die so verläuft wie eine Fehlgeburt aus natürlicher Ursache. Fehlen besondere Erscheinungen, die dem erwiesenermaßen eingenommenen Mittel entsprechen, dann ist auch der ursächliche Zusammenhang zwischen Fehlgeburt und dem Mittel unwahrscheinlich, keinesfalls zu erweisen. Vor einem Jahrzehnt hat das Apiol, ein aus der Petersilie gewonnener Stoff, der ohne Verschreibung nicht mehr abgegeben werden darf, mehr von sich reden gemacht. In vielen Fällen scheint es bei leichten Vergiftungserscheinungen Fehlgeburten bewirkt zu haben, in anderen wieder ist trotz ernster Erscheinungen, unter denen namentlich schwere Polyneuritiden mit hartnäckigen Lähmungen hervortraten, die Schwangerschaft weitergegangen. Uebrigens wurden die Neuritiden weniger auf das Apiol selbst als auf das in den Apiolkapseln häufig und je nach der Quelle in verschiedener Menge enthaltene, sehr giftige Triorthokresolphosphat bezogen. Bis heute wird zum Zwecke der Abtreibung sehr oft Chinin empfohlen und genommen, das trotz seiner Bewährung als Wehenmittel bei der Geburt auf die nicht wehenbereite schwangere Gebärmutter nicht zu wirken scheint. Wenigstens ist in der Arzneimittellehre und Toxikologie nichts von einer solchen Wirkung bekannt. Trotzdem wird neuerlich gewarnt, Schwangeren Chinin zu verordnen, um nicht in den Verdacht der Beihilfe zur Abtreibung zu kommen. Wie mir scheint, wird auch hier übers Ziel geschossen. Vielleicht verhält es sich mit dem Chinin nicht anders als mit den vielen unwirksamen, durch die Entwicklung der pharmazeutischen Industrie in Vergessenheit geratenen Kräutern und Blüten, von denen wir seinerzeit Aehnliches hörten wie heute vom Chinin. Unvergeßlich ist mir folgender Fall. In der Zeit nach dem Weltkrieg kam einmal ein Mädchen vom Land nach Wien, um das Kind loszuwerden. Eine Abtreiberin gab ihr um einen Preis, der etwa 50 vollwertigen Reichsmark entsprach, 3 weiße Pulver. Eines nahm sie gegen Mittag gleich in der Wohnung der Abtreiberin. Es war sehr bitter. Und sofort, noch ehe sie wegging, spürte sie naß und blutete, so daß sie die beiden anderen Pulver, die sie erforderlichenfalls am Abend und am nächsten Morgen hätte nehmen sollen, gar nicht mehr brauchte. Ein reines post hoc.

Wegen der jetzt häufigen Warnungen empfiehlt es sich, bis auf weiteres einer nicht ernstlich erkrankten Schwangeren Chinin nicht zu geben, wenn es sich durch ein anderes gleichwertiges Mittel ersetzen läßt. Mit Rücksicht auf die Aufgabe des Sachverständigen aber geht es doch fehl, wenn man hervorhebt, es sei nicht erwiesen, daß dem Chinin eine abtreibende Wirkung nicht zukomme, wie ich kürzlich las. Das mag dazu anregen, neuerdings auf Nebenwirkungen bei der Malariaprophylaxe zu achten, mag für die Gesundheitsbehörde von Bedeutung sein, strafrechtlich aber ist es ziemlich belanglos. Denn es hat nicht der Beschuldigte seine Unschuld zu beweisen, sondern es muß ihm seine Schuld bewiesen werden, und darauf muß auch der Sachverständige Bedacht nehmen, wenn er nicht mißverstanden werden will. Wollten wir Ursächlichkeit bei Begutachtung von Unfallfolgen ähnlich verstehen, so müßten viel unberechtigte Ansprüche anerkannt werden. Mit dem Hilfsgerüst der besonderen Neigung kommen wir aber zur natürlichen Fehlgeburt. Wo sollen wir da die Grenze ziehen? Dabei wird ganz vergessen, daß die Geburtshelfer als Wehenmittel überwiegend kleine Gaben von Chinin empfohlen haben. Weiter wird in Verfahren wegen Fruchtabtreibung oft viel Zeit unnötig vertrödelt mit der Frage, ob die im besonderen Fall erfolgte Fehlgeburt durch eine nicht strafbare äußere Einwirkung ausgelöst worden sei, wie Sturz, schweres Heben, schwere Arbeit, Waschtag. Beschuldigte Frauen schützen derlei fast immer vor. Sinn hätte dieser Beweis nur dann, wenn die Wirksamkeit solcher Vorkommnisse erwiesen wäre und wenn es nicht Fehlgeburten aus natürlicher Ursache wirklich gäbe, bei denen die Ursache wenigstens im nachhinein nicht zu ermitteln ist. Hat man aber noch Gelegenheit, die Abgänge zu untersuchen, so soll man sich nicht auf den Nachweis von Zotten als Beleg für die Schwangerschaft beschränken. Vielmehr kann uns die Untersuchung des Eies lehren, daß ein „Abortivei" (Schultze[19]), somit eine natürliche Fehlgeburt vorliegt. Sonst hat es strafrechtlich nur Wert, wenn wir Abtreibung als Ursache der Fehlgeburt nachweisen.

Keinesfalls soll der Sachverständige zuliebe irgend eines Brauches in der Rechtsprechung den Boden seiner Erkenntnis verlassen. Sonst braucht man keinen Sachverständigen. Er ist eine wichtige Bürgschaft gegen allzu große Schwankungen in der Anwendung des Rechtes. Uebrigens ist jetzt durch die weite Ausdehnung des Versuchsbegriffes in der. Rechtsprechung die Verfolgung der Fruchtabtreibung sehr erleichtert, indem der Staatsanwalt auch dort, wo der Tatbestand der Fruchtabtreibung nicht erwiesen ist, eine Strafe wegen versuchter Fruchtabtreibung beantragen kann. Hierzu genügt, daß die betreffende Frau geglaubt hat, schwanger zu sein und daß sie die zur Beseitigung der Schwangerschaft gefaßten Entschlüsse für zweckmäßig gehalten und zu verwirklichen begonnen hat, z. B. eine Helferin aufgesucht oder eine solche zu erkunden bestrebt war.

Es ist menschlich und auch vom Standpunkt der Zeitersparung in der Strafrechtspflege verständlich, wenn der Staatsanwalt im Vertrauen auf die abschreckende Wirkung die leicht zu erreichende Verurteilung wegen Versuches der weniger sicheren und mehr Zeit kostenden Beweisführung auf vollendete Abtreibung vorzieht. Darum wird jetzt auch gern auf den Sachverständigen verzichtet.

Ohne ärztliche Sachverständige aber werden Verfahren wegen Fruchtabtreibung dem Einzelfall nur selten gerecht, können leicht zur Schablone werden. Es droht daraus weiter die Gefahr, daß unser zum Nutzen der Gesamtheit zusammengetragener Schatz an Wissen verfällt. Derlei geht ungeheuer schnell.

Trotz der zahlenmäßig großen Erfolge von Polizei und Rechtsprechung würden wir mit dem Strafrecht allein der Fruchtabtreibung nicht Herr werden. Dazu gehört noch viel anderes, vor allem auch die Mitwirkung des Heilarztes.

Von den gegen ihren Wunsch Geschwängerten suchen viele frühzeitig den Arzt auf, um Gewißheit über ihren Zustand zu erlangen. Auch ohne besonderes Ansinnen erkennt er bald, wie die Frau sich zur Schwangerschaft stellt, und kann durch seinen Zuspruch und dadurch, daß er sie berät, und daß er ihr unter Umständen auch die Gefahren einer Abtreibung darstellt, sehr viel nützen. Freilich kostet solche Hilfe Zeit. Auch sonst wird sich dem Arzt mancherlei erschließen, wo die Fürsorge der Abtreibung erfolgreich entgegenwirken kann. An der Zunahme der Geburten haben das Aufhören der Arbeitslosigkeit, die Erleichterung der Eheschließung, die Begünstigung von Familien mit Nachwuchs und die Fürsorge für Schwangere jedenfalls den Hauptanteil. Dazu kommt noch, daß die wahllose Schwangerschaftsunterbrechung aus gesundheitlichen Scheingründen, der in den Jahren nach dem Weltkrieg so viele Früchte zum Opfer fielen, heute durch die Einrichtung der Gutachterstellen unmöglich geworden ist, auch zum Heil der Aerzteschaft. Durch diese Einrichtung ist bis in die Einzelheiten verwirklicht, was Haberda im Kampf gegen die Scheinindikation vor 24 Jahren gefordert hat.

Literatur: [1] Aerztebl. Dtsch. Ostmark, Nr. 3, 31, 1941. — [2] Dasselbe, Nr. 22, 274, 1941. — [3] Bichlmeyer: Dtsch. Z. gerichtl. Med., 35, 128, 1941. — [4] Bumm: Geburtshilfe. 12. Aufl. S. 409. Wiesbaden: Bergmann, 1912. — [5] Burgdörfer: Nach Meisinger: Dtsch. Z. gerichtl. Med., 32, 229, 1939/40. — [6] Feldmann: Aerztl. Sachverst.ztg., 8, 1910. — [7] Flügge: Grundriß d. Hygiene, S. 24, Berlin, 1940. — [8] Gütt-Rüdin-Ruttke: Zur Verhütung erbkranken Nachwuches. Gesetz und Erläuterungen. 2. Aufl., S. 306. München: Lehmann, 1936. — [9] Hegar: Nach R. Bayer: Zbl. Gynäk., 19, 1940. — [10] Lewin und Brenning: Die Fruchtabtreibung durch Gifte S. 56. Berlin: Hirschwald, 1899. — [11] Liepmann: Med. Klin., 1930, 77. — [12] Meixner: Wien. klin. Wschr., 1932, 129. — [13] Merkel: Dtsch. Z. gerichtl. Med., 32, 224, 1939/40. — [14] Mueller und Walcher: Gerichtl. u. soz. Medizin einschließlich des Aerzterechtes, S. 34. München-Berlin: Lehmann, 1928. — [15] Nippe: Z. Med.beamte, 649, 1927. — [16] Peller: Zbl. Gynäk., 861, 1929. — [17] Pietrusky: Dtsch. Z. gerichtl. Med., 14, 54, 1932. — [18] Schultze: Zbl. Gynäk., 2194, 1938. — [19] Derselbe: Zbl. Gynäk., 161, 1941. — [20] Entschließung gegen die Abtreibungsseuche. Münch. med. Wschr., 1934, 1676.

Die Prostitution

Von

Dozent Dr. **A. Wiedmann**
Wien

„Kulturen und Zivilisationen kommen und vergehen, die Dirne aber bleibt die Dienerin der Menschheit, welche für die Sünden des Volkes zum Opfer fällt." Wenn ich diesen Satz an den Beginn meiner Ausführungen stelle, so möchte ich damit meine Einstellung zur Frage der Prostitution überhaupt festlegen. Ich glaube in diesem einen Satz die ganze Tragik des Problems, das ich heute vor Ihnen zu besprechen die Ehre habe, aufgezeigt zu haben. Die Prostitution und die mit ihr auf das innigste verknüpfte Frage der Geschlechtskrankheiten bilden den Kern der sexuellen Frage überhaupt. Man versuche sich nur vorzustellen: keine Prostitution, keine Geschlechtskrankheiten mehr! Gibt es eine beglückendere Idee, gibt es ein leuchtenderes Ideal, als die vollkommene moralische und physische Reinigung der Beziehungen der Geschlechter untereinander! An dieser Stelle muß ich aber, um Mißverständnissen vorzubeugen, sofort betonen: Ich glaube nicht an die Möglichkeit der Beseitigung der Prostitution, weder durch nationale noch durch internationale Maßnahmen. In meinen weiteren Ausführungen werde ich Gelegenheit haben, diese Ansicht näher zu begründen.

Man führt die Prostitution auf religiöse Sitten im Altertum zurück, bei denen die Hingabe der Mädchen als ein Teil des Kults, sozusagen als ein Opfer an die Gottheit, betrachtet wurde. Bekannt sind in dieser Beziehung die

Kultstätten der Melitte, Astarte und Diana. Der Kultus des Baal war berüchtigt durch den Zulauf von Mädchen, welche sich den Pilgern hingaben, für einen Lohn, den sie dann der betreffenden Gottheit opferten. Die Geschichtsquellen der Alten Welt belehren uns ausführlich darüber, daß jene Sitten sich auch weiter in der Gesellschaft verbreiteten und der Entwicklung der gewerbsmäßigen Prostitution schon zu jener Zeit Vorschub leisteten. Hand in Hand mit dieser Art des Gottesdienstes ging die Verehrung des Phallus als Symbol der männlichen Stärke und Fruchtbarkeit. Bereits die Gesetzgeber Israels sahen sich gezwungen, gegen die Prostitution anzukämpfen und Vorschriften zu deren Verhütung zu erlassen. Sie dürften auch, wie aus einzelnen Stellen des Alten Testamentes hervorgeht, Kenntnisse über ansteckende Krankheiten, die durch den Koitus verbreitet werden, gehabt haben. Es hat zu dieser Zeit bereits Freudenhäuser gegeben, die meist von Assyrerinnen geleitet wurden, und die Propheten sahen sich veranlaßt, nicht nur gegen diese zu predigen, sondern auch gegen die mit geschlechtlichen Ausschweifungen verbundene Verehrung heidnischer Götter. Ueber die Inseln Kleinasiens, besonders Cypern mit dem Heiligtum der Aphrodite zu Paphos, gelangte die Prostitution als kultisches Opfer auch nach Griechenland. Sie nahm hier ebenfalls anfangs die Form des Tempeldienstes an, vor allem beim Kult der Aphrodite und des Adonis, ging jedoch bald in die gewerbsmäßige Prostitution über, so daß Solon gezwungen war, die Reglementierung einzuführen. Um 594 vor Christi treffen wir auf die ersten Bordelle, die, als „Porneion" bezeichnet, zur Steuerleistung herangezogen und vom Magistrat verpachtet wurden. Neben dieser, gewissermaßen gesetzlichen Prostitution gab es auch, wie heute, eine geheime, welche von Anletriden, das sind Flötenspielerinnen und Dikteriaden, das sind frei herumschweifende Dirnen, besorgt wurde. Auf diesem Boden entsproß, entsprechend dem hohen kulturellen Niveau des damaligen Griechenland ein sehr wichtiger Faktor im politischen und geistigen Leben Athens, das sogenannte Hetärenwesen, dem die griechische Kultur Frauen von hoher geistiger Bildung verdankt, wie Aspasia, Phryne, Lais und andere. Daneben entwickelte sich in Griechenland aber auch mit dem Laster der Päderastie eine männliche Prostitution, wie sie die spätere Geschichte in gleichem Umfange nicht kennt.

Wie die griechische Kultur und Religion das benachbarte Italien befruchtete, so verpflanzte sich auch die Prostitution von hier nach Rom, wo sie, namentlich in den letzten Tagen der Republik und in der Kaiserzeit, zu einer ungeahnten Blüte gelangte, wie wir aus den Schriften eines Juvenal, Marcial und Persius entnehmen. Das im alten Rom vollausgebildete Bordellwesen unterscheidet sich in nichts von unserem heutigen. Diese Zustände steigerten sich in der späteren Kaiserzeit unter Tiberius, Calligula, Nero und, nicht zu vergessen, der Messalina ins Ungemessene. Die Einführung des Christentums änderte die Situation schlagartig. Die Kirche mußte, auf ihren Glaubens- und Moralsätzen fußend, die Prostitution verdammen und unter die härtesten Strafsanktionen stellen, was jedoch, wie es nicht anders zu erwarten ist, zu einem vollkommenen Mißerfolg führte. So kam es, daß Benedikt II. im elften Jahrhundert in Rom die Errichtung eines Bordells gestattete und Sixtus IV. sogar von diesem Steuern eingehoben haben soll. In das frühe Mittelalter fallen auch bereits Versuche einer Reglementierung der Prostitution. Johanna I., Königin beider Sizilien, bestellte sogar einen Wundarzt zur wöchentlichen Visite und verbot den Juden den Zutritt. Den Priestern war der Besuch der Bordelle teils unbedingt verboten, an einigen Orten jedoch bloß bei Tage und nicht in der Nacht gestattet.

In Deutschland waren in zahlreichen Städten, wie Mainz, Ulm, München, Wien, Frankfurt, Freudenhäuser errichtet worden, nachdem in einer langen Periode von Unterdrückungsversuchen mit barbarischen Strafen für Prostituierte, eine Beseitigung dieses Uebelstandes nicht zu erzielen war. Die Häuser wurden unter staatlicher bzw. kommunaler Kontrolle gehalten und entweder vom Magistrat verpachtet oder hoch besteuert. An manchen Orten mußten die Mädchen besondere Kleidung tragen. Charakteristisch für die Sitten der damaligen Zeit ist es, daß bei Fürstenbesuchen dem Gast und seinem Gefolge auch die Benutzung des Frauenhauses zur unentgeltlichen Verfügung gestellt wurde. In Wien sah sich Rudolf von Habsburg gezwungen, gewisse Regeln für die Freudenmädchen aufzustellen und sie unter die Botmäßigkeit des Scharfrichters zu stellen. Die langsam zunehmende Sittenlosigkeit in Deutschland, wie sie unter anderem von Aeneas Sylvius gegeißelt wurde, erlitt zur Zeit der reformatorischen Bewegung, welche die große Reformationszeit vorbereitete, einen Rückschlag, der vor allem den großen Kanzelrednern, wie Waldhauser, Husser, Wicleff, Savonarola u. a., zu danken ist. Die eigentliche Verfallzeit der Frauenhäuser brach jedoch erst herein, als mit Ende des 15. Jahrhunderts die Syphilis mit Erscheinungen so schwerer Art, wie sie heute selten zu sehen sind, in Europa seuchenartig auftrat und fast bis zur Mitte des 16. Jahrhunderts anhielt. Diese Erkrankung, über deren Alter und Ursprung bis heute nichts Sicheres bekannt ist, trat als Epidemie zuerst im Heere Karls I. auf, als er Neapel belagerte, und wurde durch die Söldner dieses Heeres, das aus Deutschen, Schweizern und Franzosen bestand, rasch verbreitet. Fragen wir uns, welchen Einfluß die Ausbreitung dieser Seuche auf die Prostitution hatte, so sehen wir, daß die energischen Abwehrmaßnahmen der Gesetze wohl zu einem Verfall der kasernierten Prostitution führten, aber, wie stets, der geheimen Prostitution in die Hände arbeiteten. So entschloß man sich in den einzelnen Ländern nach kürzerer oder längerer Zeit, die Prostitution neu zu ordnen und sie der staatlichen Oberaufsicht zu unterstellen. In Paris war es Ludwig XIV., der die strengen Verbote für Prostituierte aufhob. Nachdem Karl V. die Prostitution in Deutschland ausnahmslos verboten hatte, sah sich Maximilian II. infolge des schrankenlosen Emporwucherns der geheimen Prostitution gezwungen, die Vorschriften seines Vaters zu lockern. Die Maßnahmen Maria Theresias zur Hebung der Sittlichkeit mit ihrer berüchtigten Keuschheitskommission sind bekannt und zeitigten ein Spionage- und Denunziantensystem, welches zu den übelsten Auswüchsen führte und das Aufblühen der geheimen Prostitution zur Folge hatte. Auch Josef II. war nicht imstande, der Prostitution in Wien Einhalt zu gebieten. Die Syphilis nahm so überhand, daß man sich gezwungen sah, einen Gesundheitsrat zu bestellen und zur Wiedererrichtung von Bordellen schritt. Aehnlich wie in Wien lagen die Verhältnisse in Berlin, wo man anfangs mit den härtesten Strafen, sogar mit der Todesstrafe, gegen Kuppler und Prostituierte vorging, um später nachsichtiger zu werden und eine Reglementierung der Prostitution einzuführen.

Aus diesem kurzen geschichtlichen Ueberblick ersehen Sie, daß die Prostitution sich in den vergangenen Jahrhunderten nicht anders darstellt als heute, und daß diese Frage in früheren Zeiten so wenig gelöst wurde wie in der Gegenwart. Bevor ich auf die Besprechung der derzeitigen Verhältnisse eingehe, erscheint es mir notwendig, mich mit der Definition des Wortes Prostitution ganz kurz zu befassen. Der Begriff Prostitution ist absolut nicht klar und scharf umrissen. Die beste, mir bekannte Definition stammt von dem französischen Arzt Rey, der als Prostitution den Akt bezeichnet, „bei welchem eine Frau jedem Manne ohne Unterschied sich überläßt und für eine zu leistende Zahlung den Gebrauch ihres Körpers gestattet“. In dieser Definition sind die meiner Meinung nach wichtigsten Merkmale enthalten, nämlich die völlige Gleichgültigkeit gegen die Person des Mannes und die Hingabe gegen Entgelt. Die häufige Wiederholung des Prostitutionsaktes mit verschiedenen Männern scheint mir wohl ein häufiges, jedoch kein absolut wichtiges und charakteristisches Merkmal zu sein. Deshalb kann es auch eine Prostitution in der Ehe geben, obgleich diese immer noch weit von der käuflichen Preisgabe an zahlreiche, häufig wechselnde Männer entfernt ist. Man kann nach dieser Definition auch die eingangs erwähnte Hingabe von Mädchen, häufig sogar Jungfrauen, aus religiösen Gründen nicht als Prostitution bezeichnen, da hierbei der merkantile Charakter vollkommen fehlt. Tatsache ist jedoch, daß sich aus der religiösen Preisgabe des Körpers im Laufe der Zeit die Prostitution entwickelte. Sie ist zweifellos ein Produkt der Zivilisation und kann unter primitiven Zuständen nicht oder nur mangelhaft gedeihen. Hier erhebt sich eine Frage, an die gerade von männlicher Seite nicht gerne gerührt wird, nämlich die nach dem Bedürfnis des Mannes nach Prostitution. Ist es der bloße Geschlechtstrieb oder spielt noch ein anderes Moment dabei eine ausschlaggebende Rolle? Gewiß ist der Geschlechtstrieb, also die bloße Sinnlichkeit bei der männlichen Nachfrage nach Prostituierten, von besonderer Bedeutung. Damit ist aber nicht die Tatsache erklärt, daß eine große Zahl von Ehemännern und solchen Männern, die die Möglichkeit eines anderen Geschlechtsverkehres haben, die Prostitution frequentieren. Es ist damit auch nicht die eigentümliche, uns immer wieder in Erstaunen setzende Anziehungskraft der Prostituierten auf hochkultivierte, ethisch und ästhetisch fein empfindende Männer erklärt. So schreibt Ludwig Pietsch von der berüchtigten Kokotte des zweiten Kaiserreiches, Cora Pearl: „Ich habe nie verstehen können, wie sie einen so starken Reiz auszuüben vermochte. In ihrer Erscheinung, ihrem wulstig geformten, bemalten Mopsgesicht lag er jedenfalls nicht." Vielleicht beruhte ihre Macht über die Männer in derselben Eigenschaft, welche der königliche Freund der Gräfin Danner nachrühmte und als Grund seiner Zuneigung zu ihr angab: „Sie ist ja so herrlich gemein!"

Dieser Satz erleuchtet die eigentümliche Wirkung der Dirne auf eine große Zahl von Männern. Er läßt einen masochistischen Zug im männlichen Empfinden erkennen, der besonders kraß hervortritt, wenn man das Wesen der Dirne der geistig hochstehenden Natur vieler ihrer Kunden gegenüberstellt. Ich neige der Ansicht zu, daß die Prostitution zum Teil ein Produkt des physiologischen männlichen Masochismus ist. Dabei ist ausdrücklich zu betonen, daß ich nicht darin allein die Ursache des Dirnenwesens sehe. Da für die Prostitution aber das merkantile Moment charakteristisch ist, kann man sagen, der masochistische

Zug im Wesen des Mannes verursacht die Nachfrage nach der Dirne, und das Dirnenwesen ist eben ein Geschäft, bei dem — so wie bei jedem anderen — das Angebot durch die Nachfrage bedingt wird. Ich glaube überhaupt, daß der Streit um die Ursache der Prostitution deshalb müßig ist, weil es eine Menge von Ursachen gibt, die keine die Erscheinung ganz erklärt, sondern jede die andere zu Hilfe nehmen muß. Es sind jedenfalls eine Reihe von äußeren und inneren Bedingungen, deren unselige Verkettung das Mädchen zur Prostitution treibt. Ich glaube nicht, daß die Theorie Lombrosos zu Recht besteht, wonach jede Prostituierte bereits mit allen Charakteranlagen geboren wird und diese Charakteranlagen auch eine körperliche Grundlage in Gestalt von nachweisbaren Entartungszeichen haben. Es ist aber kein Zweifel, daß es die von Lombroso geschilderte „geborene Dirne" gibt, doch macht der von ihm beschriebene Typ sicherlich nur einen verhältnismäßig geringen Teil der Zahl der Prostituierten aus und findet sich auch unter den nichtprostituierten Frauen. Die von Lombroso geschilderten Entartungszeichen sind Merkmale der Degeneration, die schließlich die „geborene Dirne" ihrem Gewerbe zuführt. Nicht alle degenerierten Prostituierten sind geborene Degenerierte, denn bei vielen sind die Degenerationsmerkmale als Folge des jahre- und jahrzehntelang betriebenen Gewerbes aufgetreten. Der Umwandlungsprozeß vom ehrbaren Mädchen in eine Dirne vollzieht sich meist mit unheimlicher Schnelligkeit und zeigt sich zuerst in den Gesichtszügen, die eine vollkommene Hilf- und Willenlosigkeit, ein Abgestumpftsein gegen Strafen und Wohltaten ausdrücken. Man kann bei vielen dieser Frauen, vor allem bei den älteren, eine Verwischung der sekundären Geschlechtsmerkmale nachweisen. Das Tieferwerden der Stimme, die Atrophie der Brüste, das Annehmen typisch männlicher Gewohnheiten und Bewegungen sind einerseits auf den dauernden Umgang mit Männern zurückzuführen, anderseits eine Folgeerscheinung des reichlichen Nikotin- und Alkoholgenusses. Alle diese Zeichen lassen sich, wie bereits erwähnt, vor allem bei solchen Frauen beobachten, die ihr Gewerbe bereits längere Zeit ausüben. Das Gros der jugendlichen Prostituierten und besonders der Frauen, die ihr Gewerbe in den eleganten Lokalen der Großstädte ausüben, zeigt durchaus weibliche Erscheinungen.

Wenn man also sagen kann, daß nur ein relativ kleiner Prozentsatz der Dirnen zu ihrem Gewerbe geboren ist, liegt die Frage nahe, warum der nichtdegenerierte Teil der Frauen sich zu dem verhängnisvollen Schritt, nach dem es kein „Zurück" mehr gibt, entschlossen hat. Es sind in erster Linie ökonomische Faktoren, welche die Frauen veranlassen, die Brücken des bürgerlichen Lebens hinter sich abzubrechen und sich der Prostitution in die Arme zu werfen. Dabei kann man zwischen wirklicher, echter und nur relativer Not unterscheiden. Es ist kein Zweifel, daß absolute Not und Lebenssorgen viele Mädchen zur Prostitution treiben. Zeiten wirtschaftlicher Depression mit Not an Arbeitsplätzen, wie wir sie in den Jahren nach dem Weltkrieg erlebt haben, sind die erfolgreichsten Zutreiber für das Dirnenwesen. Die erschreckende Zunahme der Zahl der Prostituierten in den letzten Dezennien und ihr weiteres ständiges Anwachsen läßt sich nur durch die überstürzte Umgestaltung der wirtschaftlichen und sozialen Verhältnisse seit der Mitte des vorigen Jahrhunderts erklären. Wenn man bedenkt, daß man noch in den Sechzigerjahren des vorigen Jahrhunderts zur Zurücklegung der Strecke Wien—Linz 3 Tage, d. h. genau so lange wie zur Zeit des Kaisers Augustus, also vor 1000 Jahren, gebraucht hat, während man heute, nur 80 Jahre später, dieselbe Strecke in 3 Stunden bewältigen kann, so ist damit wohl nichts über die direkten Ursachen des Anwachsens der Prostitution gesagt, aber eine Erklärung für die unverhältnismäßig rasche Umgestaltung der wirtschaftlichen Verhältnisse gegeben. Eine Folge davon ist die Konzentration der Bevölkerung in den Großstädten, die Industrialisierung, vor allem der kapitalistischen Großbetriebe, und der damit verschärfte Lebenskampf. Im engen Zusammenhang mit der Verschärfung des Kampfes um das tägliche Brot steht die besonders in der Nachweltkriegszeit akut gewordene Frage des Wohnungselendes. In den engen Wohnungen sind die Kinder schon Zeugen mancher Szenen, welche wenig für das sittliche Erwachen taugen. Sie sehen Dinge, welche sie später als selbstverständlich betrachten und üben, denn sie haben es ja nicht anders kennengelernt und meinen, daß es überall so sei. Ich möchte an dieser Stelle einen Satz Pfeiffers zitieren: „Von hoher Warte herab ist es leichter, gegen Unsittlichkeit und Unmoralität zu donnern, als in dumpfen, engen Wohnungen, in Not und Entbehrungen allen Verlockungen zu widerstehen.“

Damit bin ich bei dem zweiten Punkt, der relativen Not, angelangt. Das Gros der Prostituierten setzt sich aus Dienstmädchen, Kellnerinnen und Angestellten der Modebetriebe zusammen. Es handelt sich dabei durchweg um Frauen, welche mit den gesteigerten Lebensansprüchen der wohlhabenderen Gesellschaftsschichten in ständiger Berührung sind und bei denen sich naturgemäß das Verlangen, in ähnlichen Verhältnissen leben zu können, bald regt. So spielt die Putzsucht im Verein mit einem Mangel an Willenskraft, Fleiß und sittlichem Halt und schließlich der früher erwähnten angeborenen Minderwertigkeit, bei vielen die Rolle des Zutreibers. Hat die Frau einmal den verhängnisvollen Schritt auf die Straße getan, so ist ein „Zurück" nahezu unmöglich geworden. Mir sind unter den vielen hunderten Wiener Prostituierten, welche ich behandelt habe und bei denen ich stets versucht habe, ihnen auch vom ärztlich-menschlichen Standpunkt aus näherzukommen, nur zwei Fälle bekannt, denen es gelungen ist, sich wieder in das bürgerliche Leben einzugliedern. Die eine dieser Frauen habe ich aus den Augen verloren und weiß nicht, ob sie die Kraft hatte, bei ihrem bürgerlichen Beruf zu bleiben. Die zweite hat ein Kind bekommen und aus Liebe zu diesem Kind den sicherlich harten Weg zurück in die bürgerliche Gesellschaft mit Erfolg eingeschlagen. Sie ist heute Besitzerin eines kleinen Kaffeehauses, das sie täglich um 7 Uhr abends schließt, weil sie, wie sie mir sagte, mit dem Nachtleben nichts mehr zu tun haben will. Unter vielen hunderten Prostituierten also nur ein einziger Fall, von dem ich mit Sicherheit angeben kann, daß er dem bürgerlichen Leben wieder zurückgegeben wurde. Die Wiener Prostituierte verdient heute im Bordell monatlich etwa 1500 bis 2500 RM, in eleganten Lokalen der Inneren Stadt noch wesentlich mehr. Wenn man dabei in Betracht zieht, daß das Mädchen, welches sich entschließt, sich der Prostitution zuzuwenden, als Vorbedingung sozusagen die entsprechende sittliche Haltlosigkeit mitbringen muß, so ist es nicht zu verwundern, daß die Zahl derer verschwindend klein ist, welche die Kraft aufbringen, auf ein relativ müheloses, hohes Einkommen zu verzichten und dafür bei angestrengter körperlicher Arbeit monatlich 150 bis 250 RM, also ein Zehntel ihres früheren Einkommens, zu verdienen.

Wenn ich also noch einmal kurz zusammenfassen darf, kann man sagen, daß neben der angeborenen moralischen Minderwertigkeit, dem Mangel an Willenskraft und sittlichem Halt die Not und frühzeitige Gewöhnung an geschlechtliche Exzesse durch den Anblick solcher Vorgänge in den engen Wohnungen die Hauptursachen für die Prostitution darstellen.

Ich habe bis jetzt den Versuch unternommen, Ihnen in kurzem einen geschichtlichen Ueberblick über die Entwicklung der Prostitution von der vorchristlichen Aera bis heute zu geben, und habe weiter versucht, mit wenigen Worten die moralischen und ökonomischen Faktoren aufzuzeigen, die geeignet erscheinen, einen so verhängnisvollen Schritt zu erklären, wie die Frau ihn tut, wenn sie sich das erste Mal preisgibt.

Wen sein Beruf häufiger mit Dirnen in Berührung bringt, wird genötigt sein, sich Einblick in die Psyche dieser Mädchen zu eröffnen, denn gerade diese Frauen brauchen einen Arzt, der sich die Mühe nimmt, in ihr Seelenleben einzudringen und ihnen nicht nur rein medizinische, ich möchte sagen körperliche, sondern auch seelische Hilfe bringt. In dieser Richtung Gutes zu tun und zu helfen, ist nicht immer leicht, weil die Frauen nicht nur gegen Strafen, sondern auch gegen Wohltaten abgestumpft sind und daher nur sehr schwer zugänglich erscheinen. Wer sich jedoch der Mühe unterzogen hat, solch einem bedauernswerten Wesen menschlich näherzukommen, der wird unendlichen Dank ernten.

In diesem Zusammenhange sei es mir gestattet, noch ganz kurz die Frage des Zuhälterwesens zu streifen. Es erscheint für den oberflächlichen Beobachter unerklärlich und absurd, daß ein großer Teil der Mädchen ihren Verdienst einem Manne opfert, der ihn in kurzer Zeit verspielt oder vertrinkt, um als Lohn Beschimpfungen und Mißhandlungen zu ernten. Ich sehe gänzlich davon ab, daß die Dirne häufig einen Schutz gegen ihre Kunden braucht und daher besonders in den äußeren Bezirken der Großstädte gezwungen ist, sich einen Mann zu halten, der ihr im Notfall zu ihrem Recht verhilft. Der Zuhälter spielt auch dort, wo die Dirne seinen Schutz nicht benötigt, eine bedeutsame Rolle im Leben der Prostituierten. Wie jedes Weib, braucht die Dirne einen Menschen, den sie mit der der Frau angeborenen mütterlichen Zärtlichkeit umgibt, sie will nicht so sehr Zärtlichkeit empfangen, als geben. Vielleicht gerade, weil sie täglich so vielen Männern sexuelle Befriedigung verschafft, braucht sie mehr wie jede andere Frau dann einen Mann, der ihr diese Befriedigung gibt. So wie jede andere Frau empfindet auch die Dirne diese Befriedigung nur bei dem Mann restlos, dem sie ein großes Maß an zärtlichen Gefühlen entgegenbringt, den sie umsorgen kann, von dem sie weiß, daß er sie braucht, und sei es auch nur, um von ihr das nötige Geld zu bekommen, das er zum Spielen und Saufen benötigt. Das ist die Rolle des Zuhälters.

Damit bin ich bei der dritten und letzten Frage angelangt, die uns im Rahmen meines Vortrages interessiert, welches der richtige Weg ist, die Prostitution in solchen Grenzen zu halten, innerhalb deren sie keinen Schaden zu stiften vermag. Es liegt auf der Hand, daß es nötig ist, sich mit dieser Frage zu beschäftigen und nicht den Standpunkt der stillschweigenden Duldung einzunehmen. Man muß zweierlei Arten von Prostitution unterscheiden: die öffentliche, d. h. behördlich beaufsichtigte, und die sogenannte geheime Prostitution, die in volksgesundheitlicher Beziehung weitaus gefährlicher ist. Die öffentliche Prostitution, welche ständig ärztlich untersuchte und polizeilich eingeschriebene Mädchen umfaßt, kann in eigens eingerichteten Häusern betrieben werden — man spricht dann von kasernierter Prostitution —, welche in den Städten zerstreut liegen oder in bestimmten Straßen vereinigt sind. Die zweite Art der kontrollierten Prostitution erstreckt sich auf solche Mädchen, die wohl auch unter Aufsicht stehen, aber in selbstgewählten Wohnungen ihr Gewerbe ausüben, oder besondere Absteigquartiere, Stundenhotels, benutzen. Wenden wir uns zuerst der Frage der Bordelle zu, so sehen wir, daß diese heiß umstritten ist. Die Gegner scheinen in der Zeit nach dem Weltkrieg, zumindest in Deutschland und dem ehemaligen Oesterreich, ihren Standpunkt zum größten Teil durchgesetzt zu haben, denn man ist vom Bordellwesen im allgemeinen abgegangen. Erst der Krieg hat besonders in größeren Städten die Errichtung von Freudenhäusern wieder nötig gemacht. Wenn man von den durch den Krieg geänderten Verhältnissen absieht, glaube ich sagen zu können, daß die Errichtung von Bordellen gerade in der Großstadt unnötig ist. Im allgemeinen geht ja der Mann nicht in der Absicht vom Hause weg, das Bordell aufzusuchen, sondern im Anschluß an einen länger dauernden Gasthausbesuch mit reichlichem Alkoholkonsum findet er, entweder noch im Lokal oder auf der Straße, Anschluß an ein Mädchen und ist infolge des reichlichen Alkoholgenusses leicht geneigt, mit ihr ein Stundenhotel bzw. ein Absteigquartier aufzusuchen. Dadurch wird das Gros der Kundschaften bereits auf der Straße abgefangen. Verbietet man die kontrollierte Straßenprostitution vollkommen, d. h. säubert man die Straße von der Prostitution und verlegt sie ganz in die Häuser, wird man wohl die kontrollierte Prostitution, also den für die Volksgesundheit weniger bedenklichen Teil der Dirnen von der Straße entfernen, damit aber auch gleichzeitig die geheime Prostitution von ihrer Konkurrenz befreien. Denn wie ich schon bei der Besprechung der historischen Entwicklung der Prostitution gezeigt habe, führt jede Verschärfung des Druckes auf die Prostituierten und jede Zunahme der Unduldsamkeit zu einem Emporschnellen der geheimen Prostitution und damit der Zahl der venerischen Infektionen.

Anders liegen die Verhältnisse während des Krieges. Die aus dem Felde zurückströmenden Soldaten, die wochen-, oft monatelang unter sexueller Abstinenz gelebt haben, brauchen den Alkoholgenuß als Stimulans nicht. Sie gehen geradewegs zur Prostituierten, und da ist es wohl zweckmäßiger, sie in Bordelle zu leiten, wo die Kontrolle der Mädchen öfter durchgeführt werden kann, die immer wieder vorkommenden Raufhändel rascher und ohne großes Aufsehen unterdrückt werden können und das Ansehen der Soldaten nicht geschädigt wird.

Gegen die Straßenprostitution werden vor allem zwei Argumente ins Treffen geführt: 1. die Belästigung der Passanten durch die Mädchen, die Verunzierung des Straßenbildes infolge des auffallenden Betragens der Frauen und 2. die geringere Möglichkeit, das Dirnenwesen auf der Straße ärztlich zu kontrollieren. Ich glaube nicht, daß der erste Einwand wirklich stichhaltig ist, denn bei entsprechender Belehrung und Androhung von Strafmaßnahmen wird man in der Lage sein, das Benehmen der Frauen auf der Straße so zu gestalten, daß weder eine Belästigung der Passanten noch eine Beeinträchtigung des Straßenbildes daraus resultiert. Ich habe bereits eingangs erwähnt, daß auch die Prostituierte menschlicher Güte zugänglich ist, wenn auch manchmal schwerer als andere Frauen. Bei meiner jahrelangen Arbeit mit diesen Frauen habe ich die Erfahrung gemacht, daß man mit Güte und Wohlwollen alles, mit Härte nichts bei ihnen erreicht, und ich bin der festen Ueberzeugung, daß Exzesse von Prostituierten auf der Straße viel weniger den Mädchen selbst zur Last gelegt werden dürfen, als vielmehr den sie beaufsichtigenden Aerzten und Polizeibeamten. Vielleicht kann man sagen, jede Stadt hat die Prostitution, die sie verdient. Was die Belästigung der männlichen Passanten durch Straßenmädchen anlangt, glaube ich, daß es doch zum Teil auch darauf ankommt, wie die Männer die Frauen auf der Straße ansehen. Ich bin nur äußerst selten und niemals in der Wiener Innenstadt von Straßenmädchen angesprochen worden, was wohl einerseits seinen Grund darin haben mag, daß mich ein Teil der Mädchen kennt, anderseits aber wohl darin, daß ich sie niemals durch Blicke oder mein Benehmen zu sogenannten „Belästigungen" herausgefordert habe.

Ernster ist der zweite Einwand zu beachten, daß die ärztliche Kontrolle der Straßenprostitution schwieriger und unvollkommener durchzuführen ist als der kasernierten Dirnen. Da jedoch ein vollkommenes Abschaffen der Straßenprostitution, wie ich bereits erwähnt habe, zu einem raschen Emporschnellen der Zahl der Geheimprostituierten führen muß, ist es notwendig, von zwei Uebeln das kleinere zu wählen und lieber die öffentliche Prostituierte zweimal in der Woche zur Untersuchung zu bekommen, als die Geheimprostituierte gar nicht.

Das Gros der Prostituierten gehört jedoch sicher der

geheimen Prostitution an, deren Umfang nicht bestimmbar ist, die aber wegen der Wahrscheinlichkeit der Weiterverbreitung der Geschlecntskrankheiten eine besondere Gefahr für die Volksgesundheit darstellen. Sie umfaßt alle Schichten der Gesellschaft, von der niedrigsten Dirne bis zu den Frauen der wohlhabenden Kreise. Die geheime Prostitution wird jedoch vorwiegend von bestimmten Berufen gebildet, wie Kellnerinnen, Bardamen, Ladenmädchen in Luxusgeschäften, Chansonetten usw. Dieser Art der Prostitution hat vor allem unser unermüdlicher Kampf zu gelten, sie ist der Träger der venerischen Erkrankungen, sie leistet dem notorischen Verbrechertum in der Form der Zuhälterei Vorschub, sie untergräbt nicht nur die körperliche, sondern auch die moralische Gesundheit des Volkes.

Damit bin ich am Ende meiner Ausführungen angelangt und habe noch kurz die Frage zu erörtern: Welches Interesse hat der Staat an der Prostitution, und wie sorgt der Staat heute für eine Regelung der Prostitution? Der erste Teil dieser Frage ist leicht beantwortet, denn es ist klar und allgemein bekannt, daß die Prostitution, und vor allem die Geheimprostitution, der Träger der Geschlechtskrankheiten ist. Ein Kampf gegen die venerischen Infektionen muß daher, wenn er Erfolg haben will, bei der Prostitution einsetzen. Daß wir die Geschlechtskrankheiten bekämpfen müssen, ist keine Frage, hingegen ist der Ausdruck „Bekämpfung der Prostitution“ meines Erachtens falsch, da wir nicht die Prostitution im allgemeinen, sondern nur die geheime Prostitution mit Erfolg bekämpfen können. Ich habe an Hand der Geschichte des Dirnenwesens gezeigt, daß, je drakonischer die Maßnahmen zur Unterdrückung der Prostitution sind, um so mehr die geheime Prostitution ins Kraut schießt. Es kann daher auch nur die Aufgabe des Staates sein, durch entsprechende Kontrollmaßnahmen sämtliche Frauen zu erfassen, welche Prostitution treiben, und ihren Gesundheitszustand dauernd zu kontrollieren. Die Gemeindeverwaltung des Reichsgaues Wien hat unter Leitung ihres Dezernenten Professor Gundel und des Fachreferenten Dozenten Voß in dieser Richtung Vorbildliches geleistet und einen ausgezeichnet funktionierenden Apparat zur Kontrolle und Betreuung der Geschlechtskranken im allgemeinen und der Prostituierten im besonderen eingerichtet.

Bis zum April 1927 war der Großteil der Prostituierten in Wien in Bordellen untergebracht. Nach der Auflösung der Bordelle wollte man versuchen, die Prostituierten in einen Beruf zu bringen. Zahlreiche von ihnen nahmen an einem damals eigens zu diesem Zweck veranstalteten ärztlichen „Massagekursus“ teil und eröffneten daraufhin eine Anzahl Massagesalons, in denen mehr oder weniger geheim die Prostitution ausgeübt wurde. Einzelne dieser Salons bestehen heute noch, ihre Insassinnen wurden aber erneut unter Kontrolle gestellt. Neben dem Aufblühen dieser Massagesalons war eine weitere Folge das immer stärkere Hervortreten der Straßenprostitution mit dem ihr zugehörigen Stundenhotelverkehr. Dieser Zustand hat heute ein derartiges Ausmaß erreicht, daß mindestens ein Drittel der Hotels der Inneren Stadt ausschließlich vom Stundenverkehr lebt, d. h. in Wirklichkeit also geheime Bordelle darstellt, bei denen die Frauenspersonen nicht ärztlich überwacht sind (die bei Streifen in diesen Hotels Aufgegriffenen sind zu 60% gonorrhoekrank). Ein weiteres Drittel beteiligt sich inoffiziell am Stundenverkehr, d. h. er wird neben dem normalen Betrieb geduldet.

Als am 1. Oktober 1940 von der hiesigen Polizeibehörde eine Verordnung erlassen wurde, daß das Strichgehen im 1. Bezirk überhaupt verboten sei, und auch den Prostituierten der Aufenthalt in Gaststätten und Kaffeehäusern verboten wurde, mußte etwas geschehen, um die Prostitution nicht noch mehr zur Geheimprostitution zu machen, als die es ohnehin schon war. Denn der Polizei waren die „Kontrollierten" bekannt, diese konnte sie also festnehmen, wogegen die sogenannten „Soliden" daneben standen und den Platz der abgeführten Kontrolldirne sogleich wieder einnahmen.

Vom Fachreferenten des Reichsgaues Wien wurde daher damals der hiesigen Kriminalpolizei der Vorschlag gemacht, mit schärfsten Maßnahmen gegen den Gassenstrich vorzugehen, aber dafür an einigen dem Verkehr zugänglichen Orten Bordelle ohne Fenster- und Gassenprostitution zuzulassen, in denen insgesamt etwa 100 bis 120 kontrollierte Dirnen ständig eingemietet werden sollten.

Am 25. Dezember 1940 konnte das erste, am 1. Mai 1941 das zweite dieser Häuser eröffnet werden. In den Häusern kommen nur unter Kontrolle stehende Straßendirnen zur Aufnahme. Die Einmietung ist zwanglos, die Mädchen wohnen dort gewissermaßen in Untermiete, sind also von der Bordellwirtin nicht abhängig, können nach Belieben ausziehen usw. Durch diese Methode ist die sonst immer mit der Prostitution verbundene Zuhälterei und Kuppelei völlig ausgeschlossen. Die Mädchen zahlen für ihr Zimmer täglich 10 bis 12 RM, halten sich im Salon auf und nehmen den Gast nach Wunsch mit auf ihr Zimmer. Der Drang der Prostituierten, in eines dieser Häuser aufgenommen zu werden, ist stark. Sie entgehen dadurch der ständigen Gefahr des Aufgegriffenwerdens und der nachfolgenden Strafe. Ihr Einkommen entspricht dem der Straßenprostituierten und beläuft sich auf täglich 100 RM.

Der Erfolg der geschilderten Maßnahmen ist bereits heute deutlich erkennbar, nämlich eine wesentliche Abnahme des Strichwesens, häufig freiwillige Meldung Geheimprostituierter zur gesundheitlichen Ueberwachung um Aufnahme in ein Bordell zu finden.

Dies sind die von der Behörde in Wien ergriffenen Maßnahmen, die sich wohl im wesentlichen mit den Bestrebungen in den anderen Hauptstätten des Reiches decken. Sie stellen den Extrakt dessen dar, was man bisher im Reich an Erfahrungen bei der Bekämpfung der Geheimprostitution und Geschlechtskrankheiten gesammelt hat. Die Durchführung dieser Maßnahmen liegt in den Händen eines Mannes, der reiche Erfahrung und großes menschliches Verständnis vereinigt, so daß wir sagen können, Wien ist heute daran, die Frage der Prostitution vorbildlich für das ganze Reich zu lösen.

Meine Damen und Herren! Es war mein Bestreben, Ihnen die Frage des Dirnenwesens vom ärztlich-menschlichen Standpunkt aus näherzubringen. Wenn es mir gelungen ist, Ihnen zu zeigen, daß die Prostituierte nicht so sehr verächtlich als vielmehr bedauernswert ist, daß sie auch unseres menschlichen Interesses wert ist, habe ich das Ziel meines Vortrages erreicht.

Die Körperpflege der Frau

Von

Dr. E. Lauda
Wien

Vielfach wird der Begriff „Körperpflege der Frau" falsch verstanden. Körperpflege hat nichts zu tun mit Schminken, ebensowenig wie z. B. mit Rotlackieren der Nägel. Körperpflege, wie wir sie verstehen, ist ein Begriff, der erst in den letzten Jahrzehnten von den Frauen richtig verstanden wurde, nämlich erst zu der Zeit, in welcher die Frau gezwungen war, neben ihren häuslichen Pflichten einen Beruf auszuüben, in welcher sie aber auch begonnen hat, Sport zu betreiben. Körperpflege, wie wir sie heute verstehen, ist identisch mit Gesundheitspflege; wenn sich eine Frau pflegt, um schön zu sein, so erreicht sie durch diese Pflege in erster Linie Gesundheit und erst durch diese Schönheit, denn eine körperlich und seelisch gesunde, ausgeglichene, also harmonische Frau kann niemals häßlich, sondern wird immer anziehend wirken.

Die Aerzte, die als Gesundheitsführer des Volkes ebenso dazu berufen sind, körperlichen Schäden vorzubeugen, wie diese zu heilen, müssen die vorbeugenden Maßnahmen heute mehr denn je in erster Linie bei der Frau anwenden. Nicht nur, weil nur von gesunden Frauen gesunde Kinder zu erwarten sind, sondern weil auch gerade heute die Frau durch ihre zwei- und dreifache Belastung als Berufstätige, als Hausfrau und Mutter so viele Pflichten zu erfüllen hat, daß sie diesen nur bei restloser Gesundheit ihres Körpers nachkommen kann. Es handelt sich nicht nur um das mehr oder weniger gute Aussehen einer Frau, sondern vor allem um deren Frische und Leistungsfähigkeit. Darum darf auch die Körperpflege nicht dem Gutdünken der einzelnen Frau überlassen, sondern muß von ärztlicher Seite von allen gefordert werden. Sie darf aber ebensowenig als Vorrecht einzelner Schichten angesehen, sondern muß gerade von den am meisten mit Arbeit belasteten Frauen, den Arbeiterinnen, verlangt werden.

Als erste Forderung gilt Reinlichkeit. Eine tägliche Waschung mit Seife und Bürste müßte selbstverständlich sein, um die Haut von Staub und den Absonderungen der Hautdrüsen zu befreien. Diese tägliche Reinigung soll mit warmem Wasser erfolgen, doch ist eine nachfolgende Abspülung mit kaltem Wasser notwendig, um eine gewisse Abhärtung und Widerstandsfähigkeit gegen äußere Einflüsse zu erreichen. Durch den Reiz der Bürste und des warmen und kalten Wassers wird die Haut besser durchblutet und erhält den schönen natürlichen Glanz. Die durch die Wechselwirkung von warm und kalt bedingte Dilatation und Kontraktion der Hautgefäße ist aber nicht nur für die Haut selbst, sondern wegen der bekannten Relation der Hautgefäße zu anderen wichtigen Gefäßgebieten des Körpers für den ganzen Organismus von Bedeutung. Selbstverständlich muß der Körper nach der kalten Abreibung oder der kalten Dusche durch Bewegung und entsprechende Kleidung warm gehalten werden.

Das Wasser soll weich sein, um zu verhindern, daß die Haut spröde und rissig wird, aber auch um die Seife besser auszunutzen. Durch Zusatz von Borax oder anderen geeigneten Salzen wird das Wasser enthärtet. Ein- bis zweimal wöchentlich soll die Reinigung des Körpers in einem Wannenbade erfolgen. Die erfrischende Wirkung der einzelnen Wasseranwendungen kann gar nicht hoch genug geschätzt werden, ich erinnere nur an das Dampfbad, an jedes Schwitzbad, das bei nachfolgender kalter Abreibung so ungeheuer belebend und abhärtend wirkt, wie es ja z. B. in Form der Sauna bekannt ist.

Die Reinigung des Körpers ist heute wegen der Wohnverhältnisse für viele Volksgenossen nicht im eigenen Heim durchführbar. Sie wird aber vielen ermöglicht dadurch, daß die einzelnen Betriebe immer mehr und mehr für eine Reinigungsmöglichkeit ihrer Gefolgschaft sorgen, daß sie diese am Lande sogar den Angehörigen ihrer Angestellten zur Verfügung stellen, und durch die Badeanstalten, die dadurch, daß sie Angehörigen der DAF besondere Ermäßigungen gewähren, von allen Volksgenossen besucht werden können.

Außer dem Reiz des kalten Wassers und der Bürste wird die Durchblutung und Schönheit der Haut gefördert durch Sonnen- und Luftbäder. Im Sommer wird der weibliche Körper ja schon aus Eitelkeit lange genug der Sonne ausgesetzt, ist es doch der Stolz vieler Frauen, möglichst braun zu sein. Leider wird die Sonnenbestrahlung im Anfang meist übertrieben und überhaupt falsch gemacht. Die Sonne soll auf den ganzen Körper einwirken können, nicht nur auf Gesicht, Arme und Beine, während der übrige Körper von einem womöglich vom vorhergehenden Bade noch nassen Badeanzug bedeckt ist. Das nasse Badetrikot wirkt als kalter Umschlag gerade über dem empfindlichsten Teil des weiblichen Körpers, dem Becken, geradezu gesundheitsschädlich. Der Körper soll während des Sonnen- und Luftbades in Bewegung sein, Gymnastik und Ballspiel sind gesünder als bewegungsloses „Braten“. Wenn auch der Wert des Sonnenbades erkannt ist, so wird der des Luftbades noch viel zu wenig geschätzt. Die Frau sollte auch im Winter eine „Sonnenkur“ machen; da dazu in unseren Breiten die natürliche Sonnenbestrahlung nicht ausreicht, muß zu Ersatz, der künstlichen Höhensonne oder der Kohlenbogenlampe, gegriffen werden. Eine Serie von 10 oder 20 Bestrahlungen ist zur Gesunderhaltung des Körpers zu empfehlen. Viele Betriebsführer stellen auch auf Anraten der Betriebsärzte ihrer Gefolgschaft eine Höhensonne zur Verfügung. Denn daß mit dieser Bestrahlungsserie nicht der praktische Arzt belastet werden darf, ist selbstverständlich.

Vor der Sonnenbestrahlung wie auch nach dem Wannenbad ist der ganze Körper mit einer fetthaltigen Substanz (Oel oder Creme) einzureiben, um zu verhindern, daß sie spröde wird, und um das Fett, das der Haut durch die Seife entzogen wird, zu ersetzen. Diese Einreibung geschieht am besten durch gleichzeitige Massage des Körpers, die allerdings von geschulter Hand ausgeführt werden muß. Die Massage ist sicher mit Unrecht von vielen so angefeindet, man darf nur von ihr nicht zuviel erwarten. Eine Abmagerung bei sonstigem gutem Essen, körperlicher Ruhe usw. darf man von einer Massage, die ein- oder zweimal wöchentlich ausgeführt wird, nicht verlangen. Aber Verteilung des Fettpolsters und vor allem gute Durchblutung von Haut und Muskeln wird man erzielen können.

Manche Frauen, besonders unter der Landbevölkerung, fürchten die Wasseranwendung zur Zeit der Menstruation. Und gerade während dieser Zeit ist Reinlichkeit mehr wie sonst notwendig, und sollte die Frau dann mehrmals täglich den Unterleib mit warmem Wasser reinigen. Auf die Pflege während der Menstruation müßte mehr Wert gelegt werden, als es heute vielfach geschieht. Jede Frau weiß, daß sie in den Tagen des „Unwohlseins“, wie ja schon der landläufige Ausdruck besagt, weniger leistungsfähig ist, rascher ermüdet und auch in seelischer Beziehung viel empfindlicher und reizbarer ist. Und darauf müßte Rücksicht genommen werden. Absolut zu warnen ist vor Schwimmen wie vor sportlichen Spitzenleistungen.

Die einmal hoch in Mode gewesenen Vaginalspülungen sind überflüssig, da normalerweise die Selbstreinigung des Geschlechtsapparates ausreicht; sie werden aber bei verschiedenen Arten von Fluor mit einer anderen Therapie kombiniert manchmal empfohlen. Da sie aber nur bei Fluor, also einem pathologischen Zustand, und nur über ärztliche Verordnung zu machen sind, gehören sie nicht in das Gebiet der normalen Körperpflege.

Wenn als erste Forderung der Körperpflege Reinlichkeit gestellt wurde, Baden in Wasser, Sonne und Luft, so gilt es weiterhin, den Schäden vorzubeugen, unter denen der weibliche Körper am meisten leidet.

Uebermäßige Schweißabsonderung ist nicht nur ein arger Schönheitsfehler, sondern führt auch zu den lästigen und hartnäckigen Schweißekzemen. Zur Bekämpfung und Verhütung der Hyperhidrosis dienen kalte Abwaschungen mit Essigwasser, Formalin, Salizylpuder und eventuell bei besonders stark ausgeprägten Formen Röntgenstrahlen.

Frostschäden werden verhütet durch Förderung der Blutzirkulation, durch allgemeine Abhärtung. Ist es aber einmal zur Bildung von Perniones, unter denen besonders junge Mädchen oft jahrelang zu leiden haben, gekommen, dann sind Wechselbäder, Bestrahlungen mit ultraviolettem Licht, Diathermie und Kurzwellen geeignete Mittel.

Formveränderungen der Brust können nur zum Teil durch konservative Maßnahmen bekämpft bzw. verhütet werden. Wichtig ist das Tragen von gut sitzenden Büstenhaltern. Auch kann man versuchen, das Gewebe durch kalte Abreibungen und Massage zu kräftigen. Wenn auch zur Brust kein eigener Muskel zieht, ist tägliche Gymnastik notwendig, um durch Stärkung der Mm. pectorales der aufsitzenden Brust eine bessere Stütze zu geben und vor allem, um die Haltung des Körpers zu verbessern. Es sollte sich jede Frau ein paar Uebungen zurechtlegen, oder sich von berufener Seite zeigen lassen, die dann täglich ausgeführt werden müssen. Die Hausfrau komme dabei nicht mit dem oft gehörten Einwand, daß sie ohnedies im Haushalt von früh bis spät Bewegung mache! Erst die Frau, die durch planvolle Gymnastik gelernt hat, ihre Körpermuskulatur richtig zu beherrschen, erst die wird auch die vielen im Haushalt notwendigen Bewegungen für ihren

Körper nutzbringend ausführen können. Gleich notwendig wie für die Hausfrau ist die tägliche Gymnastik auch für die berufstätige Frau als Ausgleich für die meist einseitige Muskelbeanspruchung während der Arbeit. Es soll möglichst im Freien oder aber bei offenem Fenster geturnt werden und der Körper möglichst wenig bekleidet sein. Die Atmung soll durch die Nase erfolgen, um die Luft zu reinigen und vorzuwärmen. Besonders wichtig sind Uebungen, welche die meist dem kostalen Atmungstypus angehörende Frau erst lehren, richtig und tief zu atmen.

Eine Folge schlechter Körperhaltung neben anderen Ursachen ist auch die Erschlaffung der Bauchdecken. Eine Kräftigung derselben, aber auch den Schwund unerwünschter Fettablagerung an Bauch und Hüften wird man am ehesten durch Gymnastik erzielen. Systematisch müssen alle Muskelgruppen des Körpers bewegt werden, um durch bessere Durchblutung der einzelnen Teile den Gesamtkreislauf zu fördern. Viel mehr als der Mann leidet die Frau an Stauungserscheinungen, besonders im Becken und in den Gefäßen der unteren Extremitäten. Wie viele Frauen sind unglücklich wegen ihrer Varizen, und wie vielen könnte durch vorbeugende Gymnastik geholfen werden. Besonders Frauen, die viel stehen müssen, oder bei denen im Becken ein Druck auf die aus den Beinen heraufführenden Gefäße ausgeübt wird, wie das bei Schwangerschaft geschehen kann, sind in bezug auf Varizenbildung besonders gefährdet. Die Neigung zu Krampfadern ist erblich, daher müssen gerade die Frauen, die durch die Erfahrungen ihrer Mutter gewitzigt sind, alles versuchen, um Venenerweiterungen zu verhüten. Absolut zu verbieten ist das Tragen von runden Strumpfbändern, die jetzt in Form der Kniestrümpfe so modern sind. Vorbeugende Maßnahmen sind Gymnastik, Massage, während das Tragen von elastischen Binden und Gummistrümpfen erst bei Beschwerden, wie Ziehen in den Beinen usw., empfohlen wird. Ist es für vorbeugende Maßnahmen zu spät, dann muß man sich zur operativen Korrektur oder besser zur Verödung der Varizen entschließen.

Bei Gymnastik kommt es durch die intensivere Atmung und den rascheren Blutkreislauf zu einer Steigerung der Verbrennungsvorgänge, zu einer Anregung des gesamten Stoffwechsels im Körper und dadurch auch zum Abbau von überflüssigem Fett. Dadurch, daß auch die Darmtätigkeit durch Muskelarbeit angeregt wird, kann es zur Behebung der bei sitzender Lebensweise so häufigen Obstipation kommen. Auch viel Kreuz- und Rückenschmerzen bei Frauen könnten durch Gymnastik behoben werden.

Ein am weiblichen Körper immer stark vernachlässigter Teil ist der Fuß. Durch falsch angebrachte Eitelkeit wird er oft in zu enge oder zu kurze Schuhe mit zu hohem Absatz gepreßt, die Folgen sind Hallux valgus, die Hammerzehe, die allerdings auch erblich bedingt ist, die so schmerzhaften Hühneraugen und schließlich der eingewachsene Nagel. Bequemes Schuhwerk ist Vorbedingung, um diese Schäden zu verhüten. Der Schuh muß vorne genügend breit und der Absatz darf nicht zu hoch sein. Abzulehnen sind die absatzlosen Tennis- oder Turnschuhe zum ständigen Gebrauch, die noch dazu häufig aus Gummi sind und durch Luftabschluß die Schweißproduktion erhöhen und die Pilzekzeme fördern. Aber auch alte ausgetretene Schuhe, die für die Straße nicht mehr schön genug sind, dürfen zur Arbeit nicht getragen werden. Auch darf die Pflege des Fußes nicht vernachlässigt werden. Zehengang abwechselnd mit Gang auf den Fußrand, kräftige Massage, Greifbewegungen der Zehen usw. sind wichtige Uebungen im Rahmen der täglichen Gymnastik. Unerläßlich sind diese Uebungen aber für Frauen, die viel stehen, da bei diesen auch die Gefahr des Senk- oder Spreizfußes groß ist. Für den Fuß wie aber auch für den ganzen Körper gleich wirksam sind Sprungübungen mit dem Seil. Dadurch wird nicht nur das Fußgewölbe gekräftigt, sondern es wird auch durch Vibration auf alle Muskeln ein Reiz ausgeübt.

Sind die erwähnten Fußschäden einmal da, dann ist die Beseitigung schon schwierig. Die abnormen Stellungen der Zehen kann man nur durch operativen Eingriff bessern, während die Schmerzen, die bei Hallux valgus meist durch eine Bursitis über dem vorstehenden Zehenballen bedingt sind, durch einpolige Kurzwellenbestrahlung wirksam bekämpft werden können. Die Zehennägel müssen gefeilt werden, um zu verhindern, daß sie dick und brüchig werden. Zu beachten ist, daß der Zehennagel geradlinig sein muß, um das Einwachsen zu verhindern. Der Fingernagel kann, da er keinem Druck ausgesetzt ist, der Form des Fingers entsprechend gefeilt werden. Das Häutchen über dem Nagelbett muß gefettet und mit einem stumpfen Instrument zurückgeschoben werden, da durch mögliche Verletzungen beim Schneiden des Häutchens schmerzhafte und unschöne Paronychien entstehen können. Der Nagel soll auch nicht lackiert, sondern mit einem Lederfleckchen poliert werden.

Der Körper der Frau braucht besondere Pflege während der Schwangerschaft. Wir haben endlich die Zeit überwunden, in der die Frau aus Angst um die „Linie“ das Kind abgelehnt hat, wir wissen aber auch, daß es bei geeigneten Maßnahmen möglich ist, dem Körper nach der Entbindung wieder seine ursprüngliche Form zu geben. Während der Schwangerschaft kann sich außer der Umstellung des mütterlichen Stoffwechsels auch der Druck der wachsenden Gebärmutter rein mechanisch auswirken und durch Hinaufdrängen des Zwerchfelles zu Beklemmungen, Atemnot usw. führen oder durch Druck auf die großen Beinvenen neben toxischen Ursachen die so häufigen Oedeme bedingen. Durch Anlegen eines passenden und verstellbaren Umstandmieders wird dieser Druck herabgesetzt. Durch geeigneten Büstenhalter, der nicht am Mieder befestigt sein darf, wird die schwerer gewordene Brust gehalten, deren Pflege weiterhin in kalten Abreibungen und in leichter Massage bestehen soll. Die Waschungen mit Alkohol (Franzbranntwein wird oft geraten) sind überflüssig, da sie die Haut spröde machen. Durch Ueberdehnung der Bauchdecken können die Striae gravidarum entstehen, die einen bleibenden Schönheitsfehler bilden. Sie können durch tägliche Massage, bei der die Haut zwischen Daumen und Zeigefinger in Falten gehoben und gerollt wird, verhindert werden. Der Körper der jungen Mutter soll unmittelbar nach der Entbindung mit festen Bandagen umwickelt werden und frühzeitig wieder aufgenommene leichte Gymnastik soll für die Festigung der erschlafften Bauchdecken sorgen und dem Körper rasch wieder zu seiner ursprünglichen Form verhelfen.

Wenn ich nun im bisher Gesagten nicht auf die vielen kleinen Einzelheiten in der Körperpflege der Frau eingegangen bin, so deshalb, weil der Sinn dieses Referates nur sein kann, auf die Notwendigkeit der Körperpflege aufmerksam zu machen und auf die Schäden, die bei Vernachlässigung am häufigsten entstehen, hinzuweisen. Es ist selbstverständlich, daß schon in frühester Jugend mit der Körperpflege begonnen werden muß. Wenn wir auch bei der Pflege des Kleinkindes noch wenig auf Geschlechtsunterschiede achten, so wirken sich doch verschiedene Schäden oder Folgen von Erkrankungen, die durch unsachgemäße Ernährung oder Pflege entstanden sein können, beim Mädchen schwerer aus als beim Knaben. Ich erinnere nur an die Folgen der Rachitis, die beim Mädchen spätere Entbindungen erschweren, oder an die Drüsentuberkulose, deren Narben so entstellen können, daß sie für das Mädchen das ganze Leben hindurch eine schwere seelische Belastung sein können. Unendlich wichtig wird aber der Geschlechtsunterschied zur Zeit der Pubertät für Gesunderhaltung und Erziehung. In dieser Zeit ist das Mädel noch mehr als der Knabe empfindlich für seelische Eindrücke, wie aber auch für körperliche Ueberanstrengung. Liegt es in der Hand der Mutter, das Kind seelisch für seine Aufgaben im Leben vorzubereiten, so ist der Arzt mitverantwortlich an der körperlichen Ertüchtigung der Jugend. Die Aerztinnen und Aerzte in der Schule, vor allem aber im BdM, wachen ständig über den Gesundheitszustand der ihnen anvertrauten Mädels, geben aber darüber hinaus den Führerinnen des BdM Richtlinien zur Gesunderhaltung und Pflege des Körpers. Durch diese ärztliche Kontrolle werden die Mädels bei Gymnastik und Sport vor Schäden bewahrt. Die Mädels werden aber auch die in Kursen, in Freizeit und Schulungslager erlernte Körperhygiene in weitere Kreise tragen und mit ihrer Körperpflege Schule machen während des Ernteeinsatzes, beim Landdienst der HJ, dann beim Reichsarbeitsdienst usw. Dadurch werden so weite Kreise der Bevölkerung erfaßt werden können, wie dies durch keine andere Propaganda möglich wäre.

Nur wenn mit der Pflege des Körpers schon beim Kleinkinde begonnen, nur wenn die Körperpflege den Mädeln und Frauen zur Gewohnheit geworden, nur dann kann das Ziel erreicht werden: gesunde und schöne Mütter, gesunde und schöne Kinder!

Schönheitspflege

Von

Dr. L. Antoine

Wien

Schönheitspflege gab es zu allen Zeiten und bei allen Völkern. Sie paßt sich der Lebensweise an und ist eine wechselnde Begleiterscheinung der selbst wechselnden Kulturstufen der Völker. Es wäre ein Irrtum, anzunehmen, daß heute nur die verwöhnte, reiche Frau Schönheitspflege betreibt. Nein, gerade die im Erwerbsleben stehenden Frauen sowie auch Männer brauchen und verlangen die Kosmetik. Ungezählt sind die Mittel, die verwendet, und guten Ratschläge, die erteilt werden. Wissenschaftliche Kosmetik ist ein Teilgebiet der Hygiene, die Ausbildung in Dermatologie, Pharmakologie, Chirurgie, physikalischen Behandlungsmethoden usw. erfordert. Sie soll mit dem Vielen nicht verwechselt werden, was aus geschäftlicher Betriebsamkeit oder aus Aberglauben geraten wird. Auch muß man die Hygiene unterscheiden von all dem, was in das Gebiet der Mode fällt und eher mit Kostümkunde zu tun hat. Da viel Gutes geraten, aber auch viel körperlicher und materieller Schaden verhütet werden könnte, sollte der Arzt die richtigen Wege weisen.

Durch die Schönheitspflege soll das Aeußere so vorteilhaft wie möglich gestaltet, Fehler entfernt oder solche verborgen werden. Erkrankungen und vorzeitigen Alterserscheinungen soll vorgebeugt werden. Dies ist nicht nur aus Eitelkeit erwünscht, sondern besseres jüngeres Aussehen verspricht bessere Fortkommensmöglichkeiten. Es gibt also nicht nur eine ästhetische, sondern auch eine soziale Indikation. Viele berufstätige Frauen pflegen sich daher, nicht nur die hier meist angeführte Schauspielerin, sondern auch die Beamtin, Lehrerin, Verkäuferin, Krankenschwester usw. Aber auch die alternde Frau sucht Hilfe in der Hoffnung, sich die Liebe ihres Mannes zu erhalten. Und selbst ein altes Mütterchen aus dem Volke bittet, ihren Naevus pilosus auf der Nase zu entfernen, weil die Enkel sich vor ihr fürchten. Aber auch die psychologische Wirkung der Pflege ist wichtig. Das Gefühl, gut auszusehen, steigert die Lebensfreude und die Leistungsfähigkeit der Frau.

Steht der Arzt nun all diesen Bitten um Rat abweisend gegenüber, so werden die Hilfesuchenden sich an den Laienkosmetiker, den Friseur und den Drogisten wenden, die naturgemäß eher kommerzielle Interessen verfolgen. Wenn dann durch unzweckmäßige Behandlung Schädigungen entstehen, muß doch der Arzt heilend eingreifen. Daher ist es nützlich, wenn er etwas Einblick in die jetzt üblichen Methoden der Schönheitspflege besitzt.

Unter Schönheitspflege soll man nicht nur die Pflege des Gesichtes, sondern die des ganzen Körpers verstehen. Eine ist ohne die andere unzweckmäßig. Im engeren Sinne aber denkt man besonders an die Pflege der Haut. Da das Aussehen der Haut sehr vom Allgemeinbefinden abhängt, wird man bei einer ärztlichen Schönheitsberatung zuerst nach Erkrankungen, Magen- und Darmstörungen, Obstipation, gynäkologischen Störungen usw. forschen und diese bekämpfen.

Das Wichtigste bei der Pflege der Haut ist die Regelmäßigkeit. Es ist nicht notwendig täglich sehr viel Zeit dafür zu opfern, aber man soll sich an die Pflege gewöhnen, wie an das Putzen der Zähne.

Eine Grundregel ist, daß die Haut am Abend gereinigt wird, damit sie nicht auch noch nachtsüber den schädlichen Einflüssen des sich zersetzenden Hautfettes, der Salze des Schweißes, des daran angesammelten Staubes und eventuell auch der Kosmetika ausgesetzt ist.

Die Haut ist bei vielen Menschen zu fett, bei manchen zu trocken. Eine normale und eine zu fette Haut werden in den meisten Fällen eine Reinigung mit Wasser und Seife gut vertragen. Man nimmt dazu warmes Wasser und eine überfettete Seife, am besten Lanolin- oder Oelseife. Es gibt viele, die anderes als kaltes Wasser und Kernseife für Verwöhnung halten. Das warme Wasser ist jedoch wichtig, weil das verunreinigte Hautfett gelöst werden soll, und heute besonders, weil es seifesparend wirkt. Die Kernseife wieder enthält von der Herstellung her noch Laugen, die die

Haut reizen. Das Waschen soll entweder in fließendem Wasser vorgenommen werden oder man soll mit reinem Wasser nachspülen. Diese Forderung findet sich sogar in einer für Laien geschriebenen Hygieneanleitung von Zdarsky, der das normale Waschbecken einen Schmutztümpel nennt. Auch in einem Gesundheitsbüchlein für die Landfrauen ist der Rat zur gründlichen Waschung mit warmem Wasser gegeben. Bei sehr fetter Haut kann man eine Reinigung mit Alkohol oder Reinigungswässern raten. Bei geschminkter oder trockener Haut reinigt man mit Fett, wozu am besten Oel verwendet wird. Es eignet sich Olivenöl, Arachitöl, Sesamöl usw. Besonders beliebt ist das Mandelöl, das aber den Nachteil hat, leicht ranzig zu werden. Reinigungswässer mit wenig oder keinem Alkoholzusatz können bei normaler und trockener Haut gebraucht werden.

Nach der Reinigung wird etwas Fett aufgetragen. Von den meisten Menschen wird das Waschen mit Wasser und Seife als „natürlich" angesehen, wogegen man das Auftragen einer Salbe schon für Verweichlichung hält. Nun auch Seife ist nichts „Natürliches" für die Haut. Fett dagegen wird von unseren Talgdrüsen ständig als Schutz der Haut abgesondert. Hat man die Haut mittels Seife dieses natürlichen Schutzes beraubt, soll man ihn wieder ersetzen. Man wird abends eine fette oder halbfette Salbe wählen. Durch die chemische Industrie werden so viele und auch sehr gute Präparate hergestellt, daß es für eine gesunde Haut nicht notwendig ist, eigene Rezepte anzugeben. Man empfiehlt nur, verschiedene Salben zu versuchen, und wenn eine gut verträgliche Marke gefunden wurde, bei dieser zu bleiben, da die Verträglichkeit der Präparate individuell verschieden ist. Im allgemeinen soll man nur bestes, ganz reines Material zur Herstellung der Salben verwenden, das außerdem möglichst frisch sein soll.

Die Salben sollen mit den Fingern aufgetragen oder zumindest damit verstrichen werden. Nur von Haut zu Haut kann man gleichmäßig auftragen. Dieser Vorgang stellt dann eine leichte Massage dar. Die Strichbewegung soll dabei immer von der Mitte des Gesichtes ausgehen und senkrecht auf die Faltenbildung erfolgen. Man muß darauf achten, nur sanft zu massieren, damit die Haut nicht gedehnt wird. Bei sehr zarter Haut, z. B. Augenlider und Umgebung, ist Klopfmassage zu empfehlen. Es ist nicht notwendig, sehr viel Fett aufzutragen, da der Nutzen nicht von der großen Quantität abhängt. Am Abend werden bei jüngeren Frauen einfach fette oder halbfette Salben oder Oele verwendet. Beginnt jedoch schon die Bildung von Alterserscheinungen der Haut, so wird die Verwendung der sogenannten Nährcremes, die Cholesterin, Lecithin, Hormon, Vitamin, Radium und anderes mehr enthalten, geraten. Dem Cholesterin und dem Lecithin wird eine hautregenerierende Wirkung zugesprochen. Lecithin fördert die Resorption von Fetten, was wohl ein Teil des Nutzens ist. Am besten vertragen wird das Lecithin aus dem Ei. Die kosmetisch gebrauchten Hormoncremes enthalten hauptsächlich Follikulin, jedoch in so geringen Dosen, daß eine tatsächliche Wirkung nicht anzunehmen ist. Die medizinisch gebrauchten Hormonsalben, wie Progynon- oder Stilbensalben, könnten, richtig verwendet, gute Erfolge erzielen, sonst aber auch Schaden anrichten, so daß sie besser nicht ohne ärztlichen Rat verwendet werden sollen. Radiumsalben enthalten bei der Herstellung schon wenig davon, lagern oft lange, ehe sie zum Verkauf kommen und verlieren so jede Radiumwirkung. Die auf meine Anregung vom Radiuminstitut überprüften kosmetischen Salben enthielten keine Spur mehr von Radium.

In der Früh soll die Haut gereinigt werden wie am Abend. Darauf wird wieder eine ganz kleine Menge Salbe aufgelegt zum Schutze der Haut. Alles sichtbare Fett kann abgewischt werden. Auf die so vorbereitete Haut kann man nun ohne Schaden für diese Rouge und Puder auftragen. Sehr oft werden für Tagesgebrauch fettfreie Cremes empfohlen, die von mancher Haut gut vertragen werden. Oft sieht man darauf aber, daß die Haut nun erst recht in kurzer Zeit wieder fett glänzt, weil die Talgdrüsen das entzogene Fett besonders rasch und überschießend ergänzen. Dasselbe geschieht, wenn man immer wieder mit Alkohol (Salizylspiritus, Kölnerwasser, Franzbranntwein) die Haut entfettet. Rouge und Puder werden oft für schädlich gehalten, sind es aber nur, wenn falsch angewendet oder wenn eine Ueberempfindlichkeit besteht. Viele Frauen haben eine blasse Hautfarbe und hören darum immer wieder von besorgten oder schadenfrohen Mitmenschen, daß sie schlecht aussehen. Dem ist mit etwas Rouge leicht abgeholfen und die psychologische Wirkung ist nicht zu unterschätzen. Als Puder empfiehlt man am besten die von den großen Firmen fabriksmäßig hergestellten Präparate. Die gebräuchlichsten Puder sind Mischungen von organischen und anorganischen Bestandteilen mit Zusatz von verschiedenen Farbtönen und Parfüms. Die Mischungen können im kleinen nie so gut hergestellt werden. Wichtig ist z. B., daß das Puder sehr oft gesiebt wird, was nur in großen Unternehmungen geschieht (z. B. 36mal in einer amerikanischen Fabrik). Puder darf nie auf die entfettete Haut aufgetragen werden, da es dann in die Poren eindringen könnte und außerdem die Haut zu stark austrocknet. Die leichte Fettunterlage in Verbindung mit Puder schadet nicht, ist sogar oft ein erwünschter Schutz gegen Kälte, Wind, Licht und Staub. Ebenso soll vor Verwendung von Deckcremes (Schminkcremes), die ja Puder enthalten, die Haut leicht eingefettet werden.

Der Gebrauch von Lippenstiften ist Modesache. Aus gutem Material hergestellt, sind sie meist nicht schädlich. Durch zu trockene Lippenstifte oder Verwendung von ungeeigneten Zusätzen können Lippenekzeme entstehen.

Neben dieser Pflege, die man täglich selbst vornimmt, kann man wöchentlich ein- bis zweimal eine eingehendere Behandlung empfehlen, die am besten von der Laienkosmetikerin durchgeführt wird, zu deren Heranbildung es viele staatlich kontrollierte Schulen gibt. Von diesen wird massiert, bestrahlt, Packungen werden aufgelegt oder es wird gedunstet usw. Diese Behandlungen sollen die Durchblutung der Haut fördern, der Haut oft gleichzeitig Nährstoffe zuführen, Abbauprodukte wegschaffen. Dem gesteigerten Blutreichtum folgt auch eine vermehrte seröse Durchfeuchtung der Hautschichten, die ein gesünderes, frischeres Aussehen der Haut ergibt.

Massage wird vorgenommen bei schlechter Durchblutung der Haut sowie bei beginnender Faltenbildung. Man unterscheidet zwei Arten Falten: 1. Ermüdungs-, 2. Knickfalten. Die ersteren entstehen durch Elastizitätsschwund, die letzteren durch eine rege Tätigkeit der mimischen Muskulatur. Das Gesicht soll daher möglichst ruhig gehalten werden, was großenteils Erziehungssache ist. Durch die schlechte Gewohnheit des Faltenziehens sieht man oft schon bei ganz jungen Mädchen tiefe Knickfalten. Durch die Massage sollen die Haut und das Unterhautfettgewebe gut durchblutet werden. Meist wird Streichmassage veransammlungen, z. B. Hängewangen und Doppelkinn auch Knetmassage.

Sehr beliebt sind Packungen oder Masken, die in der verschiedensten Form verwendet werden. Bei trockener Haut legt man eine Maske von in Oel getränkter Watte auf, das auch noch verschiedene Zusätze enthalten kann. Die Packungen werden 20 bis 30 Minuten liegen gelassen, wobei das Gesicht vollständig entspannt sein soll. Bei normaler Haut oder solcher mit Beginn von Faltenbildung legt man Kompressen auf, die in verschiedene Tees getaucht sind. Bei fetter Haut verwendet man Schlammpackungen und der ihnen angepaßte Gesichtsausdruck verkünden Haut erstarrt, lassen eine Spannung der Haut erzielen. Nach den Packungen wird oft mit Eis abgerieben, was dieselbe Wirkung ergibt wie Wechselbäder.

Bestrahlt wird besonders viel mit ultravioletten Strahlen. Diese verleihen in den nächsten Stunden ein besseres

Aussehen durch das leichte Sonnenerythem. Ein zu starkes Erythem soll vermieden werden, außer wenn man auf diese Weise eine Schälung erreichen will. Eine solche Schälung kann auch durch Schälpasten vorgenommen werden, die aber jetzt bei gesunder Haut nicht mehr viel in Anwendung kommen, weil der kosmetische Effekt nur kurz anhält. Blaulichtbestrahlungen sind besonders beliebt und sollen beruhigende Wirkung ausüben.

Das Dunsten mittels Dampfes ist zu empfehlen, wenn bei fetter Haut zahlreiche Komedonen zu finden sind, da sich diese dann leichter ausdrücken lassen. Bei trockener Haut wirkt das Dunsten ungünstig, auch soll es nie zu lange oder zu häufig angewendet werden.

Eine intensivere Wirkung wie all die früher genannten ergibt die Diathermie. Das Gewebe wird bis in die tieferen Schichten erwärmt und besser durchblutet. Zur Gesichtsdiathermie verwendet man am besten eine inaktive Elektrode im Nacken von mindestens 600 qcm und schneidet dann aus zirka 0·05 mm starkem Staniol dem Gesicht entsprechende Elektroden für die Stirne, Wangen und Kinn aus. Um eine gute Wirkung zu erzielen, dürfen die aktiven Elektroden nicht zu groß sein. Nimmt man eine Elektrode über das ganze Gesicht, wie meist im Schrifttum angegeben, erzielt man da geringe Wirkung, weil sich die Stromlinien im Hals verdichten und daher dort die größte Erwärmung erzielt wird, was unzweckmäßig ist.

Haben sich viele Falten ausgebildet, die mit keiner der genannten Methoden zu bekämpfen sind, bleibt nur die Faltenspannung übrig. Möglichst unter dem Haar verborgen, werden an den Schläfen und am Nacken Schnitte ausgeführt und entsprechende Stücke der Haut entfernt. Dabei ist darauf zu achten, daß der Gesichtsausdruck nicht geändert wird. Bei starken Hängewangen wird man den Schnitt sichtbar um das Ohr legen müssen. Auch bei Falten an den Augenlidern kann man nur mit sichtbaren Schnitten operieren, die allerdings bald kaum mehr zu bemerken sind. Auf operativem Wege verbessert man auch Schönheitsfehler der Nase und der Ohren.

Zu den bedrückendsten Fehlern gehört die Hypertrichosis, die die Betroffenen oft scheu und zurückgezogen werden läßt. Gerade da wird von der Reklame sehr viel versprochen und nichts gehalten. Als ärztlicher Berater hört man oft bittere Vorwürfe, daß solcher Unfug gestattet sei. Dauerepilationen werden versprochen durch Auflegen von Pasten, die die Keratinschicht der Haare nur auflösen, und durch Harze, durch die die Haare ausgerissen werden. Dabei wird aber die Haarwurzel nicht getötet und, ebenso wie durch das Zupfen, das Schneiden und das Rasieren, wird das Haarwachstum nur angeregt. Die einzig wirklich zum Ziel führende Methode ist die Epilation mittels Elektrizität. Die früher geübte Elektrolyse wurde jetzt von der Kaltkaustik mittels Diathermie- oder noch besser mittels Kurzwellenapparates verdrängt. Zur Epilation ist viel Geduld und eine geübte Hand notwendig. Mit den jetzt üblichen isolierten Nadeln kann man vollkommene Narbenfreiheit versprechen. Von den Röntgenstrahlen zur Epilation ist abzuraten, da die Dosierung infolge des verschieden tiefen Sitzes der Haare zu unsicher ist. Oft findet man nach Jahren in röntgengeschädigter Haut üppige Haare wachsen.

Sehr häufig ist die Klage über Seborrhoe und Akne. Die fettglänzende Haut, die Komedonen und Aknepusteln sowie die zurückbleibenden pockenartigen Narben sind entstellend. Die ersten Erscheinungen zeigen sich meist schon um das zwölfte Jahr. Man bemerkt kleine, weiße Komedonen in der Kinnfurche und an den Nasenflügeln. Zu dieser Zeit schon sollte die Pflege einsetzen, und zwar mit Waschungen mit warmem Wasser, einer ganz milden Schwefelbehandlung, Bekämpfung eventueller Obstipation, vielem Aufenthalt in frischer Luft, Sonnenbädern und Höhensonnenbestrahlungen. Später sind die Komedonen nach entsprechender Reinigung auszudrücken. Findet man reichlich Komedonen und Pusteln, so ist ärztliche Behandlung notwendig, und man wird äußere medikamentöse Behandlung mit Bestrahlungen, Injektionen von Autovakzine oder Staphylokokkenvakzine oder Hormoninjektionen, Verödung der erweiterten Talgdrüsen mit Kaltkaustik und vielem anderem kombinieren. Die vielen verschiedenen Therapiearten zeigen, wie schwer es ist, dem Uebel beizukommen.

Auch Naevi jeder Art, Verrucae, abnorme Pigmentationen, Teleangiektasien, Hämangiome, Xanthelasmen usw. führen zum Kosmetiker. Im Deutschen Reich ist es den Laienkosmetikern — man kann wohl im Interesse der Patienten sagen, leider — erlaubt, mit elektrischen Apparaten zu arbeiten, und wird daher von diesen viel Kaltkaustik verwendet. Dem Arzt stehen neben dieser noch andere Methoden wahlweise zu Gebote.

Abschließend noch einige Worte über die Pflege des Haares. Es soll ungefähr alle 14 Tage gewaschen werden. Dazu verwendet man am zweckmäßigsten die dafür hergestellten Seifen, z. B. Shampoons, die möglichst frei von Alkali sein sollen. Sie werden schon gelöst auf das nasse Haar gebracht und sollen gut schäumen. Wichtig ist, daß das Haar dann sehr gründlich gespült wird. Bei dunklem Haar gibt man in das letzte Spülwasser einen Essigzusatz, bei blondem gibt man zuletzt Kamillentee mit etwas Zitronensaft. Nur die Säure nimmt jeden letzten Rest schädlichen Alkalis. Das Haar soll darauf sehr gut durchgetrocknet werden. Durch zu scharfe, alkalienthaltende Waschmittel, wie manche Kernseife, Waschpulver, durch Sodazusatz, Waschen mit Benzin, Aether, Alkohol wird das normale Haar zu stark entfettet, daher glanzlos und spröde. Geschädigt wird das Haar auch durch zu starkes Erhitzen, sei es beim Ondulieren (Wellen mit heißem Eisen) oder bei Dauerwellen. Am meisten Schaden entsteht durch das Bleichen und Färben. H_2O_2 in leicht ammoniakalischer Lösung ist das wirksamste und gebräuchlichste Bleichmittel, soll aber nicht konzentrierter als 3%ig gebraucht werden. Eine sogenannte Schnellbleiche mittels 10%iger H_2O_2-Lösung, aus Perhydrol hergestellt, ist abzuraten. Kamillentee und Zitronensaft sind milde Bleichmittel, die schöne Töne ergeben. Das Haar wird oft auch vor dem Färben gebleicht. Gefärbt wird das Haar am besten mit pflanzlichen Farbstoffen, unter denen Henna am gebräuchlichsten ist. Außerdem werden häufiger noch tanninhaltige Stoffe und Pyrogallol verwendet. Die früher gebrauchten Metallsalzlösungen sind jetzt meist durch Anilinfarben verdrängt, die aber oft unschöne, fuchsige Töne ergeben. Zur Färbung gehört große Erfahrung, weshalb sie vom Fachmann vorgenommen werden soll. Aber sogar nach vorsichtigem Färben kann es zu Dermatitiden kommen, weil eine Ueberempfindlichkeit gegenüber dem Farbstoff vorhanden sein kann. Ist das Haar durch die geschilderten Prozeduren spröde und brüchig geworden, nutzt nur ein vollkommenes Aussetzen des Bleichens und Färbens und geduldige Pflege mit Oelpackungen und Spülungen, die etwas Zitronensaft oder Essig enthalten.

All das Gesagte ist nur ein kleiner Ausschnitt aus den jetzt gebräuchlichen Methoden der Schönheitspflege. Im Rahmen dieses Kurses wurde nur von der Kosmetik der Frau gesprochen. Vieles gilt aber auch für den Mann und wird von ihm in gleicher Weise angewendet.

Literatur: Joseph, M.. Handbuch der Kosmetik. Leipzig: Veit & Co., 1912. — Kren, O.: Kosmetische Winke. Wien: Springer-Verlag, 1930. — Pohl, L: Chirurgische und konservative Kosmetik des Gesichtes. Wien: Urban & Schwarzenberg, 1931. — Sabouraud: Unveröffentlichte Manuskripte. — Scholz, J.: Gesundheitsbüchlein für die Landfrau. Graz 1939. — Stein, R. O.: Haarkrankheiten und kosmetische Hautleiden. Wien: Springer-Verlag, 1935. — Volk, R. und Winter, F.: Lexikon der kosmetischen Praxis. Wien: Springer-Verlag, 1936 — Zdarsky, M.: Falsche Lebensgewohnheiten. Wien 1937.

Frauensport

Von

Professor Dr. **T. Antoine**

Innsbruck

Der Titel meines Vortrages wird bei Ihnen, je nach Ihrer persönlichen, ärztlichen und Allgemeinerfahrung, verschiedene Assoziationen ausgelöst haben. Während der eine zum Rhythmus beschwingter Musik sich bewegende Gestalten sah, wird der andere an eine Diskuswerferin gedacht und der dritte schließlich eine trainierte Frauengestalt, wie sie ihre Skispur in den lichten Höhen zieht, vor Augen gehabt haben. Das alles ist Sport und doch in seiner Wertigkeit so verschieden. Sehr bald hat sich denn auch die Frage erhoben, ob alle Sportarten für die Frau geeignet seien, und der Streit, ob sie jeden von den Männern betriebenen Sport mitmachen solle oder könne, ist noch nicht verebbt. Mit einem eigenen Frauensport, wie er von manchen gefordert wird, ist es jedenfalls nichts; aus dem einfachen Grund, weil er noch nicht erfunden ist und wahrscheinlich nie erfunden werden wird. Wenn wir die Geschichte des Sports ansehen, so können wir nur betrübt feststellen, daß unsere Erfindungsgabe in neuen Sporttypen in jüngster Zeit nicht gerade groß war. Die meisten Sportarten wurden — in zumindest ähnlicher Form — schon vor mehreren tausend Jahren von Chinesen, Inkas und anderen Völkern betrieben. Also besteht wenig Aussicht auf einen neuen Frauensport κατ' ἐξοχήν. Daß trotzdem ein Unterschied zwischen Frauen- und Männersport bestehen muß, ist bei der geringeren körperlichen Leistungsfähigkeit des weiblichen Körpers klar. Frauensport wird immer eine verkleinerte Ausgabe des Männersports darstellen. Daß dieser Verkleinerungsmaßstab nicht immer der gleiche ist, zeigen Ihnen die Zahlen, die Skaworonkow für die Leistungen der Frauen aufstellte. Sie ergeben beim Brustschwimmen 98%, beim Kurzstreckenlauf 85%, beim Hochsprung 81%, beim Weitsprung 80% und beim Speerwurf 46% der männlichen Leistung. Das soll aber durchaus noch keinen Grund zu Minderwertigkeitskomplexen geben. Der Frauenkörper ist eben noch oder sagen wir besser hauptsächlich für ganz andere Leistungen bestimmt. Die Aufgaben, die die Gestation an die Frau stellt, setzen eine ganz andere Architektonik des Körpers voraus (die relativ geringe Unterlänge, die breiten Hüften, der schmale Schultergürtel). Nicht nur im Sport, auch in der beruflichen Arbeit ist die Frau weniger widerstandsfähig; Hirsch fand, daß eine Steigerung der Erschöpfungskrankheiten beim Mann mit 60 Jahren, bei der Frau aber schon zwischen 30 und 40 Jahren Platz greift. Die Frau soll sich auch nie, weder in der Arbeit noch im Sport, so ausgeben, wie es der Mann ohne Schaden tun kann. Sie braucht für die Generationsvorgänge mehr Reserven wie dieser. Das frühere Ausscheiden der Frau vom aktiven Sport darf aber nicht mit dem frühen Leistungsabsinken erklärt werden. Es ist dies vielmehr eine Zeitfrage. Die Frau, die verheiratet ist, Kinder und eventuell noch einen Beruf hat, kommt bei dieser Belastung einfach nicht dazu, Sport zu treiben, so gerne sie es auch möchte. Der Mann ist viel robuster und sein Körper zum Sport prädestiniert. Was stellt der Sport anderes dar, als eine Sublimierung des Kampfes ums Dasein, wie ihn jeder Mann vor Jahrtausenden und -zehntausenden führen mußte? Der eilende Lauf, um das flüchtende Wild zu erreichen, der Speerwurf, es zu töten, der Sprung über hohe und weite Hindernisse auf der Flucht vor dem Gegner, das waren die Keimzellen unseres heutigen Sports. Was heute Spiel und Sport, war damals Ringen um die nackte Existenz.

Ob und welche Sportarten nun die Frau betreibt, das wird neben vielen anderen äußeren Einflüssen hauptsächlich von der Konstitution abhängen, wobei man nicht schlechtweg von einem sportlichen Typ sprechen kann. Zwar werden im allgemeinen die leptosomen Frauen sich eher zum Sport hingezogen fühlen und auch bessere Leistungen erreichen. Zum Teil wird aber auch diese bessere Leistung der Anreiz zur sportlichen Betätigung sein. Wir sehen aber z. B. beim Schwimmen die Pyknikerinnen in der Mehrzahl. Festhalten muß man jedenfalls daran, daß nicht der Sport die Konstitution ändert, sondern daß die Konstitution die Sportart wählt.

Als Grundprinzip muß gelten, daß nur eine gesunde, also auch genitalgesunde, Frau Sport betreiben soll. Ist sie das, dann wird es von ihrer Individualität abhängen, ob sie als mehr Gefühlsbetonte von der Gymnastik befriedigt ist, oder ob sie den Kampfsport vorzieht. Und nur dieser ist ja eigentlicher Sport, wenn man unter ihm nicht nur reine „Leibes"übung, sondern auch Stählung des Mutes dem Gegner oder der Gefahr gegenüber versteht.

Nun sagt man gewöhnlich, das ist alles ganz gut und schön, aber der Sport birgt eben so schwere Gefahren für die Gesundheit der Frau, daß man ihn widerraten muß. Von allen Arten der Leibesübungen kommt als schädigend eigentlich nur der Kampfsport in Frage. Das sonst noch zu erwähnende Geräteturnen kommt praktisch nicht in Betracht. Es ist, da es bei Barren, Reck und Leitern hauptsächlich den Schultergürtel beansprucht, für Frauen nicht geeignet. Außer ihm haben die Frauen mit richtigem Empfinden noch andere ungeeignete Sportarten, wie Schwerathletik, Boxen, Skisprung- und -langlauf, abgelehnt. Es soll gar nicht geleugnet werden, daß durch den Kampf-, besonders den Hochleistungssport Schäden entstehen können. Mit ihnen haben wir uns zu beschäftigen. Vorweggenommen sei aber gleich, daß diese Sportschäden, abgesehen von Menstruation und Gestation, durchaus nicht für die Frau allein charakteristisch sind. Sie treffen ebenso den Mann, nur daß sie sich bei den Frauen, als den körperlich schwächeren, stärker auswirken können. Am ungünstigsten ist — wie beim Mann — das Spezialisieren auf eine Sportgattung, weil der Körper dabei zu einseitig beansprucht wird. Es widerspricht dies auch am meisten dem, was der Sport auch sein soll, nämlich Ausgleich für einseitige Berufsarbeit. Sind die Schädigungsmöglichkeiten also bei Mann und Frau in vielem gleich oder nur graduell unterschieden, so gibt es schon auch spezifische Schäden. Zu erwähnen sind hier die nicht so seltenen Blasenstörungen, sei es in Form einer Cystitis, sei es als Inkontinenz nach Erkältungen und starken Anstrengungen beim Freiluftsport, besonders nach Witterungsumschlägen beim Skilaufen und Klettern. Sie finden ihre Erklärung in der kurzen weiblichen Urethra, die eine Infektion der Blase erleichtert. Interessant ist die von Škerlj beobachtete Abflachung des Beckens und Thorax bei Leichtathletinnen. Beim Becken kann man sich das Flacherwerden, das auch von anderen (Bach, Düntzer und Hellendahl, Guggisberg, Küstner, A. Mayer) beschrieben wurde, durch Muskeleinwirkung — wie es auch von Hirsch bei Textilarbeiterinnen gefunden wurde — erklären. Schwierig ist es mit der Thoraxabflachung. Arnold meint zur Erklärung dieser merkwürdigen Erscheinung, daß bei der Frau als normaler Brustatmerin keine Vermehrung des Thoraxumfanges eintritt und die durch den Sport bedingte Abnahme des Fettpolsters eine Abflachung vortäuscht. Ich halte diese Erklärung nicht für befriedigend, weil erstens eine normale Frau auch eine Bauchatmung hat und die Abnahme des Panniculus adiposus durch die Kräftigung der Schultergürtelmuskulatur zum Großteil ausgeglichen wird. Es fehlen leider bis heute noch Kontrolluntersuchungen an Männern. Praktisch spielt die Verengung des Beckens wegen ihrer Geringfügigkeit keine Rolle.

Sind dies die allgemeinen Schäden, so fragt es sich, ob es nicht auch zu einer lokalisierten Schädigung des Genitale, besonders der Keimdrüsen kommen könne. Von manchen wird eine Schädigung des Bandapparates des Uterus durch das Reiten angenommen. Wenn die Möglichkeit auch nicht bestritten werden soll, so kenne ich eine ganze Reihe — auch enragierter — Reiterinnen, die einen vollkommen normalen Situs der Beckenorgane haben. Es ist auch sicher richtig, daß übertriebener Sport, besonders in den Entwicklungsjahren, sich auf die Entfaltung des Körpers und besonders der Keimdrüsen schädlich auswirken kann. Weniger richtig dürfte die Annahme sein, daß die starke Insolation, besonders die Ultraviolettstrahlung schädigend auf die Ovarien wirke. Küstner stützt diese seine Auffassung damit, daß die Sexualhormone besonders empfindlich gegenüber Höhensonnenbestrahlung sind. Ihm stehen in jüngster Zeit Beobachtungen von Myerson und Neustadt gegenüber, die bei Allgemeinbestrahlung des Körpers mit U. V.-Licht eine Steigerung von 120%, bei Bestrahlung des Skrotums eine Steigerung von 200% in der Ausscheidung von Androsteron fanden. Es ist eben ein Unterschied, ob man ein isoliertes Hormon in vitro oder den Organismus unter physiologischen Bedingungen bestrahlt. Auch die Erfahrung spricht gegen die Ansicht Küstners; sehen wir doch keine Störungen im Ablauf der Ovarialfunktion nach intensivem Ski- und Bergsport, also jenen Sportarten, die im Hochgebirge bei weitem die meiste U. V.-Bestrahlung ergeben.

Viel wird von der vermännlichenden Wirkung des Sports gesprochen. Man darf aber wohl nicht jede durch Muskelansatz und Abnahme des Fettpolsters verursachte

Aenderung der Gestalt als Vermännlichung auffassen. Anderseits ist eine gewisse Maskulinisierung schon möglich. Wissen wir doch, daß es bei starker körperlicher Betätigung (Training) zu einer stärkeren Ausbildung der Nebennierenrinde kommt. Das hat besonders Parade hervorgehoben, der auch den vermännlichenden Einfluß dieser Hypertrophie bei trainierten Sportlerinnen in Erwägung zieht. Daß es bei Nebennierenrindentumoren fast zu einer Umwandlung der sekundären Geschlechtsmerkmale kommen kann, ist bekannt.

Sprechen wir von den Schäden, dürfen wir aber auch die Vorteile nicht vergessen, die eine sportliche Betätigung mit sich bringt. Sie zeitigt als wichtigstes eine seelisch-körperliche Harmonie und ein Glücksgefühl, die beide wohl als das größte Positivum gewertet werden müssen, mehr noch als die rein körperliche Ertüchtigung. Außerdem wirkt der Sport dem besonders bei der Frau verbreiteten Uebel des Hängebauches, der Varizen und der chronischen Obstipation entgegen.

Es bleibt uns jetzt noch übrig, das Verhältnis des Sports zur Menstruation und Gestation zu besprechen. Zweifellos beeinflussen sie sich gegenseitig. Ich habe mir vorigen Winter von meinen Hörerinnen in Innsbruck eine Reihe von Fragen beantworten lassen. Aus ihnen (es sind dank dem Interesse der jungen Kolleginnen zirka 120) geht hervor, daß sich der Menstruationstypus sehr häufig durch den Sport ändert, und zwar nach den verschiedensten Richtungen. Die Periode kann stärker, aber auch schwächer, länger, aber auch kürzer werden. Oft kann man ein Stärker- und weniger Schmerzhaftwerden der Menses bemerken. Ein Großteil der Kolleginnen hat während der Periode nur eingeschränkt oder gar nicht Sport betrieben, zumindest wurde mit dem Schwimmen ausgesetzt. Die Leistungen waren während des Unwohlseins in weit über der Hälfte schlechter, in über einem Drittel gleich. Nur ganz vereinzelt wurde eine Besserung der Leistungsfähigkeit gefunden. Aus der Vielfalt der Antworten geht hervor, daß das Verhalten der einzelnen Sportlerinnen individuell erprobt werden muß. Sicher kann während der Menses Sport in mäßiger Intensität betrieben werden, wenn überhaupt eine Lust dazu da ist. Jeder Hochleistungssport und Schwimmen (dieses schon aus ästhetischen Gründen) ist abzulehnen. Das kann nicht oft genug den Veranstaltern von Wettkämpfen gesagt werden. Es wird vielleicht dann eher beherzigt, wenn die Betreffenden wissen, daß die an den Start gehen Sollende während der Periode nicht in Hochform ist. Und noch zu etwas verleitet der Sport während des Unwohlseins. Da

Binden lästig und hinderlich sind, werden Wattetampons in die Vagina eingeführt. Das ist aber durchaus kein harmloses Verfahren, kommt es doch dahinter zur Stagnation des abfließenden Blutes. Die sprunghafte Steigerung der entzündlichen Adnexaffektionen in den Vereinigten Staaten wird auf diese dort jetzt verbreitete Unsitte zurückgeführt.

Die zweite kritische Zeit im Leben der Frau stellt die Schwangerschaft dar. Hier ist die Gefahr einer Ueberbelastung des Körpers nicht so groß, da gewöhnlich jede Frau von selbst ihre sportliche Betätigung herabsetzt. Immerhin ist in den ersten Monaten der Gravidität, besonders zur Zeit der fälligen Periode, eine größere Schonung anzuraten. Das gilt vor allem für Erstgebärende, deren Reaktion auf die Schwangerschaft man noch nicht kennt. In der zweiten Hälfte der Schwangerschaft kommt nur eine leichte Gymnastik in Frage, die auch wieder als erstes nach der Geburt betrieben werden kann. Mit einer richtigen sportlichen Betätigung wird man für die Zeit der Laktation, mindestens aber zwei Monate p. p., aussetzen. Wichtiger ist die umgekehrte Frage des Einflusses vorher betriebenen Sports auf die Gestation. Da ist vor allem die Rigidität der Weichteile des Beckens, die als üble Folge des Sports beschrieben wird. Wenn eine Sportart einen Einfluß in dieser Beziehung haben kann, so ist es Skilaufen, Reiten und Fechten, weil bei ihnen die Adduktoren und damit auch der Beckenboden stark betätigt werden. Beim Skilaufen ist es nicht so sehr das Stemmen, wie meist geglaubt wird, sondern das geschlossene Parallelhalten der Skier bei der Schußfahrt, was die Adduktoren beansprucht. Es haben gerade hier einzelne Beobachtungen zu falschen Urteilen geführt, während exakte Statistiken (Düntzer und Hellendahl, Legrand, Guggisberg, Kaplan und Skaworonkow) nur einen günstigen Einfluß nachweisen konnten. Diesen Angaben kann ich mich auf Grund eigener Erfahrungen anschließen. Striae, Varizen, Dammrisse, Toxikosen und schlaffe Bauchdecken sind bei Sportlerinnen in geringerem Ausmaß zu finden.

Zuletzt muß noch der Rolle gedacht werden, die der Sport in den Wechseljahren spielt. Hier ist er eine wertvolle Hilfe, um diese Zeit des Unausgeglichenseins zu überwinden, ebenso wie das auch für die Zeit der Pubertät gilt. Natürlich darf der Sport da nicht exzessiv betrieben werden, um so weniger, wenn die Betreffende vorher keine Sportlerin war. Man darf ihn auch nicht als forcierte Abmagerungskur auffassen. Die Bedeutung des Sports im Klimakterium führt uns hinüber zu dem, was seinen vollen

Wert ausmacht und was wir oben schon angedeutet haben. Wohl ist Sport eine vorwiegend körperliche Betätigung, sind es die Muskeln, die hauptsächlich geübt werden, aber daneben hat das Seelische auch eine große Bedeutung. Wir brauchen bloß an den Sportgeist, die Sportdisziplin, an den Begriff des „fairen" Sports zu denken, um uns das klarzumachen. So schafft der Sport seine Werte aus Leib und Seele, aber auch für Leib und Seele. Etwas, was gerade bei der modernen einseitigen Berufsbetätigung so bedeutungsvoll ist und zur Schaffung eines Ausgleichssports, eines Betriebssports, geführt hat. Interessanterweise gibt es erst einen Frauensport, seit es eine weibliche Berufsarbeit gibt. Die volle Bedeutung des Sports für die Gesamtpersönlichkeit wird nur der erfassen, der selbst Sport betreibt.

Welches sind nun die Sportarten, die für Frauen besonders geeignet sind? Es ist das in erster Linie das Schwimmen. Wir haben beim Schwimmen auch eine bis zu 98% an den Mann angeglichene Leistung (Skaworonkow) als ein Zeichen, daß dieser Sport der Frau besonders liegt. Dann wäre in der Leichtathletik der Kurzstrecken- und Langstrecken- (2000 bis 3000 m) Lauf, von Wurfübungen eventuell das Diskuswerfen zu nennen, außerdem Tennis, Handball und Skilauf, eventuell Klettern.

Aber noch einmal zurück zu den Sportschäden. Wir Aerzte sind nicht nur da, sie zu heilen, sondern auch zu verhüten. Wenn die Schädigungsmöglichkeit gerade bei der Frau immer hervorgehoben wird, so hat das seinen Grund nur darin, daß der weibliche Organismus der zartere, empfindlichere, aber auch kostbarere ist, der für seine Hauptaufgabe, die Fortpflanzung, mehr geschädigt werden kann als der männliche. Darum muß man besonders in den Entwicklungsjahren eine strenge Ueberwachung des Sports fordern. Die von manchen verlangte gynäkologische Untersuchung auf Sporteignung ist — abgesehen davon, daß sie praktisch undurchführbar ist — meiner Meinung nach überflüssig und nur für solche Fälle zu reservieren, bei denen die Anamnese den Verdacht auf eine gynäkologische Erkrankung ergibt. Nun kann man sagen, für all das haben wir ja Sportärzte. Aber das ist nicht richtig. Sportärzte sind zur Ueberwachung und Beratung während des Trainings notwendig. Sie sehen aber gewöhnlich nur einen Ausschnitt aus dem Leben der Sportlerin, eben ihre aktive Zeit. Der praktische Arzt, und nur er, ist in der Lage, sowohl die frühere Entwicklung des Mädchens zu kennen, als auch das spätere Schicksal weiterzuverfolgen, wenn schon längst kein Sport mehr betrieben wird. Er hat die beste Uebersicht, er hat das wichtigste Wort zu reden.

Es ergibt sich dann noch die Frage, ob durch den Spitzensport die Gesundheit der deutschen Frau gefährdet wird. Sicherlich nicht; ebensowenig wie bei den Männern, wenn auch einmal Schädigungen auftreten können. Sie sind zahlenmäßig so gering, daß sie für die Gesamtheit bedeutungslos sind. Auf der anderen Seite machen die Spitzensportler mit ihren blendenden Leistungen eine gewaltige Propaganda für den Sport, die diesem tausende neuer Anhänger zuführt und so zur Gesunderhaltung des Volkes beiträgt.

Literatur: Arnold: Konstitution und ihr Einfluß auf die Leistung. In: Knoll-Arnold: Normale und pathologische Physiologie der Leibesübungen, 1933. — Brücke-Teleky: Wien. klin. Wschr., 1936, S. 1139. — Burkhardt, G.: Die psychologischen Grundlagen und Grenzen der körperlichen Ausbildung der Frau. Leipzig: Akad. Verlagsgesellschaft, 1939. — Düntzer und Hellendahl: Münch. med. Wschr., 1929, S. 1835. — Guggisberg: Dtsch. med. Wschr., 1931, S. 2064. — Giese: Geist im Sport. München: Delphin-Verlag, 1925. — Hattingberg: Dtsch. med. Wschr., 1933, S. 1243. — Iwata und Saito: Ref. Ber. Gynäk. u. Geburtsh., 33, 312, 1936. — Kaplan und Skaworonkow: Ref. Ber. Gynäk. u. Geburtsh., 28, 322, 1935. — Küstner: Münch. med. Wschr., 1933, S. 187. — Derselbe: Med. Welt, 1931, S. 753 u. 791. — Lölhöffel, v.: Frau und Leibesübungen. In: Knoll-Arnold: Normale und pathologische Physiologie der Leibesübungen, 1933. — Lorentz: Z. Geburtsh., 105, 236, 1933. — Mayer, A.: Münch. med. Wschr., 1936, S. 1221. — Mueller, I.: Arch. Frauenk. u. Konstit.forsch., 18, 180, 1932. — Dieselbe: Ref. Ber., 24, 258, 1933. — Myerson und Neustadt: Endocrinology, 25, 7, 1939. — Parade: Wien. med. Wschr., 1941, Nr. 13. — Derselbe: Ther. Gegenw., H. 3, 1941. — Runge, H.: Dtsch. med. Wschr., 1933, S. 1313. — Schneider-Winter: Körperkultur und Frauenseele. Verlag Tyrolia, 1932. — Škerlj: Med. Welt, 1936, S. 1117. — Stähler: Mschr. Geburtsh., 103, 109, 1936. — Thies: Med. Welt, 1929, S. 672. — Vignes: Presse méd., S. 2047, 1933. — Westmann: Monogr. zu Frauenk. u. Konstit.-forsch., Nr. 13, 1930.

den Frauen auf den Rubensschen Bildern ansehen, so scheint es uns fast unbegreiflich, daß man früher diese Frauen für besonders schön gehalten hat. Ueberdies gibt es ja auch heute noch Länder im nahen und fernen Osten, in denen Frauen unbedingt ein gewisses Quantum Fett an sich haben müssen, wenn sie als schön gelten wollen. Bei uns in Europa herrscht seit Beginn dieses Jahrhundert die schlanke Linie. Sofern diese Schlankheit sich mit einem durch sportliche Tätigkeit gut trainierten Muskelsystem verbindet, ist dagegen vom ärztlichen Standpunkt sicher nichts einzuwenden. Dort, wo die Eignung oder die Lust zum Sport fehlt, wird die schlanke Linie aber oft durch Hunger erzielt. In solchen Fällen muß der Arzt Einspruch erheben. Auch ist ein Uebermaß an sportlicher Betätigung für die Frau mit noch anderen Gefahren verbunden als für den Mann. Denn dieses Uebermaß verträgt sich schlecht mit dem eigentlichen Beruf der Frau, dem Gebärgeschäft. Auch vom rein ästhetischen Standpunkt aus läßt sich gegen die schlanke Linie mancherlei einwenden, besonders dort, wo sie mit eckigen Formen verbunden ist. Denn in Uebereinstimmung mit dem Schönheitsideal der alten Griechen verlangen wir vom weiblichen Körper runde Formen.

I. Formen der Magersucht

a) Die asthenische Form. Diese zeigt verwandte Züge mit der Stillerschen Asthenie. Es handelt sich hier meist um hochaufgeschossene, schwächliche, energielose Individuen. Das Krankheitsbild ist beherrscht von einer Anorexie, die meist mit Widerwillen vor gewissen Speisen einhergeht. Bei vielen Fällen bestehen schon seit der Kindheit Schwierigkeiten in der Ernährung. Es sind dies jene Kinder, die nicht essen wollen, denen man immer wieder beim Essen zureden muß. Häufig besteht Hypotonie und Hyp- oder Anazidität. Bei Mädchen setzt die Periode häufig verspätet ein oder es kommen Zeiten, wo sie sehr unregelmäßig und schwach ist oder mit starken Schmerzen einhergeht. Es handelt sich aber gewöhnlich nicht um einen echten Infantilismus, da die Geschlechtsorgane meist gut entwickelt sind. Früher boten diese Fälle der Aufmästung große Schwierigkeiten. Zwar gelang es manchmal in einer Krankenanstalt mit Ach und Krach, einige Kilogramm anzumästen; bei der Rückkehr in das gewöhnliche Leben schmolzen diese aber meist rasch wieder ab. Seit Einführung der Insulinmastkur ist das anders geworden, da diese Fälle sich ganz besonders hierfür eignen. Es waren auch hauptsächlich solche Fälle, bei denen ich seinerzeit die Insulinmastkur entdeckte.[1]

b) Die erethische Form. Bei der erethischen Form handelt es sich um Individuen, die oft sehr temperamentvoll, beweglich, leistungsfähig und ausdauernd sind. Sie bleiben gewöhnlich auch mager, wenn sie sich einer Mastkur unterziehen. Es sind dies jene Fälle, von denen der Volksmund sagt, daß ihnen nichts anschlägt. Meist ist auch eine Behandlung gar nicht notwendig. Bei Frauen pflegt die Menstruation in solchen Fällen regelmäßig zu sein, auch vollzieht sich gewöhnlich der Gebärakt vollkommen normal. Manchmal ist die Magerkeit allerdings mit einer geringen Leistungsfähigkeit des Organismus verbunden. Insulinmastkuren sind meist wenig wirksam. Manchmal finden sich Uebergänge zur asthenischen Form.

c) Die thyreogene Form. Die erethische Magersucht zeigt gewisse Beziehungen zur thyreogenen Form. Die Bedeutung der Schilddrüsentätigkeit für die Magersucht bzw. Fettsucht wird von vielen Aerzten mißverstanden, sie nehmen an, daß jede Steigerung der Schilddrüsentätigkeit zur Abmagerung und jede Herabsetzung derselben zur Gewichtszunahme führen müsse. Wohl ist es richtig, daß in schweren Fällen von Basedow immer eine starke Abmagerung eintritt. Der erhöhte Grundumsatz zeigt uns eine bedeutende Steigerung der Oxydationsenergie des Protoplasmas, die mit Pulsbeschleunigung, Schweißen, Tremor, Erbrechen und Diarrhoen einhergeht. Die dadurch bestimmte Steigerung der Ausgaben müßte aber an sich nicht zur Abmagerung führen, wenn ihr eine gleiche Steigerung der Einnahmen gegenüberstünde. Diese wird aber durch den toxischen Zustand, in dem sich Magen und Darm befinden, verhindert. Da es in leichten und mittelschweren Fällen von Basedow meist gelingt, bei Bettruhe und kohlehydratreicher Ernährung eine beträchtliche Zunahme des Körpergewichtes zu erzielen, ohne daß der Grundumsatz sich wesentlich ändert, so kann angenommen werden, daß die Aenderung der Oxydationsenergie des Protoplasmas nur ein Faktor ist, der gegebenenfalls zur Magerkeit bzw. Magersucht führt. Diesen Faktor finden wir manches Mal bei der erethischen Form der Magersucht in Form einer leichten Steigerung der Schilddrüsentätigkeit, die sich besonders bei Frauen in einem labilen Puls und einer leichten Neigung zu Schweißen äußert. Der Grundumsatz kann dabei nur unwesentlich gesteigert sein. Auch hier ist die Insulinmast meist von ausgezeichneter Wirkung.

d) Die hypophysäre Magersucht. Der Beginn der Krankheit reicht oft weit zurück. Bei Frauen entwickelt sich die Krankheit oft einige Zeit nach einer Geburt. Die Periode wird immer schwächer, verschwindet schließlich ganz, im Laufe von 5 bis 15, ja sogar erst 20 Jahren kommt es zu einer grotesken Magerkeit. Dabei bilden sich der Geschlechtsapparat und die sekundären Geschlechtscharaktere hochgradig zurück. Beim Mann, wo es rückläufig zu einem Kleinerwerden des Skrotums und Penis und der Prostata kommt, tritt dies viel deutlicher hervor. Wesentliche Veränderungen des Stoffwechsels treten ein, der Grundumsatz sinkt tief ab, der Blutdruck nimmt ab, der Blutzucker stellt sich abnorm tief ein, das Blutcholesterin ist vermehrt, häufig erfolgt der Tod unter hypoglykämischen Krämpfen. Die Autopsie ergibt in den typischen Fällen eine vollkommene Zerstörung des Hypophysenvorderlappens, entweder durch einen Tumor oder durch eine Zyste oder durch einen infektiösen Prozeß. Besonders wichtig sind jene weiblichen Fälle, bei denen es während des Geburtsaktes zu einer Embolie in die den Hypophysenvorderlappen versorgende Endarterie und im Anschluß daran zu einer isolierten Nekrose des Vorderlappens gekommen war. Hier ist der Zusammenhang zwischen der endokrinen Erkrankung und der Magersucht vollkommen klar. Für diesen Zusammenhang spricht auch, daß wir in solchen Fällen durch Transplantation von Kalbshypophysen eine Zeitlang eine wesentliche Rückbildung dieser Erscheinungen herbeiführen können.

e) Mentale Magersucht. Es gibt ein Krankheitsbild, das, obwohl es dem der hypophysären Kachexie außerordentlich ähnlich ist und auch in vielen Fällen für eine solche gehalten wurde, doch nicht als solche aufgefaßt werden darf. Es kommt insbesondere bei jungen Mädchen, manchmal auch bei jungen Frauen vor. Die Mädchen, die meist im Alter von 12 bis 14 Jahren davon befallen werden, können sich bis dahin in einem guten Ernährungszustand befinden, die Genitalentwicklung kann eine dem Alter entsprechende sein, die Mädchen haben manchmal sogar bereits menstruiert. Ganz plötzlich setzt nun eine Anorexie ein, die Nahrungsaufnahme, insbesondere die gewisser Speisen, wird reduziert. Durch die zunehmende Abmagerung wird die Umgebung beunruhigt, man redet den Patienten zu, doch mehr zu essen, es entstehen dadurch in der Familie Konflikte; fast in allen Fällen handelt es sich um sehr intelligente Mädchen, meist sehr gute Schülerinnen, die weiterhin trotz der zunehmenden Körperschwäche mit großer Energie ihren Platz zu behaupten suchen. Mit zunehmender Abmagerung wird die Periode immer schwächer und schwächer und bleibt schließlich aus, wobei eine Rückbildung der primären und sekundären Geschlechtscharaktere meist nicht eintritt oder nur gering ist; doch kenne ich Fälle, wo der Uterus sich deutlich zurückbildete. Oft kommt es, wenn auch nicht immer in so intensiver Weise wie bei der hypophysären Kachexie, zu einer Achylie oder wenigstens Hypochylie, zu einem Absinken des Grundumsatzes, des Blutdruckes, eventuell zu einem leichten Absinken des Blutzuckers. Unsere therapeutischen Bestrebungen müssen sich sowohl gegen die Magersucht als auch gegen die, wie ich glauben möchte, sekundäre Genitalhypofunktion richten. In den letzten Jahren bin ich allmählich zu einer Behandlungsmethode gekommen, die einerseits in einer mit großer Vorsicht (Insulinüberempfindlichkeit!) beginnenden Insulinmastkur und anderseits in einer Behandlung mit dem gonadotropen Hormon der Hypophyse (Pregnyl) und hohen Dosen von Menformon bzw. Proluton besteht. Der Umstand, daß man in solchen Fällen vollkommene Heilung erzielen kann, spricht für die Annahme, daß eine schwere pathologische Veränderung der Hypophyse nicht zugrunde lag. Daß man auch in einzelnen solchen Fällen durch Transplantation von Kalbshypophysen rasche Besserung erzielte, beweist nichts für eine rein hypophysäre Genese, weil man ja auch mit vielen anderen Methoden, insbesondere mit der Insulinmastkur, gute Dauerresultate erzielt. Es ist mir ein Fall bekanntgeworden, der von besonderer Wichtigkeit für die Pathogenese dieser Erkrankung ist. Dieser Fall, der den ganzen Symptomenkomplex dargeboten hatte, ging später durch eine bei einer Hypophysentransplantation erfolgten Infektion zugrunde und zeigte eine vollkommen normale Hypophyse. Auch O. Gagel beschreibt einen Fall, der sich klinisch wie eine typische hypophysäre Kachexie verhielt, bei der Autopsie aber keine Veränderung der Hypophyse oder des Hypothalamus erkennen ließ. Man hat daher in solchen Fällen als Ursache eine vorübergehende funktionelle Hypophysenschwäche angenommen. Das ist rein hypothetisch. Viel wichtiger scheint mir, daß allen Fällen eine psychische Veränderung gemeinsam ist. Die erste Veranlassung hierzu sind oft irgend welche familiären Konflikte oder Streitigkeiten unter den Freundinnen. Bei einem Mädchen genügte es, daß ihre Freundinnen sie hänselten, weil sie so dicklich sei; bei einem anderen Mädchen erfolgte erst nach der Genesung das Geständnis, daß ein unwiderstehlicher Zwang sie dazu getrieben hat, die Nahrung zu verweigern, obwohl sie einsah, daß sie ihren Eltern dadurch schwere Sorgen bereitete und daß sie dabei zugrunde gehen könnte usw. Nach meinen Erfahrungen muß ich daher annehmen, daß es hauptsächlich psychische Veränderungen sind, welche zu dieser hochgradigen Inanition führen und im jugendlichen Organismus dieses der hypophysären Kachexie gleichende Bild hervorzaubern. Wir hätten es also mit einer mentalen Form zu tun. Auch bei erwachsenen Frauen kommt nicht selten schwerste Inanition durch Nahrungsverweigerung vor.[2] Die Gründe hierfür sind ebenfalls psychischer Natur. Ich behandelte eine Frau, bei der es geradezu eine fixe Idee war, daß sie die schlankste Frau ihres Heimatortes sein müsse. Selbstverständlich gab es auch hier Konflikte mit der Umgebung. Man redete ihr zu, man überwachte sie; um dem zu entgehen, pflegte sie abends ausreichend zu essen, aber während der Nacht führte sie Erbrechen herbei und täuschte so lange Zeit ihre Umgebung. In einem anderen Falle erfolgte diese nächtliche Gegenaktion durch salinische Abführmittel, durch welche sie während der Nacht mindestens 3 bis 4 flüssige Stuhlgänge erzielte. Alle Uebergänge von dem Bestreben, schlank und schön zu sein, bis zu einer abnormen Sucht, durch Schlankheit aufzufallen, kommen vor. Diese Schlankheit wird oft durch die raffiniertesten Mittel erkämpft. In solchen Fällen kann man meist nur durch eine Anstaltsbehandlung mit entsprechender Psychotherapie zum Ziele kommen, wobei sich die Kombination mit der Insulinmastkur oft als ein besonderer Segen erweist.

f) Die diencephale Magersucht. Weisen schon die oben beschriebenen Fälle auf das Zentralnervensystem als Ort ihrer Entstehung hin, so finden sich Fälle, bei denen schwere pathologische Veränderungen im Diencephalon beobachtet wurden (Gagel und Bodechtel). Ich selbst habe 2 Fälle beschrieben, bei denen luetische Veränderungen im Diencephalon gefunden urden. Auch jene Fälle, die aus hochgradiger Fettsucht außerordentlich schnell in Magersucht übergehen, ferner die Komplikation mit Narkolepsie, mit Diabetes insipidus usw. lassen zentrale Ursachen vermuten. Bei der Besprechung der diencephalen Fettsucht soll nochmals auf diese Frage eingegangen werden.

g) Die suprarenogene Magersucht. Vielleicht gibt es auch eine suprarenogene Magersucht (Addison?) als Gegenstück zu der später zu besprechenden suprarenogenen Fettsucht.

II. Formen der Fettsucht

a) Mastfettsucht. Diese Form wird gemeinhin auf Ueberfütterung zurückgeführt, doch ist bei diesen Fällen fast immer eine Anlage zur Fettsucht unverkennbar. Dies geht schon daraus hervor, daß Heredität und Familiarität außerordentlich häufig vorkommen. Fettsucht und Aehnlichkeit gehen dabei meist parallel. Wir finden z. B., daß die fettleibige Tochter der fettleibigen Mutter sehr ähnlich ist, während eine andere Tochter, die dem Vater ähnlich ist, keine Anlage zur Fettsucht zeigt. Sehr häufig findet man bei der fettleibigen Mutter und Tochter auch eine gewisse Uebereinstimmung in der Zeit des Auftretens der Periode oder im weiteren Verlauf des Geschlechtslebens.

Welche Bedeutung die Heredität bei der Fettsucht hat, mögen einige Beispiele zeigen: Liebendorfer fand bei 75 Fettsüchtigen stets Fettsucht in der Familie, wobei die fettsüchtigen Frauen überwogen. Schon Liebendorfer, Hannhart u. a. haben ferner gezeigt, daß die Fettsucht sich einfach dominant vererbt. Damit stimmen unsere eigenen Erfahrungen, die wir in den letzten Jahren am Wiener Krankengut gewonnen haben, überein. Sippen mit 10 bis 20 Fällen von Adipositas sind hier gar nicht selten. J. Bauer beschrieb eine Familie, in der beide Eltern und 14 Kinder an Fettsucht litten. Orel beschrieb 32 Wiener fette Riesenkinder, die ein Geburtsgewicht von über 5 kg hatten. In der Familie eines dieser Riesenkinder war der Vater 98 kg, die Mutter 130 kg schwer. Letztere hatte drei fettsüchtige Schwestern und eine fettsüchtige Tante. Christianson beobachtete zwei Schwestern mit vier bzw. drei Kindern, alle Kinder waren bei der Geburt groß und fett und entwickelten einen abnormen Appetit. Später kam es zur Ansammlung von geradezu grotesken Fettmassen. Eines dieser Kinder kam zur Autopsie: Befund im endokrinen Apparat und Zentralnervensystem normal.

Noch viel bedeutender wird das häriditäre Moment herausgestellt durch die Zwillingsforschung, die bei eineiigen Zwillingen eine ausgesprochene Konkordanz hinsichtlich des Zeitpunktes der Manifestation und des Grades der Fettsucht und der Verteilung des Fettansatzes ergab (J. W. Camerer und R. Schleicher).

Bei dieser familiären Fettsucht darf man allerdings nicht übersehen, daß die Lebensgewohnheiten der Familie hierbei auch eine gewisse Rolle zu spielen pflegen. In solchen Häusern, die eine gute Küche führen, werden die Kinder oft von Jugend auf durch das Beispiel der Familienmitglieder dazu gebracht, dem Essen einen besonderen Wert beizulegen und sich zu überernähren. Meist läßt sich allerdings auch da die Vererbung der Konstitution bei genauem Zusehen nachweisen.

In den meisten Fällen ist die diätetische Behandlung erfolgreich. Diese Fettsuchtsform läßt sich in verschiedene Typen unterteilen: so in die adoleszente Form, welche eine gewisse Aehnlichkeit hat mit der noch zu besprechenden eunuchoiden Form, ohne daß aber deutliche Entwicklungsstörungen des Genitales zu beobachten sind. Dann in die pyknische Form, wobei sich mehr oder weniger die Kennzeichen der pyknischen Konstitution finden. Hier spielt die Vererbbarkeit mit dominantem Erbgang eine besonders große Rolle. Diese Form ist häufig mit Diabetes verbunden, doch handelt es sich nicht um Genenkoppelung, da sowohl Diabetes als auch diese Form der Fettsucht getrennt vorkommen.[3]

b) Die thyreogene Form. Seitdem man erkannt hatte, daß Verfütterung von Schilddrüsensubstanz entfettend wirkt, hat die Schilddrüse in der Pathogenese der Fettsucht eine große Rolle gespielt. Man nahm an, daß die verminderte Funktion der Schilddrüse eine der häufigsten Ursachen der Fettsucht sei. Dies ist ebensowenig richtig wie die vorhin besprochene Annahme, daß die Magersucht meist eine Folge einer Erhöhung der Schilddrüsenfunktion sei. Die Verminderung der Schilddrüsenfunktion beim Myxödem geht durchaus nicht immer mit Fettsucht einher. Die Gewichtsabnahme, die wir durch Schilddrüsensubstanz beim Myxödem erzielen, beruht hauptsächlich auf Entwässerung und nicht auf Entfettung. Es gibt seltene Fälle von Fettsucht, bei deren Entstehung eine leichte Schilddrüseninsuffizienz mitspielen mag. Sie zeigen dann gewöhnlich eigene Züge, nämlich schwammige Fettpolster in den Supraklavikulargruben und auf den Handrücken, Obstipation, Haarausfall, Müdigkeit, großes Schlafbedürfnis, Unregelmäßigkeit der Genitalfunktion, lauter Erscheinungen, die durch kleine Dosen von Schilddrüse leicht zu beseitigen sind. Fett sind solche Fälle aber nur dann, wenn eine Disposition zur Fettleibigkeit vorhanden ist.

c) Die gonadogene Fettsucht. Die Erfahrungen der Tierzüchter lehren uns, daß Tiere, denen man die Keimdrüsen im jugendlichen Alter entfernt, verfetten. Es ist eine eigene Art der Verfettung. Die Muskeln sind stark von Fett durchwachsen, während bei den anderen Formen der Fettsucht das Fett hauptsächlich in den eigentlichen Fettgewebslagern an Masse zunimmt. Beim Menschen führen angeborene Störungen der Keimdrüsenentwicklung nicht mit der gleichen Regelmäßigkeit zur Fettsucht. Bei den Eunuchoiden finden wir bekanntlich eine kleinwüchsige, meist adipose Form und eine hochwüchsige, langbeinige, meist magere Form. In beiden Fällen findet sich eine Fettverteilung, wie sie für die in der Jugend Kastrierten typisch ist. Das Fett findet sich hauptsächlich an den Brüsten, an den Hüften, am Mons veneris und am Unterbauch. Auch bei der mageren Form ist diese abnorme Fettverteilung deutlich erkennbar. Auch bei der Frau können wir zwischen diesen beiden Formen unterscheiden, nur ist die eunuchoide, langbeinige, magere Form außerordentlich selten.

Wie wir später sehen werden, besteht zwischen dem Eunuchoidismus und der Dystrophia adiposo-genitalis kein prinzipieller Unterschied. Die Ursache ist im Diencephalon zu suchen. Auf die Beziehungen zur Hypophyse komme ich später zu sprechen.

Es gibt eine mitigierte Form des Eunuchoidismus, bei der das Zurückbleiben der Genitalentwicklung nur in der Präpubertätszeit deutlich zutage tritt. Später gleicht sich das wieder aus. Tandler und Groß haben solche Fälle als Präpubertätseunuchoidismus bezeichnet. Diese Fälle zeigen eine gewisse Aehnlichkeit mit der gewöhnlichen Pubertätsfettsucht, bei der aber keine Entwicklungshemmung der Genitalien vorhanden ist. Zwischen diesen und den Fällen von Präpubertätseunuchoidismus gibt es alle Uebergänge. Borchardt fand unter 44 fettsüchtigen Mädchen und 21 fettsüchtigen Knaben nur einen Fall von Dystrophia adiposo-genitalis. 16 von diesen Kindern sollen ein Geburtsgewicht von über 4 kg gehabt haben. Leichte Störungen in der Genitalentwicklung sind aber nach meinen Erfahrungen häufig.

Bei fetten jungen Mädchen setzt die Menstruation oft verspätet ein und ist unregelmäßig. Auch im natürlichen oder künstlichen Klimakterium kommt es mit dem Ausfall der Keimdrüsen oft zur Fettsucht. Dies ist aber durchaus nicht immer der Fall. G. A. Wagner hat eine Statistik von 500 Fällen zusammengestellt, welche hauptsächlich durch Bestrahlung kastriert worden waren. Von diesen haben nachher nur 200 über 5 kg zugenommen, 150 blieben unverändert, 50 magerten sogar ab. Starke Gewichtszunahme (20 bis 40 kg) wurde nur bei 5% beobachtet. Anderseits zeigt sich der Zusammenhang zwischen gestörter Keimdrüsentätigkeit und Fettsucht bekanntlich darin, daß bei sehr fetten Frauen oft das Klimakterium sehr frühzeitig einsetzt, und daß sich die Menstruation nach erfolgreicher Entfettung wieder einstellt.

Hier seien auch einige Worte über die Gewichtszunahme beim Stillen gesagt. Diese ist nicht regelmäßig; da, wo eine Disposition besteht, ist sie allerdings sehr häufig und oft exzessiv. Ich möchte glauben, daß dies in vielen Fällen vermieden werden könnte, wenn nicht die Gewohnheit bestünde, die Frauen während des Stillens systematisch zu mästen. Ich halte das für völlig unnötig.

d) Die diencephale (und hypophysäre?) Fettsucht. Bei den engen Beziehungen zwischen Hypophyse und Hypothalamus ist es verständlich, daß bei Fällen von Fettsucht, die bei irgend welchen pathologischen Prozessen dieser Gegend auftreten, die Entscheidung, ob es sich um eine hypophysäre oder diencephale Fettsucht handelt, auf Schwierigkeiten stieß. Tatsächlich hat man auch alle möglichen Fettsuchtsformen in diesen großen Topf der diencephal-hypophysären Fettsucht geworfen. Man unterschied eine hypophysäre Fettsucht an sich, eine diencephale und eine hypophysär-diencephale. Diese drei Formen sollen sich differentialdiagnostisch trennen lassen. Außerdem hat man aber noch die Dystrophia adiposo-genitalis, die Dercumsche Krankheit und das Bordet-Biedlsche bzw. Laurence-Moonsche Syndrom hinzugezählt, bei welch letzterem es neben der Fettsucht zu verschiedenen Symptomen, wie Genitaldystrophie, Opticusatrophie mit Pigmentdegeneration, zu familiär auftretender Polydaktylie oder Syndaktylie, zu mangelhafter Knochenentwicklung mit Gangstörungen usw., kommen kann.

Wir wollen zuerst einmal untersuchen, ob die Annahme einer hypophysären Fettsucht überhaupt berechtigt ist. Diese Annahme stützte sich auf die Beobachtung, daß jugendliche Tiere, denen die Hypophyse exstirpiert wurde, nicht nur im Wachstum zurückblieben, sondern meist fett wurden. Ferner beobachtete man, daß sich bei Prozessen in der Hypophyse, z. B. bei Hypophysengangtumoren, oder im Mesencephalon, z. B. bei Hydrocephalus oder Tumoren, sich eine Fettsucht entwickelte. Die Ansichten darüber, ob es sich dabei um eine Erkrankung des Hypophysenvorderlappens oder des Hypophysenhinterlappens und ob es sich um eine Funktionsstörung oder Funktionsherabsetzung handelt, gingen weit auseinander. Für die Annahme einer Ueberfunktion des Hypophysenhinterlappens setzten sich besonders Biedl und Raab ein, welche annahmen, daß das Sekret des Hypophysenhinterlappens, das Pituitrin, durch den Hypophysenstiel zu von ihnen in der Regio hypothalamica angenommenen Stoffwechselzentren gelangt und diese Zentren tonisiert. Wenn diese Tonisierung wegfällt, so soll es zur Fettsucht kommen. Diese Biedl-Raabsche Theorie muß heute fallengelassen werden; denn erstens erzeugt Ausfall des Hypophysenhinterlappens, wie wir heute wissen, Diabetes insipidus, aber keine Fettsucht. In diesem Sinne spricht auch, daß wir durch Pituitrin zwar den Diabetes insipidus kompensieren können, daß wir aber durch Pituitrin nicht entfetten können. Wie steht es nun mit dem Hypophysenvorderlappen? Wir wissen eines mit Sicherheit, nämlich, daß beim Menschen Ausfall des Hypophysenvorderlappens nicht zur Fettsucht, sondern zu der extremsten Form der Magersucht, die wir kennen, zur sogenannten hypophysären Kachexie, führt. Die oben erwähnten Tierexperimente haben uns lange Zeit irregeführt; denn es hat sich später herausgestellt, daß die Verfettung der jugendlichen hypophysektomierten Tiere nicht auf dem Ausfall der Hypophyse, sondern auf der gleichzeitig damit erfolgten Verletzung der Regio hypothalamica beruht. Wird bei Tieren, die einen langen Hypophysenstiel besitzen, bei der Hypophysektomie der Hypophysenstiel sorgfältig geschont, so kommt es zu Zwergwuchs und Genitaldystrophie, aber nicht zur Fettsucht. Anderseits führt isolierte Verletzung der Regio hypothalamica bei vollkommen intakter Hypophyse nicht zu Zwergwuchs und Genitaldystrophie, sondern zu hochgradiger Fettsucht (Smith). Aus diesen Experimenten erklären sich die Fälle von Fettsucht, die sich oft im Anschluß an einen Hydrocephalus, an eine Encephalitis, an ein suprasellares Kraniopharyngeom, an ein Gliom der Chiasmagegend, an Medullablastome (Gagel) usw. entwickeln; es kann aber auch bei diesen Prozessen das Gegenteil, nämlich enorme rapide Abmagerung und Kachexie, eintreten.

Daraus geht hervor, daß die Fettsucht bei der Dystrophia adiposo-genitalis nicht hypophysären, sondern diencephalen Ursprungs ist. Die von Hannhart geäußerte Ansicht, daß die hypophysäre Kachexie nicht im Gegensatz zur hypophsären Fettsucht aufgefaßt werden darf, da erstere auf einer Atrophie des Hypophysenvorderlappens beruht, letztere aber nicht auf eine Hypertrophie zurückgeführt werden dürfe, sondern ebenfalls eine Unterfunktion dieser komplex zusammengesetzten Blutdrüse sei, kann meines Wissens bisher durch keine Tatsache gestützt werden. Man muß daher mit der Gepflogenheit brechen, alle unklaren Fälle von Fettsucht der Hypophyse in die Schuhe zu schieben. Hierher gehören z. B. die von Troisier und Monnerot-Dysmaine mitgeteilten Fälle, bei denen die Fettsucht mit Oligurie und Insomnie und abnormem Verhalten der Menstruation einherging (in einer Familie sechs weibliche Fälle, bei denen sich die Menses bereits zwischen dem 8. und 12. Lebensjahr einstellte, um mit dem 20. Lebensjahr nahezu oder ganz zu verschwinden). Die letztgenannten Symptome weisen eher auf einen zerebralen Ursprung der Fettsucht hin. Von den mit hypophysennahen Prozessen einhergehenden Fällen von Dystrophia adiposo-genitalis habe ich schon gesagt, daß wir für die komplizierende Fettsucht weder Ausfall noch Steigerung der Hypophysenfunktion verantwortlich machen können, sondern die Ursache in der Regio hypothalamica selbst sehen müssen. Ebenso entbehrt auch die Annahme, daß die Adipositas dolorosa Dercum auf einer Erkrankung der Hypophyse beruht, jeden Beweises. Ich selbst habe seinerzeit einen Fall veröffentlicht, bei dem die Hypophyse vollkommen intakt gefunden wurde.

Was das Bordet-Biedlsche bzw. Laurence-

Moonsche Syndrom anbelangt, so muß auch hier der seinerzeit von Bordet, dann von Raab, Fellinger u. a. geäußerten Annahme, daß die dabei sich findende Fettsucht hypophysärer Genese sei, entgegengetreten werden. Spricht schon die Tatsache dagegen, daß Biedl und Elschnigg in einem Fall eine vollkommen intakte Hypophyse fanden, so weisen anderseits die außerordentlich verschiedenen Symptome, das familiäre Vorkommen, die häufige Blutsverwandtschaft der Eltern, das gleichzeitige Auftreten von andersartigen Störungen, wie mongoloide Idiotie, Psychopathien verschiedener Art, Rigor der Extremitäten auf Entwicklungsstörungen nicht nur im Diencephalon, sondern auch in höhergelegenen Partien des Gehirns hin. Panse vermutet „ein zwischenhirnorganisatorisches Feld, das das Zusammengehen striärer und papillärer Zustandsbilder mit den Stoffwechselanomalien, wie Fettsucht und Diabetes, sowie mit Wachstumsanomalien, wie Syn- und Polydaktylie, verständlich erscheinen läßt".

Eine große Schwierigkeit für die Konzeption einer diencephalen Fettsucht bzw. Magersucht liegt in dem Umstand, daß wir bis heute weder die eine noch die andere Krankheit mit Sicherheit durch Eingriffe am Diencephalon erzeugen können. Gagel weist auf die Beobachtung Mahonis hin, daß von zwei Hunden gleichen Wurfs der eine auf Hypothalamusläsion mit schwerster Fettsucht, der andere auf dieselbe Verletzung mit Magersucht reagierte.

Die Klinik bietet uns analoge Rätsel. Denn es gibt, wie Feuchtinger betont, Fälle, bei denen Magersucht und Fettsucht abwechseln. Den großen Einfluß des Zentralnervensystems zeigen die Fälle von Fettsucht mit psychischer Verstimmung oder Narkolepsie. Auch bei den oben beschriebenen Fällen von mentaler Magersucht kann man ohne Uebertreibung sagen, daß in manchen Fällen die psychische Stimmung den größten Einfluß auf den Fettbestand des Körpers ausübt.

Vielleicht spielt in solchen Fällen manchmal der Weg über das Inselorgan eine Rolle, worauf schon der dabei oft auftretende Heißhunger hinweist. Ich habe einen solchen Fall beobachtet, der nach einer Encephalitis in wenigen Wochen über 10 kg zunahm und dabei an einem solchen unstillbaren Hunger litt. Hugelmann berichtete über einen sehr bemerkenswerten Fall von offenbar zerebral bedingter Fettsucht, deren Entwicklung regelmäßig mit einer psychischen Depression und einem fast unerträglichen Hungergefühl und normaler Nahrungsaufnahme einherging. Dies wiederholte sich dreimal. Wenn in Zukunft in solchen Fällen eine Hypoglykämie nachgewiesen werden könnte, so würde ein Schlaglicht auf bisher noch dunkle

Beziehungen zwischen Diencephalon und Inselorgan geworfen werden.

Es gibt also keine hypophysäre Fettsucht, wohl aber eine mesencephale.* Dies legt uns den Gedanken nahe, daß auch die Disposition zur Fettsucht, von der ich immer wieder bei den einzelnen Formen „endokriner" Fettsucht sprechen mußte, auf mesencephalem Einfluß beruht.** Der Einfluß des Zentralnervensystems zeigt sich auch bei jenen Formen der Fettsucht, die schon einen Uebergang zur Lipomatosis darstellen, da die symmetrische Anhäufung von Fettmassen trophische Einflüsse vermuten läßt (Anhäufung von Fett in der Bauchgegend [Fettschürze] oder an den Unterschenkeln [Klavierfüße], an den Füßen [Reithosenform]). Auch die Steatopygie gehört hierher. Daß dabei auch hormonale Einflüsse mitsprechen, zeigt uns die charakteristische Fettverteilung beim Eunuchen.

Noch komplizierter wurde die Frage der hypophysären Fettsucht, als Cushing eine weitere Form der Fettsucht beschrieb, welche ebenfalls mit der Hypophyse in Zusammenhang gebracht wurde. Wir verstehen unter Cushingschem Syndrom eine Krankheit mit folgenden Hauptsymptomen:

1. Eine eigenartige, sich oft sehr rasch entwickelnde Fettsucht mit Anhäufung von Fett im Gesicht (sogenanntes Vollmondgesicht), am Nacken und am Stamm, während die Extremitäten frei bleiben (Fallstaff-Typ).
2. Auftreten eigenartiger blauroter Striae.
3. Entwicklung einer Insuffizienz der Keimdrüsen, bei Frauen dabei Auftreten von Hirsutismus, d. h. Vermännlichung, Auftreten von Haaren am Stamm und an den Oberlippen, tiefe Stimme, ein Symptomenkomplex, der bekanntlich bei Adenomen oder Karzinomen der Nebennierenrinde vorkommt.
4. Entwicklung von Hyperglykämie (eventuell Diabetes), Hypertonie und Hypercholesterinämie.
5. Osteoporose.

* Die Annahme einer pinealen Fettsucht ist heute verlassen, da sich herausgestellt hat, daß die bei pinealen Tumoren auftretenden Veränderungen durch Druck auf das Mesencephalon zustande kommen.

** Ich habe diese Anschauung schon 1928 in der zweiten Auflage der „Erkrankungen der Blutdrüsen" in sehr präziser Form vertreten. Viele Autoren (J. Bauer, Fellinger, Feuchtinger), die in den letzten Jahren über Fettsucht schrieben, sind in der Annahme einer hypophysären Fettsucht unsicher geworden, ohne allerdings die letzten Konsequenzen zu ziehen.

Cushing fand bei einigen solchen Fällen kleine basophile Adenome im Hypophysenvorderlappen. Ferner fand man später auch Vermehrung der basophilen Zellen im Hypophysenstiel bis in die Regio hypothalamica hinauf, sogar in den Nebennieren. Man nahm also an, daß ebenso wie das eosinophile Adenom zur Akromegalie, das basophile Adenom zum Cushingschen Syndrom führe. Was speziell das Auftreten des Hirsutismus anbelangt, so erklärte man es in der Weise, daß das basophile Adenom durch Mehrproduktion von suprarenotropem Hormon eine Hyperplasie der Nebennierenrinden veranlasse. Das Cushingsche Syndrom enthalte also einen suprarenogenen Kern (J. Bauer). Diese sehr elegant anmutende Hypothese ist, soweit sie sich auf die pathogenetische Bedeutung des Basophilismus bezieht, bisher noch nicht bewiesen. Denn einerseits gibt es Fälle von Cushingschem Syndrom ohne Basophilismus und anderseits Fälle von Basophilismus ohne Cushingsches Syndrom. Auch therapeutisch läßt sich, wie wir später sehen werden, diese Hypothese nicht stützen.

Wie steht es nun mit der beim Cushingschen Syndrom auftretenden Fettsucht? Daß die Hypophyse dabei etwas zu tun hat, ist unwahrscheinlich. Wie wir eben gesehen haben, ist hingegen eine Funktionssteigerung der Nebennierenrinden sehr wahrscheinlich. Ist diese vielleicht auch die Ursache der Fettsucht?

e) Die suprarenogene Fettsucht. Damit kommen wir zur Frage, ob es eine suprarenogene Fettsucht gibt. Vom klinischen Standpunkte läßt sich sagen, daß es Fälle von rasch wachsenden Nebennierenrindentumoren gibt, bei denen sich neben dem mächtigen Einfluß auf die Genitalsphäre oft in unglaublich rascher Zeit eine extreme Fettsucht entwickelt. Dabei kommt es sehr häufig zum Diabetes. Es handelt sich dabei hauptsächlich um Karzinome; anderseits gehen durchaus nicht alle Fälle von Hirsutismus mit Fettsucht einher. Auch kommen im jugendlichen Alter Fälle von Pseudohermaphroditismus und kindlichem Riesenwuchs bei Karzinomen der Nebennierenrinde vor, bei denen es zur Entwicklung einer außerordentlich kräftigen Muskulatur, aber nicht zur Fettsucht kommt.[4] Auch die experimentelle Pathologie hat uns einige Befunde gebracht, welche für die Möglichkeit einer suprarenotropen Fettsucht sprechen. So hat C. E. Hower bei Ratten durch Fütterung getrockneter Nebennierenrinde mächtigen Fettansatz erzielt. Schneider und Bomskov fanden bei Fütterung von Nebennierenrindenextrakten, daß eine Reihe von Tieren mit extremer Fettsucht und Riesenwuchs reagierte, während andere keinen abnormen Fettansatz zeigten. Dieses unterschiedliche Verhalten findet nach Schneider und Bomskov darin seine Erklärung, daß die histologische Untersuchung bei ersteren keine Veränderungen, bei letzteren aber eine Aktivierung der Schilddrüse ergab, wodurch die Entwicklung der Fettsucht verhindert wurde. Wie diese Wirkung des Nebennierenextraktes zustande kommt, ist bisher noch unklar. Nach Verzar beeinflußt das Nebennierenrindenhormon über den Phosphorylisierungsprozeß die Fettresorption und den Fettanbau, da bei Insuffizienz der Nebennierenrinde der Lipoidgehalt des Blutes und der Gewebe abnimmt, bei Zufuhr von Corticosteron ansteigt. Auch die Abmagerung der Basedowiker soll durch Corticosteron verhindert werden. Vielleicht geben auch die Beziehungen der Nebennierenrinde zum Glykogenaufbau einen Fingerzeig. Nach Verzar befördert Cortin den Glykogenaufbau, bei Cortinmangel tritt Glykogenverarmung auf. Nach Britton, Thaddea u. a. wird durch Injektion von Cortin nicht nur das Leberglykogen, sondern auch das Muskelglykogen angereichert. Auch sollen Nebennierenrindenextrakte Hypoglykämie machen. Nach Köhler und Fleckenstein drückt Desoxycorticosteron die alimentäre Hyperglykämiekurve herab. Bei gleichzeitiger Injektion von Präphyson und Desoxycorticosteron wird die sonst durch Präphyson eintretende Erhöhung der Hyperglykämiekurve verhindert. Es wäre daher möglich, daß das Nebennierenrindenhormon die Mastwirkung des Insulins auf dem Wege über den Glykogenstoffwechsel fördert. Dies führt uns zur insulären Fettsucht.

f) Die insuläre Fettsucht. Die mästende Wirkung des Insulins beruht nicht nur auf einer Steigerung des Nahrungstriebes, sondern auch auf einer Erhöhung der Assimilationsbereitschaft. Die Entdeckung der Insulinmastkur ließ mich vermuten, daß es auch eine insuläre Form der Fettsucht gebe, beruhend auf einer leichteren Ansprechbarkeit des Inselorgans auf den Nahrungsreiz, insbesondere bei Fällen, die, wie schon erwähnt, mit Heißhunger einhergehen. Dieser Auffassung ist von vielen Seiten widersprochen worden, insbesondere wurde darauf hingewiesen, daß die Fälle von Hyperinsulinismus gewöhnlich nicht fett seien. Dieser Einwand ist völlig unbegründet; vom Insulin allein kann man natürlich nicht fett werden, sondern nur von der durch das Insulin bedingten Mehraufnahme von Nahrung und deren besseren Verwertung. Dadurch, daß bei den Fällen von Spontanhypoglykämie die gesteigerte Insulinproduktion anfallsweise und meist mit starken hypoglykämischen Symptomen auftritt, wird die Nahrungsaufnahme erschwert oder sogar verhindert. Daß solche Fälle trotz schwerster Hypoglykämie fett werden können, wenn ihnen große Mengen von Zucker zugeführt werden, zeigt der bekannte Fall von

Russel M. Wilder. Hannhart glaubt gegen die Annahme einer insulären Fettsucht ferner einwenden zu können, daß jede Ueberfunktion des Inselorgans durch Gegenregulation rasch wieder ausgeglichen würde. Dann gäbe es aber auch keine Hyperthyreose, da wir dasselbe auch von der Schilddrüse erwarten müßten.

Man hat gegen die insuläre Fettsucht auch eingewendet, daß bekanntlich bei sehr vielen Diabetikern zuerst Fettsucht und dann erst der Diabetes sich einstellt, ja daß solche Fälle bekanntlich sehr häufig einen gewissen Grad von Insulinresistenz zeigen. Dieser Einwand scheint mir nicht berechtigt zu sein, denn man kann sich leicht vorstellen, daß das Inselorgan zuerst überbeansprucht ist und später sich erschöpft.

Das häufige Zusammentreffen von Diabetes und Fettsucht ist seit langem bekannt. Ferichs fand bei seinen Diabetikern in 15%, Seckel-Umber in 34%, v. Noorden in 35%, Joslin in 40% Fettleibigkeit. Hochgradige Fettsucht bei Diabetes ist hingegen selten. Eigene bisher unveröffentlichte Untersuchungen am Wiener Krankengut zeigen das gleiche in auffälliger Weise. Meist ist es so, daß bei fetten Personen mit pyknischem Habitus sich nach dem 30. Lebensjahr der Diabetes entwickelt. Daß es sich hier nicht um eine Genkoppelung handelt, zeigt der Umstand, daß der Diabetes sich rezessiv, die Fettleibigkeit einfach dominant vererbt. Kugelmann beobachtete einen Fall, bei dem Diabetes und Fettsucht abwechselnd im Erbgang auftraten. Er meint daher, daß Fettsucht und Diabetes Aeußerungen ein und derselben Erbanlage sind. Unsere Beobachtungen lassen sich mit dieser Annahme nicht in Einklang bringen.

Therapie

Als ich als junger Assistent begann, mich mit Stoffwechselfragen zu beschäftigen, war es noch nicht lange her, daß die Kalorienlehre durch die grundlegenden Arbeiten von C. v. Voit und M. Rubner in die Physiologie eingeführt worden war und hauptsächlich durch v. Noorden in der Diätetik einen wichtigen Platz erobert hatte. Man hatte gelernt, in Kalorien zu denken, indem man einerseits bei der Vorschreibung von Diäten den Kalorienbedarf des betreffenden Individuums in Rechnung stellte, anderseits den Kaloriengehalt der Nahrung diesem Bedarf anzupassen suchte. Der Kalorienbedarf setzt sich bekanntlich zusammen aus dem Grundumsatz, der entweder direkt ermittelt oder unter Zugrundelegung gewisser Formeln berechnet wird, plus dem Nahrungszuwachs (spezifische dynamische Nahrungswirkung) plus dem Bewegungszuwachs (je nach der Lebensweise des betreffenden Individuums). Diesen Anschauungen entsprechend, betrachtete man das Problem der Fettsucht und der Magerkeit — der Name Magersucht ist erst späteren Datums — fast ausschließlich vom Standpunkt einer Bilanzstörung.

Da bei der Magersucht die Kalorienzufuhr hinter dem Bedarf zurückbleibt, so ergab sich daraus die Forderung, durch eine kalorienreiche Kost diese Störung zu überkompensieren. Bei der Fettsucht ist dies umgekehrt. Man wußte allerdings schon damals, daß es nicht bloß auf den Gesamtkaloriengehalt der Nahrung, sondern auch auf das Verhältnis von Eiweiß zu Kohlehydrate zu Fett in der Nahrung ankommt, denn man hatte die Erfahrung gemacht, daß man mit Eiweiß und Fett allein schwer mästen kann, sondern daß man dazu reichlich Kohlehydrate in der Kost benötigt. Das stimmte mit den Arbeiten von M. Ruber überein, welche gezeigt hatten, daß die Kohlehydrate eine eiweißsparende Wirkung besitzen, und daß durch reichlich Kohlehydrate der Eiweißanbau gefördert wird. Von dieser Erfahrung machte man auch bei der Entfettungskur Gebrauch, indem man die Kalorienbeschränkung hauptsächlich durch Verminderung der Fettzufuhr herbeiführte, aber eine gewisse Menge Kohlehydrate beibehielt. Denn es galt als eine Grundregel, daß der Eiweißbestand des Körpers erhalten werden müsse, und dazu sei eben eine gewisse Menge Kohlehydrate notwendig. Selbstverständlich wurde auch das Maß der körperlichen Bewegung bei Mast- und Entfettungskuren eingeschränkt (eventuell Bettruhe), später aber allmählich der Organismus wieder trainiert; denn man wollte ja nicht Fettlinge, sondern leistungsfähige Menschen erzielen. Dies war nur durch Muskelarbeit möglich, da die Erfahrung lehrte, daß Ansatz von Muskelsubstanz nur bei Uebung der Muskeln erfolgt. Anderseits wurde bei der Entfettungskur durch ein entsprechendes Maß an körperlicher Arbeit der Umsatz im Körper erhöht, wobei man, dem Zustand des Herzens und der Schlaffheit der Muskulatur Rechnung tragend, die körperliche Arbeit nur allmählich steigerte. Wenn ich noch hinzufüge, daß man unter Umständen durch salinische Abführmittel und Schwitzprozeduren eine Entwässerung des Körpers herbeizuführen suchte, so habe ich den damaligen Stand der Mast- und Entfettungskuren ausreichend charakterisiert. Die von verschiedenen Autoren angegebenen Kostformen basierten alle auf diesen Prinzipien und unterschieden sich hauptsächlich nur dadurch, daß sie das angestrebte Ziel langsamer oder rascher zu erreichen versuchten.

Meine vorhergehenden Ausführungen haben gezeigt, daß trotz der enormen Entwicklung, die die Endokrinologie seither genommen hat, für die Genese der Fettsucht der Gewinn relativ gering ist. Bei allen Formen „endokriner" Fettsucht kommen wir ohne die Annahme einer schon vorher bestandenen Disposition nicht aus. Auch für die Therapie ist der Erfolg nur ein begrenzter.

Mit Ausnahme des Thyroxins und Insulins ist die Wirkung der Inkrete auf Magersucht und Fettsucht sehr gering, ja sogar überhaupt umstritten. Dies gilt besonders von den Keimdrüsenpräparaten. Man hat, und tut es auch jetzt noch, zur Entfettung Keimdrüsenpräparate verwendet. Insbesondere spielen bisher getrocknete Ovarien oder Extrakte aus Ovarien eine große Rolle. Ich habe mich von jeher gegen diese Wertung der Keimdrüsenpräparate gewendet, denn die dabei erzielte Wirkung beruht nicht auf den Keimdrüsenpräparaten, sondern entweder darauf, daß diese Medikamente zugleich mit Diätbeschränkung verordnet werden, oder daß sie daneben Schilddrüse enthalten. Ich habe nie einen Fall von weiblicher Fettsucht beobachtet, bei welchem ausschließlich durch Keimdrüsenpräparate eine Entfettung hervorgerufen worden wäre. Diese Skepsis wird noch verstärkt, wenn wir bedenken, daß die außerordentlich wirksamen modernen Keimdrüsenhormone, das Menformon, Proluton und Testoviron, nicht entfettend wirken. Noch schlimmer steht es mit den Hypophysenpräparaten. Ich bin der Ueberzeugung, daß solche Extrakte aus Hypophysenvorderlappen allein nicht entfettend wirken, sondern daß auch da die häufige Beimengung von Schilddrüsensubstanz die Erklärung für ihre Wirkung gibt. Auch das Pituitrin wirkt bekanntlich nicht entfettend.

Hingegen sind die Keimdrüsen- und Hypophysenvorderlappenpräparate bei der Bekämpfung der Keimdrüseninsuffizienz bzw. der Unterentwicklung des Genitales, wie sie bei gewissen Formen von Mager- und Fettsucht vorkommen, sehr wirksam. Kombinationen von Menformon und Proluton, eventuell vorher mehrere Injektionen von gonadotropem Hormon des Hypophysenvorderlappens, geben oft ein ausgezeichnetes Resultat. Ebenso kann Implantation von mehreren Kalbshypophysen oft rasch die Keimdrüsenfunktion auslösen bzw. wiederherstellen, während durch gleichzeitige vorsichtige, mit kleinsten Dosen beginnende Insulinmastkur der Ernährungszustand wieder normalisiert wird.

Das Cushingsche Syndrom wird nicht selten durch Inkretdrüsenextrakte günstig beeinflußt, insbesondere durch sehr große Dosen von Menformon. Ferner sind Erfolge durch Röntgenbestrahlung der Hypophysengegend berichtet. Das beweist keineswegs den hypophysären Charakter dieser Fettsucht, da man ja die Regio hypothalamica mitbestrahlt. Merkwürdig ist nur, daß die einzelnen Fälle sehr verschieden auf diese therapeutischen Maßnahmen reagieren, ja daß ein und derselbe Fall, der zuerst günstig beeinflußt wird, später sich gegen diese Maßnahmen refraktär verhalten kann.

Es gibt nur zwei Inkrete, welche für die Therapie der Mager- und Fettsucht große Bedeutung gewonnen haben, das Insulin, welches mästet, und das Schilddrüsenpräparat, welches entfettet. Unbewußt verwendet man diese Tatsachen seit langem in der Diätetik. Denn wenn man mästen will, gibt man Kohlehydrate und regt dadurch das Inselorgan zu gesteigerter Tätigkeit an. Wenn man entfetten will, gibt man Eiweißsubstanzen, welche bekanntlich eine anregende Wirkung auf die Schilddrüsentätigkeit ausüben. Außerdem entziehen wir die Kohlehydrate, wodurch wir das Inselorgan ruhigstellen. Darauf beruht die von mir seit langem geübte Schnellmethode der Entfettung, die, wenn nötig, durch Thyroxin unterstützt wird. Es gibt nur wenige Fälle, welche sich gegen diese Methode refraktär verhalten.

Literatur: [1] Falta, W.: Blutdrüsenerkrankungen, 2. Aufl. S. 490. — [2] Derselbe: Hypophysäre Krankheitsbilder. Urban & Schwarzenberg, 1941. — [3] Derselbe: Erbbiologie des Diabetes. Wien. Arch. inn. Med., Bd. 37, H. 1. — [4] Derselbe: Wien. Arch. inn. Med., Bd. 35, 1941.

rassische Form klarer und reiner zum Ausdruck bringe als der männliche.

Da es sich hier um Grundsätzliches handelt, ist eine Klärung dieser offenen Frage notwendig, bevor man rassenkundliche Aufnahmen einseitig auf das männliche Geschlecht beschränkt. Neben rassenkundlichen Fragen im engeren Sinne ergeben sich übrigens noch eine Reihe von Problemen, die nur durch Untersuchungen an beiden Geschlechtern gelöst werden können, so etwa der wichtige Vergleich der Geschlechtsunterschiede in Rassenmerkmalen bei verschiedenen Rassen oder die Untersuchung des rasseneigentümlichen Entwicklungstempos im Reifungs- und Vergreisungsprozeß. Es werden also Untersuchungen am weiblichen Körper im Rahmen der Anthropologie auf keinen Fall überflüssig sein, selbst dann nicht, wenn sie sich für rein rassenkundliche Zwecke als wenig belangreich erweisen sollten.

Im folgenden soll der Körperbau, also Skelet und Weichteile des Rumpfes und der Extremitäten, betrachtet und nachgesehen werden, ob hier die Rassenausprägung beim Weibe der männlichen parallel geht. Es könnte sein, daß die Formung der Geschlechtsmerkmale die Rassenmerkmale am weiblichen Körper verdeckte oder auch, daß andere Momente für eine weniger scharfe Ausprägung von Rassenmerkmalen am weiblichen Körper maßgeblich wären.

Der Geschlechtsdimorphismus tritt beim Menschen ziemlich scharf in Erscheinung, so daß es verhältnismäßig wenige Merkmale gibt, bei denen er nicht zur Geltung kommt. Es gehören dazu auch einige rassenkundlich wichtige Merkmale, wie etwa die Komplexion (in der Augenfarbe konnte aber bei manchen Untersuchungen in Europa eine Geschlechtsverschiedenheit beobachtet werden: Frauen zeigen öfter dunkle Augen als Männer). Die morphologischen Unterschiede zwischen den Geschlechtern in Skelet- und Weichteilbildung sind jedenfalls außerordentlich kennzeichnend.

Die beiden Grundtypen des menschlichen Körperbaues, der Longi- und der Brachytypus, sind, wie Abb. 1 zeigt, im weiblichen Geschlecht genau so feststellbar wie im männlichen; ja die stärkere Verbreiterung des Beckens bei der Europäerin im Vergleich zur Negerin und die größere Fettauflagerung beim Uebergang vom Rumpf zu den unteren Extremitäten lassen für das verwendete Beispiel diesen Unterschied im grundlegenden Bauplan eher stärker hervortreten als bei den Männern. Es sei darauf hingewiesen, daß wir im Körperbau einen wichtigen Hinweis auf genetische Zusammenhänge sehen, der besonders dann wertvoll wird, wenn andere Merkmale in dieselbe Richtung zeigen. So erhält z. B. der genetische Zusammenhang aller Rassen von Europa über den vorderen Orient und Asien bis nach Australien und in die Südsee hinein (Weinerts „mittlere Linie") durch Vergleichung des Körperbaues eine wichtige Stütze. Das Verhältnis der Beinlänge zur Rumpflänge, die augenfälligste aller Proportionen, und die Modellierung des Körpers in der Hüftgegend sind dabei besonders kennzeichnend. Man vergleiche auf den Abb. 2, 7, 8 und 9 die Beinlänge, die Einziehung der Hüften und die Verbreiterung des Beckens bei den Vertreterinnen der mittleren Linie mit den Verhältnissen bei der auf Abb. 1 dargestellten Negerin.

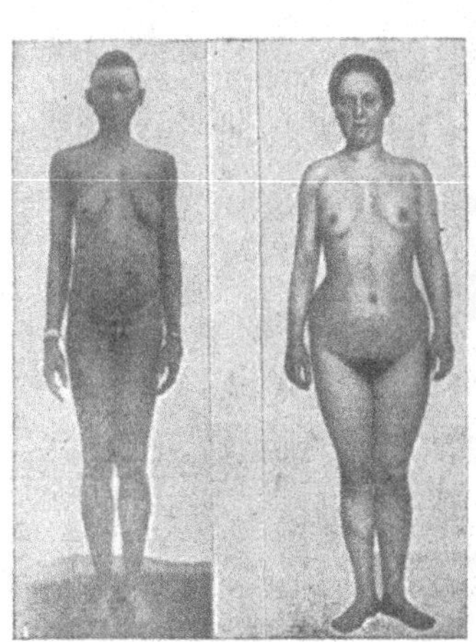

Abb. 1. Musokoweib und Deutsche (nach Martin)

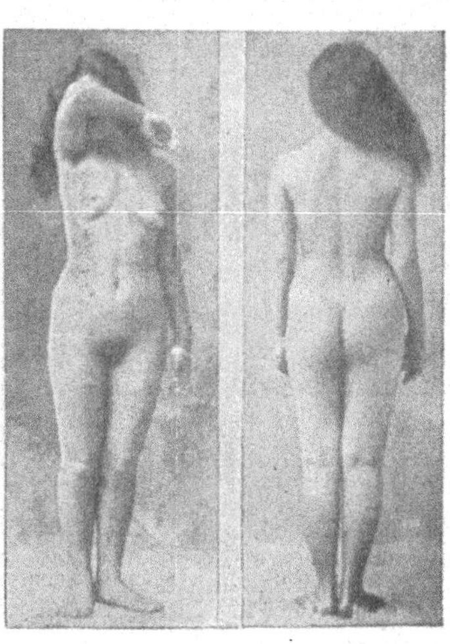

Abb. 2. Kanakin aus Hawai (nach Stratz)

Für die Formung des Körpers spielt Fettansatz und Fettverteilung gerade beim Weibe eine besonders große Rolle. Das hat zur Meinung geführt, daß die Neigung zu Fettansatz an bestimmten Stellen streng geschlechtsbedingt und für alle Rassen dieselbe sei. Dadurch müßte eine Verwischung der rasseneigentümlichen Form zustande kommen. Um dieser Frage nachzugehen, müssen wir zwischen einer erblichen Form des Fettansatzes und einer zweiten, die als Modifikation auftritt, unterscheiden. Damit erscheint unser Problem eingeengt und klarer gefaßt.

Wir definieren nach E. Geyer Rasse als gezüchtete Erbqualität. Auf Grund dieser Auffassung von Rasse wird es erklärlich, daß Rasse dort besonders rein in Erscheinung tritt, wo entweder die äußeren Bedingungen oder die innere Haltung einer Menschengruppe die züchterische Ausrichtung gewährleistet. Auf niedriger Kulturstufe geht beides häufig Hand in Hand, so daß die Wirkung von Auslese und Ausmerze besonders durchgreifend ist. Die erbliche Vorbestimmung bestimmter Körperregionen zum Fettansatz läßt sich bei den streng durchgezüchteten Khoisaniden — unter diesem Namen vereinigt man die rassisch sehr nah verwandten Hottentotten (Koi Koin) und Buschmänner (San) zu einer Gruppe — besonders schön zeigen. Wir treffen hier Formen der Fettverteilung, die wir in Europa unter dem Namen „Lipomatosen" als erbliche Krankheiten kennen.

Abb. 3. Buschmannweib (nach Pöch)

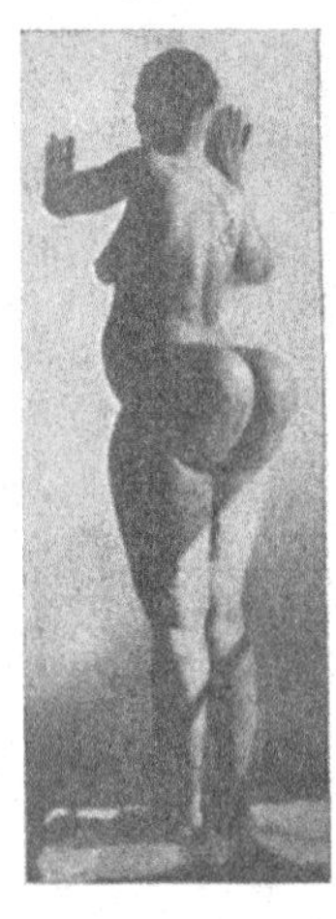

Abb. 4. Hottentottin (nach Schuliza)

Abb. 5. Buschmannweib (nach Pöch)

Die in Afrika südlich der Sahara allenthalb auftretende starke Lendenlordose wird in Südafrika bei den erwähnten Stämmen durch das rasseneigentümliche Auftreten eines zirkumskripten Fettkörpers am Gesäß beim weiblichen Geschlecht zur Steatopygie weiter entwickelt. Dieser Fettspeicher findet sich im außerordentlich kärglichen Lebensraum der Buschmänner (Kalahariwüste), denen sich bei ihrer unsteten Lebensweise und ihrer nur auf Jagd und Einsammeln von wildwachsenden Pflanzen gegründeten Ernährungsweise nicht die mindeste Gelegenheit zur Mast bietet (Abb. 3). Sie findet sich ebenso bei den Hottentotten, die als Viehzüchter eine geregeltere und reichlichere Nahrungsaufnahme kennen, und zwar bei diesen bezeichnenderweise häufig verbunden mit zusätzlicher Fettanhäufung auf dem Oberschenkel (Abb. 4). Die erbliche Anlage erscheint hier gar nicht fraglich, die Umwelteinflüsse wirken höchstens steigernd, in dem Sinn, daß die Fettablagerung auch in den benachbarten Körperregionen in größerem Umfange stattfindet. Uebrigens wird auch für Europa von manchem erfahrenen Kliniker eine „Mast- oder Faulheitsfettsucht", d. h. eine Fettsucht, die rein umweltbedingt ist, abgelehnt und die maßgebliche Beteiligung erblicher Veranlagung in jedem Falle von reichlichem Fettansatz angenommen. Von hohem Interesse ist es, daß bei klinischen Formen der Fettsucht, etwa bei der Dystrophia adiposo-genitalis Veränderungen an den Geschlechtsmerkmalen beobachtet werden. Solche Veränderungen finden sich nun auch in Begleitung der rassisch bedingten Form der Fettsucht in Südafrika, und zwar an sekundären und an primären Geschlechtsmerkmalen. Hierher zählt die Achselständigkeit der Brüste (Abb. 5), die beträchtliche Verlängerung der Labia minora über die Labia majora hinaus (bekannt unter dem Namen Hottentottenschürze, Abb. 6) und die Verlagerung der Rima pudendi, die v. Luschan mit den Verhältnissen bei kleinen europäischen Mädchen vergleicht. Die hier allem Anschein nach vorliegenden Zusammenhänge werden vielleicht einmal am europäischen Krankenmaterial klargestellt werden und es könnte so die Rassenkunde aus den Erkenntnissen der Erbpathologie unmittelbaren Nutzen ziehen.

Sind die Körperformen innerhalb primitiver Kulturen zufolge der durchgreifenden Züchtung noch weitgehend einheitlich, so ist von einer Einheitlichkeit unter den Verhältnissen der Hochkulturen keine Rede mehr. Die hohe Individuenzahl schafft zuerst einmal die Möglichkeit für eine große Variationsbreite. Die Beherrschung der Natur führt zu einer weitgehenden Veränderung der natürlichen Bedingungen des Lebensraumes oder zu einer wesentlichen Herabsetzung ihrer Wirkungen. Ihr Wert für die züchterische Ausrichtung der Bevölkerung wird beträchtlich geringer, die Schwankungsbreite für die einzelnen Merkmale und Merkmalszusammenstellungen nimmt außerordentlich zu. Die Differenzierung innerhalb der Kultur verlangt sogar verschiedene Formen. Während jeder einzelne Buschmann das ganze Inventar seiner Kultur körperlich und geistig beherrscht — eine Ausnahme bilden wohl nur künstlerische Leistungen —, ist eine gleichermaßen umfassende Beherrschung in der abendländischen Kultur vollkommen unmöglich. Für einzelne Aufgaben unserer Kultur sind uns sowohl geistige als auch körperliche Spezialtypen unentbehrlich. Das bedingt notwendigerweise eine weitere Auflockerung der Zucht. Dadurch ist aber innerhalb jeder hohen Kultur neben der starken Vergrößerung der Variabilität vieler

Merkmale bei der kulturtragenden Rasse auch noch die Möglichkeit eines Eingreifens in das Kulturgetriebe für verschiedene andere Rassen ohneweiters gegeben. Die Verschiedenartigkeit der Aufgabe wird zwar kaum jemals die Heranziehung Andersrassiger unabweislich verlangen, sie fördert aber ihre Miteinbeziehung in den Volkskörper des Kulturschöpfers. Wie dadurch Rasse, Volk und Kultur ständig nach Gleichgewicht suchen müssen, wie von dieser Dreiheit jedes in jedem anderen verankert ist und Verschiebungen in einem Faktor die anderen zu Veränderungen zwingen, das zu zeigen ist hier nicht die Aufgabe. Es sei aber auf das Problem wenigstens hingewiesen.

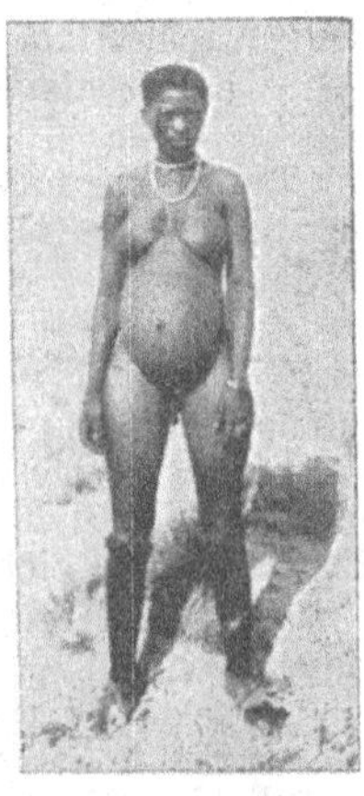

Abb. 6.
Buschmannweib
(nach Pöch)

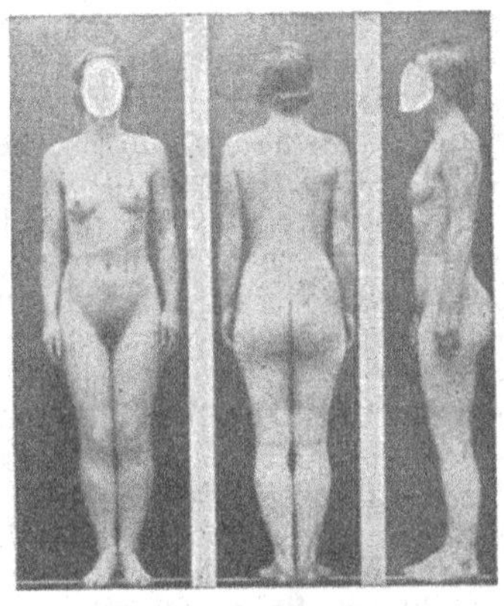

Abb. 7.
Norwegerin (nach Schiøz)

So ist es begreiflich, daß wir innerhalb der europäischen Kultur, die wir doch im Großen gesehen als Einheit auffassen dürfen, die verschiedenartigsten Körperbauformen bei ein und derselben Rasse und ähnliche Formen bei verschiedenen Rassen vorfinden. Als Beispiel seien drei Bilder aus einer Arbeit von Schiøz über norwegische Frauen gezeigt. Es sind zwei von der Verfasserin als nordisch bezeichnete Frauen abgebildet (Abb. 7 und 8), die sich in der Körperfülle und in den Proportionen deutlich voneinander unterscheiden. Dazu ist das Bild einer als ostbaltisch bezeichneten Frau dargestellt (Abb. 9), die im Körperbau der zweiten nordischen weitgehend ähnlich ist.

Wenn wir näher nachsehen, welche Momente in Hochkulturen, in denen ein Großteil der Frauen weniger intensiv in das Wirtschaftsleben einbezogen ist, für die Formung des weiblichen Körpers von Bedeutung sind, so müssen wir in erster Linie ein geistiges Moment erwähnen, das Schönheitsideal. Es ist wohl örtlich und zeitlich gebunden, wir können aber doch über weite Gebiete der Erde hinweg und an verschiedenen Stellen eine einheitliche Auffassung von „schön" feststellen. So finden wir, wenn wir nach dem für unsere Frage Belangreichen suchen, bei den Orientalen in den Städten des Vorderen Orients und weiter bis nach Indien, bei den reichen Chinesen und bei den Negerhäuptlingen in den meisten Gegenden Afrikas dieselbe Vorliebe für reichlichen Fettansatz bei ihren Frauen. Es werden also

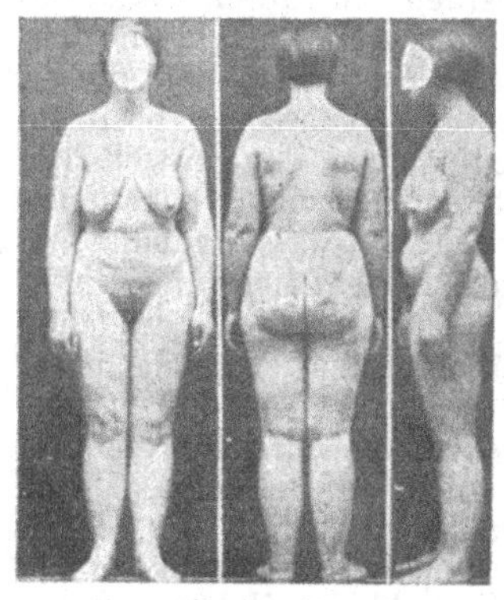

Abb. 8. Norwegerin (nach Schiøz)

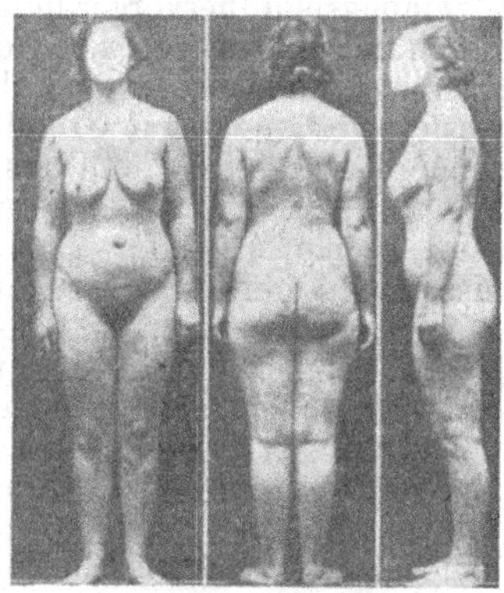

Abb. 9. Norwegerin (nach Schiøz)

Frauen, die in ihrer Erbmasse die Neigung zur Entwicklung reichlichen Unterhautfettes aufweisen, größere Heirats- und damit größere Fortpflanzungsaussicht haben. Das heißt, anders ausgedrückt, die erbliche Neigung zu Fettansatz erhält Auslesewert. Es hängt im allgemeinen von der Wirksamkeit der Zuchtmittel ab, ob eine Ausrichtung der Hauptmasse der Bevölkerung nach dem gewählten Zuchtziel erfolgt und wie lange es dauert, bis eine annähernde Einheitlichkeit erreicht wird. Wenn wir tatsächlich in allen angeführten Erdgebieten Fettleibigkeit nicht als allgemeine Erscheinung vorfinden, so lassen sich Gründe dafür leicht aufweisen.

Schönheitsideale sind, wie schon angedeutet, nicht in allen Kreisen der Bevölkerung in gleicher Weise wirksam und in vielen Kulturen wechselt das Schönheitsideal im Laufe der Zeit. Man vergleiche etwa unsere ländliche Bevölkerung mit der städtischen und denke an Gotik, Renaissance und Moderne in unserer eigenen Kulturentwicklung. Stehen schon diese beiden Momente, die Verschiedenheit zur selben Zeit und der Wandel im Laufe der Zeit, einer rasch durchgreifenden Wirkung der Auslese entgegen, so kommt noch anderes hinzu. Zunächst ist das Idealbild des männlichen Körpers in der Regel anders beschaffen. Eine starke Lendenlordose, die anscheinend eine Vorbedingung für die Ausbildung von besonderen Fettkörpern darstellt, gilt als unmännlich und hat daher negativen Auslesewert. Es wird also die Züchtung in beiden Geschlechtern nach verschiedenen Zielen hin durchgeführt, was eine vereinheitlichende Wirkung selbstverständlich weitgehend verhindert. Endlich kann durch Modifikation dasselbe Erscheinungsbild hervorgerufen werden wie durch Mutation. Es braucht also ein Individuum, das phänotypisch dem Zuchtziel nahekommt und daher Auslesewert hat, diesen Auslesewert nicht auf Grund seiner Erbmasse zu besitzen, sondern es kann bei ihm aus Bedingungen der Umwelt heraus zur Ausbildung des geschätzten Merkmales gekommen sein. Timoféef-Ressovsky drückt das Ergebnis umfassender Vererbungsexperimente und vergleichender Untersuchungen so aus: „Alle oder fast alle nicht erblichen Modifikationen haben eine phänotypische Parallele unter den Mutationen." Wenn auch dieser Satz nicht ohneweiters umkehrbar ist, so gilt seine Umkehrung doch für die hier in Betracht kommenden Körperbauformen. Sie können durch Umwelteinflüsse, reichliche Ernährung bei wenig Bewegung einerseits, reichliche Bewegung bei Beschränkung der Ernährung und entsprechende Auswahl der Nahrungsmittel anderseits, beträchtlich verändert werden. Da die Auslese nur über den Phänotypus wirksam werden kann, sehen wir wieder eine Möglichkeit, ihre Wirkung einzuschränken. Aus den Erfolgen der noch um die Jahrhundertwende angewandten Mittel, um eine „volle Figur" zu erreichen und aus den Erfolgen zur Erzielung des Wunschtraumes der modernen abendländischen Frau, der schlanken Linie, wissen wir, daß hier tatsächlich in nicht unbeträchtlichem Ausmaß eine Umwandlung ererbter Formen möglich ist.

Vielleicht hat diese Möglichkeit dazu geführt, daß schon, wie die Urgeschichte zeigt, innerhalb ein und derselben altsteinzeitlichen Kultur gegensätzliche Formen nicht nur nebeneinander bestanden, sondern auch geschätzt wurden. Zwei Bilder aus dem ältesten Abschnitt des Jungpaläolithikums, dem Aurignacien, mögen das belegen (Abb. 10 und 11). Das eine stellt eine kleine Kalksteinfigur dar, die sogenannte „Venus von Willendorf". Sie wurde im Donautal in der Wachau ausgegraben und zeigt, daß schon damals eine Geschmacksrichtung ihre künstlerische Darstellung gefunden hat, die noch heute (wie schon erwähnt) nicht nur in primitiven Kulturen, sondern weit darüber hinaus verbreitet ist. Das andere ist ein Elfenbeinfigürchen aus Bras-

Abb. 10. Venus von Willendorf

sempouy in Südfrankreich. Hier haben wir eine schlanke Form vor uns, die sich unserer modernen Linie wesentlich annähert. Nun sind uns aber aus dem Aurignacien Süd-

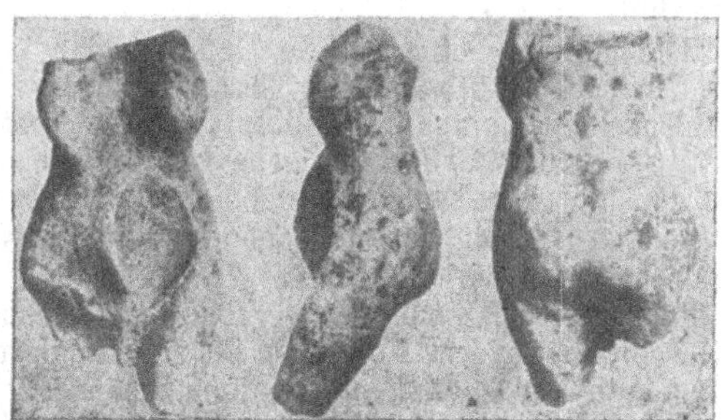

Abb. 11. Elfenbeinfigur aus Brassempouy

frankreichs auch Figuren vom Typus der Venus von Willendorf bekannt. Es müssen also entweder zu derselben Zeit oder doch zumindest in aufeinanderfolgenden Abschnitten ein und derselben Kulturstufe gänzlich verschiedene Typen des weiblichen Körpers bestanden haben.

Wir können aus dem Vorgebrachten zwei Schlüsse ziehen: erstens daß rassisch bedingte, also erbliche Formen sekundär umgeprägt werden können, zweitens, daß unter bestimmten Voraussetzungen auch der primäre Rassenbestand, der Erbbestand einer Bevölkerung, verändert werden kann.

In Gebieten mit stärkerer Vermischung mehrerer Rassen ist es in der Regel so, daß eine Rasse der Kultur der Gesamtbevölkerung das Gepräge verleiht. Durch diese Rasse erfolgt dann auch die Aufstellung des Schönheitsideales. Das führt in dem Bestreben, dieses Ideal zu erreichen, zu einer Verwischung der erblichen Formen. Da solche Verwischungen, wie eben dargelegt wurde, bei Frauen eher zu erwarten sind als bei Männern, ist unsere eingangs gestellte Frage also dahin zu beantworten, daß in Europa und anderen Gebieten von Hochkulturen tatsächlich manche Rassenmerkmale bei den Frauen in der Regel weniger scharf ausgeformt sein werden. Aber nicht die Geschlechtsmerkmale verdecken die rassengemäße Ausprägung des weiblichen Körpers, sondern die Bevorzugung einer bestimmten Form führt durch die bewußte Anähnlichung an diese Form zu sekundären Umbildungen, die den rassenmäßig vorbestimmten Bau zu überprägen vermögen. Es besteht also tatsächlich in allen Mischgebieten ein Grund, von einer rassenkundlichen Untersuchung der Frauen weniger zu erwarten als von einer solchen der Männer. Daß es aber genug wissenschaftliche Fragen gibt, die eine rassenkundliche Aufnahme von Frauen unbedingt erfordern, wurde schon eingangs erwähnt.

In Mischgebieten ist auch die Gefahr einer Verschiebung des rassischen Aufbaues der Gesamtbevölkerung nach jener rassischen Komponente hin, die Auslesewert erhalten hat, gegeben. Wo der rassische Instinkt zu schwach geworden ist, um eine solche Verschiebung zu verhüten, muß die geistige Haltung der Menschen so gestaltet werden, daß sie ausgleichend wirkt. Daß eine Lenkung der geistigen Haltung einer ganzen Bevölkerung möglich ist, sehen wir aus der Geschichte unseres Volkes im 20. Jahrhundert. Diese Lenkung ist nun vor allem eine Leistung des Intellekts. Es sei festgehalten: Die Leistungen des Intellekts und damit ihn selber bejahen, heißt keineswegs den Verfall unserer Kultur unterschreiben. Es bedeutet die Anerkennung jener rassisch gebundenen Hauptkraft, die unsere Kultur geschaffen hat, jene Kultur, deren Früchte wir alle gerne genießen. Ich glaube, Kultur ist so stark vom Biologischen her bedingt, daß das Dolloschе Gesetz von der Irreversibilität der phänogenetischen Entwicklung für sie gültig ist. Es gibt nur eine Höherentwicklung oder ein Absinken zu einer Fellachenkultur, um ein Wort Spenglers zu gebrauchen. Unsere Kultur wird so lange lebendig sein, so lange der Intellekt Mittel und Wege findet, ihre Schäden zu erkennen und zu beseitigen. Die Entwicklung der letzten Jahre gibt uns die Berechtigung zu hoffen, daß die rassischen Kräfte und damit inbegriffen die intellektuellen Kräfte des deutschen Volkes stark genug sind, unserer Kultur eine unbegrenzte Höherentwicklung zu gewährleisten.

Die Frau im Arbeitseinsatz

Von

Direktor Dr. **K. Neuber**

Wien

Wir kennen das Schlagwort der liberalistischen Epoche vom freien Spiel der Kräfte in der Wirtschaft als Ausdrucksform für den Grundsatz, daß die Wirtschaft ihre eigenen Gesetze habe und sich selbst regulieren müsse. Es bedeutet praktisch weitgehende Freizügigkeit des einzelnen in allen wirtschaftlichen Belangen ohne oder nur bei geringfügiger Einschaltung von staatlicher Seite her. Da für den einzelnen letzten Endes immer nur der Eigennutzen maßgebend ist, der ihm aus seiner wirtschaftlichen Betätigung erwächst, mußte sich als Folge dieser Freizügigkeit ergeben, daß die Wirtschaft im liberalistischen Staate nicht nach einheitlichen übergeordneten Gesichtspunkten ausgerichtet war. Sie bestimmte sich vielmehr in ihrer Zielsetzung fast ausschließlich nach den privaten Interessen der einzelnen Beteiligten, d. h. so, wie es sich aus dem jeweiligen Abstimmungsverhältnis dieser Einzelinteressen nach den damaligen Spielregeln von Angebot und Nachfrage ergab. Daß sich die Wirtschaft im gesamten gesehen hierbei mitunter in für das Volksganze höchst ungesunden Bahnen bewegte, bedarf keiner besonderen Erwähnung.

Wie sich der Staat nach der liberalistischen Wirtschaftsauffassung einer Einmischung in das Wirtschaftsleben selbst soweit als möglich enthalten sollte, so mußte er sich auch zur Frage der Beschäftigung seiner Staatsbürger anschauungsgemäß mehr oder weniger passiv verhalten. Er überließ die Entwicklung auf diesem Gebiete der jeweiligen Lage auf dem Arbeitsmarkt, wie sie eben durch das Zusammentreffen von Angebot und Nachfrage bestimmt war. Angebot und Nachfrage galten entsprechend der jeweiligen Wirtschaftslage als gegebene Größen. Eine Beeinflussung dieser Größen selbst wurde vermieden. War die Nachfrage nach Arbeitskräften groß, dann konnten die Arbeitslosen untergebracht werden oder es entstand vielleicht gar Mangel an Arbeitskräften. War das Angebot an Arbeitskräften größer als die Nachfrage, dann mußten die Hände feiern und für die Gesamtheit wertvolle Arbeitskraft lag unter Umständen brach. Eine Einschaltung des Staates bestand nur insofern, als „Marktpolitik" getrieben wurde, d. h. als auf den weitmöglichsten Ausgleich zwischen Angebot und Nachfrage hingewirkt wurde. Ansonsten aber galt die menschliche Arbeitskraft als Marktware wie jede andere und wurde daher auch nach den geltenden Marktregeln behandelt.

Ganz anders liegen die Verhältnisse im nationalsozialistischen Staat. Er bricht grundsätzlich mit der liberalistischen Wirtschaftsauffassung über die vollkommene Freizügigkeit in wirtschaftlichen Belangen. Seine Grundforderungen: „Gemeinnutz vor Eigennutz" und „Arbeit schafft Kapital" sind bekannt. Wie der Staat die Gestaltung seiner Wirtschaft selbst nicht mehr dem Spiele der privaten Interessen überläßt, sondern seine Wirtschaft nach übergeordneten Gesichtspunkten auszurichten versucht, so sieht er anderseits in der Arbeitskraft des Volksgenossen, in der wertschaffenden Arbeit des Volkes das eigentliche Kapital des Volkes, das er pfleglich zu verwalten und so einzusetzen hat, daß es der Gesamtheit der Nation zugute kommt. Der Grundsatz vom freien Spiel der Kräfte in der Wirtschaft kann daher im nationalsozialistischen Staate nicht mehr seine Gültigkeit haben. Wohl gewährt der nationalsozialistische Staat Freizügigkeit in bezug auf Unternehmerinitiative sowie auf Berufswahl und Wahl des Arbeitsplatzes durch die Arbeitnehmer, er wacht aber darüber, daß sich diese Freiheit innerhalb der Grenzen seines nach übergeordneten Gesichtspunkten aufgestellten Planes auslebt, und greift überall dort aktiv ein, wo es im Interesse des Volksganzen nottut. So lenkt er die Wirtschaft in ihren einzelnen Zweigen nach seinen Plänen, indem er unmittelbar oder mittelbar in die Wirtschaftsgestaltung eingreift, z. B. Vierjahresplan, Rüstungsprogramm, Exportprogramme, Kontingentierungssystem für Rohstoffe, Dringlichkeitseinteilung für Fertigungen usw., und so mußte er seit der Machtergreifung schrittweise auch die Arbeitskraft entsprechend durch die Art seiner Arbeitspolitik lenken.

Aus diesem Gesichtspunkt heraus ergibt sich von selbst die Bestimmung für den Begriff „Arbeitseinsatz im nationalsozialistischen Staat". Arbeitseinsatz ist die planmäßige Lenkung der Arbeitskräfte des Volkes unter Beachtung des Leistungsvermögens des einzelnen nach den übergeordneten Gesichtspunkten der Staatspolitik. Als wesentlich für den Begriff ist dabei hervorzuheben, daß es sich nicht um eine passive Arbeitspolitik wie bei der Arbeitsmarktpolitik im liberalen Staate, sondern um eine aktive Arbeitspolitik staatlicherseits handelt; ferner, daß durch den Arbeitseinsatz die Gesamtheit aller Kräfte des Volkes, also nicht etwa Arbeiter und Angestellte, erfaßt wird, und daß die Lenkung und Verteilung der Arbeitskräfte planmäßig, d. h. nach einheitlichen Gesichtspunkten vorgenommen wird, wobei stets die staatspolitischen Notwendigkeiten als die übergeordneten Interessen des Gemeinwohles richtunggebend bleiben. Zwei Faktoren bilden die Grundlage des Arbeitseinsatzes: die jeweiligen Aufgaben der Wirtschaft auf der einen Seite und der Mensch auf der anderen Seite. Sie sind die bestimmenden Kräfte der Arbeitseinsatzpolitik. Sie bestimmen die Einsatzmaßnahmen, d. h. diejenigen Mittel, die der Lage entsprechend im Arbeitseinsatz anzuwenden sind. Einsatzgesetzgebung und ihre Vollziehung durch die zuständigen Einsatzbehörden müssen auf diese Faktoren abgestellt sein.

Die Beeinflussung, die dem Arbeitseinsatz durch die jeweiligen Aufgaben der Wirtschaft erwächst, ist keineswegs gering. Es braucht nur auf die gegenwärtigen Aufgaben der Rüstungswirtschaft hingewiesen werden, die dem Arbeitseinsatz gestellt sind. Man bedenke nur die fortlaufende Ausrüstung einer Millionenarmee mit Waffen, Material und dem sonstigen Nötigen, gleichlaufend dazu ein großzügiger Ausbau des Verkehrs- und Transportwesens mit seinen besonderen Leistungsaufgaben für die Wirtschaft, ferner die weitgehende wirtschaftliche Unterstützung der Bundesgenossen, die Aufrechterhaltung des Exports und Vorsorge für die Ernährungswirtschaft und für den zivilen Bedarf der Heimat, und das alles beim Fortfall von Millionen an arbeitenden Händen infolge der Einziehungen zur Wehrmacht. Das stellt schon schwierige Probleme für die Durchführung des Arbeitseinsatzes dar. Dabei ist hervorzuheben, daß gerade der oftmalige und rasche Wechsel in den Aufgaben der Wirtschaft besondere Wendigkeit und schnellstes Umstellungsvermögen im Arbeitseinsatz bedingen. Auch das Gefüge der Wirtschaft selbst, der Umfang der Rationalisierung in den Betrieben, die Verteilung von industriellen und Handwerksbetrieben und nicht zuletzt das Verständnis der Betriebsführer für die arbeitseinsatzmäßigen Gegebenheiten müssen vom Arbeitseinsatz in Rechnung gestellt werden.

Der Umstand, daß im Arbeitseinsatz stets der lebende arbeitende Mensch selbst der Gegenstand aller Maßnahmen ist, gibt diesem Zweig der Staatsverwaltung sein besonderes Gepräge. Sorgfalt und feines Fingerspitzengefühl sind sowohl für den Gesetzgeber, der die große Linie in der Arbeitseinsatzpolitik festlegt, als auch für jeden einzelnen mit der Durchführung des Arbeitseinsatzes Betrauten unerläßlich. Einsatzmaßnahmen beispielsweise, die den Volksgenossen in der freien Entscheidung über den Einsatz seiner Arbeitskraft, in der Entfaltung seines natürlichen Leistungsvermögens beschränken, müssen auf einem Mindestmaß gehalten werden und ihre Notwendigkeit muß vorher sorgsam geprüft werden. Sie dürfen nur so lange aufrecht bleiben, als dies im übergeordneten Interesse unbedingt erforderlich ist und andere Mittel zur Erreichung des gleichen Zieles nicht gegeben sind. Das Bevölkerungsgefüge nach dem Geschlecht, nach Alter, den beruflichen Kenntnissen, nach der räumlichen Verteilung sind mitbestimmend für alle Planungen und bei der Durchführung der Arbeitseinsatzaufgaben mit zu beachten. Ebenso die körperlichen Fähigkeiten des einzelnen, die örtliche Gebundenheit und nicht zuletzt die politische und geistige Einstellung des betreffenden Volksgenossen und damit im Zusammenhang sein Verstehen um die Notwendigkeit solcher Maßnahmen usw.

Die Mittel, deren sich der Arbeitseinsatz zur Durchführung seiner Aufgaben bedient, können grundsätzlich nach folgenden Gesichtspunkten zusammengefaßt werden:

1. Arbeitseinsatzunterstützung,
2. Arbeitsbeschaffung,
3. Arbeits- und Lehrstellenvermittlung,
4. Verteilung der Arbeitskräfte durch einsatzbehördliche Maßnahmen.

Arbeitseinsatzunterstützung kommt zunächst in Form der Arbeitslosenunterstützung grundsätzlich nur als vorübergehende Maßnahme in Frage. Bis zur Beseitigung der großen Arbeitslosigkeit stand sie stark im Vordergrund. Heute ist sie auf vorübergehende Einzelfälle beschränkt. Zur Zeit kommt der als Dienstpflichtunterstützung gewährten Arbeitseinsatzunterstützung besonderes Gewicht zu. Zum Teil werden durch sie Lohnspannungen, die aus Dienstverpflichtungen entstehen, ausgeglichen, zum Teil aber auch für Aufwendungen, die der Dienstpflichtige nicht tragen kann, Beihilfen gewährt. Als weitere Form der Arbeitseinsatzunterstützung bildet noch die Kurzarbeiterunterstützung die Möglichkeit, das Entstehen der Arbeitslosigkeit dadurch hintanzuhalten, daß kurzarbeitenden Kräften die durch die Kurzarbeit entstehende Lohnverminderung in bestimmtem Umfange ersetzt wird.

Das Mittel der Arbeitsbeschaffung durch Kreditgewährung bzw. Durchführung öffentlicher Arbeiten wird grundsätzlich nur dann in Erscheinung treten, wenn es sich darum handelt, ein Zuviel an freien Arbeitskräften zu beseitigen. Nach der Machtübernahme stand die Arbeitsbeschaffung im Vordergrund.

Die Arbeits- und Lehrstellenvermittlung als ursprünglichste Geschäftstätigkeit der Einsatzdienststellen steuert darauf hin, schaffende Menschen, die als Arbeiter und Angestellte arbeiten wollen, an den Arbeitsplatz zu bringen, den sie nach ihrer körperlichen, geistigen und charakterlichen Eignung zum Wohle der Volksgemeinschaft am besten ausfüllen können. Als reine Vermittlungstätigkeit bleibt die Arbeits- und Lehrstellenvermittlung den einsatzbehördlichen Verteilungsmaßnahmen nachgeordnet.

Die Verteilung von Arbeitskräften durch Maßnahmen der Arbeitseinsatzbehörden muß Platz greifen, wenn die bisherige Verteilung in der Wirtschaft nicht den übergeordneten Gesichtspunkten der Staatspolitik entspricht, oder wenn unabhängig davon zur Sicherstellung besonderer staatspolitisch bedeutungsvoller Aufgaben die Bereitstellung von Arbeitskräften unbedingt notwendig und auf andere Weise nicht möglich ist. Die Einschaltung des Staates besteht hierbei einerseits in der Angabe der allgemeinen Richtung des Arbeitseinsatzes und anderseits in der Durchführung jener Maßnahmen, durch welche die Verteilung der Arbeitskräfte nötigenfalls auch gegen den Willen der Beteiligten auf die Gesamterfordernisse abgestimmt wird. Die Maßnahmen können entweder auf die augenblicklichen Erfordernisse der Wirtschaft abgestellt sein oder bei der Verteilungsregelung die zukünftigen Erfordernisse im Auge haben, indem sie den Kräftenachwuchs vorausblickend den künftigen Gesamterfordernissen der Wirtschaft entsprechend zu lenken haben. Die Einsatzbehörde verfügt über die hierzu erforderlichen rechtlichen Handhaben, deren Aufzählung im einzelnen entbehrlich ist. Es genügt der Hinweis, daß seit Einführung der Arbeitsbuchpflicht und der hierdurch ermöglichten Erfassung fast aller Erwerbstätigen der Einsatzbehörde hauptsächlich mit dem Mittel des Anmeldezwanges für Einstellungen und Entlassungen zusammen mit der Bindung jedes Arbeitsplatzwechsels an die Zustimmung der Arbeitsämter und mit dem Mittel der Dienstverpflichtung alle Möglichkeiten gegeben sind, sich jederzeit aktiv in die Kräfteverteilung einzuschalten. Auf diese Weise können die Einsatzbehörden jeder ungünstigen Entwicklung in der Verteilung der Arbeitskräfte, wie z. B. Landflucht, fremdberufliche Beschäftigung in der Wirtschaft usw. entgegentreten, bei Kräfteverknappung den erforderlichen Ausgleich in der Verteilung herbeiführen und nötigenfalls zusätzliche Arbeitskräfte aus dem Kreise der nicht Erwerbstätigen dem Einsatz zuführen.

Die Kenntnis um diese Zusammenhänge der nationalsozialistischen Arbeitspolitik erscheint unerläßlich, wenn einzelne Fragen des Einsatzes zur Erörterung stehen. Aus diesem Grunde mußte der Besprechung über unser eigentliches Thema ein in großen Zügen gehaltener Ueberblick über die grundsätzlichen Fragen des Arbeitseinsatzes vorangestellt werden. Zu bemerken wäre noch, daß die geschilderte Arbeitseinsatzpolitik des Staates in ihrer gegenwärtigen Form nicht etwa schlagartig nach dem Umbruche einsetzte, sondern sich schrittweise entwickelte. Ausgehend von der großen Arbeitslosigkeit mit mehr als 6 Millionen Arbeitslosen im Reich im Jahre 1933, führte sie über das Mittel der Arbeitsbeschaffung infolge schließlicher Verknappung an Arbeitskräften in wesentlichen Teilen der gewerblichen Wirtschaft zur Verteilung der Kräfte, um zuletzt bei der inzwischen eingetretenen allgemeinen Verknappung bei der zusätzlichen Gewinnung von Arbeitskräften durch Einsatz von Kriegsgefangenen, Heranschaffung von Ausländern und einer weitgehenden Verstärkung des Fraueneinsatzes anzukommen.

Es wurde bereits früher auf den Grundsatz verwiesen, daß im Mittelpunkt jeder arbeitseinsatzmäßigen Betrachtung der schaffende Mensch selbst steht, und daß es daher bei aller Beachtung der staatspolitischen Erfordernisse darauf ankommt, den Arbeitseinsatz, auf diesen schaffenden Menschen bezogen, richtig zu lenken, d. h. ihn so einzusetzen, wie es am ehesten seinem Leistungsvermögen und seinen persönlichen Interessen entspricht. Danach ergeben sich aus unseren weltanschaulichen Grundsätzen heraus und insbesondere aus unseren Erkenntnissen um die Erfordernisse für die Sicherung des weiteren biologischen Wachstums unseres Volkes von selbst die Gesichtspunkte, die für den Frauenarbeitseinsatz ausschlaggebend sein müssen. Denn da einmal die Frauenarbeit zu einer völkischen Notwendigkeit und zu einer Existenzfrage für unser Volk geworden ist, gerade der Frau aber ihrer natürlichen Bestimmung nach in erster Linie die Erhaltung der Art durch das Hervorbringen und die Aufzucht eines gesunden Nachwuchses sowie die Pflege der Familie zukommt, kann die Arbeitspolitik nur darauf gerichtet sein, durch eine besondere Betreuung des Frauenarbeitseinsatzes die richtige Synthese zwischen den volkswirtschaftlichen und den bevölkerungspolitischen Aufgaben der Frau zu finden bzw. herzustellen. Um diesem Ziele nahezukommen, muß die staatliche Arbeitspolitik zwei Aufgaben übernehmen. Einmal die rein einsatzmäßige Aufgabe, durch einen entsprechend umsichtig gelenkten Arbeitseinsatz die Frau von vornherein nur in eine gesunde, ihrer Art entsprechende Berufstätigkeit zu bringen und Vorsorge zu treffen, daß sie dabei auch ihren natürlichen Aufgaben als Lebensspenderin und Betreuerin der Familie erhalten bleibt. Zum anderen müssen im Beruf selbst durch einen erhöhten Arbeitsschutz die Anforderungen an die Leistungsfähigkeit der Frau entsprechend abgegrenzt und von ihr alles ferngehalten werden, was sie gesundheitlich schädigen könnte.

Die Schwierigkeit der aufgezeigten Problemstellung für den Arbeitseinsatz ist bedeutend. Das Gegenüberstehen der berechtigten Interessen des einzelnen, wie sie sich hier aus der doppelten Aufgabe der Frau ergeben einerseits, und der staatspolitischen Gesichtspunkte anderseits, das Ausgleichen dieser Faktoren bei Lenkung der Arbeitskräfte tritt beim Einsatz der Frau naturgemäß noch stärker in den Vordergrund als bei den männlichen Arbeitskräften. Die infolge der Stellung der Frau in der Familie häufig gegebene Ortsgebundenheit, die Beschränktheit der für die Ausübung einer Berufstätigkeit zur Verfügung stehenden Zeit, die körperliche Beschaffenheit, die häufig mangelnde Berufsausbildung und damit die Frage der Fähigkeit für das Berufsleben usw., erfordern weitgehende Beachtung und erhöhte Sorgfalt in der Behandlung des Einsatzes. Dieser wird sich daher solange als nur möglich bei der Lenkung der weiblichen Arbeitskräfte des Mittels der freien Arbeitsvermittlung bedienen. In besonderen Zeiten aber, wo es auf jede Arbeitskraft ankommt, und mit dem Mittel der Verteilung durch einsatzbehördliche Maßnahmen vorgegangen werden muß, wird mit besonderer Verantwortlichkeit die Frage zu prüfen sein, wie weit Frauen herangezogen werden können und wie weit die verschiedenen, die Frau behindernden Momente berücksichtigt werden müssen. So wird beispielsweise der Einsatz der Frauen außerhalb des Wohnortes auf den Kreis zu beschränken sein, der durch häusliche Pflichten nicht ortsgebunden ist, beim Einsatz am Wohnort selbst wird auf die Entfernung zwischen Betriebsstätte und Wohnung Rücksicht genommen werden müssen. Ebenso wird dem Gesundheitszustand der Frau, ihrer besonderen Anfälligkeit in bezug auf gewisse Krankheiten usw., sowohl bei der Einstellung als auch in Fragen eines allfälligen Berufswechsels Rechnung zu tragen sein. Ein besonderes Augenmerk wird ferner der Anlernung der

Frauen als Abhilfe gegen die häufig mangelnde Berufsausbildung, weiter auch dem Problem der Halbtagsbeschäftigung usw. zugewendet werden müssen. Die Arbeitseinsatzverwaltung nimmt auf alle diese Schwierigkeiten auch in ihrer inneren Organisation insofern Rücksicht, als sie sich an den Grundsatz hält, daß Frauen soweit als möglich von Frauen selbst betreut werden sollen, und dementsprechend die unmittelbare arbeitseinsatzmäßige Betreuung der erwerbstätigen Frauen fast ausschließlich in die Hände erfahrener weiblicher Angestellter legt.

Die Frage selbst, welche Berufstätigkeit als artentsprechend für die Frau angesehen werden kann, ist nicht ganz einfach zu beantworten. In erster Linie entsprechen der Wesensart der Frau wohl am ehesten die land- und hauswirtschaftlichen Berufe, bei denen überdies auch ein empfindlicher Mangel an Arbeitskräften herrscht. Dieser Erkenntnis entsprang auch die Einführung des sogenannten Pflichtjahres im Jahre 1938. Nach den zur Zeit geltenden Vorschriften haben alle ledigen weiblichen Arbeitskräfte unter 25 Jahren vor Annahme einer Erwerbstätigkeit in öffentlichen oder privaten Verwaltungen und Betrieben zunächst durch eine einjährige Tätigkeit in der Land- und Hauswirtschaft ihr Pflichtjahr abzuleisten. Außer der Land- und Hauswirtschaft gibt es noch eine ganze Reihe gewerblicher Berufe, die als ausgesprochene Frauenberufe anzusehen sind. Hierher gehören die Berufe, die der Ernährung, Bekleidung und Pflege des Menschen dienen, z. B. Arbeiten in Spinnereien, Webereien, in der Konservenfabrikation sowie die pflegerischen und erzieherischen Berufe. Bei ihnen stellt die weibliche Berufsarbeit das Ergebnis eines historischen Entwicklungsprozesses dar, wie er durch den Uebergang von der geschlossenen Hauswirtschaft über die Hofwirtschaft zur Marktwirtschaft mit der damit verbundenen Abwanderung der Frau von der Hausarbeit zur gewerblichen Lohnarbeit in besonderer Betriebsstätte gekennzeichnet war. Die Technisierung und Rationalisierung einerseits und das Streben nach billigen Arbeitskräften anderseits hat im Laufe des letzten Jahrhunderts eine weitere Anzahl industrieller Frauenberufe erschlossen, welche nach den langen Erfahrungen, die gesammelt wurden, angesichts ihrer geringen Beanspruchung in bezug auf Körperkraft und ihren besonderen Anforderungen an Fingerfertigkeit und Sorgfalt als durchaus artentsprechend anzusehen sind. Feinmechanik, Papier- und Kartonnagenindustrie, die tabakverarbeitende Industrie usw. konnten auf diese Weise neue Arbeitsgebiete für die Frau erschließen.

Mit Kriegsbeginn gewann der Arbeitseinsatz weiblicher

Kräfte besondere Bedeutung. Galt es doch jetzt, neben den durch die Kriegsmaßnahmen an sich erhöhten Bedarf an Kräften auch die Lücken zu schließen, die durch die Einziehung der Männer zum Wehrdienst entstanden. Der Kriegseinsatz führt die Frau in Tätigkeiten, die bisher als typisch männliche anzusehen waren. So sind die Frauen als Metall- und Chemiewerkerinnen und da besonders wieder als Kernmacher, Schweißer, Nieter, Hilfsbohrer, Hilfsdreher, Stanzer, Elektrowickler, Edelmetallwerker, Galvaniseure, Metallfärber, Metalloberflächenveredler, Metallackierer, als Laborantinnen und als Chemiehilfswerker, als Packer, Etikettierer und sonst als Hilfskräfte auf vielen Sparten der Rüstungswirtschaft beschäftigt. Daneben vertreten sie auch als Verkehrswerkerinnen, Kraftfahrzeugführerinnen, Schaffnerinnen usw. die Männer.

Um die Frauenarbeit als solche richtig bewerten zu können, erscheint es notwendig, einen Blick auf die Auswirkungen der gewerblichen Arbeit auf die schaffende Frau selbst zu werfen. Die Besonderheiten des Körperbaues, der Tätigkeit der inneren Organe und der seelischen Anlagen der Frau bringen es mit sich, daß die gewerbliche Erwerbstätigkeit für die Frau, zumal wenn sie neben dem Haushalt geleistet werden muß, in weit höherem Maße als für den Mann eine Quelle von Gefahren darstellt und Schädigungsmöglichkeiten in sich birgt, die sich auf den Gesundheitszustand und die Körperlichkeit dauernd auswirken können. Da sind zunächst die Gefahren, welche sich im allgemeinen aus der dauernden körperlichen Beanspruchung, wie sie die gewerbliche Arbeit in der Regel mit sich bringt, für die Frau ergeben, mit ihren bekannten Folgen eines vorzeitigen Kräfteverbrauchs und einer vorzeitigen Abnutzung des Herz-, Gefäß- und Nervensystems. Hinzukommen die speziell durch die rein mechanische Arbeitsbelastung, z. B. dauerndes Stehen, dauerndes Sitzen, dauerndes Bücken, Heben oder Tragen schwerer Lasten sich ergebenden Schäden, weiter die spezifischen Berufsgefahren, die sich aus der Verwendung von gewerblichen Giftstoffen, aus der Staubeinwirkung, aus der Verarbeitung von Explosivstoffen u. dgl. ergeben können. Es sind das Gefahren, die der Fachwelt hinlänglich bekannt sind und deren Verhütung durch eine entsprechend vorsorgliche Betreuung zu dem besonderen Aufgabengebiet des staatlichen Arbeitsschutzes gehören. Die wesentlichsten Maßnahmen des Staates sind:

1. Der Arbeitszeitschutz.

Die Erkenntnis, daß der Mann die ihm nach seiner Arbeit verbleibende Freizeit in der Regel seiner Erholung widmen kann, während auf der erwerbstätigen Frau meist neben der Betriebsarbeit die ganze Sorge des Haushaltes lastet, ließ der Gesetzgebung eine Begrenzung der betrieblichen Frauenarbeitszeit notwendig erscheinen. Als Grundlage der Arbeitszeitgesetzgebung für die Frau gilt der Achtstundentag. Ein an einem Einzeltag entstehender Arbeitsausfall, wie z. B. Samstagnachmittag, verlängertes Wochenende, kann im Rahmen einer durchschnittlichen Achtundvierzigstundenwoche an den anderen Werktagen ausgeglichen werden, jedoch mit der Maßgabe, daß die Arbeit an den übrigen Tagen nicht über 10 Stunden ausgedehnt werden darf.

2. Der Pausenzwang.

In Berücksichtigung der geringeren Widerstandsfähigkeit gegen die Arbeitsbeanspruchung bei der Frau sind gesetzliche Ruhepausen während der Arbeitszeit vorgesehen, die, je nach der Länge der Arbeitszeit, 20 Minuten bis eine Stunde betragen.

3. Das Nachtarbeitsverbot.

Für die Nachtarbeit der Frau besteht ein strenges Verbot. Arbeiterinnen dürfen in einschichtigen Betrieben nicht in der Nachtzeit von 20 Uhr bis 6 Uhr und an den Tagen vor Sonn- und Feiertagen nicht nach 17 Uhr beschäftigt werden. Für mehrschichtige Betriebe gelten andere Nachtruhebestimmungen. Diese Betriebe dürfen die Frauen allgemein zwischen 6 Uhr und 23 Uhr beschäftigen. Mit Genehmigung des Gewerbeaufsichtsamtes können die Arbeitsschichten auf die Zeit von 5 Uhr bis 22 Uhr vor oder auf die Zeit von 7 Uhr bis 24 Uhr nachverlegt werden. Gewisse Sondergewerbe (Gaststätten, Theater usw.) sind von dieser Regelung ausgenommen.

4. Das Verbot und die Beschränkung bestimmter gefährlicher oder schwerer Arbeiten.

In der Erkenntnis, daß der weibliche Organismus gegen manche gewerbliche Gifte besonders empfindlich ist, vor allem in den kritischen Zeiten des Wachstums, der Wechseljahre, während der Menstruation und der Schwangerschaft, hat das Gesetz, soweit als möglich, die Frauen von Arbeiten mit Giftstoffen ausgeschlossen oder ihre Arbeit durch die Auflage an die Betriebe zur Verwendung bestimmter Schutzeinrichtungen, durch Begrenzung der Arbeitszeit, durch Arbeitsausschluß bis zu einem gewissen Alter oder während der Schwangerschaft u. dgl. entsprechenden Beschränkungen unterworfen. Hierher gehören beispielsweise die Vorschriften über das Verbot bzw. die Beschränkungen in bezug auf die Beschäftigung von Frauen bei allen Arbeiten, bei denen Benzol und seine Homologe und Schwefelkohlenstoff verwendet werden oder in der Sprengstoffindustrie, Arbeiten, bei welchen aromatische Nitrokörper oder ähnliche gesundheitsschädliche Stoffe zur Verarbeitung kommen, weiter die Verbote und Beschränkungen bei der Verarbeitung von Blei, Quecksilber, Arsen, Phosphor, Schwefelwasserstoff u. dgl. m., schließlich aber auch die besonderen Schutzvorschriften in bezug auf die Verarbeitung feuer- und explosionsgefährlicher Stoffe usw.

Durch eine Reihe von Bestimmungen werden gleichartige Beschäftigungsverbote auch in bezug auf gewisse schwere Arbeiten erlassen. Solche bestehen beispielsweise für Arbeiten in Bergwerken, Salinen, Aufbereitungsanstalten, auch für Transportarbeiten daselbst, für Kokereien und bei Bauten, hinsichtlich der Beschäftigung von Frauen auf Kraftfahrzeugen, für Arbeiten unter Druckluft, in der Glasindustrie, in der keramischen Industrie u. a. m.

5. Der Mutterschutz.

Die Arbeitsschutzvorschriften erstrecken sich auch auf den speziellen Mutterschutz, soweit die Beschäftigung der Frau vor und nach der Niederkunft und während der Stillzeit in Frage kommt. Der Beschäftigungsverbote bzw. Beschränkungen für Schwangere wurde bereits Erwähnung getan. Ueber eigenen Wunsch kann sich die Frau während der ganzen Zeit der Schwangerschaft und während der Stillzeit von jeder Ueberarbeit über den Achtstundentag hinaus befreien. Weiter ist sie berechtigt, die ihr aus dem Arbeitsvertrag obliegende Arbeitsleistung zu verweigern, wenn sie durch ein ärztliches Zeugnis nachweist, daß sie voraussichtlich binnen 6 Wochen niederkommt. Wöchnerinnen dürfen binnen 6 Wochen nach ihrer Niederkunft nicht beschäftigt werden, während weiterer 6 Wochen können sie die Arbeit verweigern, wenn sie ärztlich nachweisen, daß sie wegen einer Krankheit, die eine Folge von Schwangerschaft oder Niederkunft ist oder hierdurch eine wesentliche Verschlimmerung erfahren hat, an der Arbeit verhindert sind. Stillenden Frauen ist auf ihr Verlangen während 6 Monate nach ihrer Niederkunft die zum Stillen erforderliche Zeit bis zu zweimal einer halben oder einmal einer Stunde täglich freizugeben. Endlich besteht ein gesetzlicher Kündigungsschutz für einen Zeitraum von 6 Wochen vor bis 6 Wochen nach der Niederkunft. Der letzte Termin verlängert sich unter Umständen um weitere 6 Wochen.

6. Erhöhter Jugendlichenschutz.

Ein besonderes Schutzbedürfnis besteht ganz allgemein für Jugendliche. Fällt doch bei ihnen der Eintritt in das Erwerbsleben mit seinen ungewohnten Anforderungen meist mit der Periode lebhaftesten Körperwachstums zusammen, welches an sich schon einen bedeutenden Kräfteverbrauch nach sich zieht. Jede einseitige Ueberbelastung mit Berufsarbeit in diesem Alter kann erfahrungsgemäß schwere gesundheitliche Schädigungen nach sich ziehen. Hinzu kommt noch das Ausscheiden der Jugendlichen aus der Geborgenheit von Haushalt und Schule und die damit auch in sittlicher Beziehung verbundenen Gefahren. Durch die Sicherstellung der zur Körpererholung notwendigen Freizeit, durch gesetzliche Arbeitszeitabgrenzung, entsprechende Urlaubsbestimmungen, Pausenzwang, absolutes Nachtarbeitsverbot, Sicherung der weiteren Schulausbildung und vielfache Beschäftigungsverbote und Beschränkungen sucht die Jugendschutzgesetzgebung den Möglichkeiten körperlicher oder auch sittlicher Schädigungen zu begegnen.

Der Wert der hier nur in großen Umrissen aufgezeigten Arbeitsschutzpolitik liegt vor allem in der Art der praktischen Durchführung des Arbeitsschutzes durch die staatliche Gewerbeaufsichtsverwaltung. Durch Betriebsbegehungen, durch Ueberprüfung der Betriebe auf die Einhaltung der gesetzlichen Arbeitsschutzbestimmungen und der Fabrikanlagen auf die vorgeschriebenen Schutzeinrichtungen hin, durch laufende Gesundheitskontrollen usw. tritt die Arbeitsaufsicht in Wirksamkeit.

Wie im Arbeitseinsatz selbst infolge der Kriegserfordernisse eine teilweise Durchbrechung der allgemeinen Grundsätze über den Frauenarbeitseinsatz in Kauf genommen werden mußte und seither Frauen auch in sonst nur den Männern vorbehaltene Berufe eingewiesen werden, ebenso mußten die Kriegsnotwendigkeiten zu einer Auflockerung der Arbeitsschutzbestimmungen sowohl bei Frauen als auch bei Jugendlichen führen. Eine dieser Ausnahmen besteht darin, daß die tägliche Arbeitszeit der Frau in dringenden Fällen ohne behördliche Genehmigung auf 10 Stunden am Tage, höchstens jedoch bis zu 56 Stunden in der Woche ausgedehnt werden darf. Diese Regelung kommt allerdings nur auf besonders wichtige und eilige Aufgaben zur Anwendung, deren Nichterledigung in der festgesetzten Frist einen erheblichen volks- oder kriegswirtschaftlichen Schaden verursachen würde. Die Ausnahme von der 48stündigen Arbeitszeit findet im übrigen auf Frauen während der letzten 3 Monate der Schwangerschaft und während der Stillzeit keine Anwendung. Sie gilt ferner nicht für gesundheitsgefährliche Arbeiten, für die eine besondere Regelung der Arbeitszeit besteht. Auch können die Gewerbeaufsichtsämter durch Anordnung für einzelne Betriebe oder Betriebsteile die Ausnahmen einschränken, wenn dies der Arbeitsschutz dringend erfordert. Umgekehrt kann die Gewerbeaufsichtsverwaltung in besonderen Notfällen vorübergehend auch Ausnahmen von den Bestimmungen über die Höchstarbeitszeit zulassen. Eine Konzession an die

Kriegsverhältnisse stellt auch die Ausdehnung der Zeit für in wechselnder Früh- und Spätschicht arbeitende Frauen auf die Zeit von 5 Uhr bis 24 Uhr, ferner die Zulässigkeit gewisser Ausnahmen in bezug auf die gesetzlichen Ruhepausen usw. dar.

Wenn von der Betreuung der Frau in den Betrieben selbst gesprochen wird, so darf der Leistungen, die in dieser Beziehung durch die Deutsche Arbeitsfront erbracht wurden, nicht vergessen werden, die sich in der Einrichtung der sogenannten „Sozialen Betriebsarbeiterin" ein besonderes Instrument zur Betreuung der werktätigen Frau geschaffen hat. Die Soziale Betriebsarbeiterin, die selbst eine Arbeiterin im Betrieb ist, soll als erfahrene und vertrauenswürdige Kameradin der weiblichen Gefolgschaftsmitglieder einerseits diese selbst in allen persönlichen und betrieblichen Fragen beraten, sie umsorgen und weiter auch dem Betriebsführer in Frauenfragen des Betriebes beratend zur Seite stehen. Sie soll ferner vor allem die werdenden Mütter am Arbeitsplatz in ihre Betreuung nehmen und darüber hinaus auch außerhalb des Betriebes bei ihren Kameradinnen Familienfür- und -vorsorge betreiben, kurz sich auch der häuslichen Sorgen der werktätigen Frauen soweit als möglich annehmen.

Durch das Zusammenwirken aller als Träger der Arbeitspolitik beteiligten Stellen und nicht zuletzt durch das Verständnis der Frauen selbst war es bisher ungeachtet der großen Ausfälle infolge der Einziehung zur Wehrmacht möglich, von Zwangsmaßnahmen im Arbeitseinsatz zur Gewinnung zusätzlicher weiblicher Arbeitskräfte, wie etwa der Einführung der allgemeinen Arbeitsdienstpflicht der Frauen, abzusehen. Die bisherigen Einsatzmaßnahmen gründen sich vorwiegend auf die Bereitwilligkeit der Frauen selbst, Arbeit anzunehmen. Die Frauenarbeit hat seit Kriegsbeginn beträchtlich zugenommen. Der Anteil der Frauen an der Zahl der Gesamtbeschäftigten ist heute im Reichsdurchschnitt auf 38·8% gegenüber 37·3% im Jahre 1938 und 31·8% im Jahre 1936 angewachsen. Die nachfolgenden zahlenmäßigen Ueberlegungen veranschaulichen, daß den kriegswichtigen Belangen durch den Arbeitseinsatz der Frauen Rechnung getragen werden konnte.

Mitte 1938 waren von den rund 22,300.000 arbeitsbuchpflichtigen Arbeitern und Angestellten im Altreich rund 7,300.000 Frauen. Abgesehen von einem leichten Rückgang der Frauenbeschäftigung unmittelbar nach Kriegsbeginn, der zum überwiegenden Teil saisonbedingt, zum geringeren Teil auf die Umstellung von Friedens- auf die Kriegswirtschaft zurückzuführen war, hat die Zahl der beschäftigten Frauen eine beträchtliche Zunahme erfahren. Bis Mitte 1940 hat sich der Umfang der Frauenbeschäftigung gegenüber 1938 im Altreich um rund 12·6%, d. i. absolut um 920.000, also fast um eine Million auf 8·220.000 erhöht. Diese Zahlen betreffen, abgesehen von unbedeutenden Gebietsveränderungen, nur das Altreichsgebiet. Die durch die Eingliederung der Ostmark bedingte Zunahme ist hier nicht berücksichtigt. Noch deutlicher kommt der Erfolg der Einsatzmaßnahmen in der Entwicklung bis zum Herbst 1941 zum Ausdruck. Ende September 1941 betrug die Zahl der arbeitsbuchpflichtigen Arbeiterinnen und Angestellten bereits rund 10 Millionen. Das bedeutet eine Zunahme gegenüber dem Vorjahr um rund 1,780.000. Innerhalb eines Zeitraumes von etwas mehr als einem Jahr hat daher die Anzahl der arbeitsbuchpflichtigen Frauen um rund 22%, gegenüber dem Jahre 1938 um rund 37%, also mehr als ein Drittel, zugenommen. Wenn auch bei dieser Gegenüberstellung die durch Gebietserweiterung bedingte Erhöhung — in den Zahlen für 1941 sind die Ostmark und das Sudetenland neben anderen, zahlenmäßig nicht ausschlaggebenden Gebieten bereits einbezogen — zu berücksichtigen ist, so zeigt diese zahlenmäßige Entwicklung doch die Bedeutung des Fraueneinsatzes für die Kriegswirtschaft.

Aufschlußreich ist auch die Berufsgliederung der tätigen Arbeiterinnen und Angestellten, wobei in Ermanglung jüngerer Reichsergebnisse die Zahlen für das Jahr 1940 herangezogen werden müssen. Von den arbeitsbuchpflichtigen Arbeiterinnen und Angestellten entfielen 12·6% auf Land- und Forstwirtschaft, 27·7% auf hauswirtschaftliche Berufe. Trotz der kriegsmäßigen Erfordernisse war es sohin möglich, daß rund 40% der Frauen, also fast die Hälfte, in den für Frauenarbeit typischen Hauptberufen tätig blieben. 36% waren in gewerblichen Berufen tätig, der Rest von 23·7% entfiel auf die kaufmännischen, verwaltungstechnischen und freien Berufe. Wenn der Umfang der Frauenbeschäftigung in den einzelnen Berufen im Jahre 1940 mit dem im Jahre 1938 verglichen wird, so zeigt sich vor allem eine starke Zunahme in den Metallberufen. Die Zahl der Frauen in der Metallwirtschaft ist um 59·1%, d. i. um mehr als die Hälfte, gestiegen. Daneben sind die Berufe der Chemiewerker und der Verkehrswerker zu nennen, in denen die Zunahmen 67% und 51·1% betrugen. Die Frauenarbeit in den kaufmännischen Bureau- und Verwaltungsberufen hat um 21·5% zugenommen. Die Zunahme in den landwirtschaftlichen Berufen beträgt 14·3%, in den hauswirtschaftlichen Berufen 7%. Die Zunahme ist hier wegen des an sich hohen Anteiles dieser beiden Berufe an den beschäftigten Arbeiterinnen und Angestellten besonders beträchtlich. Sie ist auch deshalb von besonderer Bedeutung, weil sie zeigt, daß der Bestand an diesen typischen Frauenberufen trotz des Bedarfes der Rüstungswirtschaft im Kriege nicht nur erhalten, sondern bezogen auf das Jahr 1938 sogar noch erhöht werden konnte.

Wenn wir unsere Erfahrungen über die Frauenarbeit zusammenfassen, so können wir feststellen, daß sich der Einsatz der Frauen zufriedenstellend entwickelt. Die Frau hat im allgemeinen den Posten ausgefüllt, auf den sie gestellt wurde. Das gilt insbesondere auch von den bisher typisch männlichen Berufen, in welche die Frau nun eingetreten ist. Wohl gab es vereinzelt auch Schwierigkeiten, wo die innere Einstellung der Frau zur Arbeit mangelte oder wo fehlendes Verständnis der Betriebsführer für die Erfordernisse des Fraueneinsatzes es an den Voraussetzungen hierfür mangeln ließ. Die Schwierigkeiten waren im allgemeinen nur vorübergehend und konnten durch entsprechende Einwirkung überwunden werden. Trotzdem konnten gewisse Lehren aus den bisherigen Erfahrungen gezogen werden, die beherzigt werden müssen, wenn der Fraueneinsatz sich voll auswirken soll. Folgende Gesichtspunkte wären im einzelnen zu beachten.

Weitgehende Rationalisierung und Mechanisierung des Arbeitsverfahrens. — Sie bringt eine Einsparung an menschlicher Energie und geringere Belastung der menschlichen Arbeitskraft durch Ausbau der technischen Anlagen an und für sich, aber auch durch Aufspaltung vieler bisher qualifizierter Arbeitsprozesse in leichter zu verrichtende Teilarbeitsvorgänge.

Berufsausbildung für alle Mädchen. — In der gewerblichen Wirtschaft besitzt nur ein verhältnismäßig geringer Anteil der Frauen eine Berufsausbildung. Dementsprechend können die Frauen meist nur mit Hilfsarbeiten beschäftigt werden, die oft eine größere körperliche Beanspruchung mit sich bringen. Es ist zudem verständlich, daß zu solchen Hilfsarbeiten den Frauen meist die innere Einstellung fehlt, was sich insbesondere auch beim Kriegseinsatz der Frauen in den Beobachtungen über Arbeitsunlust, schnelles Ermüden, Flucht in die Krankheit usw. gezeigt hat. Die Sicherstellung einer geordneten Berufsausbildung für die gesamte weibliche Jugend wäre daher anzustreben. In der gewerblichen Wirtschaft bedarf es hierzu einer vermehrten Bereitstellung von Lehr- bzw. Anlernstellen durch die Betriebsführer, darüber hinaus aber auch einer entsprechenden Erweiterung des Berufsschulunterrichtes.

Ausbildung der Frau durch Umschulungsmaßnahmen. — Um die zur Zeit vielfach mangelnden Fachkenntnisse bei den Frauen wenigstens teilweise zu ersetzen und die

Verwendbarkeit der Frau insbesondere auch für Arbeiten sicherzustellen, die bisher von Männern ausgeübt wurden, muß insbesondere ihre Heranziehung in Umschulungslehrgänge in stärkerem Ausmaße durch die Betriebsführer durchgeführt werden. Die Vermittlung wenigstens teilweiser Fachkenntnisse an die Frau erweitert für den Betriebsführer die innerbetrieblichen Dispositionsmöglichkeiten und steigert gleichzeitig auch die Arbeitsbereitschaft der Frau schon wegen der höheren Entlohnung.

Bedachtnahme der Betriebe auf die außerberufliche Beanspruchung der Frau. — Fast ein Drittel der Frauen in gewerblichen Betrieben ist verheiratet und die meisten von ihnen haben Kinder. Der dadurch bedingten doppelten und oft dreifachen Beanspruchung müssen die Arbeitsverhältnisse angepaßt werden. Es muß daher von den Beteiligten, Gewerbeaufsicht, der DAF und Wirtschaft selbst, darauf hingearbeitet werden, daß für solche durch ihre häuslichen Pflichten bereits weitgehend in Anspruch genommene Frauen durch Einlegung von Halbtags- oder Halbwochenschichten durch Gewährung von Freizeit für Einkäufe und Wäsche, durch Bereitstellung von Säuglingskrippen und Kinderheimen entsprechende Arbeitserleichterungen geschaffen werden.

Ausbau der Beratung und Hilfe für erwerbstätige Frauen bei gesundheitlichen häuslichen und familiären Hemmungen. — Der gesetzliche Arbeitsschutz wird sich immer darauf beschränken müssen, generelle Sicherungen gegen Schäden durch die Arbeit aufzustellen. Darüber hinaus wird es eine besondere Sorge der Wirtschaft bleiben müssen, diesen staatlichen Schutz durch eine entsprechende fürsorgerische Betreuung der Gefolgschaft zu ergänzen. Den besonders gelagerten Verhältnissen der erwerbstätigen Frauen wäre hierbei insbesondere durch die Erweiterung des betriebsärztlichen Dienstes, durch verstärkten Einsatz von Sozialen Betriebsarbeiterinnen und Werkspflegerinnen Rechnung zu tragen.

Es ist zweifellos, daß sich durch die hier angedeuteten Maßnahmen die quantitativen und qualitativen Möglichkeiten des Fraueneinsatzes noch erweitern lassen werden. Eine solche Erweiterung wird aber schon im Interesse der Sicherung unserer Wirtschaft selbst dringend geboten sein. Allein der Geburtenausfall in den früheren Jahren und der sich daraus noch auf lange Zeit ergebende Rückgang an Nachwuchskräften für die Wirtschaft wird einen Ausgleich nach der Richtung eines verstärkten Fraueneinsatzes hin notwendig machen. Dazu kommt noch der gesteigerte Bedarf der Wirtschaft infolge des Krieges und auch für die Zeit nach dem Kriege. Wir alle wissen heute noch nicht, wie nach der siegreichen Beendigung des Krieges sich das gesamte Wirtschaftsgefüge gestalten wird, welche Probleme sich da noch im einzelnen aufwerfen werden, welche Schwierigkeiten sich insbesondere dem Arbeitseinsatz entgegenstellen, bzw. welche Hilfsquellen sich ihm erschließen werden. Wir glauben aber heute schon absehen zu können, daß die der deutschen Wirtschaft nach dem Kriege gestellten Aufgaben allein schon, wie sie sich aus der Notwendigkeit der Unterhaltung eines großen Friedensheeres, aus der Beseitigung der Kriegsschäden, der Schiffsraumnot, aus der Erschließung des neu gewonnenen Lebensraumes, aus dem angekündigten Sozialprogramm, aus dem Ausbau der europäischen Wirtschaft u. dgl. m. und nicht zuletzt aus dem Warenhunger der übrigen Welt ergeben dürften, es kaum ermöglichen werden, auf den verstärkten Fraueneinsatz zu verzichten. Um so mehr Anlaß besteht dafür, die Hemmnisse aus dem Weg zu räumen, die sich der vollen Entfaltung des Fraueneinsatzes noch entgegenstellen mögen, und darüber hinaus alles daranzusetzen, damit das Problem der erwerbstätigen Frau in einem Sinne gelöst wird, wie es unserer weltanschaulichen Grundhaltung entspricht.

eine Generation die Entscheidung mit den Waffen erzwingen. Aber die Sicherung des Errungenen, die Erfüllung der weitschauenden Pläne ist Aufgabe nachfolgender Generationen. Von ihrer zahlenmäßigen Stärke, ihrer Kraft des Körpers, Geistes und Charakters, von ihrer Einstellung und Haltung hängt ab, was aus dem Siege für das Volk, für Europas Zukunft gemacht wird. Die Frau als Mutter, als Gebärerin, Pflegerin und Erzieherin der Kinder ist also in starkem Maße mitverantwortlich für den letzten Erfolg dieses Völkerringens für unsere Nation. Diese naturbestimmte Aufgabe der Frau ist also nicht minder wichtig für den Krieg als die Kriegsarbeit, die sie nun leisten muß. Die Schwierigkeit entsteht jedoch dadurch, daß beide Aufgaben sich weithin überschneiden und die eine die andere leicht gefährden kann, wenn nicht beide in ihrer Bedeutung gesehen werden.

Dieses Problem ist nicht erst mit dem Kriege aufgetaucht. Schon im Frühjahr 1939 waren 40% der gesamten weiblichen Bevölkerung berufstätig. 1939/40 schieden wegen Umstellung einzelner Betriebe auf Kriegswirtschaft und Schließung kriegsunwichtiger Betriebe rund 500.000 Frauen vorübergehend aus der Wirtschaft aus. Diese 500.000 Frauen und 300.000 neu hinzugekommene Frauen waren Anfang 1941 in der Kriegsindustrie tätig. Es gibt Städte, wie z. B. meine Heimatstadt Stuttgart, in der von allen über 18 Jahre alten Frauen 54% in einer krankenversicherungspflichtigen Berufsarbeit stehen. Hierbei ist die in keinem solchen Verdienstverhältnis getane Arbeit, z. B. die freien Berufe, die Beamtinnen und die sogenannte „ehrenamtliche“ Arbeit nicht mitgerechnet. Dafür enthält die Zahl, auf die diese 54% bezogen sind, auch alle kinderreichen Mütter, alle Alten, Kranken, Leistungsunfähigen, also auch alle, die für einen Arbeitseinsatz nicht in Betracht kommen. So sind also praktisch mit wenigen Ausnahmen einiger dem Zeitgeschehen noch fernstehender Frauen alle Leistungsfähigen in irgend einem Dienst am Volke zusätzlich zu ihren Pflichten in Haushalt und Familie eingesetzt. Im ganzen Deutschen Reich rechnet man zur Zeit rund 15½ Millionen Frauen, die in Berufsarbeit stehen, einschließlich der sogenannten „mithelfenden Familienangehörigen“. Wenn man weiterhin in Betracht zieht, daß 47% aller kinderreichen Mütter in Verdienstarbeit stehen, so gewinnt das Problem noch an Ernst und Bedeutung. Wir wollen uns klar sein, daß die Frage in dieser Zeit höchsten Einsatzes des ganzen Volkes nicht lauten kann: Was soll geschehen, um die Frau zu schonen? Dies wäre der Frauen unwürdig. Es kämpft der Mann mit Einsatz von Leben und Gesundheit. So muß ihm die deutsche Frau in gleicher Opferbereitschaft zur Seite stehen. Die Frage lautet vielmehr: Wie ist es möglich, die Doppelleistung der Frauen zu sichern, so daß nicht um der gegenwärtig drängenden Pflichten die für die Zukunft größte Verpflichtung unerfüllt bleibt?

Die Notwendigkeit der Steigerung der Kinderzahl ist allgemein anerkannt. Es sind allerlei Vorschläge dafür gemacht worden. Einen wirklichen Erfolg wird nur die Hebung der Kinderzahl in der Familie haben. Uneheliche Kinder bleiben meist Einzelkinder. Außerdem fehlt ihnen die natürliche Heimstatt zum Aufwachsen: die Eltern, die Geschwister und damit die Grundlage zur richtigen Entwicklung ihrer Anlagen, und mögen diese noch so gut sein.

Der Familie und der Familiengründung muß also unsere Hauptaufmerksamkeit gehören, und es ist eine unerläßliche Aufgabe, die Faktoren zu untersuchen, die der Steigerung der Kinderzahl in der Familie und der Gründung der Familie im Gedanken an Kinder entgegenstehen.

Selbstverständlich spielt hier eine Reihe von Gesichtspunkten herein, z. B. Wohnungsnot, Ueberlastung der kinderreichen Hausfrau, insbesondere der Bäuerin, da kaum Hilfskräfte für die Haushaltungen zu haben sind. Von den 15½ Millionen berufstätigen Frauen sind nur 1,682.000 Hausgehilfinnen. Man suchte durch die Einführung des Pflichtjahres dieser Not zu steuern, aber die Wirkung blieb gering: zur Zeit sind 130.000 Pflichtjahrmädchen eingesetzt. Sie sind übrigens in der Zahl der Hausgehilfinnen schon inbegriffen. Man kann verstehen, wenn eine kinderreiche Bauernfrau, die am Ende ihrer Kraft ist, die Tochter vor dem eigenen Schicksal warnt.

Ich möchte heute jedoch nur e i n e n Gesichtspunkt herausgreifen, da er mir besonders vordringlich erscheint: die Frauenberufsarbeit selbst. In der Schulungsarbeit des Mütterdienstes an den Frauen erfahren wir in steigendem Maße den Einfluß des außerhäuslichen Einsatzes der Frau auf Familie und Familiengründung.

Die Werkarbeit durch die Frauen muß aber geschehen. So ist also sowohl die Verbindung von Werkleistung und Mutterschaft zu suchen, wie auch die Teilung der Aufgaben unter den Frauen in sinnvoller Weise anzustreben, soll nicht in der kommenden Zeit unabsehbarer Schaden für unser Volk entstehen.

Es muß hinzugefügt werden, daß ein solch gewaltiger Fraueneinsatz in der Berufsarbeit eine neue Erscheinung darstellt.

Wohl war er im Weltkrieg nicht viel weniger groß, doch trug er damals alle Zeichen eines reinen Kriegseinsatzes, also einer vorübergehenden Notmaßnahme. So gesehen, kann jedes Opfer gebracht werden und sind auch sehr schwere Opfer als Abwehr gegen noch größere Gefahr ohne Bedenken zu bringen. Die nachfolgende gute Zeit wird sie ausgleichen.

Jetzt aber trägt die Frauenarbeit alle Zeichen einer notwendigen länger dauernden Einrichtung. Jedes junge Mädchen tritt nach Schulentlassung und Ableistung der Frauenehrendienste — Arbeitsdienst, Pflichtjahr — in irgend einen Beruf ein. Und die verheiratete Frau verläßt nicht, wie das früher zumeist angestrebt wurde, ihren Arbeitsplatz nach der Eheschließung. Die Eheschließung und die Geburt der Kinder bringen nur eine vorübergehende Unterbrechung der von der Berufsarbeit diktierten Zeiteinteilung, die stets gesehen wird vom Standpunkt der Betriebsleitung und der Arbeitsanforderung. Von dort wird auch alles getan, um die Unterbrechung so kurz wie möglich zu gestalten. Nur die für die Gesundheit von Mutter und Kind nötige Zeit wird gewährt. Das kürzt die Stillzeit, das bringt manche Beschwerden für die Frau mit sich. Denken wir nur an die Eisenbahn- und Omnibusfahrten zur Arbeitsstelle und ihre Wirkung auf die Schwangere!

Nach Ableistung der täglichen Arbeitszeit muß die Hausarbeit getan werden, so gut dies geht. Dazu kommt noch, daß der Krieg eine allgemeine Erschwerung der Hauswirtschaft mit sich bringt. Wir kennen alle die Schwierigkeiten beim Einkauf in der kurzen dafür zur Verfügung stehenden Zeit, des Einteilens der Lebensmittelkarten des Sorgens für die Bekleidung. Unsere Volkswirtschaft verträgt aber kein schlechtes Haushalten. Die Gesamtlage des Volkes verlangt die größte Sorgfalt jedes einzelnen. Die Hausfrau und Mutter steht aber nicht nur für das Einteilen im Rahmen der gegebenen Möglichkeiten, sondern trägt auch die Verpflichtung, dabei für die Gesundheit und ordentliche Kleidung der Ihren zu sorgen. Diese Aufgabe allein verlangt schon Kenntnisse und Ueberlegung. Und zu allem hin fehlt der Mann, der sonst sich doch in eine Reihe von Aufgaben für den Familienhaushalt mit der Frau teilte. Alle Verhandlungen und wichtigen Entscheidungen muß die Frau in eigener Entschließung durchführen. Dies alles wirkt zunächst belastend. Die Frau gewöhnt sich zwar schnell daran, wird aber häufig rascher, auch härter, unfraulicher in ihrem Wesen.

Am bedrückendsten für die Frau wirkt es, daß sie allein auf sich gestellt ist bei der Erziehungsaufgabe der Kinder. Die Pflege war schon immer ihr Gebiet, die Erziehung ist gemeinsame Aufgabe der Eltern. Und dabei ist die Erziehung heute schwerer denn sonst. Der Krieg mit all seinen Erregungen, an denen die Kinder bewußt und aufgeschlossen teilhaben, bleibt nicht ohne Wirkung. Rundfunk, Film, Zeitungen haben einen ungeheuren Einfluß, um so mehr, als der aufgelockerte Schulunterricht hierfür mehr Zeit und Raum gibt als je zuvor. Dazu kommt, daß viele junge Lehrer im Heere stehen, ebenso der größte Teil der HJ-Führer. So fehlt manch festigender Einfluß. Die rechte Mutter spürt die allein auf ihr lastende Verantwortung. Sie erlebt an den Kindern die Gefahren des Unbetreutseins und empfindet, daß sie mehr als sonst Zeit und Kraft haben sollte, ihren Haushalt zu pflegen und ihre Kinder zu betreuen, vor allem zu erziehen. Sie erlebt Berufsarbeit und Mutterschaft als Konkurrenten, von denen einer zu kurz kommen muß. Die Berufsarbeit, als kriegswichtig oder als Lebensgrundlage, wird ihr nicht abgenommen, und so sucht sie nach Hilfen, die ihr die Sorgen für die Kinder abnehmen und die Hausarbeit erleichtern.

Und solche gibt es: Krippen und Kindergärten übernehmen die Verpflichtung, für die Kinder zu sorgen. Speiseeinrichtungen für die größeren Schulkinder, für Frau und Mann selbst erleichtern Hausarbeit und Einkauf. Die Flickwäsche, der NS-Frauenschaft zum Wiederherstellen abgegeben, bringt eine große Hilfe. Manche Firmen sind dazu übergegangen, die Familienwäsche kinderreicher Familien im Betriebe waschen zu lassen, um das Fehlen der Frau an Waschtagen zu vermeiden. Die 5-Tage-Woche für die Frau wird immer wieder überlegt und, wo es sich einrichten läßt, auch probeweise durchgeführt, um in den übrigen Tagen eine regelmäßige Arbeitsleistung zu erzielen. Die Halbtagsarbeit wird als erstrebenswertes Ziel genannt, um der Frau außerhäusliche Arbeit und Hausarbeit nebeneinander zu ermöglichen. Sehr ernst stimmt die Erfahrung, daß bei Aufhebung des Verbotes der Nachtarbeit für die Frau die Verheiratete sich gerade auf diese Arbeit stürzte, da sie mehr Verdienst gibt und scheinbar nebenbei die Hausarbeit am Tage ermöglicht. Daß dies auf Kosten der Gesundheit gehen muß, ist uns wohl allen klar.

Bei allen genannten Hilfen ist an die Erleichterung der Hausarbeit gedacht, da dadurch der gleichmäßige Arbeitseinsatz ermöglicht wird und die Frauenkraft erhalten bleibt. Frauenkraft und Frauenzeit sind aber vor allem auch nötig für die wichtigste Frauenaufgabe: die Erziehung der Kinder, die Pflicht, den Haushalt zum Heim zu gestalten, in dem Mann und Kinder Kraft holen und die Richtung ihres Lebens gewinnen. Hier bieten auch Kindergärten und Horte nur einen ungenügenden Ersatz. Die Formung der Familie ist der Halt für den Mann und insbesondere für die Kinder. Wir haben alle in den letzten Jahren erlebt, was die Erziehung aus einem Volke machen kann. Unvergleichbar ist Haltung und Leistung des deutschen Volkes von 1933 und 1941. Die Erziehung durch den Führer hat uns geformt. Die Grundlage jeder Volkserziehung ist die Familienerziehung. Sie braucht nicht sehr viel Zeit, aber sie braucht Ruhe und Ausgeglichenheit der Mutter. Eine nervöse, verhetzte Frau wird ihren Kindern nicht den richtigen Weg weisen, nicht die grundlegenden Antworten auf die Lebensfragen geben, nicht sie unmerklich hinleiten zur eigenen Lebensgestaltung. Wir erleben es nun wieder bei den Soldaten, welche eine große Kraftquelle die Liebe und Bindung zur eigenen Familie ist. Aber der Mittelpunkt der Familie war und ist zu allen Zeiten die Mutter! Der verhängnisvollste Irrtum wäre es, wenn man in der Mutter nur die Gebärerin der Kinder sehen würde. Ihre Aufgabe ist umfassender: sie ist Gestalterin des körperlichen und geistig-seelischen Lebens in all der Zeit, in der die tiefe Beeindruckbarkeit des Kindes seine Erziehung fruchtbar sein läßt. Gerade durch die Pflege des Säuglings und Kleinkindes erstarkt der mütterliche Instinkt, der sie durch die ganze Zeit der Pflege und Erziehung oft so überraschend richtig handeln läßt. Die natürliche Frau wirkt durch die Art, wie sie den Alltag und die besonderen Aufgaben des Lebens meistert. Sie beeinflußt, oft unmerklich, der heranwachsenden Jugend Lebensbild und Lebenswünsche. Sie pflanzt die Begriffe von Recht und Unrecht, von Sitte und Sittlichkeit, von Ziel und Aufgabe des Lebens in die jungen, empfänglichen Herzen und gibt ihnen damit die Lebensrichtung. Sie weiß, durch die tiefe Verbundenheit mit dem Kinde, um seine innersten Nöte und kann diese anders klären als jeder sonstige Mensch. Daraus wieder wächst ihr Kraft und innerste Freude. Wenn sie aber diese Aufgabe nicht aufgreifen und lösen darf, leidet sie — wissentlich oder nicht — schwer darunter.

Ja, wenn die berufstätige Frau die Familie als große Belastung erlebt neben der Verdienstarbeit, wenn sie das reiche Glück, das sorgende Mutterschaft mit sich bringt, nur in kurzen, gestohlenen Stunden erfahren kann, so entsteht auch keine Neigung, das Häuflein der Kinder unter diesen Umständen zu vermehren. Es bleibt bei den wenigen vorhandenen. Denen allerdings tut sie, was sie kann — vielleicht in einem Gefühl von Hilflosigkeit, ja sogar von Schuld. Die Kinder werden mit allerlei Gaben verwöhnt, als könnte damit der Mangel an täglich spürbarer Mutterliebe ersetzt werden. Ihr ganzes Ziel ist es, ihren Kindern das Leben leichter anstatt innerlich reicher zu gestalten.

Und das wird kaum anders werden, bis die kinderreiche Mutter ganz der Familie zurückgegeben ist, ein Ziel, das unbedingt angestrebt werden muß!

So mag sich weithin Berufsarbeit und Mutterschaft beeinflussen, vor allem bei einfachen Frauen, die in einer Betriebsarbeit irgend welcher Art stehen. Hat aber eine Frau einen großen, verantwortlichen Posten inne, den sie nach langer, viel Mühe erfordernder Vorbereitung erworben hat, so verschiebt sich häufig das Bild noch etwas. Neben den sichtbaren Erfolgen der Berufsarbeit, die Ueberblick und Entschlüsse fordert, erscheinen leichtlich die vielen kleinen Arbeiten des Haushaltes als „Kleinkram", der neben den großen Leistungen eigentlich kein Existenzrecht hat. Die Frauen erkennen zwar, daß aus den vielen Einzelleistungen die Gesamtleistung der Hausfrau und Mutter erwächst, daß diese unwägbaren kleinen Treuen mehr am Kinde erziehen, als manche weise und wohlerwogene Erziehungshandlung, aber viele leiden darunter, zum Schaden von beiden: Familie und Beruf.

Einige wenige Zahlen mögen zeigen, wie ernst neben der mangelnden Erziehung in der Familie die Gefahr der Geburtenbeschränkung berufstätiger Frauen angesehen werden muß. Sie standen mir gerade zur Verfügung — sie könnten von anderen Zahlen größerer Firmen wohl übertroffen werden:

In einer Stuttgarter Textilfirma mit durchweg sehr guter Belegschaft haben wir unter 817 Frauen und Mädchen 242 Verheiratete gezählt, das sind 29·6%. Von ihnen hatten 56 zusammen 71 Kinder. Soweit als möglich treten die Frauen dort nach dem ersten oder zweiten Kind aus. Wo dies nicht möglich ist, wird die Zahl der Kinder nicht gesteigert. Und bei einer großen Anzahl sind darum weitere Kinder nicht mehr zu erwarten. Auf einer Reichspostdirektion mit 430 weiblichem Personal sind 191 Frauen verheiratet, diese haben insgesamt 210 Kinder. Und zwar hat eine 50jährige 8 Kinder, eine 55jährige 6, eine 51jährige 5 Kinder. 4 Frauen haben je 4 Kinder, 8 Frauen haben je 3 Kinder, 40 Frauen haben je 2 Kinder. 71 Frauen haben je 1 Kind, 65 Frauen sind kinderlos. Von den Müttern sind 18 Frauen zwischen 20 und 30 Jahren. Sie haben zusammen 25 Kinder. 69 Frauen sind zwischen 30 und 40 Jahren. Sie haben 112 Kinder. 42 Frauen sind zwischen 40 und 60 Jahren. Sie haben 65 Kinder. Die Zahlen sind also durchweg erschreckend gering und berechtigen zu der Annahme: Berufsarbeit der Frau hindert die Steigerung der Kinderzahl. Diese Frage gehört in weitem Umfang ernsthaft geprüft!

Neben dieser verheirateten Frau steht in der Berufsarbeit das unverheiratete junge Mädchen. Es erlebt die Nöte der Frau mit und sieht so in gewissem Umfange sein eigenes Zukunftsbild. Die ältere Arbeitskameradin schont es in keiner Weise. Nichts bleibt verschwiegen, denn indem sie von ihrem Leiden erzählt, wälzt die Frau die Schuld von sich ab und zeigt die Schwere des ihr aufgeladenen Ehelebens. Die verhetzte, enttäuschte, klagende oder schimpfende Frau ist keine Werberin für Ehe und Mutterschaft. Im Gegenteil: Mit Neid sieht sie die Jüngere, der noch alle Möglichkeiten offen stehen. Ja, alle Möglichkeiten! Als eine der wichtigsten erscheint dem modernen jungen Mädchen, sich so zu stellen, daß sie unabhängig wird und ihr Leben selbst gestalten kann. Dies äußert sich vor allem bei der Art der Berufswahl.

Zwar kann man wohl noch ganz allgemein sagen, daß nur verschwindend wenige junge Mädchen den Beruf — und sei er, welcher es sei — als den endgültigen Inhalt ihres Lebens ansehen. Das junge Mädchen ersehnt die Ehe, hofft auf sie, ja rechnet mit ihr. So hatten bisher die meisten „Berufe" für sie etwas Vorläufiges. Es gibt eine Reihe von „Jugendberufen" für Frauen — für den Mann gibt es diese Art von Berufen nicht. Um der „Vorläufigkeit der Mädchenarbeit" willen wurde bisher in viel stärkerem Maße von der Frau als vom Mann auf Arbeitsplätze abgehoben, die so wenig als möglich Vorbereitungszeit brauchen. Sie sollte nur schnell einen möglichst großen Verdienst geben. Dieser Verdienst diente einmal der Unterstützung der Familie, zum anderen zur Anschaffung der Aussteuer. Aber wir beobachten zur Zeit einen Wandel in dieser Einstellung. Immer mehr drängt auch das junge Mädchen zu sogenannten „höheren Berufen" mit länger dauernder Ausbildungszeit, immer häufiger wird die Ansicht vorgebracht, daß dieser oder jener Beruf nicht genommen werde, da er beim Aelterwerden unmöglich mehr genügen könne. Die Kinderpflegerin, die Hausgehilfin, auch die Kindergärtnerin z. B., Berufe, die früher ungemein beliebt waren als eine dem Mädchen gemäße Arbeit bis zum Eintritt in die Ehe, gelten nun höchstens als Uebergangsstadium für irgend eine „Lebensarbeit". Und wenn auch heimlich der Wunsch und die Hoffnung auf die Ehe in vollem Maße bleiben, die Haltung des Mädchens dem Manne gegenüber ändert sich mit der in Mühe erworbenen Möglichkeit der selbständigen Lebensgestaltung.

Nun liegt es im Wesen der Frau begründet, daß sie alles, was sie tut, mit ihrer ganzen Persönlichkeit ergreift und ausführt. Was beim Manne weithin selbstverständlich ist: Die Trennung zwischen Berufsarbeit und persönlichem Leben wirkt sich bei der Frau, wenn sie älter und reifer wird, häufig wie innere Zerrissenheit aus. Dieser „Totaleinsatz ihrer selbst“, der vor allem bei den gehobenen Berufen sich zeigt und zu hohen Leistungen führt, bringt aber zwangsläufig auch einen starken Verbrauch der Frauenkraft mit sich, sowohl der körperlichen als auch der seelischen, und gerade das ist es, was uns beim Gedanken an die Ehe und Mutterschaft mit Sorgen erfüllt. Eine vernünftige Anspannung der Kräfte steigert die Kraft als solche. Eine über ein Normalmaß hinausgehende Dauerleistung zehrt sozusagen vom Kapital und verringert die Leistungsfähigkeit. Dazu kommt, daß beim jungen Mädchen nur in den seltensten Fällen mit dem täglichen Schluß der Berufsarbeit ihre Verpflichtungen zu Ende sind und die Erholungszeit einsetzen kann. Zu Hause erwartet sie Hausarbeit aller Art. Lebt sie allein, so sorgt sie in den meisten Fällen für ihr Essen, ihre Wäsche und Kleidung in ganz anderem Maße, als das der junge Mann tut. In gewissem Sinne ist dieser Wechsel der Arbeit eine Entspannung, setzt aber ein neuer Zwang auf das „Fertigwerden in einer knapp bemessenen Zeit“ ein, so erfolgt eine neue Anspannung der Nerven und damit eine schwer zu tragende Doppelbelastung. Es darf nicht übersehen werden, daß das im Beruf an genaues, rasches, überlegtes Handeln gewöhnte Mädchen die Hausarbeit meist anders durchführt als die Frau, die ohne diese strenge Lebensschule ihren eigenen Haushalt begann. Sie teilt die Zeit ein, sie hält die im Betrieb gewohnte Ordnung, sie plant stets voraus. Das Treibenlassen, das viele Frauen an sich haben, ist ihr meist verhaßt. Sie meistert die Arbeit schneller. Sie sieht mit offenem Blick das Leben um sich her. Manches allerdings dient mehr der Erweiterung als der Bereicherung des Lebensbildes. Sie erfährt „Aufklärungen“, die allen Begriffen von Recht und Unrecht Hohn sprechen.

Aber es ist wichtiger, in der vorhergegangenen Erziehung die Immunität gegen solche Einflüsse zu schaffen, als zu glauben, es gelänge, die jungen Menschen von solchen Erfahrungen fernhalten zu können. Hier haben alle Erziehungskräfte des Volkes gemeinsam ihre Aufgabe zu sehen: die sittliche Haltung so zu stärken, daß sie mit dem Schmutz der gemeinen Verführung fertig wird. Die Hauptaufgabe fällt dabei der Familie, der Mutter zu. Wenn aber die Familie nur noch Schlaf- und Essensgemeinschaft ist, so kann sie diese Aufgabe in der Zukunft nicht erfüllen. Wir beobachten weithin, wie die Lockerung der Familie, die durch die Berufsarbeit der Frau bedingt ist, die Einstellung der Jugend zur Familie ändert.

Andere Punkte sind es, die in weniger auffälliger, aber auch recht gefährlicher Form Einfluß auf das junge Mädchen nehmen und es abdrängen von der inneren Haltung zur Mutterschaft.

Die Berufsarbeit bringt geregelte Arbeits- und Freizeit. Auch wenn die Freizeit vielfach von häuslichen Pflichten weggenommen wird, es ist und bleibt „Freizeit"; zum wenigsten im Gefühl. Zeit, über die man verfügen kann! Es gibt einen Urlaub. Die Mutterschaft kennt weder Freizeit noch Urlaub. Sie ist äußere und innere Bindung, die nie mehr ganz aufhört. Und diese Bindung fürchten viele junge Menschen. Nicht die Bindung der Ehe als solche! Sie sieht für sie gefühlsmäßig anders aus als die Pflicht, für Kinder sorgen zu müssen. Die Abhängigkeit der Kinder beschränkt die Freiheit der Mutter. Der Beruf aber bringt den Wunsch nach Freiheit besonders stark mit sich. Je unerfreulicher er ist, desto mehr. Dann wirkt die Ehe als „Befreiung vom Arbeitszwang", die keine neue Beschränkung erfahren soll.

Diese Beschränkung wirkt sich vor allem geldlich aus. Der eigene Verdienst des jungen Mädchens gewöhnt es daran, über persönliche Mittel zu verfügen. Es regelt seine Ausgaben nach seinen persönlichen Bedürfnissen und Gelüsten. Die Kameradschaft mit anderen Jugendlichen führt zum Vergleichen, sie stacheln sich gegenseitig an, und sei es nur durch harmlose Erzählungen von Genüssen, die man „sich leistete". Kino, Theater, Kaffeehausbesuch sind Selbstverständlichkeiten, die ihnen keiner mißgönnt und die immer mehr zur Gewohnheit werden. Diese „kleinen Genüsse", wie sie genannt werden, wollen sie nicht mehr entbehren. Der Genuß wird immer mehr als Lebensziel angesehen — und das nicht von wenigen! Welche Gefahr aber birgt eine solche Anschauung! Sie ist unvereinbar mit Mutterschaft und dem Einsatz für eine nicht zu kleine Kinderschar. In der Ehe sollte womöglich des Mannes Verdienst, der nicht sehr viel über dem bisher frei zur Verfügung stehenden Geld liegt, gar für 4 bis 6 Menschen reichen! Das ist ein erschreckender Gedanke. An diesem Punkte erleben wir stets bei den Besprechungen mit jungen Mädchen und Bräuten die energischeste Ablehnung. Die notwendige Einschränkung wird dann nicht an eigenen Ausgaben, sondern an der Zahl der Kinder geplant.

Vielfach verlangt die Berufsarbeit gute Kleidung und eine gepflegte Persönlichkeit. So erfreulich diese Forderung ist, wenn sie in den Grenzen bleibt, die dem Arbeits- und Lebensstandard entsprechen, so gefährlich wird sie wiederum, wenn sie zum Selbstzweck wird. Wenn so ein gepflegtes Mädchen, das Freude an seinem schönen Aussehen hat und auch befriedigt feststellt, daß es bewundernde Blicke auf sich lenkt, eine abgehetzte Frau sich mit Marktnetz und anderen Dingen abschleppen sieht, so wird der Wunsch nach einem Tausch der Rollen kaum aufkommen.

Nicht, als ob unsere Jugend durchweg nicht opferbereit wäre! Sie ist es weithin und in hohem Maße, die weibliche wie die männliche. Sie beweist es täglich und stündlich. Sie setzt sich ein, sie arbeitet bis an die Grenzen der Kraft. Wie weit dieser Einsatz auch über die Grenzen der Kraft geht und sich später gefährlich auswirkt, das zu untersuchen ist nicht meine Aufgabe. Dafür sind Berufenere hier. Das Wort „kriegswichtig" hat einen hohen, verpflichtenden Klang für alle. Es ist nicht nur das Ansehen, das Einsatz und Leistung steigert, es ist der ernste Wille, an kriegswichtigen Posten mit ganzer Kraft zu stehen und einstens mit Recht sagen zu können, daß auch die Frau den Sieg miterkämpft habe. Aber gefährlich wird es, wenn dieser Einsatz um seines Ansehens willen als bedeutender gewertet wird, als die Leistung für die Zukunft des Volkes, die jede Mutter, die in stiller, unbeachteter Selbstverständlichkeit ihre Kinder pflegt und erzieht, vollbringt. Immer wieder haben mir Mütter geklagt, daß sie in dieser großen Zeit so gar nichts Bedeutendes für das Volk zu tun vermöchten und auf irgend eine Berufsarbeit einer Frau fast neidvoll hinwiesen! Sie empfanden ihre Mutteraufgabe als Selbstverständlichkeit und wähnten, daß „wirkliche Leistung" gleichbedeutend mit „Außergewöhnlichkeit" zu setzen sei. Wie falsch ist die Wertung wahrhafter Leistung, wenn solche Meinungen entstehen können. Allerdings, der Mutter Tun ist desto besser, je stiller und unauffälliger es geschieht. Und gerade jene stille, selbstverständliche, unauffällige Treue ist es, die im Berufsleben zwar dringend benötigt wird, aber am wenigsten auf die Jugend Eindruck macht.

Nicht übersehen darf ein weiterer Punkt werden, der im Berufsleben der weiblichen Jugend eine große Rolle spielt: die führende Stellung hat in den meisten Fällen ein Mann inne. Seine Anweisungen bestimmen die Arbeit der anderen. Die Arbeiterin, noch mehr die kaufmännische Angestellte, die Bureaukraft arbeitet meist in unmittelbarer Nähe des Vorgesetzten, des „Chefs". In ihrer Eigenschaft als Hilfskraft erfährt sie von Plänen und Problemen, von denen in der Familie nie die Rede war. Der Chef in Lebensart und Haltung wird zum Ideal. So elegant, anregend, so vornehm, so gescheit wünscht sich das Mädel den eigenen Mann. Der eigene Vater wird einer strengeren Kritik unterzogen, die eigene Häuslichkeit erscheint langweilig, unbedeutend. Der Film unterstützt vielfach diese Ideen: Das spritzige, elegante Mädchen aus einfachstem Hause vermag den Sohn der Firma, den Mann in bester Stellung, mit hohem Einkommen zu gewinnen und kommt so in ein herrliches Leben. Und wählerisch tritt ein solches junges Mädchen dem Manne gegenüber. So sehr es zu begrüßen ist, daß die Wahl des Lebenskameraden der raschen Leidenschaft entzogen wird und mit Ernst geschieht, so wenig erfreulich ist es, wenn sie nach äußeren Gesichtspunkten vorgenommen wird. Im Laufe einer Lebensgemeinschaft werden andere Eigenschaften wichtig, als sie im beruflichen und gesellschaftlichen Verkehr bedeutend erscheinen. Aber wie schwer versteht dies das junge Mädchen! Es ist gern bereit zur Ehe, es ersehnt sie, aber nur die Ehe unter bestimmten Bedingungen. Sie will erfüllt werden in der Ehe und denkt wenig daran, daß sie die Ehe erfüllen sollte! Das klingt anders, das ist Forderung schwerster Art. Daß im Hingeben auch das größte Glücksempfinden liegt, wird ja erst viel später erkannt.

Vielfach verschiebt sich der Begriff des Hingebens und wird zum Spiel, zum Flirt. Was bei diesem vorehelichen Ausleben an besten körperlichen und seelischen Kräften vertändelt wird, kann gar nicht ernst genug angesehen werden! Solche Mädchen treten schon enttäuscht und müde in die Ehe, nur froh, doch noch zu ihr gelangt zu sein, aber ohne die frische Spannkraft und seelische Erlebensbereitschaft, die zum Aufbau eines Lebens als Frau und Mutter die unerläßlichen Grundlagen bilden.

Denn alle äußerlichen Maßnahmen, um die Frau für Ehe und Mutterschaft bereit und fähig zu machen, sind klein gegen die eigenen Kräfte der an Körper und Seele gesunden Frau. Sie zu erhalten und zu stärken, müssen wir alle Hebel ansetzen!

Die Berufsarbeit des jungen Mädchens, der jungen Frau schließt die richtige Haltung zu der eigentlichen Frauenaufgabe als Gattin und Mutter nicht aus — aber sie darf nicht als eine ganz andere, auf anderer Grundlage stehende angesehen werden. Die Frau und Mutter muß der Familie, sobald dies möglich sein wird, zurückgegeben werden. Hausarbeit und Sorge für die Familie in kinderreichem Hause ist einer vollen Berufsarbeit zum mindesten gleichzustellen. Das junge Mädchen muß zur Familie auch in der Berufsarbeit selbst erzogen werden, es genügt nicht, ihr in Schule und Berufsschule die für die Frauen- und Mutteraufgabe nötigen Kenntnisse zu vermitteln. Die Haltung und Einstellung ist auf diesem Wege allein nicht zu erreichen! Die NS-Frauenschaft, das Deutsche Frauenwerk bemühen sich — vor allem in der Abteilung Mütterdienst —, außer den Kenntnissen die Haltung und Einstellung, auf die es ankommt, zu erzielen. Darauf müssen auch alle anderen Bestrebungen abheben! Die Achtung, die der kinderreichen Mutter von allen Seiten gezollt wird, die Heiligkeit der mit Kindern gesegneten Familie, vor der alles Halt zu machen hat, und deren große Aufgabe für die Zukunft des Volkes vor allen anderen Pflichten anerkannt wird, ist ein wesentlicher Beitrag zur Erzielung einer richtigen Einstellung. Aber auch das zur Ehe und Mutterschaft bereite Mädchen ist in dieser Richtung zu stärken. Jede Berufswahl sollte im Gedanken an die spätere eigentliche Frauenaufgabe gesehen werden. In dieser Richtung sollten alle Beratungen laufen. Jede Schwächung der Frauengesundheit ist zu betrachten als Gefährdung des späteren Kinderreichtums. Wenn es unvermeidlich ist, daß in diesem Kriege auch die Frau an ihrem Platz Opfer an Gesundheit und Leben bringt — die mütterliche Frau sollte um ihrer großen Aufgabe willen für das Leben des Volkes davon ausgeschlossen werden. Jeder, der durch seinen Beruf Einfluß zu gewinnen vermag auf die Lebensauffassung des Menschen — und der Arzt steht hier mit an erster Stelle — sollte es sich als Ziel setzen, die deutsche Jugend zur Erkenntnis zu führen, daß Ehe und Mutterschaft zwar nicht die bequemste, aber die beglückendste Lebensform der Frau ist, daß aber darüber hinaus dies auch die Lebensform ist, die ihr Volk von ihr erwarten muß. Die ganze Erziehung bei der männlichen wie bei der weiblichen Jugend muß zum treuen Einsatz und zur Opferbereitschaft führen, muß zur Erkenntnis bringen, daß nicht der äußere Schein das wahre Leben ist, sondern daß im Geben mehr Glück erlebt wird als im Nehmen und Fordern. Dann sollen die jungen Mädchen in der notwendigen Berufsarbeit vollen Einsatz leisten, dann soll die alternde Frau, die in der Familie nicht mehr dringend notwendig ist, erneut zu ihr zurückkehren. Das mag für einen Betrieb zwar unwirtschaftlich erscheinen — vom Volke aus gesehen ist es eine notwendige Forderung!

Nur aus der gesunden Familie heraus wird eine gesunde, widerstandsfähige Jugend erwachsen. Und es muß das Ziel jeder Frau bleiben: ihre höchste Lebensleistung zu vollbringen als Frau und Mutter einer gesunden Kinderschar.

Die Hebamme von heute

Von

Gauamtsleiter Ministerialrat Dr. **E. Stähle**

Stuttgart

Ein Staat, der zielbewußte Volkspolitik treiben will, muß sein Augenmerk auf alles richten, was der Gesundheit und Wohlfahrt von Mutter und Kind dient. Also auch auf die Hebammen und ihren Leistungsstand! Ja, die Achtung und Bewertung, die dem Hebammenberuf zuteil wird, ist geradezu ein Wertmesser für die naturgemäße lebensbejahende Einstellung eines Volkes. Solange es freilich noch Menschen gibt, die da glauben, daß wir in Sünden gezeugt und geboren werden und daß alle irdische Empfängnis befleckt sei, wird der Hebamme stets ein leichter Ruch von Schwefel und Höllengestank anhaften, der sie gesellschaftlich herabwürdigt und ihre menschliche Wertung beeinträchtigt. Wo man aber anerkennt, daß das Natürliche niemals schimpflich oder sündig sein kann, wird man ihr die gleiche Achtung zollen, die man anderen helfenden und heilenden Berufen entgegenbringt. Der Nationalsozialismus hat mit aller Unnatur aufgeräumt, aber trotzdem wird noch manche erzieherische Arbeit geleistet werden müssen, um die Wirksamkeit der Gegenmächte endgültig auszurotten. Noch im kaiserlichen Deutschland galt der Beruf der Hebamme als nicht standesgemäß: der Sohn der Hebamme konnte nicht Offizier werden. Im Reich Adolf Hitlers aber trägt er den Marschallstab im Tornister, sofern er nur den nötigen Pack guter Gaben und hochwertiger Anlagen mit ins Leben gebracht hat. Der Stand der Hebammen hat nichts Genierliches oder gar Anstößiges mehr, vielmehr sehen wir wieder in ihr die Dienerin an einer ewigen Aufgabe. Solange die Menschheit an Nabelschnüren geboren wird, wird man der Hebamme bedürfen, und immer wird sie mit ihrer Leistung und ihrem Einfluß Weichenstellerin zur guten oder bösen Zukunft eines Volkes sein. Schon in den ältesten Urkunden und heiligen Büchern finden wir sie als besonderen Stand erwähnt; das Wort „Hebamme" stammt nach dem Ethymologischen Wörterbuch von Friedrich Kluge von „Heviaña, die Hebende" aus dem Althochdeutschen; andere germanische Stämme wählen dafür die allgemeinere Bezeichnung „weise Frau", im Niederländischen vroedfrouw, französisch „sage femme", spanisch comadres, englisch midwife. Wehmutter, Wehfrau, Kindermutter, Peppelmutter sind landschaftliche Abwandlungen ihrer Berufsbezeichnung. Bis ins 17. Jahrhundert beherrschte sie die praktische Geburtshilfe allein ohne den Arzt. Eine im Hôtel Dieu zu Paris errichtete Hebammenschule wurde nur von Hebammen geleitet und nur Hebammen durften dort unterrichtet werden. Zwar finden sich schon in den hippokratischen Schriften manche Ratschläge für die Geburtshilfe, aber weder in der ägyptischen und israelitischen noch in der arabischen, römischen oder christlich-abendländischen Medizin wird Geburtshilfe ausgeübt. Das erste Lehrbuch für Hebammen schrieb Moschion um 220 nach der Zeitrechnung und im Mittelalter fand sich die Geburtshilfe in den Händen ununterrichteter Weiber oder männlicher Pfuscher und Geistlicher, welche durch abergläubische Mittel Hilfe zu leisten versuchten. Erst mit dem 16. Jahrhundert wurde es besser: 1513 schrieb Eucharius Rößlin: „Der swangeren Frawen und Hebammen Rosengarten", mit Holzschnitten, und als Paracelsus die Wundarzney neben der Leibarzney für den Arzt hoffähig gemacht hatte, war auch der Weg für die ärztlich-wissenschaftliche Geburtshilfe freigemacht. Der Holländer van Deventer schrieb 1696 zu Leyden seine „Morgenröte der Hebamme" und 1701 das „Neue Hebammenlicht". Immer mehr wurde die regelwidrige Geburt zu einer ärztlichen Aufgabe, und die Entwicklung, in der wir uns heute befinden, nimmt in steigendem Umfang auch die normale Geburt unter die Fittiche des Arztes, ohne darum das Arbeitsfeld der Hebamme einzuengen. Arzt und Hebamme sind nicht Konkurrenten um die Wöchnerin; ihre Aufgaben sind verschiedenartig und ergänzen sich aufs glücklichste, wenn jeder Teil im Rahmen seines Auftrages bleibt. Für den Arzt ist ein hochstehender, von Verantwortungsbewußtsein und Leistungswillen getragener, durch Charakter und

Fähigkeiten ausgezeichneter Hebammenstand als Mitarbeiter ebenso unentbehrlich wie für das Gesamtvolk.

Aus dieser Erkenntnis heraus hat die Reichsregierung mit dem am 31. Dezember 1938 verabschiedeten Hebammengesetz (Reichsgesetzblatt I, S. 1893) erstmalig für das gesamte Reichsgebiet ein einheitliches Hebammenrecht geschaffen, das den Stand der Hebammen rechtlich, insbesondere hinsichtlich seiner Abgrenzung gegenüber anderen Berufen, und wirtschaftlich in den starken Schutz des Reiches nimmt.

Bis zum Erscheinen dieses Gesetzes war die Ordnung des Hebammenwesens den einzelnen Ländern überlassen und die Verhältnisse entwickelten sich daher verschiedenartig und völlig unübersichtlich. Lediglich die Gewerbeordnung schrieb in § 30, Abs. 3 vor, daß die Hebamme zur Ausübung ihres Berufes eines Prüfungszeugnisses der nach den Landesgesetzen zuständigen Behörde bedürfe; alles andere aber unterlag örtlichen Regelungen. So schwankte z. B. die Ausbildungszeit in den einzelnen Ländern zwischen 9 und 18 Monaten, und es bedurfte eines Erlasses des Reichsministers des Innern vom 28. November 1934 (nicht veröffentlicht), um die Ausbildung einheitlich auf 18 Monate festzulegen. Die zwangsläufige Folge der örtlichen Regelung war, daß die Hebammenzeugnisse nur innerhalb der Länder Geltung hatten, nicht aber in den Nachbarländern, sofern nicht besondere Abmachungen die gegenseitige Anerkennung gewährleisteten, so daß auf diesem Gebiet noch ein Partikularismus schlimmster Sorte blühte. Wenn eine Hebamme von Preußen nach Württemberg verzog, mußte sie erst eine neue Prüfung dort ablegen, ehe ihre Anerkennung erfolgen konnte. Zwar hatte schon 1917 das Reich mit der Aufstellung von Grundsätzen zur Regelung des Hebammenwesens den Versuch gemacht, die Länder zu gleichlaufenden Hebammengesetzen zu veranlassen. Diese Grundsätze betrafen die Aus- und Fortbildung der Hebammen, Sicherstellung ausreichender Hebammenhilfe, Abgrenzung des Aufgabengebietes der Hebamme und ähnliches. Das beabsichtigte Ziel wurde jedoch nicht erreicht.

In Preußen — sagt hierzu der Kommentar zum Hebammengesetz von Zimdars-Sauer — sollte das Hebammengesetz vom 20. Juli 1922, das gewissermaßen als Vorläufer des neuen Reichsgesetzes anzusehen ist, die Reichsgrundsätze zur Geltung bringen. Neben neuzeitlichen Ausbildungsvorschriften brachte es eine umfassende Regelung der Berufsverhältnisse; insbesondere die Einführung einer besonderen Niederlassungsgenehmigung für die freiberuflich tätigen Hebammen, wie sie als Grundlage jeder

Planung des Hebammeneinsatzes angesehen werden muß. Durch Urteil des Oberverwaltungsgerichtes vom 7. Januar 1926 (Entscheidungen, Bd. 80, S. 337) wurden jedoch die Vorschriften über die Erteilung der Niederlassungsgenehmigung als unvereinbar mit den Bestimmungen der Gewerbeordnung (§ 1 und § 30, Abs. 3) erklärt. Die Folge war, daß es nicht nur bei der uneingeschränkten Gewerbefreiheit der Hebammen verblieb, sondern daß auch die Bestimmungen über die Zusicherung eines Mindesteinkommens nicht als rechtsgültig angesehen werden konnten. Damit war jede planmäßige Regelung zur Sicherung der Hebammenhilfe aus der liberalistischen Auffassung der Gewerbeordnung unmöglich gemacht. Die Freizügigkeit der Hebammen rief schließlich so ernste Mißstände, insbesondere mangelhafte Verteilung der Hebammen, Ueberfüllung des Berufes, unlautere Konkurrenz hervor, daß der Ruf nach einer grundlegenden gesetzlichen Aenderung dieses unbefriedigenden Zustandes immer lauter wurde.

In dem neuen Hebammengesetz ist nunmehr eine Lösung gefunden worden, die die erwähnten Mißstände an der Wurzel faßt und den bestmöglichen Gesundheitsschutz für Mutter und Kind gewährleistet. Unter Wahrung der berechtigten Interessen der Hebammen wird für jede Schwangere, Gebärende, Wöchnerin und jedes neugeborene Kind die Hebammenhilfe sichergestellt. Der Hebammenschaft sind alle Vorteile des freien Berufes mit Ausnahme der Niederlassungsfreiheit erhalten geblieben, dafür hat sie wirtschaftliche Sicherheiten eingetauscht, die ihr ein starkes Rückgrat und weitgehende Unabhängigkeit von Gunst und Laune gewährleisten. Könnten wir Aerzte hierin nicht einen nachahmenswerten Vorgang sehen? Daß der Aerzteeinsatz auch nach dem Krieg planmäßig gelenkt werden und damit die Niederlassungsfreiheit ein Ende haben muß, steht ohnehin außer Zweifel, und das Mindesteinkommen wird ja heute schon durch die Kassenärztliche Vereinigung Deutschlands gewährleistet.

Zunächst bringt das Hebammengesetz die bevölkerungspolitischen Ziele in den ersten drei Paragraphen zum Ausdruck. Für jede Frau im Deutschen Reich, ob arm, ob reich, ob Jüdin, Ausländerin oder Besitzerin des Reichsbürgerrechts wird der Anspruch auf Hebammenhilfe in der Schwangerschaft, bei Geburt und Fehlgeburt und im Wochenbett anerkannt. Bei der Beratung in der Schwangerschaft, die möglichst frühzeitig erfolgen soll, wird die Hebamme Lebensregeln zur Vermeidung gesundheitlicher Schäden bei Mutter und Kind erteilen und dabei die rassenpflegerischen Gesichtspunkte besonders herauszustellen haben. So kann sie auf die enormen gesundheitlichen Gefahren der Mutterduschen, die fälschlicherweise immer wieder als zur vollendeten Reinlichkeitspflege der Frau notwendig bezeichnet werden, hinweisen, auf die Folgen ihrer Anwendung in Gestalt von Unfruchtbarkeit, Bauchschwangerschaft oder Fehlgeburt aufmerksam machen und vor ihrem Gebrauch eindringlichst warnen. Eine gesunde Frau braucht weder Spülung noch Spritze!

Die Hebamme kann auch dem Unfug der Frühtaufen, der so manchem erbgesunden Säugling unnötig das Leben kostet, entgegenwirken. Wo bei den Gesundheitsämtern bereits fachärztlich geleitete Beratungsstellen für werdende Mütter eingerichtet sind, bei denen die Hebamme ehrenamtlich als Hilfskraft und zu ihrer Schulung mitwirkt, soll sie jede Schwangere auffordern, sich auch dort untersuchen zu lassen. Sie kann ferner über die Gefahren der Fehlgeburten und des Mißbrauches der Genußgifte für Frau und Nachkommenschaft Belehrungen geben, kann den besonderen Wert der kinderreichen Familie durch Wort und Vorbild hervorheben, kann richtige Vorstellungen über die Erb- und Ehegesundheitsgesetzgebung und über gesunde Ernährung vertreten und so eine wichtige Helferin der nationalsozialistischen Gesundheitsführung in allen Stücken sein. Auch über die Möglichkeiten zur wirtschaftlichen Hilfe und zum Mutterschutz durch die Sozialversicherung, die Hilfsstellen „Mutter und Kind der NSV", den Mütterdienst des Deutschen Frauenwerkes und das Wohlfahrtsamt muß sie genau Bescheid wissen und darauf verweisen können. Besonders hat sie sich um uneheliche Schwangere anzunehmen, die ja so häufig mit dem Wunsche nach Beseitigung der Schwangerschaft bei ihr Zuflucht suchen. Mit allen Mitteln hat sie solchen Wünschen entgegenzutreten, und niemals darf sie aus falschem Mitleid durch Rat oder Tat die Hand zu einem derartigen Verbrechen reichen. Wie der Arzt nach § 3 der Berufsordnung für die deutschen Aerzte, hat sie allen Bestrebungen entgegenzutreten, die geeignet sind, die Volkskraft und Volkszahl herabzusetzen; sie soll den Willen zum Kinde stärken und keine Maßnahmen treffen oder anraten, die der Empfängnisverhütung dienen. Wo sie auch nur im entferntesten eine Gefahr für das keimende Leben vermuten zu müssen glaubt, soll sie alsbald dem Gesundheitsamt davon vertraulich Mitteilung machen, damit dieses durch seine Gesundheitspflegerin die weitere Betreuung und Vorsorge übernehmen kann. Erfahrungsgemäß hören solche Versuche schlagartig auf, sobald eine amtliche Dienststelle von der bestehenden Schwangerschaft Kenntnis bekommen hat und dies der Schwangeren zum Bewußtsein kommt. Ebenso ist ja auch jeder Schmerz und Zorn der Angehörigen über die uneheliche

Schwangerschaft im allgemeinen mit Sicherheit zu Ende, sobald das Kind erst einmal das Licht der Welt erblickt hat.

Die Berufspflichten der Hebamme auf Grund ihrer Untersuchung der Schwangeren, während und nach der Geburt bzw. Fehlgeburt und im Wochenbett bleiben noch durch die gemäß § 17 des Gesetzes vom Reichsminister des Innern zu erlassende Dienstordnung zu regeln; bis dahin gelten noch nach § 16 der Ersten Durchführungsverordnung die Dienstanweisungen der einzelnen Länder. Aehnlich wie die Berufspflichten des Beamten sich nicht in seiner unmittelbaren amtlichen Tätigkeit erschöpfen, sondern auch die Führung außerhalb des Amtes mit umfassen, so haben auch die Hebammen Pflichten, die über die unmittelbare Berufstätigkeit hinausreichen. Sie haben darauf zu achten, sich in einem Zustand zu erhalten, der sie jeden Augenblick zur Ausübung ihres Berufes befähigt. Sie sollen darum Betätigung im Feld und Garten ablehnen, um der Tetanusübertragung vorzubeugen, sollen Orte und Gegenstände vermeiden, die Krankheitskeime enthalten, sollen Nebenbeschäftigungen unterlassen, die die Wöchnerinnen gefährden können, wie z. B. Leichenbesorgerin- oder Krankenpflegetätigkeit. In den meisten Dienstanweisungen für die Hebamme ist ihr die Anpreisung in der Presse und der Handel mit Arznei- und Krankenpflegemitteln sowie die Behandlung von Krankheiten untersagt. Zu ihren Berufspflichten gehört ein korrektes Verhalten gegenüber Behörden, Aerzten und ihren Berufskameradinnen. Zu Kriegsbeginn hat der Reichsminister des Innern durch Erlaß vom 30. Oktober 1939, IV d, 5918/39—3732 (RMBliV., S. 2251), in den Fassungen vom 2. Juli 1940, Nr. IV d, 3061/40—3716 (RMBliV., S. 1439) und vom 3. September 1940, IV d, 4572/40—3716 (RMBliV., S. 1788) die Hebammen zur Abwendung einer ernsten Lebens- oder Gesundheitsgefahr für eine Schwangere, Gebärende, Wöchnerin oder ein Neugeborenes in den Fällen, in denen ein Arzt auch fernmündlich nicht erreichbar ist, ermächtigt, folgende Maßnahmen zu ergreifen:

1. Bei vorzeitigem Blasensprung ohne Wehen nach Ablauf von 12 Stunden Verabreichung von drei- bis viermal 0·1 g Chinin mit einstündiger Pause.

2. Bei Blutungen in der Nachgeburtszeit: a) vor Ausstoßung des Mutterkuchens eine Einspritzung von 1 ccm eines Hypophysenhinterlappenpräparates; b) nach Ausstoßung des Mutterkuchens eine Einspritzung von $1/2$ ccm Gynergen oder 1 ccm Neogynergen.

3. Die seitliche Dammspaltung von etwa 2 cm Länge (Episiotomie) bei bereits starker Dehnung der äußeren Ge-

schlechtsteile durch den Kopf, aber nur bei offensichtlicher Lebensgefahr des Kindes.

4. In allen Fällen, in denen die Hebamme eine der angegebenen Maßnahmen ergriffen hat, hat sie den behandelnden Arzt sobald als möglich über die vorgenommene Maßnahme zu unterrichten und dem Amtsarzt einen schriftlichen Bericht mit Begründung zu erstatten. Sie ist weiterhin verpflichtet, die Maßnahme unter der Rubrik „Kunsthilfe" in ihr Tagebuch einzutragen.

5. Bei nachts entstandenem Dammriß ersten oder zweiten Grades kann mit der Zuziehung des Arztes bis zum nächsten Morgen gewartet werden.

Solange aber die reichseinheitliche Dienstordnung und das angekündigte Hebammenlehrbuch als bindende Vorschriften noch nicht erschienen sind, müssen alle Ausführungen über die Hebamme von heute noch Stückwerk bleiben; in Zweifelsfällen über die Auslegung einzelner Bestimmungen kann die notwendige Anweisung vom Leiter des Gesundheitsamtes, dessen Aufsicht die Hebamme nach § 16 des Gesetzes untersteht, eingeholt werden. Grundsätzlich ist daran festzuhalten, daß die Hebamme bei allen regelmäßigen Vorgängen: Schwangerschaft, Geburt und Wochenbett selbständig Hilfe leisten kann, während sie bei allen regelwidrigen Vorgängen auf Zuziehung eines Arztes dringen muß. Ueber den Umfang der in § 1 des Gesetzes bezeichneten Hebammenhilfe hinaus kann die Hebamme nach § 19 auch zur Mitwirkung in der Mütterberatung, in der Säuglings- und Kleinkindervorsorge oder zu sonstiger sozialer Arbeit herangezogen werden und dafür bare Vergütung erhalten. Die Erfahrungen, die mit dem Einsatz der Hebammen in der Mütterberatung und besonders in der nachgehenden Säuglingsvorsorge bisher gemacht wurden, sind durchaus günstig, und es muß anerkannt werden, daß die Hebammen sich mit großem Eifer und bestem Erfolg auf dem neuen Arbeitsgebiet betätigt haben. Der Auftrag in der Gesundheitsführung des Säuglings und Kleinkindes erstreckt sich auf Ueberprüfung der Pflege des Kindes, insbesondere von Schlafstätte, Bett, Lüftung, Bad, Reinlichkeit, Abhärtung, Gesundheit der umgebenden Personen, richtige Nahrung, Verhütung von Ueberernährung insbesondere mit Kindermehlen und einseitiger Fehlernährung, Sorge für alsbaldige ärztliche Behandlung im Erkrankungsfall. Die Hebamme führt in dieser Tätigkeit ein von der Reichshebammenschaft herausgegebenes besonderes Vorsorgetagebuch über die von ihr betreuten Kinder.

§ 2 des Gesetzes legt die Pflicht der Hebamme fest, jedem Ruf nach Hebammenhilfe Folge zu leisten und stellt die besondere Aufgabe der Hebamme im Rahmen der Volksgemeinschaft und damit die ideale Bedeutung des Berufes heraus. In Abs. 2 besagt er, daß der Hebammenberuf kein Gewerbe ist. Der Hebammenberuf wird damit wie der Arztberuf von den vorwiegend wirtschaftlichen Berufen abgesondert und in seiner hohen Verpflichtung für die lebenden und kommenden Geschlechter gekennzeichnet. Die Achtung und das Ansehen, deren der Hebammenberuf bedarf, werden damit bewußt gefördert und gepflegt. Nur dringende Behinderung durch andere Berufspflichten, eigene Krankheit oder höhere Gewalt kann die Hebamme von ihrer Hauptverpflichtung befreien. Die Pflicht zur Hilfeleistung findet aber ihre Grenze, sobald die Tätigkeit der Hebamme aus Gründen, die in ihrer Person liegen, mit gesundheitlichen Gefahren für Mutter und Kind verknüpft ist, insbesondere, wenn durch die Hebamme eine ansteckende Krankheit, z. B. das Wochenbettfieber, übertragen werden kann. Es ist daher nach § 13, Abs. 3 der Dienstordnung für die Gesundheitsämter den Hebammen die Ausübung ihrer Berufstätigkeit für 8 Tage untersagt, wenn sie bei einer an Kindbettfieber Erkrankten tätig gewesen sind. Auch nach Ablauf der achttägigen Frist ist eine Wiederaufnahme der Tätigkeit nur nach gründlicher Reinigung und Desinfektion ihres Körpers, ihrer Wäsche, Kleidung und Instrumente nach Anweisung des Amtsarztes gestattet.

Dadurch, daß die Hebamme einem Ruf nach Hebammenhilfe Folge leistet, kommt in der Regel ein privatrechtlicher Dienstvertrag gemäß § 611 BGB. zustande, der die Hebamme zur Hilfeleistung gemäß ihrer Dienstordnung, die Wöchnerin oder deren Angehörigen vorbehaltlich der Leistungen einer Krankenkasse zur Zahlung der nach der geltenden Gebührenordnung fällig werdenden oder vertraglich vereinbarten Gebühren verpflichtet. Da die Hebamme jedem Ruf unterschiedlos folgen muß, entspricht es nur der Billigkeit, daß die Fürsorgebehörden die Kosten der Geburtshilfe überall da übernehmen, wo der Gebührenanspruch der Hebamme ohne ihre Schuld nicht beigetrieben werden kann.

Wenn der Staat so jeder Frau die Hebammenhilfe sichergestellt hat, so kann es ihm anderseits nicht gleichgültig sein, ob die einzelne Frau die notwendigen Vorsichtsmaßnahmen bei der Geburt treffen will oder nicht. Die Frau hat über ihr und ihres Kindes Wohl kein freies Verfügungsrecht, sie hat vielmehr ihrer Familie und der Volksgemeinschaft gegenüber die natürliche Pflicht, alles zu tun, um einen gesunden Ablauf der Schwangerschaft und Geburt zu sichern, sich für ihren Beruf als Mutter gesund zu erhalten und dem neugeborenen Kinde die notwendige

Versorgung und Pflege zuteil werden zu lassen. Dazu gehört auch die rechtzeitige Vorsorge für eine zuverlässige Geburtshilfe.

§ 3 des Gesetzes verpflichtet daher jede Schwangere, rechtzeitig eine Hebamme zu ihrer Entbindung beizuziehen. Jeder Arzt ist verpflichtet, dafür Sorge zu tragen, daß bei einer Entbindung eine Hebamme zugezogen wird. Das gilt auch für die Entbindungen der eigenen Frau des Arztes. Die Erfahrung hat gezeigt, daß in der Vergangenheit leider nicht alle Frauen die notwendige Vorsorge für ihre Entbindung getroffen und so durch ihre Schuld sich selbst und das Kind nicht nur gefährdet, sondern auch schwer geschädigt, ja ihren und des Kindes Tod verschuldet haben. Die Gründe, die zu der schuldhaften Unterlassung der rechtzeitigen Zuziehung einer Hebamme führten, waren häufig im Vergleich zu der dadurch herbeigeführten Gefährdung oder zu der entstandenen Schädigung derart nichtig, daß das Verhalten der Schwangeren und auch teilweise ihrer Angehörigen in höchstem Maße verantwortungslos erscheint. So ist in Einzelfällen trotz geordneter Vermögenslage der Familie aus falscher Sparsamkeit das Leben der Mutter und des Kindes aufs Spiel gesetzt oder geopfert worden, getreu dem alten Bauernspruch: „Weibersterben kein Verderben, Gaul verrecken, das gibt Schrecken". Um einer Wiederholung derartiger Fälle vorzubeugen, bringt das Gesetz jetzt jeder Frau die ihr obliegende sittliche Pflicht nochmals mit besonderem Nachdruck zum Bewußtsein, indem es kraft der staatlichen Befehlsgewalt vorschreibt, daß eine Schwangere zu ihrer Entbindung rechtzeitig eine Hebamme zuzuziehen hat. Damit wird auch die besondere Verantwortung, die die Schwangere dem Volke und dem zu erwartenden Kinde gegenüber trägt, mit aller Deutlichkeit zum Ausdruck gebracht.

Mit Rücksicht auf den vorwiegend sittlichen Charakter der Pflicht zur Heranziehung einer Hebamme hat der Gesetzgeber bewußt von einer Strafbestimmung abgesehen. Es steht zu erwarten, daß der gesetzliche Ausspruch der Pflicht allein schon genügen wird, um ihre Erfüllung zu gewährleisten. Den Hebammen, Aerzten und den übrigen im Gesundheitsdienst tätigen Personen wird es obliegen, alle Frauen auf die gesetzliche Pflicht zur Vorsorge für die Entbindung hinzuweisen und aufklärend zu wirken, um Uebertretungen dieser Pflicht vorzubeugen. Es sei aber darauf hingewiesen, daß sich eine Frau durch Verletzung dieser Pflicht auch strafbar machen kann, wenn dadurch das Kind zu Schaden kommen sollte. Auch den Arzt, der etwa die durch § 3, Abs. 2 ihm auferlegte Pflicht der Zuziehung einer Hebamme nicht erfüllt, bedroht das Gesetz nicht mit Strafe, wohl aber wird er bei Versäumnis sich einer Verletzung der Berufspflichten im Sinne des § 51 der Reichsärzteordnung vom 13. Dezember 1935 (Reichsgesetzblatt I, S. 1433) und des § 1 der Berufsordnung für die deutschen Aerzte vom 5. November 1937 (Deutsches Aerzteblatt 1937, S. 1031) schuldig machen und hätte daher Bestrafung durch das ärztliche Bezirksgericht oder durch die Reichsärztekammer gemäß § 53, Abs. 2 der RAeO. zu gewärtigen. Der Grundsatz, auch für den Fall, daß der Arzt eine Entbindung leitet, ausnahmslos eine Hebamme zuzuziehen, stützt sich auf die Erwägung, daß die Aufgaben des Arztes und der Hebamme in der Geburtshilfe nicht die gleichen sind. So wenig die Hebamme bei regelwidrigen Geburten den Arzt ersetzen kann, so wenig kann der Arzt die für die Geburt notwendigen Vorbereitungen oder die Ueberwachung der Wehentätigkeit, welche sich über viele Stunden und Tage hinziehen kann, oder gar die Verrichtungen der Wochenpflege auf sich nehmen; hier braucht er eine Hilfe, die ihm jederzeit sachgemäße Auskunft über den Stand der Geburt und die Notwendigkeit seines Eingreifens geben kann. Darum legt das Gesetz dem Arzt die Pflicht auf, die Zuziehung einer Hebamme zur Entbindung, spätestens aber zur Wochenpflege zu veranlassen. Dabei muß aber der Grundsatz der freien Hebammenwahl aufrecht erhalten bleiben, damit die Schwangere die Hebamme ihres Vertrauens wählen kann. Der Arzt wird sich also jedes Versuches einer Beeinflussung hinsichtlich der Wahl einer bestimmten Hebamme zu enthalten haben. Die Zuziehungspflicht gilt auch für Aerzte in Entbindungs- und Krankenanstalten. Schon im § 16 der Dritten Durchführungsverordnung zum Gesetz über die Vereinheitlichung des Gesundheitswesens (Dienstordnung für die Gesundheitsämter, RMBl. 1935, Nr. 14, S. 227) ist den Amtsärzten zur Pflicht gemacht, darauf hinzuwirken, daß zu allen Entbindungen auch in den Krankenhäusern eine Hebamme zugezogen wird. Eine gesetzliche Handhabe, die bisher übliche Pfuscherei von Krankenschwestern auf dem Arbeitsgebiet der Hebammen, wie sie namentlich in konfessionellen Krankenanstalten üblich war, zu verhindern, bestand aber vorher nicht. Jetzt ist der Beruf der Krankenschwester von dem der Hebamme durch die Verordnung des Reichsministers des Innern zur Abgrenzung der Berufstätigkeit der Hebamme von der Krankenpflege vom 19. Dezember 1939 (RGBl. I, S. 2458) reinlich geschieden; eine Doppelberufsausübung ist nicht mehr möglich; wer beide Anerkennungen sich erworben hat, muß sich entscheiden, welcher Beruf ausgeübt werden will und muß auf die zweite Anerkennung oder Erlaubnis Verzicht leisten, und der Runderlaß des Reichsministers des Innern, betreffend Berufsbezeichnung der Hebammen vom 19. September 1939 (RMBliV., S. 2010) verbietet sinngemäß die Bezeichnung „Hebammenschwester". Die Verpflichtung zur Zuziehung der Hebamme macht aber den Berufsstand der Wochenpflegerinnen, für deren Ausbildung in einigen deutschen Ländern Ausbildungsvorschriften bestehen, nicht überflüssig. Die Wochenpflegerin stellt einen Hilfsberuf in der Wochenpflege dar; sie soll die Hebamme nicht ersetzen und kann in der sonstigen Pflege der Wöchnerin wertvolle Dienste leisten. Es ist anzunehmen, daß dieser Beruf auf Grund des Gesetzes zur Ordnung der Krankenpflege vom 28. September 1938 (RGBl. I, S. 1309) eine reichsrechtliche Regelung erfahren wird.

So sind Rechte und Pflichten der Hebamme gegenüber der Volksgemeinschaft klar abgegrenzt, aber die Volksgemeinschaft fordert auch von der Frau, die den Beruf der Hebamme ausüben will, bestimmte Voraussetzungen. Sie muß die Anerkennung der zuständigen Behörde, falls sie außerhalb ärztlich geleiteter Entbindungs- und Krankenanstalten tätig sein will, und eine Niederlassungserlaubnis besitzen. Die Anerkennung ist ein staatlicher Verwaltungsakt, der etwa der Bestallung beim Arzt entspricht. Dafür untersagt der Staat anderen Personen mit Ausnahme der Aerzte die Geburtshilfe und bedroht die unbefugte Ausübung der Geburtshilfe mit Gefängnis- und Geldstrafen. Ausgenommen sind nur Notfälle. Männliche Personen und Heilpraktiker dürfen also keine Geburtshilfe betreiben. Eine unlautere Konkurrenz hat die Hebamme nicht mehr zu befürchten. Die Sicherung ihrer beruflichen Tätigkeit stellt gleichzeitig eine gewisse Sicherung des notwendigen Lebensunterhaltes dar. Mit der Niederlassungserlaubnis ist die Möglichkeit zu einer grundlegenden Planwirtschaft hinsichtlich der Verteilung der Hebammen geschaffen worden. Der Mißstand, daß in den Städten eine Ueberzahl gering beschäftigter Hebammen sich ansammelt, während in dünnbesiedelten Gebieten ein fühlbarer Hebammenmangel herrschte, wird also in Zukunft verschwinden. Die Anerkennung erlischt im allgemeinen mit der Vollendung des 70. Lebensjahres. Die vorhandene Ueberalterung des Hebammenstandes zwang zur Einführung einer gesetzlichen Altersgrenze und anderseits zur Schaffung einer ausreichenden Altersversorgung der Hebammen. Die Anerkennung wird auf Grund einer Hebammenprüfung und anderer Voraussetzungen erteilt. Die Aus- und Fortbildung der Hebamme ist durch die Sechste Verordnung zur Durchführung des Hebammengesetzes vom 16. September 1941 (RGBl. I, S. 561) geregelt. Schon die Zulassung zur Berufsausbildung erfolgt im Rahmen der jährlich festzusetzenden Geamtzahl, so daß also hier schon eine Planwirtschaft ermöglicht ist. Während aber durch Runderlaß des Reichsministers des Innern vom 27. Dezember 1934, IV b, 4430/34, und I, 3137 (RMBliV. 1935, S. 22) für 1935 und 1936 infolge der Ueberfüllung des Hebammenberufes die Ausbildung auf 30% der bisherigen Schülerinnenzahlen eingedämmt werden mußte, stehen wir heute infolge des Bedarfes für die Ostgebiete vor einem erheblichen Hebammenmangel, so daß weitere Beschränkungen der Schülerinnenzahlen für die nächste Zukunft wohl nicht zu erwarten sein werden. Die Zulassung setzt politische Zuverlässigkeit und deutschblütige Abstammung, abgeschlossene Volksschulbildung, Lebensalter vom 18. bis 35. Lebensjahr, polizeilich einwandfreie Führung und amtsärztlich beglaubigte geistige und körperliche Tauglichkeit voraus. Der Lehrgang dauert 1½ Jahre und erstreckt sich neben der gesundheitlichen Ausbildung auf die allgemeinen gesundheitspolitischen sowie die rassen- und bevölkerungspolitischen Grundlagen und die weltanschauliche Ausrichtung; er wird durch die staatliche Hebammenprüfung abgeschlossen, bei der die Prüflinge vom Vorsitzenden auf ihren Beruf verpflichtet werden mit dem sogenannten Hebammeneid: „Ich versichere, daß ich nach bestem Wissen und Vermögen die Hebammenkunst ausüben und mich stets so verhalten will, wie es einer treuen und gewissenhaften Hebamme geziemt.“ Darauf erhält sie das Hebammenprüfungszeugnis. Jede Hebamme hat sich mindestens alle 3 Jahre einer Nachprüfung durch den Amtsarzt zu unterziehen, wobei der gesamte Stoff des Hebammenlehrbuches und der Dienstordnung wiederholt werden, Instrumente und Geräte auf Vollständigkeit und Brauchbarkeit nachgesehen und die Hebammentagebücher auf richtige Führung überprüft werden. Daneben soll jede Hebamme alle 5 Jahre zu einem 14tägigen Fortbildungslehrgang in die Hebammenlehranstalt einberufen werden. Kein Amtsarzt wird sich die Gelegenheit der regelmäßigen Zusammenkünfte der Hebammen zu weiterer Belehrung entgehen lassen, so daß die Hebamme nunmehr unter einer ständigen Kontrolle ihres Leistungsstandes steht und schon allein dadurch gezwungen ist, dauernd auf der Höhe zu sein. Kein anderer Stand hat so starke Sicherungen für seine ständige Berufsfortbildung eingebaut wie der Hebammenberuf. In neuester Zeit ist dazuhin noch eine Hebammenoberschule bei der Hebammenlehranstalt Berlin-Neukölln errichtet worden, die in halbjährigen Lehrgängen Hebammen die Eignung zur Leitung einer Anstalt als Hebammenoberin vermittelt. Die erfolgte Anerkennung kann ähnlich wie beim

Arzt aus gewichtigen Gründen versagt oder zurückgenommen werden; jedoch ist mangelnde politische Zuverlässigkeit kein Hindernis für Anerkennung und kein Grund für Zurücknahme derselben; lediglich bei der Zulassung zur Berufsausbildung wird die politische Zuverlässigkeit verlangt.

Die wichtigste Bestimmung des neuen Gesetzes für den Schutz der Hebamme aber ist die Niederlassungserlaubnis, da mit ihr die Zuweisung eines bestimmten Wohnsitzes und die Gewährleistung eines Mindesteinkommens verknüpft ist. Dadurch wird einerseits eine planmäßige Verteilung der vorhandenen Hebammen ermöglicht, ohne daß festabgegrenzte Hebammenbezirke zu bilden sind, welche dem Grundsatz der freien Hebammenwahl widersprechen würden; nur beim Vorliegen ganz besonderer Gründe können mit Zustimmung der Reichshebammenschaft nach § 13 Hebammenbezirke gebildet werden. Anderseits wird aber der neu sich niederlassenden Hebamme das Wagnis des freien Berufes abgenommen und ihr vom ersten Augenblick ab Schutz vor wirtschaftlicher Not durch Sicherung eines bescheidenen, aber ausreichenden Einkommens gewährleistet. Das gewährleistete Mindesteinkommen beläuft sich nach dem Runderlaß des Reichsministers des Innern vom 23. September 1939, Nr. IV d, 3799/39—3700, im allgemeinen auf RM 1200·— jährlich. Der Hebamme mit Niederlassungserlaubnis wird vom Träger der Gewährleistung (Land bzw. Provinzialverband) ein Zuschuß in Höhe desjenigen Betrages gezahlt, um den das jährliche Einkommen aus Berufstätigkeit nach Abzug der Werbungskosten hinter dem Mindesteinkommen zurückbleibt. Darüber hinaus können die Träger der Gewährleistung noch die für eine Versicherung der Hebamme zu entrichtenden Beträge ganz oder teilweise ersetzen. Es ist ein erstmaliger Vorgang, daß der Staat für den Träger eines freien Berufes eine Existenzsicherung übernimmt; aber dieser Vorgang zeigt, daß der Dienst der Hebamme nicht mehr eine private Angelegenheit mit dem Ziel eines möglichst hohen wirtschaftlichen Ertrages, sondern Dienst am Volke ist, mit dem Ziel einer bestmöglichen Erfüllung der gestellten Aufgabe. Der Hebammenberuf ist kein Gewerbe mehr! Vielmehr Träger öffentlicher Aufgaben, deren Stellung sich derjenigen des Arztes nähert. Die Verordnung des Reichsministers des Innern über die von den Krankenkassen der Hebamme für Hebammenhilfe zu zahlenden Gebühren vom 4. Juli 1941 (RGBl. I, S. 368) regelt die Gebühren und Weggelder in der Krankenkassentätigkeit; im übrigen gelten die allgemeinen Gebührenordnungen für Hebammen der Länder. Das Gesetz bringt ferner in § 22 die Krankenversicherungspflicht für alle Hebammen, sofern ihr regelmäßiges Jahreseinkommen RM 3600·— nicht übersteigt. Ebenso sind jetzt alle Hebammen angestelltenversicherungspflichtig und nehmen seit 1929 an der berufsgenossenschaftlichen Unfallversicherungspflicht teil, so daß sie gegen Krankheit, Berufskrankheit, Berufsunfall, Invalidität und Alter ausreichend gesichert sind. Unter allen Gesundheitsberufen, die der Berufsgenossenschaft für Gesundheitsdienst und Wohlfahrtspflege angehören, haben die Hebammen die meisten und schwersten Berufsunfälle. Die Syphilis als Berufsinfektion spielt eine besondere Rolle dabei (in 12 Jahren 31 sichere Fälle!). Alle Hebammen sind Mitglieder der Reichshebammenschaft, welche die rechtsfähige, berufsständische Vertretung darstellt und der Dienstaufsicht des Reichsinnenministers untersteht. Hinsichtlich des Berufsgeheimnisses gilt für die Hebammen noch der § 300 Reichsstrafgesetzbuch, wenn sie unbefugt Privatgeheimnisse offenbaren. (Die Betonung liegt hier offensichtlich auf unbefugt.) Unbefugt ist die Offenbarung eines fremden Geheimnisses, z. B. einer bestehenden Schwangerschaft, nicht, wenn die Hebamme ein solches Geheimnis zur Erfüllung einer Rechtspflicht (Meldung einer Fehlgeburt an das Gesundheitsamt) oder sittlichen Pflicht (Verhütung einer Abtreibung durch Mitteilung an das Gesundheitsamt) oder sonst zu einem nach gesundem Volksempfinden berechtigten Zweck (Mitteilung einer Geschlechtskrankheit an das Gesundheitsamt zur Verhütung einer Eheschließung mit einer gesunden Person) offenbart und wenn das bedrohte Rechtsgut überwiegt. Das bedrohte Rechtsgut ist in allen diesen Fällen das lebende Gut der Volksgemeinschaft, welches gegenüber dem Recht der Einzelperson auf Verschwiegenheit überwiegt. Ein Runderlaß des Reichsministers des Innern vom 3. Oktober 1940 (RMBliV., S. 1913) über die Schweigepflicht der Hebammen stellt klar fest, daß jede Meldung, die im ausdrücklichen Einverständnis mit der Schwangeren oder dem Amtsarzt erstattet wird, nicht pflichtwidrig sei, da der letztere seinerseits der ärztlichen und beamtenrechtlichen Schweigepflicht unterliegt, daß aber die vielfach geforderte Mitteilung der Hebamme an Wohlfahrtsstellen von Partei und Staat, die sich mit der wirtschaftlichen Betreuung der werdenden Mütter befassen, eine Uebertretung der Schweigepflicht darstellt, weil sie das notwendige Vertrauensverhältnis zwischen Hebamme und Mutter untergrabe.

Auch mit der Tätigkeit der Anstaltshebamme hat sich die ordnende Hand der Reichsregierung befaßt. Nicht nur, daß die Ausübung der Hebammentätigkeit durch Krankenschwestern, Säuglings- und Kinderschwestern und ähnliche Kräfte unterbunden wurden, mußte sie auch zum Schutz der Anstaltshebamme durch Runderlaß des Reichsministers des Innern vom 4. Oktober 1939, IV d, 5494/39/3716 (Die Deutsche Hebamme, S. 426/39) eine Jahresrichtzahl von Geburten (in kleinen Anstalten bis höchstens 250, in größeren Anstalten bis höchstens 330, bei gleichzeitiger Ausübung der Wochenpflege und weiterer Hilfskraft höchstens 150, bei Uebernahme der gesamten Wochenpflege höchstens 100) festsetzen, Krankenpflegedienste, Arbeiten von Hausangestellten sowie Hilfeleistungen bei fieberhaften und eitrigen Erkrankungen jeder Art untersagen, wie dies schon die landesgesetzlichen Dienstanweisungen für die Hebammen vorschreiben.

Folgende Meldepflichten ergeben sich für die Hebammen:

1. Gemäß § 3, Abs. 3 der Dienstordnung für Gesundheitsämter (RMBliV. 1935, S. 327) ist Fieber im Wochenbett und jeder Todesfall einer Gebärenden oder einer Wöchnerin oder eines Neugeborenen ihrer Praxis von der Hebamme dem Gesundheitsamt anzuzeigen.

2. Jede Erkrankung der Hebamme an übertragbarer Krankheit im Sinne der VO. zur Bekämpfung übertragbarer Krankheiten vom 1. Dezember 1938 (RGBl. I, S. 1721) sowie jede solche ihr bekanntwerdende Erkrankung im Haus der Hebamme oder in dem Hause, in dem sie dienstlich zu tun hat. Nach einzelnen Dienstordnungen ist darüber hinaus jeder Fall von Augenentzündung, Schälblasen und Nabelentzündung der Neugeborenen anzeigepflichtig.

3. Gemäß Art. 3, Abs. 4 der 1. Verordnung zur Ausführung des Gesetzes zur Verhütung erbkranken Nachwuchses vom 5. Dezember 1933 (RGBl. I, S. 1021) haben sonstige Personen, die sich mit der Heilbehandlung, Untersuchung oder Beratung von Kranken befassen, Erbkranke im Sinne des § 1 des Gesetzes zur Verhütung erbkranken Nachwuchses vom 14. Juli 1933 (RGBl. I, S. 529) dem zuständigen Amtsarzt anzuzeigen. Nach dem Runderlaß des Reichsministers des Innern vom 9. Juli 1934 (RMBliV., S. 1083) sind hierzu auch die Hebammen zu rechnen.

4. Gemäß Art. 12 der 4. Verordnung zur Ausführung des Gesetzes zur Verhütung erbkranken Nachwuchses vom 18. Juli 1935 (RGBl. I, S. 1035) ist jede Unterbrechung der Schwangerschaft sowie jede vor Vollendung der 32. Schwangerschaftswoche eintretende Fehlgeburt oder Frühgeburt dem Amtsarzt anzuzeigen. Die Verpflichtung trifft die Hebamme, wenn ein Arzt nicht zugegen war oder an der Erstattung der Anzeige verhindert war. Ursprünglich sollte diese Meldung nur dazu dienen, dem Amtsarzt einen Ueberblick darüber zu verschaffen, wo etwa in seinem Bezirk sich noch die Abtreibung betätige; einzelne Amtsärzte sind heute schon

dazu übergegangen, sich jede Frühgeburt, also auch die nach der 32. Woche melden zu lassen und verwenden die Meldungen zur Bekämpfung des Frühgeburtentodes und damit der Säuglingssterblichkeit, ein Verfahren, das sich durchaus bewährt hat.

5. Gemäß Runderlaß des Reichsministers des Innern vom 18. August 1939, IV b, 3088/39—1079 Mi., betreffend die Meldepflicht für mißgestaltete Neugeborene (nicht veröffentlicht), hat die Hebamme Anzeige ans Gesundheitsamt zu erstatten, wenn ein neugeborenes Kind verdächtig ist, behaftet zu sein mit:

a) Idiotie sowie Mongolismus, besonders mit Blindheit und Taubheit,

b) Mikrocephalie,

c) Hydrocephalus,

d) Mißbildungen jeder Art,

e) Lähmungen, einschließlich Littlescher Erkrankung.

Eine ähnliche Anzeigepflicht der Hebamme ist im Preuß. Gesetz betreffend die öffentliche Krüppelfürsorge vom 6. Mai 1920 (Preuß. Ges.S., S. 280) hinsichtlich der Verkrüppelung enthalten, sowie in den einzelnen Dienstordnungen.

6. Durch Anordnung Nr. 7 der Leiterin der Reichshebammenschaft sind Einspritzungen, die gemäß Runderlaß des Reichsministers des Innern vom 30. Oktober 1939 in der Fassung vom 2. Juli 1940 (RMBliV., S. 1439) gemacht wurden, unverzüglich dem Gesundheitsamt kurz zu berichten.

7. Beobachtungen über Abtreibung oder Tötung der Leibesfrucht, Verwechslung, Unterschiebung oder Aussetzung eines Kindes, Kindesmord sind ebenfalls dem Gesundheitsamt gemäß Dienstordnung anzuzeigen (§ 18 in Preußen, § 14 in Württemberg).

8. Jede Geburt, sofern ein ehelicher Vater nicht vorhanden oder an der Anzeige verhindert ist, z. B. durch Abwesenheit im Felde, ist dem Standesamt anzuzeigen (Pers.Stds.Ges. vom 3. November 1937, RGBl. I, S. 1146, § 17, Abs. 1, Nr. 2).

9. Die bevorstehende Geburt eines unehelichen Kindes ist dem Jugendamt mitzuteilen (§ 36 des Reichsges. f. Jugendwohlfahrt vom 9. Juli 1922 (RGBl. I, S. 633) und § 11, Abs. 4 Württ. Geschäftsanweisung).

Jede Hebamme muß auch den Runderlaß des Preußischen Ministers des Innern vom 6. September 1934, IIIa, II, 3181/34 (RMBliV., S. 1137) über Hausentbindungen, Anstaltsentbindungen kennen, der von fast allen anderen Ländern in ähnlicher Form ergangen ist, und dessen Zweck es ist, die Hausentbindung wieder zur

Geltung zu bringen, ohne die Anstaltsentbindung in ihren berechtigten Interessen zu schmälern. Wenn auch der Zug in die Anstalten dadurch nicht unterbunden wurde, was ja auch nicht beabsichtigt wurde, so wurde er doch wenigstens mächtig abgebremst, obwohl die Kriegsverhältnisse ihm überaus förderlich waren. 1937 wurden 75% aller Geburten im Hause erledigt, 1940 73·75%. Dafür hat aber die Zahl der auf eine frei praktizierende Hebamme entfallenden Geburten im Altreich seit der Machtergreifung stetig und stark zugenommen von 29 im Jahr 1933 auf fast 50 im Jahr 1940.

So steht der Hebammenstand heute vor uns als einer der bestgeordneten Gesundheitsberufe, und er hat sich bereits vielfach als eine der zuverlässigsten Stützen der Gesundheitsführung des Dritten Reiches erwiesen.

Einen zahlenmäßigen Ausdruck dieser besonderen Bewährung sehen wir in der Tatsache, daß trotz der durch den Krieg bedingten Einberufung so vieler praktischer Aerzte und Geburtshelfer und trotz der übrigen kriegsbedingten Schwierigkeiten die Totgeburtenquote sich nicht ernstlich erhöht hat.

Möge der Stand nach Vollendung des Ausbaues des Hebammengesetzes unter seiner bewährten bisherigen Führung weiterhin blühen und gedeihen zum Segen unserer Volksgemeinschaft!

einem früher nicht gekannten Ausmaß in der nationalsozialistischen Ehegesetzgebung nunmehr auch der Arzt als mitentscheidender Berater eingesetzt ist. Dies verpflichtet uns aber, über den Kreis individual-medizinischer Fragestellung hinaus dem Sinn der heutigen Ehegesetzgebung genau nachzugehen oder besser gesagt, das Ziel ihrer Entwicklung ständig im Auge zu behalten. Denn es wäre verfehlt, anzunehmen, daß das heutige Gesetzgebungswerk bereits ein vollendetes und abgerundetes Werk darstellt. Die Zeit seit dem Umbruch ist viel zu kurz und zu sehr von aktuellen tagespolitischen Problemen erfüllt gewesen, als daß es möglich gewesen wäre, gerade die lebensgesetzlichen Vorgänge in unserem Volk schon klar und eindeutig in ihrer Gesamtheit gesetzlich zu regeln. Auch ist unser gesamtes Rechtsleben heute noch beherrscht von Vorstellungen, die durchaus unbiologisch sind, weil sie aus dem römischen Recht stammen, das nur das Abwägen von Schuld und Sühne einerseits und die Regelung der privatrechtlichen Beziehungen anderseits zum Gegenstand hat, somit von gedanklichen Voraussetzungen ausgeht, denen alles Biologische von Haus aus fremd ist.

In drei Gesetzen hat der nationalsozialistische Staat die Ehe behandelt: Die ersten beiden entsprangen unmittelbar rassen- und erbpflegerischen Bestrebungen. Das Gesetz zum Schutz des deutschen Blutes und der deutschen Ehre vom 15. September 1935 und die dazu ergangenen Durchführungsverordnungen verhindern die Eheschließung zwischen Fremdrassigen und Deutschen. Das Gesetz zum Schutz der Erbgesundheit des deutschen Volkes vom 18. Oktober 1935 (meist Ehegesundheitsgesetz genannt) brachte die Vorschrift, daß die Verlobten vor der Eheschließung durch ein Ehetauglichkeitszeugnis nachzuweisen haben, daß ein Ehehindernis nach den Bestimmungen dieses Gesetzes nicht vorliegt. Der Anschluß der Ostmark endlich brachte die Notwendigkeit, die sehr verschiedenartigen Ehercchte im Altreich und in der Ostmark zu vereinheitlichen. Dies geschah durch das Gesetz zur Vereinheitlichung des Rechtes der Eheschließung, und der Ehescheidung im Lande Oesterreich und im übrigen Reichsgebiet vom 6. Juli 1938 (meist kurz Ehegesetz genannt). Das letztgenannte Gesetz wurde ausdrücklich „vorbehaltlich einer abschließenden Neuordnung des gesamten Eherechtes“ beschlossen,[2] worauf besonders hinzuweisen ist, denn es finden sich immer wieder Stimmen im Schrifttum, die dieses Gesetz bereits als das nationalsozialistische Eherecht hinstellen. Wir werden später noch auf diejenigen Punkte einzugehen haben, die sich eindeutig als Kompromiß-

und Uebergangsregelungen erkennen lassen. Auch das Ehegesundheitsgesetz ist erst teilweise in Wirksamkeit, denn der § 2 dieses Gesetzes, welcher ein Ehetauglichkeitszeugnis für jedes Verlobtenpaar vorschreibt, ist zur Zeit noch nicht in Kraft gesetzt worden. Bis vor kurzem war ein Ehetauglichkeitszeugnis nur in denjenigen Fällen erforderlich, in denen sich bei der Aufgebotsbestellung bzw. bei der darauffolgenden Rückfrage beim Gesundheitsamt der Verdacht auf ein gesetzliches Ehehindernis ergab. Durch die am 1. Dezember 1941 in Kraft getretene 2. Durchführungsverordnung zum Ehegesundheitsgesetz ist nunmehr vorgeschrieben worden, daß jedes Verlobtenpaar vor der Eheschließung ein Eheunbedenklichkeitszeugnis beizubringen hat, welches im Regelfall ohne ärztliche Untersuchung lediglich auf Grund der im Gesundheitsamt bereits vorhandenen Unterlagen aus der Erbbestandsaufnahme, der Tuberkulose- und Geschlechtskrankenfürsorge usw. ausgestellt wird; nur dann, wenn sich auf Grund dieser Unterlagen der Verdacht auf ein Ehehindernis ergibt, ist ein Ehetauglichkeitszeugnis, d. h. eine ärztliche Untersuchung erforderlich. Schließlich sei noch darauf hingewiesen, daß auch die Eheschließungsbestimmungen des Blutschutzgesetzes noch nicht als abschließende Regelung der rassenpflegerischen Ehegesetzgebung angesehen werden können. Durch den Anschluß der Ostmark und insbesondere durch die Verhältnisse im Reichsgau Wien hat die Juden- und Mischlingsfrage ein in quantitativer Hinsicht völlig neues Gesicht bekommen. Lebten doch in Wien beim Anschluß an die 200.000 Volljuden und befinden sich doch heute noch im Reichsgau Wien ein Drittel aller jüdischen Mischlinge des gesamten Reichsgebietes. Damit sind zumindest für den Reichsgau Wien die derzeit geltenden Bestimmungen des Blutschutzgesetzes völlig unzureichend geworden. Endlich bringen dieser Krieg und die Verhältnisse nach Friedensschluß die Notwendigkeit der Auseinandersetzung mit einer Frage, die früher praktisch keine wesentliche Rolle in der Ehegesetzgebung gespielt hat, d. h. die Notwendigkeit einer Gesetzgebung, welche die Ehe zwischen Deutschen und nicht stammesverwandten Fremdvölkischen europäischer Herkunft verhindert; nur zum kleinen Teil handelt es sich hier um eigentliche Fremdrassige, die mit den Bestimmungen des Blutschutzgesetzes zu fassen sind, zum größten Teil aber um Fremdvölkische, die zwar nicht als fremdrassig angesehen werden können, die aber im Prozentverhältnis der sie zusammensetzenden Rassen so entscheidend vom deutschen Volk abweichen, daß eine Aufnahme einer größeren Menge etwa polnischen oder tschechischen Blutes in den deutschen Volkskörper zum sicheren Verlust der rassischen Eigenart und der kultur- und geschichtsbildenden Kraft des deutschen Volkes führen müßte.

Es ist also klar, daß die Ehegesetzgebung sich im Fluß befindet, und ich sehe es als die Hauptaufgabe meiner heutigen Ausführungen an, Sie nicht so ausführlich mit Einzelbestimmungen der genannten Gesetze zu ermüden, sondern Ihnen hauptsächlich diejenigen Probleme aufzuzeigen, die noch der Lösung harren. Was zunächst den Vorgang der Eheschließung selbst betrifft, hat das Ehegesetz von 1938 in formaler Hinsicht insofern Einheitlichkeit geschaffen, als es im gesamten Großdeutschen Reich die Eheschließung zu einer staatlichen Angelegenheit gemacht hat. Durch das kurz nach dem Ehegesetz auch in der Ostmark eingeführte Personenstandsgesetz wurde mit Einrichtung der Standesämter die organisatorische Voraussetzung für diese Regelung geschaffen. Nach dem Vorhergesagten bedarf es einer Begründung dafür wohl kaum. Es war ein für das Großdeutsche Reich untragbarer Zustand, daß im alten Oesterreich, „je nach der Konfessionszugehörigkeit oder dem Religionsbekenntnis der Verlobten, verschiedene Vorschriften über die Voraussetzungen und die Form der Eheschließung anzuwenden waren“.[3]

Vom Standpunkt der ärztlichen Eheberatung befanden wir uns bis vor kurzem deswegen in einer mißlichen Lage, weil der erste amtliche Anlaß, bei dem alle Verlobten zu erfassen waren, das Aufgebot war. Die Aufgebotsfrist beträgt aber nur 14 Tage, und diese Frist reicht sehr häufig nicht aus, um die erforderlichen ärztlichen Untersuchungen und Ermittlungen vorzunehmen. Die vorhin schon genannte 2. Durchführungsverordnung zum Ehegesundheitsgesetz hat hier insofern Wandel geschaffen, als nunmehr jeder Verlobte schon bei der Aufgebotsbestellung das genannte Eheunbedenklichkeitszeugnis vorlegen muß. Da dieses Zeugnis 6 Monate Gültigkeit hat, hat es jeder Verlobte in der Hand, sich dieses Zeugnis so rechtzeitig zu beschaffen, daß seine Eheschließung zu dem vorgesehenen Termin stattfinden kann, sofern kein gesetzliches Ehehindernis vorliegt. Ueber die Einzelheiten der ärztlichen Eheberatung habe ich in meinem Vortrag auf der „2. Wiener medizinischen Woche“[4] eingehend gesprochen. Ich möchte daher hier nur die wesentlichsten Punkte noch einmal kurz herausstellen:

Das Ehegesundheitsgesetz sieht vier Arten von Ehehindernissen vor:

a) ansteckende Krankheiten, unter denen nur die Tuberkulose und die Geschlechtskrankheiten praktische Bedeutung haben;

b) die Entmündigung bzw. die vorläufige Vormundschaft, ein Ehehindernis, das lediglich eine gesetzestechnische Ergänzung zu den Bestimmungen des Bürgerlichen Gesetzbuches darstellt, wenn auch nicht übersehen werden darf, daß der hier vorliegende Personenkreis auch aus erbpflegerischen Gründen besser von der Fortpflanzung ausgeschaltet bleibt;

c) die Geistesstörung ohne Entmündigung, soweit sie die Ehe für die Volksgemeinschaft unerwünscht erscheinen läßt;

d) die Erbkrankheiten im Sinne des Gesetzes zur Verhütung erbkranken Nachwuchses.

Es sind also im Ehegesundheitsgesetz nur die schwersten gesundheitlichen und erbpflegerischen Ehehindernisse aufgezählt. Es ist aber Absicht des Gesetzgebers, daß „durch die Einführung der Ehetauglichkeitszeugnisse nicht nur die Durchführung der gesetzlich festgelegten Eheverbote sichergestellt wird, sondern es wird gleichzeitig erreicht, daß alle Verlobten vor der Eheschießung einer Eheberatung zugeführt werden."[5] Die hier gestellte Erziehungsaufgabe wird selbstverständlich erst dann voll erreicht werden, wenn nach dem Kriege auch der § 2 des Ehegesundheitsgesetzes uneingeschränkt in Kraft gesetzt werden wird. Doch geht schon jetzt der Kreis der ärztlichen Eheberatung über den durch die Ehehindernisse umschriebenen Personenkreis erheblich hinaus, da durch zahlreiche andere gesetzliche Bestimmungen, von denen ich nur das Gesetz zur Förderung der Eheschließungen nennen will, zusätzlich ärztliche Untersuchungen der Verlobten verlangt werden, z. B. wenn ein Ehestandsdarlehen beantragt wurde. Die Eheberatung liegt heute in der Hand der Gesundheitsämter, aber auch der behandelnde Arzt und gerade der Frauenarzt hat heute schon vielfach Gelegenheit, zur Frage einer geplanten Eheschließung ärztlich Stellung zu nehmen. Es wäre zu wünschen, daß gerade diese Aerzte sich mehr als bisher mit dem Grundgedanken der Eheberatung befassen. Denn nur mit einer klaren völkischen Einstellung der gesamten Aerzteschaft sind auf die Dauer jene unerfreulichen Erscheinungen zu vermeiden, die wir in der Eheberatung heute noch so häufig sehen und die sich immer wieder daraus ergeben, daß Aerzte in Unkenntnis nicht nur der gesetzlichen Bestimmungen, sondern auch der erb- und rassenpflegerischen Grundgedanken Zeugnisse ausstellen, die dann später von den Aerzten der Gesundheitsämter für ungültig erklärt werden müssen.

Das Ehegesetz von 1938 sieht außer den gesetzlichen Ehehindernissen der Blutverschiedenheit und der gesundheitlichen Ehehindernisse noch eine Reihe von anderen Eheverboten vor, die zum Teil auch volksgesundheitliche oder erb- und rassenpflegerische Bedeutung haben. Daß eine

Ehe zwischen Blutsverwandten in gerader Linie, so zwischen voll- oder halbblütigen Geschwistern, nicht geschlossen werden darf, ist wohl selbstverständlich. Neu an dieser Bestimmung ist aber, daß der § 6 des Ehegesetzes von der Blutsverwandtschaft ausgeht (wie das früher schon das österreichische Allgemeine bürgerliche Gesetzbuch tat), indem es auch die auf uneheliche Geburt beruhende Blutsverwandtschaft einbezieht. Die frühere unsinnige rechtliche Regelung des Altreiches, die an Stelle des biologischen Verwandtschaftsbegriffes den juristischen verwendete, ist damit gefallen. Aus dem Bürgerlichen Gesetzbuch übernommen ist die Bestimmung, daß eine Ehe nicht geschlossen werden darf, zwischen einem wegen Ehebruches geschiedenen Ehegatten und demjenigen, mit dem er den Ehebruch begangen hat. Neu ist der hinzugefügte Satz, daß von dieser Vorschrift Befreiung bewilligt werden kann und daß diese Befreiung nur versagt werden soll, wenn schwerwiegende Gründe der Eingehung der neuen Ehe entgegenstehen. Die amtliche Begründung sagt hierzu, „daß die Tatsache des Ehebruches allein noch nicht genügen solle, um eine Eheschließung der an dem Ehebruch Beteiligten dauernd zu verhindern. Das Verbot wird vielmehr nur dann aufrecht zu erhalten sein, wenn weitere schwerwiegende Umstände, z. B. mangelnde Erbgesundheit oder ein zu großer Altersunterschied der Beteiligten die neue Ehe unerwünscht erscheinen lassen". Diese richtungweisende Bestimmung für die Befreiungsbehörden entspricht biologischen Grundgedanken, denn es wäre sinnwidrig, eine aus biologischen Gründen erwünschte Eheschließung nur aus überkommenen formalen oder moralischen Bedenken heraus dauernd verhindern zu wollen.

Auch die Bestimmungen über die Nichtigkeit der Ehe enthält manchen biologischen Gedanken. Am stärksten kommt dies in der Bestimmung zum Ausdruck, daß eine Ehe nichtig ist, wenn sie z. B. ausschließlich oder vorwiegend zu dem Zweck geschlossen ist, der Frau die Führung des Familiennamens des Mannes oder den Erwerb der Staatsangehörigkeit des Mannes zu ermöglichen.

Ein besonders vielerörtertes Kapitel im Eherecht ist von jeher das Recht der Ehescheidung gewesen. Im neuen Ehegesetz haben sich hier bevölkerungspolitische und lebensgesetzliche Gedanken schon teilweise durchgesetzt, an vielen Stellen sehen wir aber noch Rückstände formalen und unbiologischen Denkens, was kein Vorwurf gegen den Gesetzgeber sein soll, sondern — wie auch die amtliche Begründung ausführt — lediglich die Tatsache wiederspiegelt, daß unser Volk erst zum kleinen Teil gerade in diesen, jeden persönlich so außerordentlich eng angehenden

Dingen bereit ist, den hier ganz besonders umwälzenden nationalsozialistischen Gedankengängen zu folgen. Das Ehegesetz von 1938 teilt die Ehescheidungsgründe in solche wegen Verschuldens und solche aus anderen Gründen. Während der Vorbereitung zum Ehegesetz ist von nationalsozialistischer Seite, insbesondere von der Akademie für deutsches Recht immer wieder hervorgehoben worden, daß durch eine Behandlung der Ehescheidung vom Standpunkt der Schuld und Sühne dem lebensgesetzlichen Sinn der Ehe niemals Rechnung getragen werden kann. Immer wieder ist gefordert worden, daß das Recht der Ehescheidung auf der Grundlage aufgebaut werden müsse, die volksbiologisch wertvolle, kinderreiche Ehe mit allen Mitteln zu erhalten und zu stärken, die Auflösung einer Ehe aber, die ihren lebensgesetzlichen Zweck nicht erfüllt, vor allem dann zu erleichtern, wenn die Aussicht besteht, daß einer der Ehepartner in einer neuen Ehe deren eigentliches Ziel zur Erfüllung bringen kann. Dies müßte wohl auch im künftigen Ehe- und Familienrecht die Grundlage der anzustrebenden gesetzlichen Regelung bilden. Das Ehegesetz von 1938 glaubte aber auf die alten Grundsätze von Schuld und Sühne nicht verzichten zu können. Der Gesetzgeber hat allerdings neben den Ehescheidungsgründen wegen Verschuldens noch andere Gründe zugelassen, unter denen das Moment der „objektiven Zerrüttung" eine gewichtige Rolle in der Vorbereitung und Abfassung des Gesetzes gespielt hat. Als „zerrüttet" werden Ehen angesehen, in denen z. B. der eine Ehegatte ein Verhalten zeigt, das deswegen nicht als Eheverfehlung angesehen werden kann, weil es auf einer geistigen Störung beruht, wenn dadurch die Ehe so tief zerrüttet ist, daß die Wiederherstellung einer dem Wesen der Ehe entsprechenden Lebensgemeinschaft nicht erwartet werden kann. Ein Ehegatte kann weiter Scheidung begehren, wenn die Geisteskrankheit des anderen Ehepartners einen solchen Grad erreicht hat, daß die geistige Gemeinschaft zwischen den Ehegatten aufgehoben ist und eine Wiederherstellung der Gemeinschaft nicht erwartet werden kann oder wenn der andere Ehegatte an einer schweren ansteckenden oder ekelerregenden Krankheit leidet, wenn die Heilung oder die Beseitigung der Ansteckungsgefahr in absehbarer Zeit nicht erwartet werden kann. Eine Scheidung ist weiter möglich, wenn ein Ehegatte nach der Eheschließung vorzeitig unfruchtbar geworden ist.

Aus diesen Fragestellungen ergibt sich von selbst, daß der Arzt in einer großen Reihe von Fällen als Gutachter eingeschaltet werden muß. Kloos[6] und Rehwald[7] haben Zusammenstellungen von ärztlich wichtigen Reichsgerichtsentscheidungen in Einzelfragen des Ehegesetzes gegeben, auf die ich hier nur hinweisen möchte, ohne näher auf die einzelnen damit zusammenhängenden Gutachterfragen einzugehen. Eine grundsätzlich wichtige Frage aber schneidet eine im August 1941 erschienene Arbeit von Wagner,[8] Leipzig, an, die über zwei Fälle aus der Klinik Bostroem berichtet und dabei zu den Grundgedanken des Ehegesetzes Stellung nimmt. Der Aufsatz ist meines Erachtens zu Recht auch von politischer[9] Seite sehr scharf angegriffen worden. Wagner führt hier einen etwa folgendermaßen gelagerten Fall an:

Eine bisher kinderlose 27jährige Frau eines Bauern erkrankt nach zweijähriger kinderloser Ehe in der Schwangerschaft an Pyelitis, an die sich eine schwere Schwangerschaftstoxikose anschloß, die die Unterbrechung der Schwangerschaft im 7. Monat notwendig macht. Nach dreimonatiger Krankheit genas sie, es blieb jedoch eine schwere polyneuritisch bedingte Lähmung beider Beine mit schwerster Abmagerung der Beinmuskulatur und Versteifung der Gelenke zurück. Nur zum kleinen Teil gelang es, diese Erscheinungen zu beseitigen, so daß die Patientin nach einjähriger Behandlung in weitgehend hilflosem und pflegebedürftigem Zustand entlassen werden mußte. Der Ehemann verlangte darauf eine schriftliche Bestätigung, daß seine Frau unheilbar krank sei, um damit die Ehescheidung zu betreiben. Wagner macht nun dem Bauern den Vorwurf, daß er sich rein von Ueberlegungen der Vernunft und Zweckmäßigkeit leiten laßt, und meint dann: „Treue, Liebe, Hingebung und Opferbereitschaft gehören als Wesenszüge zu den Forderungen des Tages, wenn der nationalsozialistische Staat den Charakter höher stellt als die Intelligenz. Sie alle sind eng mit unserer Gefühlswelt verbunden und stehen wiederum den Forderungen der Vernunft polar entgegen." Er führt dann weiter aus, daß zwar von der Erhaltung, besser noch Vermehrung der Volkszahl der Bestand eines Volkes abhänge. Auf Grund „kalter Ueberlegung" könne man also dem Bauern recht geben. Es handle sich aber bei diesem Bauern, wie auch sonst im allgemeinen, um nichts anderes als um den gewissenlosen Versuch, sich auf Kosten der anderen das Leben bequem zu machen, indem man sich seiner sittlichen Verpflichtung entzieht und sich mit einigen idealen Phrasen deckt. Es sei daher dem Bauern zu erwidern gewesen, daß der Staat an Kindern, die seinesgleichen sind, nicht interessiert sein kann.

Hierzu ist folgendes zu bemerken:

Die Tatsache, daß einzelne Menschen das Begehren nach Ehescheidung in derartig gelagerten Fällen aus eigensüchtigen Beweggründen stellen, kann nicht der Grund sein, diese eigensüchtigen Motive einzelner, wie Wagner dies tut, zu verallgemeinern. Der Bauer hat heute mehr als je die sittliche Verpflichtung, eine große Familie zu haben, und es muß ihm daher das Eherecht in solchen, Gott sei Dank nicht so häufigen Fällen, die Möglichkeit zu einer neuen Eheschließung geben.

Wagner geht in seinen Ausführungen aber dann noch weiter ins grundsätzliche. Er will die vom nationalsozialistischen Staat für die Ehe und die Familie aufgestellten Verpflichtungen des Kinderreichtums rein auf das rationale Gebiet schieben und stellt in, wie er sagt, polaren Gegensatz dazu die sittlichen Verpflichtungen zwischen den einzelnen Ehegatten. Wohl entstehen in solchen Fällen, in denen weder die Momente von „Schuld und Sühne" eine Rolle spielen, noch von einer „objektiven Zerrüttung" gesprochen werden kann, Konflikte — aber nicht zwischen dem Rationalen und dem Sittlichen, sondern zwischen der individuellen Treueverpflichtung und der Treue zu den Lebensgesetzen des eigenen Volkes. „Treue" ist eben keine absolute Eigenschaft, sondern das Verhalten in einer ganz bestimmten sittlichen Beziehung, und es ist nicht nur möglich, sondern eine ganz alltägliche Erscheinung, daß zwischen individuellen Verpflichtungen und solchen der Allgemeinheit gegenüber Konflikte entstehen. Aufgabe der Gesetzgebung ist es, die Zahl solcher Konfliktsmöglichkeiten gering zu halten. In Zeiten großer weltanschaulicher Umwälzungen ist es aber unvermeidlich, daß sich die Konfliktstoffe vorübergehend häufen. Gerade in solchen Zeiten muß man sich aber hüten, den einzelnen zu verdammen, weil er sich zwischen zwei Verpflichtungen so oder so entscheidet. Gerade in unfruchtbaren Ehen müssen diese Konflikte heute in großem Umfange auftreten, um so mehr, als wir leider die Beobachtung machen müssen, daß gerade unter den jungen, seit dem Umbruch geschlossenen Ehen der Prozentsatz der ungewollt kinderlosen unerwartet groß ist. So schwer das Einzelschicksal ist, so ist es im völkischen Sinne doch eine erfreuliche Erscheinung, daß die Kinderlosigkeit nicht gleichgültig hingenommen oder als Möglichkeit eines bequemen Lebens sogar begrüßt wird, sondern daß die junge Generation bereits weitgehend das Bewußtsein hat, daß diese Ehen ihren letzten Sinn nicht erfüllen. Wir dürfen uns nicht wieder vom Biologischen ab in die Welt kirchlich dogmatischer Vorstellungen führen lassen, die ebenfalls allem lebensgesetzlichen Denken den Vorwurf rationaler und materieller Einstellung machen und diese Dinge in Gegensatz stellen zu dem angeblich von allem Lebendigen völlig losgelösten Sittlichen. Wir müssen uns heute wieder daran erinnern, daß es alter deutscher oder besser gesagt germanischer Rechtsauffassung entspricht, die sittlichen Verpflichtungen auch unmittelbar aus dem Lebensgesetzlichen herzuleiten. Es ist kein Zufall, daß in der deutschen Sprache der biologische Begriff der Züchtung mit den sittlichen Begriffen der Zucht und der Erziehung so eng zusammenhängen. Kirchlich-dogmatische

Moralvorstellungen haben uns aus dem Gegensatz Zucht und Unzucht nur den negativen Teil in die Rechtsvorstellungen hineingelassen. Nach alten germanischen Rechtsvorstellungen ist Zucht das, was der Erhaltung der Art dient,[10] Unzucht alles das, was sie gefährdet. Das deutsche Volk hat heute nicht mehr das Glück, als selbstverständlichen weltanschaulichen sittlichen Besitz Begriffe zu haben, die den Zusammenhang von Sitte und Arterhaltung ohneweiters sichern. Es wird sich diese Begriffe erst langsam wieder erarbeiten müssen, wenn es seinen Bestand erhalten will. Manchen mögen diese Vorstellungen heute noch allzu ungewohnt erscheinen, was angesichts der langen, völlig entgegengesetzten Wirkung kirchlicher Sittenlehren nicht zu verwundern ist. Welche Kraft aber ein Volk aus solchen Vorstellungen gewinnen kann, zeigt uns gerade in diesen Tagen das japanische Volk, das auf Grund einer uralten, religiösen, eng mit dem Lebensgesetzlichen verbundenen Entwicklung zu einer so großen inneren Kraft gewachsen ist, daß es den geistig sicher überlegenen, aber biologisch ausgehöhlten westlichen Demokratien in einer derartig kraftvollen Weise entgegentreten kann. Die inneren Gesetze, die für das japanische Volk gelten, können selbstverständlich keinesfalls auf das deutsche Volk übertragen werden. Wesentlich ist nur, daß das Sittliche überhaupt sich unmittelbar aus dem Lebensgesetzlichen ableitet.

Alle Dinge sind hier noch in gärender Entwicklung und Gegenstand großer zum Teil sich gerade eben erst anbahnender weltanschaulicher Auseinandersetzungen. Wir sehen daher auch, mit welch großer innerer Berechtigung die Eingangsklausel des Ehegesetzes und die amtliche Begründung ausdrücklich davon sprechen, daß die Neugestaltung des gesamten Ehe- und Familienrechtes noch der Zukunft vorbehalten bleiben muß. Es war selbstverständlich unmöglich, im Rahmen eines so kurzen Vortrages alle Probleme des Eherechtes erschöpfend zu behandeln. Ich habe mich aber bemüht, einige der grundsätzlich wichtigsten Fragen herauszugreifen und an ihnen zu zeigen, wie zwar der Einbruch der Biologie in das Eherecht in einem ersten kühnen Ansturm bereits erfolgt ist, wie aber gerade durch dieses Eindringen biologischer Gedankengänge weltanschauliche Gegensätze zwischen Gestern und Morgen aufgedeckt werden, zu deren Lösung hoffentlich die junge ärztliche Generation von heute nach Abschluß dieses Krieges einen entscheidenden Teil wird beitragen können.

Literatur: [1] Hitler, A.: Mein Kampf. — [2] Scanzoni v.: Das großdeutsche Ehegesetz. 2. Aufl. Berlin: F. Vahlen, 1939. — Amtliche Begründung zum Ehegesetz. Deutsche Justiz, S. 1102, 1938. — [4] Vellguth, H.: Erbpflegerische Eheberatung. Dtsch. Aerztebl., S. 73, 1941. — [5] Amtliche Begründung zum Ehegesundheitsgesetz, zitiert nach Gütt-Linden-Maßfeller: Blutschutz- und Ehegesundheitsgesetz, S. 38. München: Lehmann, 1938. — [6] Kloos, G.: Psychiatrisch wichtige Entscheidungen zum neuen Ehegesetz. Fschr. Neur., XIII, 1941. — [7] Rehwald, E.: Psychiatrisch bedeutsame Reichsgerichtsentscheidungen zum Ehegesetz. Med. Klin., Nr. 48 vom 28. November 1941. — [8] Wagner: Ehescheidung und Bevölkerungspolitik. Münch. med. Wschr., 1941, Nr. 33, S. 907. — [9] Das Schwarze Korps vom 25. September 1941. — [10] Vgl. Darré: Neuadel aus Blut und Boden, S. 128. München: Lehmann, 1938.

Die Frau im Laufe der Zeiten als Heilerin und Helferin des Arztes

Von

Professor Dr. **F. Lejeune**

Wien

In dem geschichtlichen Rückblick, den ich zur Krankenpflege im Handbuch der Krankenpflege von Fischer-Groß-Venzmer schrieb, leitete ich meine Ausführungen mit den Sätzen ein:

„Die Krankenpflege beginnt in dem Augenblick, wo ein gesunder Mensch sich eines Kranken annimmt, ihn hegt und wartet, ihn legt und bettet, für seine leiblichen Bedürfnisse, für die Linderung seiner Schmerzen und seine Wiederherstellung sorgt. Diese Aufgabe ist schon zur Zeit des Urmenschen zunächst dem Weibe zugefallen. Daß schon in der Urzeit Mütter erkrankte Kinder und Frauen ihre auf der Jagd oder im Kampfe verletzten oder sonstwie an Leib und Gesundheit geschädigten Männer gepflegt haben, darf man ohneweiters annehmen."

Schon sehr früh, besonders aber bei den Urkulturvölkern, treten in der Mythologie Göttinnen oder Halbgöttinnen auf, die, in medizinischen Dingen bewandert, selbst heilen oder zumindest bei der Heilung Kranker helfen. Typisch dafür sind die ägyptische und die griechische Mythologie. Dabei zeigt sich, daß ursprünglich die Götter selbst erkranken konnten und ihnen von heilkundigen Göttinnen Hilfe wurde. Im ägyptischen Religionskreis sind es besonders die Göttinnen Isis und Neït, denen heilkundige Handlungen zugeschrieben werden. Göttinnen bereiten Arzneimittel für kranke Götter; später sind diese Arzneimittel den Menschen bekanntgeworden und ihnen zugute gekommen. Die ägyptischen Göttinnen lehrten die Menschen vor allem die magischen Heil- und Zauberformeln, als deren Urheberinnen sie galten. Drei weitere Göttinnen, Sechmed, Pacht und Bastet, wachten über den Kindersegen; an sie wandten sich gebärfreudige Frauen mit der Bitte um zahlreiche Nachkommenschaft.

Häufig trat eine sogenannte Heiltrias auf, d. h. ein göttliches Ehepaar und ein Sohn. So in Aegypten Osiris und Isis mit ihrem Sohn Horus. Aehnliche Verhältnisse finden wir im alten Griechenland. Der Heilgott Asklepios hat neben sich seine Gattin Epione, die Schmerzlinderin, und seine Töchter, Jaso, die Heilende, Hygieia und die Allheilerin Panakaia. Auch die jungfräuliche Göttin Athene trat früh in den Kreis der Heilgottheiten; vielleicht ist sie, dem altkretischen Kult entstammend, noch älter als die Götterfamilie des Asklepios. In der griechischen Mythologie werden häufig Göttinnen oder Halbgöttinnen geschildert, die Heilhandlungen vornehmen oder zumindest ihre Schutzbefohlenen gegen körperliche Schäden und Krankheiten schützen und verteidigen. Schöne Beispiele dafür finden sich bei Homer, aber auch in einer Reihe anderer altgriechischer Epen und Dramen.

Die Heilfunktion der Frau blieb aber nicht nur den griechischen Göttinnen vorbehalten, sondern knüpfte sich bald an die griechische Frau selbst. In den ältesten Zeiten der griechischen Kultur, sicher aber zur Zeit des Hippokrates, also etwa um 450 v. Chr., hat die Frau in der Familie des griechischen Arztes, des Asklepiaden, eine verantwortungsvolle Aufgabe zu erfüllen. Man versteht dies erst recht, wenn man bedenkt, daß der altgriechische Arzt neben seiner Sprechstundentätigkeit im eigenen Hause, in diesem oder nahe dabei, fast regelmäßig eine kleine Privatklinik unterhielt, in die er bettlägerige Patienten aufnahm. Die Zahl der aufgenommenen Kranken mag dabei erheblich geschwankt haben. Dies tut aber nichts zur Sache. Sicher ist jedenfalls, daß die Arztfrau, wahrscheinlich auch andere Familienangehörige, also auch die Töchter, dem Vater zur Hand gingen und in der Krankenpflege sich weitgehend betätigten.

Eine ebenso wichtige Rolle spielte nicht nur zur Zeit des Hippokrates, sondern besonders auch während der alexandrinischen Hochblüte, also etwa nach 300, die Hebamme. Wir wissen, daß sie geradezu unentbehrliche Helferin des Arztes war, und zwar nicht nur beim Geburtsakt selbst, sondern auch bei der Voruntersuchung der Frau und allem ähnlichen. Lange Zeit war es dem Arzt nicht gestattet, die körperliche Untersuchung der Patientin selbst vorzunehmen. Vielmehr geschah die Untersuchung durch die Hebamme; diese schilderte dem anwesenden Arzt den von ihr festgestellten Befund, auf Grund dessen der behandelnde Arzt erst seine Anordnungen treffen konnte, die hinwiederum von der Hebamme ausgeführt und überwacht wurden. Es bestand also zwischen Arzt und Hebamme eine weit engere Arbeitsgemeinschaft als jemals später, ja, der Arzt war geradezu auch für die Diagnosestellung auf die Hebamme, also auf weibliche Hilfe angewiesen.

Darüber hinaus möge an dieser Stelle auch eines im allgemeinen wenig geschätzten Berufes gedacht sein, der sowohl im alten Griechenland als auch im Mittelalter und schließlich noch in der Neuzeit seine Berechtigung erwiesen hat: Ich denke an die zahlreichen Kräutersammler und Kräutersammlerinnen. Auch hier haben Frauen eifrig gearbeitet. Es ist zwar richtig, daß schon früh sowohl männliche als auch weibliche Kräutersammler im geheimen oder ganz offen gekurpfuscht haben; aber dies lag in der Natur der Sache selbst.

Auch der Amme als Hilfe und Stütze des Arztes sei bei dieser Gelegenheit gedacht. Ihre Bedeutung hat kein Geringerer als einer der größten nachhippokratischen Aerzte, Soranos von Ephesos, gewürdigt, der unter den Kaisern Hadrian und Trajan in Rom eine Zierde griechischer Medizin war. Die Amme war ihm so wichtig, daß er ein eigenes Büchlein schrieb, in dem er Regeln für die Auswahl der Ammen festlegte. Diese Regeln können heute noch als gültig anerkannt werden. Ganz besonders rückte die Frau als Helferin des Arztes in Ostrom, d. h. im byzantinischen Kaiserreich, vor allem in Konstantinopel, in den Vordergrund, nachdem Kaiser Konstantin nach Ueberwindung all seiner Widersacher noch einmal das gewaltige Reich vereint und zum Dank für die Hilfe des von ihm angerufenen Christengottes nach der Schlacht an der milvischen Brücke das Christentum als mit der alten Götterreligion gleichberechtigt anerkannt und schließlich zur Staatsreligion erhoben hatte. Er selbst trat zwar erst auf dem Totenbett, 337 n. Chr., durch den Empfang der Taufe zum Christentum über. Aber die unter seiner Regierung mächtig ausgebreiteten christlichen Tendenzen hatten bei seinem Tode schon reiche Früchte getragen. Die Gründung von Spitälern in Konstantinopel sind hier als sichtbare Erfolge zu verzeichnen. Die Lehre von der christlichen Nächstenliebe beseelte nun die Krankenpflege. Kann man im

Anfang auch noch nicht von ausgesprochenen Krankenhäusern im heutigen Sinne sprechen, so muß doch betont werden, daß auch schon in ihren Vorläufern, den sogenannten Armen- und Altersheimen, in die übrigens nicht selten auch kranke Menschen aufgenommen wurden, Frauen als Helferinnen und Pflegerinnen tätig waren. Es entstand die sogenannte Gilde oder Vereinigung der Diakonissen, die unter kirchlicher Aufsicht Krankenpflege sowohl im Krankenhaus als auch im Hause des Patienten übten. Sie standen dabei den männlichen Diakonen in nichts nach. Bei dieser Gelegenheit sei auch daran erinnert, daß die Kaiserinmutter Helena ein beachtliches Greisenheim errichtete. An den byzantinischen Krankenhäusern der späteren Zeit, vor allem unter Justinian, begegnen wir auch schon ausgebildeten Aerztinnen. Leider sind uns Einzelheiten über diese Aerztinnen nicht bekannt, und wir kennen bis heute keine Berichte persönlicher Art über sie.

Im Mittelalter war es besonders die Zeit der Kreuzzüge, die aus äußeren Notwendigkeiten heraus Krankenvereinigungen mit mehr oder weniger geistlichem Gepräge erstehen ließ, deren vorzüglichste Aufgabe es war, die kranken und verwundeten Kreuzfahrer zu versorgen und zu betreuen. Von diesen Kreuzzugsorden waren es die Johanniter, die zuerst Frauen als Helferinnen aufnahmen. Später rückte der sogenannte dritte Orden der Franziskaner, die Tertiarier, in den Vordergrund; auch sie nahmen Frauen auf, die sie in der Krankenpflege ausbildeten und als Pflegerinnen verwandten. Sehr alt ist auch der heute nur noch in kleinen Ausläufern bestehende Orden der Grauen Schwestern, die eine Vereinigung ordensmäßiger Art einzig und allein zum Zwecke der Krankenpflege darstellen. — Etwa um 1250 entstand in Flamland eine eigentümliche, kirchlich nicht gebundene Vereinigung von Frauen und Mädchen, die Beguinen, die neben der Pflege der Armen sich vor allem der Krankenwartung widmeten. Sie sind nie ein richtiger Orden geworden, obgleich sie in vielen Städten in kleinen Siedlungen, den Beguinenhöfen, zusammenwohnten und zeitweise eine erhebliche Ausbreitung über ganz Europa gewannen. Beguinenhöfe bestehen heute noch in einer Reihe flandrischer Städte, aber auch in Norddeutschland, so z. B. in Stralsund.

Zwischen 1100 und 1200 blühte am Golf von Pästum, südlich von Neapel, in der günstig gelegenen Stadt Salerno, wahrscheinlich unter dem Einfluß germanischer Normannen, eine ebenfalls vom Klerus ziemlich unabhängige Medizinschule, die weltberühmte Schule von Salerno, die, auf uraltem hippokratischem Gut aufbauend, recht Beachtliches schuf. Aus dieser Periode ist uns der Name einer Frau, der Trotula (um 1100), überliefert. Es ist um sie ein wissenschaftlicher Streit entstanden, insofern als ein Teil der Sachverständigen den Namen als die Bezeichnung eines Buches auffassen, wie Pagel und Sudhoff meinen; andere, so Diepgen und neuerdings Creutz, halten die Trotula für die Gattin eines salernitanischen Arztes. Wie dem auch sei, die unter dem Titel „Trotula" gehenden Schriften sind auf jeden Fall in jeder Hinsicht brauchbar und für die damalige Zeit als fortschrittlich zu bezeichnen.

Ehe wir uns der Neuzeit zuwenden, wollen wir noch der im Mittelalter weitverbreiteten und fast in jedem kleineren Orte vorkommenden Badestube gedenken. Auch an und in ihnen hat unter der Leitung des „Baders" die Frau als Helferin des Arztes und des Baders gewirkt. Zwar mögen diese Badehelferinnen sicherlich keine besonders wichtige Rolle gespielt haben, aber immerhin sollte man sie nicht vergessen oder gar so tun, als ob es sich dabei nur um minderwertige Weiber gehandelt hätte. Etwas Aehnliches gilt für die die Söldnerheere begleitenden Marketenderinnen. Gewiß mögen sie nicht immer reine Engel gewesen sein, aber wir wissen aus zuverlässigen Berichten, daß die Marketenderin nicht selten dem Feldscher bei der Versorgung verwundeter Soldaten hilfreich zur Hand gegangen ist.

Umstritten ist die Stellung der hl. Hildegard von Bingen (1099 geb.). Sie war Aebtissin des Klosters zu Bingen, von dem heute nur noch die nachgebaute Kapelle auf dem Bingerberg besteht. Sie schrieb zwei Bücher, die „Physica" und die „Causae et curae". Pagel möchte sie einfach in die „Mönchsmedizin" einordnen. Man tut ihr aber damit unrecht, denn in vielem erweckt sie doch den Eindruck eigener Selbständigkeit und persönlichen Fortschreitenwollens, was natürlich nichts daran ändert, daß sie, dem Zeitgeist entsprechend, auch viel tollen Aberglauben zu Papier bringt.

Hier dürfte auch der Platz sein, einiger Heiliger zu gedenken, deren Beliebtheit bis auf den heutigen Tag noch nachweisbar ist.

Daß das Volk mit allen seinen Leiden und Kümmernissen sich an die Gottesmutter wendet, ist selbstverständlich, war sie doch als Mutter des Herrn die beste Mittlerin zu ihrem Sohne. Große Heilkräfte, besonders in Nöten der Frauen, sprach man einer Zahl anderer Heiliger zu, so der hl. Barbara, der hl. Veronika und der Mutter Anna. Spezialheilige weiblichen Geschlechts gab es eine ganze Reihe. Erwähnen wir hier nur die allbekannte Zahnpatronin, die hl. Apollonia.

In der Neuzeit ging die Pflegetätigkeit der oben erwähnten Orden im allgemeinen unverändert weiter. Einige neue Orden wurden gegründet, deren Regeln bezüglich der Krankenpflege jedoch kaum etwas Neues brachten.

Um 1600 machte eine Französin Louise Bourgeois als vorzügliche Hebammenlehrerin von sich reden. Sie wurde noch übertroffen von der wirklich hochbeachtlichen jüngeren Marguerite du Tertre, die seit 1660 sogar Lehrerin der Geburtshilfe und Oberhebamme im Hôtel Dieu, also einem der hervorragendsten Spitäler Europas, war und ein durchaus vernünftiges und zweckmäßiges Hebammenlehrbuch veröffentlicht hat. Ein Analogon zu ihr ist die berühmte Justine Siegemundin, die 1705 hochgeehrt starb. Sie war Hofhebamme am brandenburgischen Hofe und gab 1690 ein heute noch lesenswertes Büchlein heraus unter dem Titel „Churbrandenburgisch Hoff-Wehe-Mutter", eine Bezeichnung, die später auf sie selbst übergegangen ist.

Um 1600 führte der deutsche Chirurg Fabricius von Hilden die erste Extraktion eines Eisensplitters aus dem Auge eines Patienten durch; wahrscheinlich ging die Idee von seiner Frau aus!

Nach 1700 ging das früher gar nicht so schlecht bestellte Krankenhaus und mit ihm die Krankenpflege steil bergab, um in der Mitte des 18. Jahrhunderts einen erschreckenden Tiefstand zu erreichen. In dieser Zeit war es wirklich so, daß allerhand windiges Volk und heruntergekommene Frauenzimmer in der Krankenpflege Unterschlupf suchten und fanden. Besonders englische Berichte schildern uns diesbezüglich grausige Dinge. Aus dieser Zeit sei des Namens einer tapferen Französin gedacht, der Jeanne Mance, die in Montreal, der damaligen Hauptstadt des französischen Nordamerika, das erste Krankenhaus besserer Art gründete. — War schon die Krankenpflege miserabel, so waren es erst recht die Verhältnisse in den Gefängnissen. Neben dem Engländer John Howard, der 1789 starb, war es wieder eine Frau, Elisabeth Fry, die bezüglich der Gefangenenpflege und der Betreuung kranker Gefangener bahnbrechend wirkte. Wir werden sie noch an anderer Stelle nennen müssen.

Jedenfalls lagen noch um 1800 Krankenhaus und Krankenpflege sehr im argen. Die Reform und die Schaffung menschenwürdiger Zustände gingen von Deutschland aus. Ein deutscher Pastor, Fliedner, gründete 1836 in Kaiserswerth am Niederrhein aus eigenen Mitteln ein

Krankenhaus, dem er vor allen Dingen den Zweck gab, tüchtiges weibliches Pflegepersonal heranzubilden. Eine seiner Schülerinnen, die in Florenz geborene Engländerin Florence Nightingale, trat später in seine Fußstapfen. Die von Fliedner gestifteten Ausbildungsheime nannte man seit 1836 Diakonissenanstalten und die in ihnen tätigen und aus ihnen hervorgegangenen Pflegerinnen Diakonissen. Sie hatten eigene Verfassung und trugen Tracht. Die ersten Diakonissen zogen noch 1836 ins städtische Krankenhaus in Elberfeld ein, wo sie als Vorbild für alle späteren Nachahmungen bis heutigentags ihr Werk erfüllen. Fliedner war zweimal verheiratet. Beide Frauen, die erste eine geborene Münster, und die zweite, eine geborene Bertheau, haben an der großartigen und erfolgreichen Reformtätigkeit Fliedners bedeutenden Anteil. 1849 gingen die ersten deutschen Diakonissen nach Amerika und 1850 wurden die ersten deutschen Diakonissenhäuser in Alexandria, Smyrna, Beirut und Konstantinopel gegründet. Die Ausbildung des Schwesternnachwuchses geschah hinfort in den später auch „Mutterhäuser" genannten Heimen, die stets mit einem Krankenhaus verbunden waren, unter der Leitung einer Oberin und eines approbierten Arztes standen, und die jährlich Hunderte von vorzüglich ausgebildeten Schwestern entließen.

Florence Nightingale, die bei Fliedner gearbeitet hatte, ging 1854 als erste Frau mit einer Schar Gleichgesinnter als Kriegsschwester mit dem Heer an die Front. Sie errichtet im gleichen Jahre, während des Krimfeldzuges, das erste Militärlazarett in modernem Sinne, an dem Frauen tätig waren.

1859 schrieb sie das erste moderne Lehrbuch der Krankenpflege und im gleichen Jahre ein bahnbrechendes Buch über die Einrichtung von Krankenhäusern. Aehnliche Bestrebungen finden wir bei der oben bereits erwähnten Elisabeth Fry, die einen Kreis von Frauen und Mädchen um sich sammelte, die sich in den Londoner Spitälern zur freiwilligen Krankenpflege zur Verfügung stellten.

1859 starb in Hamburg Amalie Sieveking, von der man leider heute nicht mehr allzuviel spricht, und doch ist ihr viel zu verdanken. Aus eigenem Antrieb rief sie 1832 den „Frauenverein für Armen- und Krankenpflege" ins Leben. Sie stammte aus einer vornehmen Hamburger Familie, was ihr die Ablehnung und den Spott der Hamburger Gesellschaft eintrug, die es einer Frau aus guter Familie unwürdig hielt, sich mit Krankenpflege und ähnlichen Dingen abzugeben. Später allerdings verstummten die Gegner, als die Cholera über Hamburg hereinbrach und Amalie Sieveking mit ihrer Schar nun kräftig für die Versorgung der Cholerakranken eintrat und in den Choleraspitälern als guter Engel erschien. Auch bezüglich der Neuordnung des Krankenwesens hatte sie große Pläne, derentwegen sie mit dem Freiherrn v. Stein in Verbindung trat.

Aus der Zeit der Freiheitskriege stammen die sogenannten vaterländischen Frauenvereine. Sie waren von einsichtsvollen Landesfürstinnen der deutschen Staaten gegründet worden; bei ihnen trat zum erstenmal bei einer Krankenpflegeorganisation größeren Stils alles Religiöse zurück, und zum erstenmal wurden hier Frauen aller Stände zu einem gemeinsamen Ziel zusammengefaßt, nämlich zur freiwilligen Krankenpflege im Dienste des kämpfenden Heeres.

Im 19. Jahrhundert, besonders aber auch während der Freiheitskriege, leisteten vor allem in der Heimat die verschiedenen Krankenpflegeorden wertvolle Dienste. Da sind wieder zu nennen die noch aus dem Mittelalter stammenden Grauen Schwestern, ferner die Alexianerinnen, die Augustinerinnen und nicht zuletzt die 1832 von Frankreich gekommenen Vincentinerinnen. Von den Beguinen sehen wir zu dieser Zeit nur noch sehr wenig.

Einen gewaltigen Aufschwung der gesamten Krankenpflege, im Kriege vor allem, brachte das Jahr 1863 mit der Gründung des Roten Kreuzes. Der Schweizer Henri Dunant hatte die Schrecken der Schlacht von Solferino als unbeteiligter Wandersmann erleben müssen und gesehen, in welch bedauerlicher Weise die verwundeten Soldaten bei Freund und Feind vernachlässigt wurden. Diesem Uebel wollte er durch eine internationale Regelung abhelfen. Es gelang ihm, eine Reihe von Staaten, besonders auch deutsche Kleinstaaten, zu interessieren. Nach weitgehenden Vorarbeiten kam dann 1864 in Genf die sogenannte „Genfer Konvention" zustande, deren Grundpfeiler die Neutralitätserklärung für Feldlazarette und Sanitätspersonal unter der neutralen Flagge des Roten Kreuzes bildete. In Deutschland kam es bald zu einer innigen Zusammenarbeit zwischen Rotem Kreuz und den vaterländischen Frauenvereinen. 1879 wurde der „Verband deutscher Frauenhilfe- und Pflegevereine unter dem Roten Kreuz" zustande gebracht. Es entstanden die „Schwesternschaften vom Roten Kreuz" mit enger Bindung der Mitglieder auch nach dem aktiven Ausscheiden, um im Falle eines Krieges sofort bereit zu sein. 1881 gründete die Kaiserin Friedrich das Viktoria-Krankenhaus in Berlin nach englischem Vorbild mit dem Zwecke der Ausbildung von guten Schwestern. Aehnliche Bestrebungen zeigten sich damals in Hamburg an den dortigen Staatskliniken. 1894 gründete Professor Zimmer in Berlin den evangelischen Diakonissenverein.

Es ist nun klar, daß in Friedenszeiten eine Reihe der aus den genannten Ausbildungsstätten hervorgegangenen Schwestern sich der Privatpflege als sogenannte „Freie Schwestern" zuwandten. 1903 erst kam es zur Bildung der „Berufsorganisation der Krankenpflegerinnen Deutschlands".

1907 erließ Preußen besondere Prüfungsvorschriften für Schwestern, denen bald ähnliche in anderen deutschen Ländern folgten. 1936 entstand der „Reichsbund der freien Schwestern und Pflegerinnen". Während der Kampfzeit schlossen sich innerhalb der NSDAP zur Pflege verwundeter Parteigenossen eine Reihe von tapferen Frauen zur Vereinigung der „Schwestern vom Roten Hakenkreuz" zusammen. 1934 entstand die NS-Schwesternschaft unter dem Hauptamt für Volkswohlfahrt und dem Hauptamt für Volksgesundheit. Erst 1938 wurde die gesamte Krankenpflege in Deutschland gesetzlich geregelt durch das Gesetz zur Ordnung der Krankenpflege, womit eine Einheitlichkeit des gesamten Krankenpflegewesens in Deutschland unter staatlicher Aufsicht erreicht wurde.

Zum Schluß sei noch einer besonderen Art ärztlicher Helferinnen in voller Anerkennung gedacht, einer Gruppe von Frauen, die immer in der Stille arbeiten, deren Bedeutung für die moderne Klinik aber nicht genug betont werden kann: ich meine die Tausende und Abertausende wissenschaftlicher Assistentinnen in Laboratorien und Forschungsinstituten, der Laborantinnen und der Röntgen- und Strahlentherapieassistentinnen, aber auch des Heeres der „Sprechstundenhilfen" in der Praxis der freien Aerzteschaft.

Gerade heute in Kriegszeiten ist es angebracht, der Hilfe tapferer Frauen und Mädchen zu gedenken, die in ununterbrochener Arbeitsfreudigkeit an unseren Lazaretten sowohl in der Heimat als auch in den besetzten Gebieten und nicht zuletzt dicht hinter der Front tätig sind und unseren verwundeten und kranken Kameraden täglich ihre Pflege und Sorge zuteil werden lassen. Die Frau aus der Pflege des Soldaten im Kriege wegzudenken, ist uns heute unmöglich geworden, und wir können es kaum verstehen, daß in früheren Zeiten einmal bestehende Vorurteile stärker waren als die Liebe zum kranken Menschen und verwundeten Krieger.

So mögen meine Worte gleichzeitig ein kleines Zeichen des Dankes sein, den wir Aerzte gerade im jetzigen gewaltigsten aller Kriege unsern Krankenschwestern und unsern Helferinnen abzustatten verpflichtet sind. Möge jede einzelne der tapferen Frauen, die meine Zeilen zu Gesicht bekommt, aus ihnen Anerkennung und Dank der Aerzteschaft, aber auch der betreuten Kameraden für sich persönlich herauslesen.

Durch den ausgezeichneten Vortrag von Frau Lampert, Stuttgart, der uns nicht nur für Stunden, sondern für Wochen Stoff zum Nachdenken gegeben hat, bin ich nun noch besonders auf ein wichtiges Kapitel gestoßen, das zwar mit dem Thema meines Vortrages nur in indirektem Zusammenhang steht, das aber doch nicht übergangen werden soll. Wenn wir von der Helferin des Arztes sprechen, so dürfen wir unter keinen Umständen die aufopfernde Hilfe übergehen, die besonders in schwieriger Landpraxis die Frau des vielbeschäftigten Arztes leistet; es ist unmöglich, ihrer an dieser Stelle auch nur in einigermaßen verdienter Art zu gedenken.

Die Frau des Arztes, weniger in der Stadt, aber vor allem auf dem Lande, hat als Helferin ihres Mannes große und schwere, aber auch schöne Pflichten zu erfüllen. Sie soll nicht nur dann und wann in der Praxis mithelfen, die Bestellungen entgegennehmen, die Bücher und die Kassennachweise führen, sondern sie hat vor allem die Aufgabe, dem abgehetzten und körperlich und geistig oft völlig ausgepumpten Gatten die Lust an Leben und Arbeit zu erhalten. Damit hat sie eine wichtige Aufgabe, die sich in der Berufstätigkeit ihres Mannes auswirken muß. Die Frau muß den Ideenkreis ihres Mannes, seine Sorgen, seine Hoffnungen und seine Wünsche verstehen können; sie muß sich Mühe geben, sich in ihn einzuleben und sie muß vor allem Geduld und Nachsicht üben können. Eine Arztfrau muß von ruhiger Beherrschung sein; wenn der Mann einmal nervös wird, darf sie nicht die Beleidigte und Gekränkte spielen; die Patienten des Arztes müssen ihrem Herzen nahestehen. Darüber hinaus darf sie nicht eifersüchtig und ebensowenig putzsüchtig sein, mit einem Worte: der verantwortungsbeladene Praktiker, besonders auf dem Lande, soll kein Gänschen heiraten. Die Ausführungen von Frau Lampert sollte jeder junge Arzt lesen, der sich mit dem Gedanken trägt, sich eine Lebensgefährtin zu suchen.

Ich habe in der langen Zeit, während der ich an deutschen Hochschulen tätig bin, glücklicherweise zu meinen Schülern immer ein enges und von Vertrauen getragenes Verhältnis gehabt. Manch einer meiner jungen Kollegen hat mich auch nach dem Abschluß des Studiums an seinem Lebensweg teilnehmen lassen. Da habe ich mehr denn einmal erlebt, wie unter stürmischen Jubelzeichen geschlossene Ehen in der rauhen Praxis des Doktorlebens mehr oder weniger schnell in die Brüche gingen. Dies war fast ausnahmslos, aber immer dann der Fall, wenn die Frau als sogenannte „höhere Tochter" in die Ehe trat, um dann im Haushalt ihres Mannes plötzlich zu sehen, daß sie fehl am Platze war. Dies merkte aber auch sehr bald der Arzt selbst, und dann war es gewöhnlich zu spät. Beide Teile blieben in einer solchen Ehe unbefriedigt. Die Frau war des Alleinseins bald überdrüssig, weil sie sich selbst keine Aufgabe zu stellen wußte, und der Mann war ewig unzufrieden, weil er eben nach Beendigung des Tagewerkes nur eine mürrische Frau um sich hatte. Wo die Scheidung reine Bahn schuf, war für beide Teile noch immer der beste Weg gefunden. Leider fanden diesen Weg manche Paare nicht, sei's aus Vorurteil, sei's vorhandener Kinder wegen, und dann wurde das Unheil zu einem dauernden. Ganz anders dagegen boten sich mir Arztehen dar, in denen die Frau die wirkliche Helferin des kämpfenden und vorwärtsstrebenden Arztes wurde; und nicht selten handelte es sich in solchen Fällen um Arztfrauen, die vor der Ehe selbst im Berufsleben gestanden hatten, die das Leben kannten und wußten, daß es keine Spielerei ist. Einiger Ehen erinnere ich mich, die geradezu ideal verliefen, weil die Frau vor der Ehe selbst in einem Beruf tätig war, der sie mit dem Aufgabenkreis des Arztes in Verbindung brachte. In solchen Fällen stammten die jungen Frauen oft aus dem Schwesternberuf, waren vorher Laborantinnen, Sprechstundenhilfen oder Hebammen. So vorgebildete Frauen sind natürlich geradezu berufen, als Gattinnen des Arztes diesem wahre Helferinnen und echte Kameraden zu werden.

Wir sind am Schluß unseres Kurses angelangt. Wir haben viel und mancherlei gehört, einiges auch, das uns Männern nicht sehr angenehm klang. Ich bedaure sehr, daß es nicht möglich war, zum einen oder anderen Vortrag in eine Diskussion einzutreten; sonst hätte ich zu einigem gern meine Meinung gesagt, und dies und das, was dem Mann als solchem vorgeworfen wurde, mildern oder verständlich machen können.

Jedenfalls möchte ich als Schlußwort meiner Ausführungen folgenden Satz prägen:

Wir Männer, und besonders wir Aerzte, wollen unsere Frauen und Mädchen nicht nur lieben, weil sie uns das

Leben verschönen, sondern wir wollen sie auch achten und ehren können als unsere Helferinnen und Kameradinnen. Daß wir dies aber können, dafür hat die Frau zu sorgen; erfüllt sie ihre Aufgaben, so wollen wir unser Versprechen halten.

Manzsche Buchdruckerei, Wien IX